生物科学专业“6＋X”简明教程系列

分子生物学

蒋继志　王金胜　主编

科学出版社

北　京

内 容 简 介

分子生物学是揭示生物大分子结构与功能的学科，既是当前生命科学领域中最重要的基础学科和分支学科，也是该领域中属于最前沿的领军学科，正在强有力地推动着生物学及其相关领域许多学科的飞速发展。本书从构成生物体的大分子开始，沿着遗传信息流向的中心法则，阐述生物大分子及其在复制、修复、重组、转录、翻译、信号转导、基因表达与调控等主要环节中的相互作用与功能。编写过程中着重以简洁精确的方式阐述分子生物学的基本概念和基本理论知识，又注重反映分子生物学的发展趋势。全书共分12章，主要包括生物大分子，基因与基因组，DNA的复制，DNA的损伤、修复与突变，转录，翻译，原核生物基因的表达调控，真核生物基因的表达调控，基因重组、基因工程和分子生物学常用的研究技术。通过本书的学习，力求使学生能了解分子生物学的概况和基本思路，掌握其中的基本概念和基本研究方法与技术。

本书可作为普通高等院校生物学类专业包括师范类、普通生物类、医学生物类及农林相关专业的本科生的分子生物学教材，亦可作为生物学类专业研究生和教师的分子生物学或相关课程的教学及科研参考书。

图书在版编目(CIP)数据

分子生物学/蒋继志，王金胜主编.—北京：科学出版社，2011
生物科学专业“6＋X”简明教程系列
ISBN 978-7-03-032472-6

Ⅰ.①分… Ⅱ.①蒋…②王… Ⅲ.①分子生物学-高等学校-教材 Ⅳ.①Q7

中国版本图书馆CIP数据核字(2011)第201723号

责任编辑：席　慧　王国栋　李晶晶 / 责任校对：李　影
责任印制：张　伟 / 封面设计：迷底书装

科学出版社 出版
北京东黄城根北街16号
邮政编码：100717
http://www.sciencep.com
北京凌奇印刷有限责任公司 印刷
科学出版社发行　各地新华书店经销
*
2011年12月第　一　版　开本：787×1092 1/16
2023年 1 月第五次印刷　印张：17 1/4
字数：430 000

定价：59.80元

（如有印装质量问题，我社负责调换）

《分子生物学》编委会名单

主　编　蒋继志（河北大学）

王金胜（山西农业大学）

副主编　王立安（河北师范大学）

王润梅（山西大同大学）

邢继红（河北农业大学）

郭生金（山西晋中学院）

郝志敏（河北农业大学）

编　委　（按姓氏笔画排序）

闫洪波（河北经贸大学）

许冬梅（山西农业大学）

抗艳红（河北北方学院）

张正光（南京农业大学）

范永山（唐山师范学院）

周春江（河北师范大学）

郭小建（仲恺农业工程学院）

郭改娥（长治医学院）

崔东亚（山西运城学院）

前　言

分子生物学是研究生物大分子的结构特征和功能及其规律的科学，即在分子水平上揭开生物世界神秘的面纱，阐述生物体在生长、发育、分化过程中各种生物大分子的相互作用、细胞信息传导、基因表达及其调控的机制，从而使人类由被动地响应自然界逐步转向主动地顺应、改造和利用自然界的科学。自然界中从极其微小的病毒、细菌到最高等的动物，其生命活动形形色色、千差万别，但从分子生物学的视角来看，这些生命活动却显示出了十分惊人的相似性，似乎有着共同的规律，那就是一切生命活动都是由生物大分子来实现的。但生命活动是生物体协调各细胞、各组成部分活动的集中体现，并非组成生物体的大分子或各部分的简单叠加，是由这些大分子以及由大分子组成的生物体的各部分通过相互作用来实现的。其中构成生命活动最重要的生物大分子无疑是蛋白质和核酸，对这两类生物大分子的研究最早，也最深入，已分别形成了"基因组与基因组学"、"蛋白质组学"和"后基因组学"；而对另一类生物大分子如糖类的研究开始得较晚，但近年来正在兴起的"糖生物学"，向人们展示了糖及其复合物在生命活动中所担负的极为重要的信息功能，对于构成生物体的细胞和细胞之间的识别、细胞与底物之间的识别，正是依靠比核酸链、多肽链所含信息量大几百倍、几千倍的糖链来完成的；至于对其他生物大分子如脂类及复合物的研究，也正在如火如荼地进行着。除此之外，还有许多未知的领域等待着我们去探索。

迄今，分子生物学已深入和覆盖到生命科学领域的各个分支，特别是生理学、病理学、发育生物学、神经生物学、免疫学等学科，并极大地推动着这些学科的发展。它的原理和研究方法已广泛应用于医药、农林、食品和工程各个领域，并取得了许多令人瞩目的成就。分子生物学自身的迅速发展及其对其他相关学科的强劲推动力有可能完全改变生命科学现有的面貌，也将深刻影响着人类的生活和社会发展。

分子生物学作为一门重要的专业基础课程，是生物学及相关专业知识结构的重要组成部分，在生物学的教学中占有重要的地位。有关分子生物学的教材已有不少，但在内容多寡、难易程度等方面比较适合初学者的教材较为少见。正是在这种情况下，作者在多年讲授本科生及研究生的分子生物学课程的教学实践基础上，参考国内外最新出版的诸多优秀教材编写完成了本书。本书尽可能用言简意赅的语言和简明清晰的图表，阐明重要的理论或实际问题，既易于理解，又便于记忆。全书分为 12 章。第 1 章绪论由范永山编写，第 2 章生物大分子由郭生金编写，第 3 章基因与基因组由张正光编写，第 4 章 DNA 的复制由邢继红编写，第 5 章 DNA 的损伤、修复与突变由崔东亚编写，第 6 章转录由郭小建编写，第 7 章翻译由王润梅编写，第 8 章原核生物基因的表达调控由抗艳红编写，第 9 章真核生物基因的表达调控由周春江编写，第 10 章基因重组由郭改娥编写，第 11 章基因工程由闫洪波编写，第 12 章分子生物学常用的研究技术由许冬梅编写。每一章均有学习目的、本章小结、延伸阅读及思考题，供学生进一步深入研读自测之用。本书初稿完成后，各编写人员进行了交互审阅，其中王立安和郝志敏在分别审阅本书大部分章节的基础上对本书的主要内容进行了充分研讨、补充和更正，最后由主编蒋继志和王金胜教授进行统稿完善。

本书在编写过程中，得到了科学出版社高等教育出版中心的大力支持，书中引用了国内外许多教材和相关专著及论文的内容和图表，在此一并深表谢意。

有关分子生物学的文献资料浩如烟海，内容十分丰富，但由于本书编者的水平有限，书中难免存在不妥之处，在此敬请各位同行和读者批评指正，以期再版时加以更正。

编　者

2011 年 7 月 14 日

目　录

1 绪　　论

1.1 引　　言

1.1.1 分子生物学的概念

分子生物学(molecular biology)是从分子水平研究生物大分子的结构与功能从而阐明生命现象本质的科学。自20世纪50年代以来,分子生物学一直是生物学的前沿与生长点。

1.1.2 分子生物学与其他学科间的关系

现代化学和物理学理论、技术和方法在生命本质和生物遗传研究方面的应用催生了分子生物学,分子生物学理论和技术的发展又促进了化学、物理学、生物学、遗传学等相关学科的进步。这些学科之间既相对独立,又有交叉。不同学科之间的交叉又催生了许多边缘学科。

分子生物学与生物化学、细胞生物学和生物物理学的关系非常密切。分子生物学更着重强调的是:①从分子水平进行研究。生物化学、细胞生物学和生物物理学则更强调细胞水平、整体水平和群体水平的研究。②重点研究生物大分子,即蛋白质(protein)、酶(enzyme)、核酸(nucleic acid)、脂质(lipid)体系和部分多糖(polysaccharide)及其复合体系。而一些小分子物质在生物体内的转化属于生物化学的范围。③研究生命活动的普遍规律,即整个生物界所共同具有的基本特征。而研究某一特定生物体或某一种生物体内的某一特定器官的物理、化学现象或变化,则属于生物化学、细胞生物学或生物物理学的范畴。

分子生物学已经渗透到生物学的几乎所有领域,成为生命科学领域的带头学科。

1.1.2.1 生物学、生物分类和生物多样性

生物学(biology)是研究生命现象和生物活动规律的科学,根据研究对象分为动物学、植物学、微生物学等;根据研究内容分为分类学、解剖学、生理学、遗传学、生态学等;根据研究方法分为实验生物学与系统生物学等。20世纪40年代以来,生物学吸收了数学、物理学和化学研究方面的成就,逐渐发展成一门精确的、定量的、深入到分子层次的科学。人们已经认识到生命是物质的一种运动形态,是由蛋白质、核酸、糖类、脂质等生物大分子组成的物质系统,生命现象是物质、能量和信息综合运动与传递的表现。

生物分类学(biological taxonomy)是生物学研究的基础,主要研究生物分类的方法和原理。近年来生物分类学的发展面临着许多问题,无论是二界说(Carl von Linné,1735)、三界说(Hogg,1860;E.N.Haeckel,1866)、四界系统(H.F.Copeland,1938)、五界系统(R.H.Whittaker,1969)、三总界六界系统(陈世骧,1979),还是根据生物的系统发育关系发展起来的支序系统学派(W.Hennig 1950, 1966),利用特殊的、可用于物种鉴定的DNA序列——DNA条形码(DNA bar code)建立的分子系统学(molecular systematics),都尝试根据生物的表型、细胞结构、发育方式、进化关系、生理生化特征、蛋白质和DNA结构等对生物进行分类,但由于生命世界的复杂性,目前人们对生物的分界还没有统一的意见。但从30亿年前古生物的化石记录到地球上现存生物的情况,都揭示了生物从非细胞结构到细胞结构、从原核生物到真核生物、

从简单到复杂、从低等到高等的进化方向。

非细胞生物主要包括病毒(virus)和亚病毒(subviruses),它们是最原始的生命体。病毒是比细菌还小、没有细胞结构、由一条或多条核酸长链和蛋白质外壳构成、只能在活细胞中增殖的微生物。寄生于细菌的病毒称为噬菌体(bacteriophage)。病毒颗粒很小、以纳米为测量单位,多数要用电子显微镜才能观察到。病毒基因同其他生物的基因一样,也可以发生突变和重组。近年发现了比病毒还要简单的亚病毒,包括只含有具有单独侵染性的较小型的核糖核酸(RNA)分子的类病毒(viroid),只含有不具备侵染性的 RNA 的拟病毒(virusoid)和卫星 RNA(satellite RNA),以及没有核酸但具有感染性蛋白质颗粒的朊病毒(virino)或蛋白侵染因子 (prion, proteinaceous infectious agent)。

具有细胞形态的生物可分为原核生物、古核生物和真核生物。原核细胞(procaryotic 或 prokaryotic cell),是一类没有核膜且不进行有丝分裂(mitosis)、减数分裂(meiosis)、无丝分裂(amitosis)的细胞,在细胞内不发生原生质流动,没有叶绿体(chloroplast)、线粒体(mitochondrion)等细胞器(organelles)的分化,只有核糖体。由这种细胞构成的生物,称为原核生物,包括所有的细菌和蓝藻类。注意支原体、立克次氏体和衣原体均属细菌。它们没有真正的细胞核(nucleus),只有原核或拟核,所含的一个环状双股单一顺序的脱氧核糖核酸分子(circular DNA),没有组蛋白(histone)与之结合,转录和转译(transcription and translation)同时进行,DNA 复制后,细胞随即分裂为二。古核生物也称古细菌(archaebacteria),具有原核生物的某些特征,如无核膜及内膜系统;也有某些真核生物的特征,如以甲硫氨酸起始的蛋白质合成、核糖体对氯霉素不敏感、RNA 聚合酶和真核细胞的相似、DNA 具有内含子并结合组蛋白;还具有既不同于原核细胞也不同于真核细胞的特征,如细胞膜中的脂类是不可皂化的,细胞壁不含肽聚糖等。古核生物多生活在极端的生态环境中。和原核细胞相比,真核细胞的结构更为复杂,它有线粒体等各种膜细胞器,有围以双层膜的细胞核,把位于核内的遗传物质与细胞质分开,DNA 与组蛋白及其他蛋白结合而成染色体。真核细胞的分裂分为有丝分裂和减数分裂,分裂的结果使复制的染色体均等地分配到子细胞中去。原生生物是最原始的真核生物,单细胞或多细胞,不分化成组织,可自养、异养或混合营养。植物是以光合自养为主要营养方式的真核生物。典型的植物细胞都含有液泡和以纤维素为主要成分的细胞壁。细胞质中有进行光合作用的叶绿体。真菌是以吸收为主要营养方式的真核生物。真菌的细胞有细胞壁,多含几丁质,也有含纤维素的。真菌细胞没有质体和光合色素。少数真菌是单细胞的,如酵母菌。多细胞真菌的基本构造是分枝或不分枝的菌丝。一整团菌丝称为菌丝体。有的菌丝以横隔分成多个细胞,每个细胞有一个或多个核,有的菌丝无横隔而成为多核体。黏菌是一种特殊的真菌。它的生活史中有一段是真菌性的,而另一段则是动物性的,其结构、行为和取食方法与变形虫相似。黏菌被认为是介于真菌和动物之间的生物。动物是以吞食为营养方式的真核生物。吞食异养包括捕获、吞食、消化和吸收等一系列复杂的过程。单细胞动物吞入食物后形成食物泡,食物在食物泡中被消化。多细胞动物具有复杂的感觉器官和消化系统、排泄系统、呼吸系统、神经系统、内分泌系统和运动系统等。

从类病毒、病毒到微生物、植物和动物,一定范围内不同的生物有规律地构成稳定的生态综合体,这就是生物多样性(biological diversity),既包括物种的多样性,生态系统的多样性,又包括物种的遗传与变异的多样性。由于自然资源的合理利用和生态环境的保护是人类实现可持续发展的基础,因此生物多样性的研究和保护已经成为世界各国普遍重视的一个问题。1992 年,在巴西的里约热内卢举行的联合国环境与发展大会上,通过了《生物多样性公约》(*Convention on Biological Diversity*),这标志着世界范围内的自然保护工作进入了一个新的阶段。

在生物多样性研究过程中，能够全面地反映基因组变异性的DNA指纹图谱(DNA finger print)的应用越来越广泛。DNA指纹图谱中的谱带能够稳定地从上一代遗传给下一代，其高特异性和体细胞稳定性可用于鉴定个体，在法医学上鉴别犯罪分子和确定个体间的血缘关系具非常重要的价值，其多位点性可用来检测目标基因组在病变及治疗过程中的改变情况。DNA指纹已成为研究生物群体遗传结构、生态与进化、分类等非常有价值的遗传标记(genetic marker)。

1.1.2.2 化学、生物化学和化学生物学

化学(chemistry)是一门在原子、分子层次上研究物质的组成、结构、性质及其变化规律的科学。化学是人类认识和改造物质世界的一种重要方法和手段。作为重要的基础科学之一，化学在与物理学、生物学、自然地理学、天文学等学科的相互渗透中，得到了迅速的发展，也推动了其他学科和技术的发展。例如，核酸化学的研究成果使生物学的研究从细胞水平提高到分子水平，建立了分子生物学。

进入20世纪以后，应用当代科学的理论、技术和方法，化学在认识物质的组成、结构、合成和测试等方面都有了长足的进展，而且在理论方面取得了许多重要成果。

在结构化学方面，应用量子力学研究分子结构，产生了量子化学；从氢分子结构的研究开始，逐步揭示了化学键的本质，先后创立了价键理论、分子轨道理论和配位场理论；应用X射线衍射、电子衍射和中子衍射等方法作为研究物质结构的新分析手段，洞察物质的晶体化学结构；研究物质结构的谱学方法也由可见光谱、紫外光谱、红外光谱扩展到核磁共振谱、电子自旋共振谱、光电子能谱、射线共振光谱、穆斯堡尔谱等；与计算机或电子显微镜联用后，利用积累的大量物质结构与性能相关的资料，人们可以预测或直接观察分子的结构。在放射化学和核化学研究方面，从放射性衰变理论的创立、同位素的发现到人工核反应和核裂变的实现，人类的认识深入到亚原子层次，并创立了同位素地质学、同位素宇宙化学等交叉学科。在化学反应理论方面，随着对分子结构和化学键的认识的提高，以及分子束、激光和等离子技术的应用，使得对不稳定化学物种的检测和研究成为现实。在化学分析方法方面，物质的化学成分和组成分析方法不断改进，分析灵敏度从常量发展到微量、超微量、痕量，深入进行结构分析、构象测定、同位素示踪，直接测定自由基、离子基、卡宾、氮宾、卡拜等各种活泼中间体。在物质的分离技术方面，离子交换、膜分离、色谱法等技术的发展不但可以分离某种特殊物质，而且还可以进行提炼和精制。在化学合成方面，氨、超导材料和纳米物质的无机合成工业和酚醛树脂等高分子材料、蛋白质和核酸等生命基础物质、有复杂结构的天然有机化合物和有特效的药物的合成，为现代工农业、交通运输、医疗卫生、军事技术，以及人们衣食住行各方面，提供了多种性能优异而成本较低的重要材料，成为现代物质文明的重要标志。

生物化学(biochemistry)是研究生命的化学组成及其在生命活动中变化规律的一门学科。生物化学的主要任务是从化学组成角度理解生物大分子和生物代谢，与分子生物学的关系最为密切。

生物体(living organism)是由生物大分子所组成，具有系列特殊功能的系列复杂机构，它具有生长、代谢、感应、繁殖等生命的基本特征。细胞(cell)是生物体的基本构成单位，生物体通过细胞的活动进行各种生命活动。原生质(protoplasm)泛指生物细胞内的全部生命物质，主要包括蛋白质、核酸、多糖、脂类4种生物大分子作为生物体骨架和提供能量，维生素、激素、有机酸等次生物质催化、调节新陈代谢，以及无机盐、水等。

新陈代谢(metabolism)是生物体与外界环境进行物质交换与能量交换的过程。机体内的代谢反应相互联系、协同制约组成许多代谢途径和网络，在严密精巧的调控下，有条不紊地进行。代谢调控是近代生物化学研究的一个重要方面，主要有三种途径：①通过代谢物的诱导或阻遏作用控制酶的合成。这是在转录(transcription)水平的调控，如乳糖诱导乳糖操纵子(operon)合成有关的酶。②通过激素与靶细胞的作用，引发一系列生化过程，如环腺苷酸激活的蛋白激酶通过磷酰化反应对糖代谢的调控。③效应物通过别构效应直接影响酶的活性，如终点产物对代谢途径第一个酶的反馈抑制。生物体内绝大多数调节过程是通过别构效应实现的。

生物大分子的多种多样功能与它们特定的结构有密切关系。蛋白质的主要功能有催化、运输和储存、机械支持、运动、免疫防护、接受和传递信息、调节代谢和基因表达等。酶的作用具有催化效率高、专一性强等特点，酶与蛋白质、核酸等生物大分子的相互作用和在工农业生产、国防和医学上的应用是酶学研究的重点方向。核酸是遗传信息的储存和传递者，主要包括脱氧核糖核酸(DNA)和核糖核酸(RNA)，核糖核酸还可分为信使核糖核酸(mRNA)、转移核糖核酸(tRNA)、核蛋白体核糖核酸(rRNA)和其他一些小分子核糖核酸(sRNA)，它们在蛋白质生物合成和基因表达调控中起着重要作用。生物体的糖类物质包括单糖、寡糖和多糖，单糖是生物体能量的主要来源，寡糖和蛋白质或脂质可以形成糖蛋白、蛋白聚糖和糖脂，多糖是生物体的结构物质和营养物质。蛋白质、核酸、酶和糖类是生物化学的四大研究对象。

使用小分子作为工具解决生物学的问题或通过干扰(调节)正常过程了解蛋白质的功能，是化学生物学(chemical biology)或化学遗传学(chemical genetics)的研究范畴。目前，化学生物学在国际上已得到广泛认可并正迅速发展，如 *Nature* 出版集团出版了 *Nature Chemical Biology*，美国化学会出版了 *ACS Chemical Biology* 等化学生物学方面的专业杂志。

1.1.2.3 物理学、生物物理学和物理生物学

物理学(physics)是研究物质的结构、相互作用及其运动规律的学科，它研究物质世界的一些最简单、最基本、最普遍的运动形式，如机械运动、电磁运动、热运动和微观粒子的运动等，以及由这些简单运动构成的更高级运动形式，如生命、遗传、思维等。物理学研究的是物质世界普遍而基本的规律，这些规律对有机界和无机界同样适用。

生物物理学(biophysics)是物理学与生物学相结合的一门边缘学科，它应用物理学的概念和方法研究生物各层次结构与功能的关系，分析生命活动的物理过程和物质在生命活动过程中表现的物理特性。生物物理学又存在分子生物物理学、放射生物物理学、生理生物物理学和数学或理论生物物理学等不同分支。分子生物物理学利用电子显微镜、超速离心机、X 射线衍射技术等物理手段研究在生物中起重要作用的大分子及类似大小的粒子，放射生物物理学研究生物体对电离辐射和紫外线的反应，生理生物物理学利用物理学原理解释生物体的部分功能和物理环境变化时生物体正常功能的变化，数学或理论生物物理学则以数学和物理学的理论来解释生物的行为。研究生命物质的物理规律，不仅能进一步阐明生物的本质，更重要的是能使人们对自然界整个物质运动规律的认识达到新的高度。

利用新近发展起来的物理学先进概念和技术，精确地测量和描述生物体系的结构、功能和行为，把生物学设立在定量的物理学基础之上，是物理生物学(physical biology)的重点研究内容。物理生物学的出现是现代学科交叉发展到一定阶段的必然趋势。物理生物学的概念一经提出，立即得到了国际学术界的高度重视。例如，哈佛大学设立了“物理生物学”方向和专业，霍普金斯大学制订了“物理与工程生物学”研究生计划，英国 Institute of Physics (IOP)出版社发行了 *Physical Biology* 杂志。

1.1.2.4 遗传学和分子遗传学

遗传学(genetics)是研究生物遗传和变异的科学。遗传(heredity)是指亲代与子代、子代与子代之间相似的现象。“种瓜得瓜，种豆得豆”，“龙生龙，凤生凤”等通俗用语都是对遗传现象的简单说明。变异(variation)是指同种生物个体间的差异。生物界没有绝对相同的两个个体，“龙生九子，子子不同”就是指的这个道理。遗传与变异是对立统一的关系。遗传是相当稳定的但这种稳定性是相对的，暂时的；而变异则是绝对的，永恒的。生物通过不断地发生变异，然后通过遗传把某些变异在后代中巩固下来。因此遗传和变异是生物进化和物种形成的内在依据。

遗传学研究的核心是遗传物质的本质、遗传物质的传递和遗传信息的实现。遗传物质的本质包括它的化学本质、它所包含的遗传信息、它的结构、组织和变化等；遗传物质的传递包括遗传物质的复制、染色体的行为、遗传规律和基因在群体中的数量变迁等；遗传信息的实现包括基因的原初功能、基因的相互作用、基因作用的调控及个体发育中的基因的作用机制等。细胞分裂、染色体复制和基因功能的研究是奠定遗传学基本理论的基础。正是分子生物学在基因本质和基因结构与功能研究方面的一个又一个重大突破，使遗传学得到迅速发展，衍生出分子遗传学、发育遗传学和遗传工程学三个方向，并形成了细胞遗传学、发育遗传学、行为遗传学和免疫遗传学等新的分支学科。随着分子生物学实验技术，如限制性内切酶降解(restriction enzyme digestion)、聚合酶链反应(polymerase chain reaction，PCR)、核苷酸序列分析、DNA重组(DNA recombination)等技术的应用和发展，现代遗传学已从对现有生物进行改良进入到定向改造生物的遗传结构的新领域。转座子(transposon)、操纵子(operon)、基因表达调控(gene expression regulation)的发现，使遗传学开始与生产实践相结合，经过基因改良的生物(gene modified organism，GMO)正在悄悄地改变着这个世界。

分子遗传学(molecular genetics)是在分子水平上研究生物遗传和变异机制的遗传学分支学科。经典遗传学主要研究基因在亲代和子代之间的传递，而分子遗传学重点研究基因的本质、基因的功能及基因的变化。分子遗传学是在微生物遗传学和生物化学的基础上发展起来的，它的早期研究工作都以微生物，特别是以大肠杆菌和它的噬菌体作为研究材料完成的。

分子遗传学的研究方法是得到一系列使某一种生命活动不能完成的突变型(mutant)，如不能合成某一种氨基酸、不能进行DNA复制、不能进行细胞分裂或不能完成某些发育过程，然后对它们进行遗传互补测验、生物大分子和细胞的精细结构分析、核酸和蛋白质的顺序分析，了解这些突变型代表几个基因和各个基因在染色体上的位置，判断蛋白质的哪一部分和特定的功能有关等。分子遗传学研究的方法已经成为许多遗传学分支学科的重要研究方法。分子遗传学的发展，使人类对DNA、蛋白质、遗传密码及遗传机制的演变有了更深入的认识，通过这些方面的研究，对生物进化过程将会有更加本质性的了解。

1.1.2.5 细胞生物学、细胞遗传学和干细胞的发育生物学

细胞生物学(cell biology)是在显微、亚显微和分子水平三个层次上，研究细胞的结构、功能和各种生命规律的一门科学。

自从1665年英国人R. Hooke用自己设计与制造的显微镜(放大倍数为40～140倍)观察软木(栎树皮)细胞的构造，并首次用“cell”(小室)称呼他所观察到的封闭状小室以后，人们对大量动植物进行了观察。1839年德国人施莱登(M. J. Schleiden)和施旺(T. Schwann)提出了“细胞学说”(cell theory)：一切植物、动物都是由细胞组成的，细胞是一切动植物的基本单位。

1880 年，J. von Hanstein 又提出"原生质体"(protoplast)的概念，并发展成为原生质理论：动、植物有机体细胞的组织单位是一团原生质，分化为细胞核和细胞质。1879～1886 年，W. Flemming、E. Strasburger、van Beneden 等相继发现了无丝分裂(amitosis)、有丝分裂和减数分裂现象。1883～1958 年，电镜技术的应用揭示出细胞的亚显微世界，发现了一些光镜下看不见的细胞器及其结构，如中心体、线粒体、高尔基体、内质网、核蛋白体、叶绿体等。20 世纪 60 年代以后，细胞结构与功能开始和生化生理相结合，尤其是基因重组技术出现以后，细胞生物学将研究细胞的分子结构及其在生命活动中的作用作为主要任务，细胞周期调控(cell cycle control)、细胞衰老(cellular senescence)与凋亡(cell apoptosis)、细胞信号转导(signal transduction)、真核细胞基因表达与调控 (regulation of gene expression)、细胞起源与进化等成为研究热点。

细胞遗传学(cytogenetics)是从细胞学的角度，特别是从染色体的结构和功能，以及染色体和其他细胞器的关系来研究遗传现象，阐明遗传和变异的机制。研究对象主要是真核生物，特别是包括人类在内的高等动植物。

早期的细胞遗传学着重研究分离、重组、连锁、交换等遗传现象的染色体基础及染色体畸变和倍性变化等染色体行为的遗传学效应，并涉及各种生殖方式(如无融合生殖、单性生殖及减数分裂驱动等方面)的遗传学和细胞学基础。以后又衍生出一些分支学科，研究内容进一步扩大，如体细胞遗传学——主要研究体细胞，特别是离体培养的高等生物体细胞的遗传规律；分子细胞遗传学——主要研究染色体的亚显微结构和基因活动的关系；进化细胞遗传学——主要研究染色体结构和倍性改变与物种形成之间的关系；细胞器遗传学——主要研究细胞器，如叶绿体、线粒体等的遗传结构；医学细胞遗传学——主要研究染色体畸变与遗传病的关系等，对遗传咨询和产前诊断具有重要意义。

干细胞(stem cell，SC)是一类具有自我复制能力(self-renewing)的多潜能细胞，在一定条件下，它可以分化成多种功能细胞。根据干细胞所处的发育阶段分为胚胎干细胞(embryonic stem cell，ES 细胞)和成体干细胞(somatic stem cell)。根据干细胞的发育潜能分为全能干细胞(totipotent stem cell，TSC)、多能干细胞(pluripotent stem cell) 和 单能干细胞(unipotent stem cell)。胚胎干细胞的发育等级较高，是全能干细胞，而成体干细胞的发育等级较低，是多能或单能干细胞。

当受精卵分裂发育成囊胚时，内层细胞团(inner cell mass)的细胞即为胚胎干细胞。胚胎干细胞具有全能性，可以自我更新并具有分化为体内所有组织的能力。早在 1970 年 M. J. Evans 已从小鼠中分离出胚胎干细胞并在体外进行培养。而人的胚胎干细胞的体外培养直到最近才获得成功。但人类 ES 细胞的研究工作在全世界范围内存在很大争议，出于社会伦理学方面的原因，有些国家甚至明令禁止进行人类 ES 细胞研究。

成年动物的许多组织和器官，如表皮和造血系统，具有修复和再生的能力。成体干细胞在其中起着关键的作用。在特定条件下，成体干细胞或者产生新的干细胞，或者按一定的程序分化，形成新的功能细胞，从而使组织和器官保持生长和衰退的动态平衡。造血干细胞是体内各种血细胞的唯一来源，它主要存在于骨髓、外周血、脐带血中。造血干细胞的移植是治疗血液系统疾病、先天性遗传疾病及多发性和转移性恶性肿瘤疾病的最有效方法。关于神经干细胞研究起步较晚，理论上讲，任何一种中枢神经系统疾病都可归结为神经干细胞功能的紊乱。

干细胞在细胞发育控制方面和医学治疗方面的潜在的巨大理论价值和应用价值，使其迅速成为当前的研究热点。对干细胞的发育生物学和分子生物学研究，使人类不但可以控制细胞的发育方向，实现细胞的定向分化，并将其应用于细胞移植治疗等实用研究，而且能够发现一些有直接治疗功能或提供药物治疗重要靶点的基因。利用胚胎干细胞可以检测基因在人类胚胎发育中的作用和新药功能，从而避免基因敲除（gene knock-off）技术和新药用于人类临床治疗的一些伦理及法律上的障碍。

1.2 分子生物学的研究内容

分子生物学的研究对象主要是核酸和蛋白质这两种生物大分子。目前普遍认为，在所有生物中，①构成生物大分子的单体都是相同的，它们具有共同的核酸语言和共同的蛋白质语言；②生物体内一切有机大分子的建成都遵循共同的规则；③生物大分子单体（核苷酸、氨基酸）组成和排列方式的不同是产生功能差异的基础，不同的生物大分子之间的互作是造成物种特性差异的根本原因。

核酸和蛋白质的结构分析及遗传物质和遗传信息传递规律的研究对分子生物学学科的发展起到了巨大的推动作用，在这些研究的基础上，分子生物学在基因组学和功能基因组学、基因的表达和调控、蛋白质组学（proteome）和基因工程（DNA 重组技术）等方面取得了非常卓越的成就。

1.2.1 结构分子生物学

生物大分子，特别是蛋白质和核酸结构和功能的研究，是分子生物学在分子水平上研究生命现象本质的基础。所谓的分子水平，指的是那些携带遗传信息的核酸和在遗传信息传递及细胞内、细胞间通讯过程中发挥着重要作用的蛋白质等生物大分子。这些生物大分子均具有较大的分子质量，由简单的小分子核苷酸或氨基酸排列组合以蕴藏各种信息，并且具有复杂的空间结构以形成精确的相互作用系统，由此构成生物的多样化和生物个体精确的生长发育和代谢调节控制系统。阐明这些复杂的结构及结构与功能的关系是分子生物学的主要任务。

要了解一种生物大分子的功能，通常要先研究其结构。例如，对 DNA 的结构的研究使认识基因突变（gene mutation）、染色体复制（chromosome replication）和遗传重组（genetic recombination）成为可能；tRNA 分子的三维结构的研究解释了 DNA 储存的遗传信息如何翻译到蛋白质的氨基酸顺序中；对初始转录本 mRNA 和成熟 mRNA 排列顺序的比较让我们认识到 RNA 加工在基因表达过程中的重要性；对 DNA 结合蛋白的激活结构域和 DNA 结合结构域的诠释展现了生物大分子间相互作用的主要方式。

结构分子生物学的任务是通过阐明生物大分子的三维结构来解释细胞的生理功能。在蛋白质结构分析方面，1951 年 L.C.Pauling 等提出的 α 螺旋结构描述了蛋白质分子中肽链的一种构象；1955 年 F.Sanger 完成了胰岛素的氨基酸序列的测定；1957 年和 1959 年 J.C.Kendrew 和 M.F.Perutz 在 X 射线分析中分别应用重原子同晶置换技术和计算机技术阐明了鲸肌红蛋白和马血红蛋白的立体结构；1965 年中国科学家合成了有生物活性的胰岛素，首先实现了蛋白质的人工合成。在核酸结构分析方面，1944 年 O.T.Avery 等研究细菌中的转化现象，证明了 DNA 是遗传物质；1953 年 J.D.Watson 和 F.H.C.Crick 提出了 DNA 的双螺旋结构，开辟了分子生物学研究的新纪元；1961 年 F.Jacob 和 J. L. Monod 提出了操纵子的概念，解释了原核基因表达的调控。到 20 世纪 60 年代中期，关于 DNA 自我复制、RNA 转录和蛋白质合成的一般性质已基本清楚，遗传和变异的规律也随之逐渐明朗。

1.2.2 遗传信息的传递规律

遗传物质可以是DNA，也可以是RNA。细胞的遗传物质都是DNA，只有一些病毒和亚病毒的遗传物质是RNA。以DNA为模板按照碱基互补配对的原则合成DNA，以及以RNA为模板合成RNA，都称为复制(replication)。以DNA为模板按照碱基互补配对的原则合成RNA，称为转录(transcription)。转录产生的并不是成熟的mRNA，而只是成熟mRNA的前体，或称为初始转录本mRNA，它们需要进行一定的剪切和连接才能成为成熟的mRNA，这个过程称为RNA加工(RNA processing)。以成熟的mRNA为模板在核糖体上进行蛋白质多肽链的合成，称为翻译(translation)。翻译产生的只是蛋白质前体，它需要加工、修饰、折叠和组装后，转运到适当的位置后才能发挥作用。这种从DNA到RNA，再到蛋白质的遗传信息传递方向，叫做直线形中心法则(central dogma)(图1-1A)。

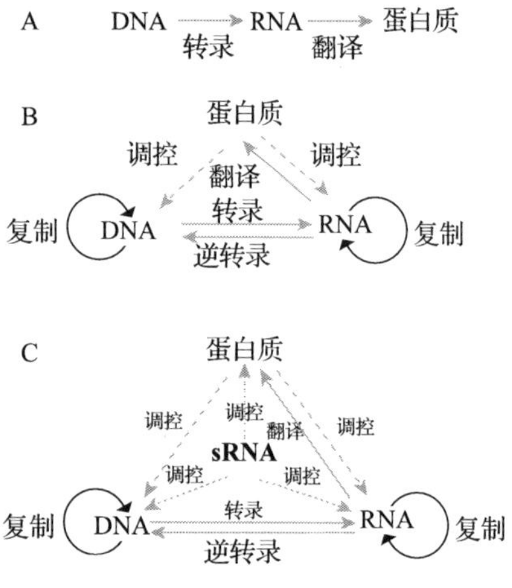

图1-1 遗传信息的传递
A. 直线形中心法则；B. 三角形中心法则；C. 圆锥形中心法则

以RNA为遗传物质的病毒称为逆转录病毒(retrovirus)，在这种病毒的感染周期中，单链的RNA分子在逆转录酶(reverse transcriptase)的作用下，可以逆转录成单链的DNA，然后再以单链的DNA为模板生成双链DNA。在逆转录酶催化下，RNA分子产生与其序列互补的DNA分子，称为互补DNA(complementary DNA，cDNA)，这个过程即为逆转录(reverse transcription)。由此可见，遗传信息并不一定是从DNA单向地流向RNA，RNA携带的遗传信息同样也可以流向DNA。但是DNA和RNA中包含的遗传信息只是单向地流向蛋白质，迄今为止还没有发现蛋白质的信息逆向地流向核酸。另外，DNA和RNA在复制、转录和翻译过程中都需要蛋白质的参与和调节，因此，蛋白质在遗传信息传递过程中起着非常重要的调控作用。这种DNA、mRNA和蛋白质间复杂的相互作用类似一个三角形，它是对直线形中心法则的必要补充，可形象地称之为三角形中心法则(图1-1B)。

随着对RNA种类的不断发现，现代分子生物学家对RNA，尤其是小分子RNA(small RNA，sRNA)或非编码RNA(non-coding RNA，ncRNA)的功能有了更深入的认识。许多小分子细胞核RNA(snRNA)与RNA加工有关，一些小分子细胞核仁RNA(snoRNA)参与rRNA的合成，19～22nt的微小RNA(miRNA)参与DNA和RNA的修饰、mRNA的稳定性、蛋白质的合成。因此，有的科学家认为在遗传信息传递过程中，小分子RNA起着中心的调控作用，它们对DNA、RNA和蛋白质的结构与功能都有着非常重要的影响。因此，这种DNA、mRNA、蛋白质和sRNA间的复杂关系，可称为圆锥形中心法则(图1-1C)。

虽然中心法则对遗传信息的传递方向进行了系统的概括，但还是存在一些特别现象曾对中心法则提出严重的挑战，如朊病毒的发现。朊病毒是一种蛋白质传染颗粒(proteinaceous infectious particle)，它是羊瘙痒病、疯牛病和人类的库鲁病(Kuru disease)和克-杰氏综合征(Creutzfeldt-Jacob disease，CJD)的病原体，能在寄主中传播，并在受感染的宿主细胞内产生与自身相同的分子，且实现相同的生物学功能，这意味着这种蛋白质分子也是负载和传递遗传信息的物质。但更深入的研究表明，朊病毒只是由基因编码产生的一种正常蛋白质的异构体，它进入宿主细胞后并不是自我复制，而是将细胞内基因编码产生的PrP蛋白(prion related protein)由正常的 PrP^c 异构体转变成致病的 PrP^{sc} 异构体。因此,朊病毒并不是遗传物质。当然,不依赖核糖体的非核糖体肽合成酶(NRPS)和 RNA 编辑(RNA editing)的发现,使人们认识到遗传信息的传递规律还有待进一步的完善和发展。

1.2.3 基因、基因组和蛋白质组

基因(gene)是 DNA 分子中含有特定遗传信息的一段核苷酸序列,它包含合成一种功能蛋白或 RNA 分子所必需的全部 DNA 序列。根据其是否具有转录和翻译功能,基因可分为三类:①编码蛋白质的基因,具有转录和翻译功能,包括编码酶和结构蛋白的结构基因及编码阻遏蛋白的调节基因;②只有转录功能而没有翻译功能的基因,包括 tRNA 基因和 rRNA 基因;③不转录的基因,它对基因表达起调节控制作用,包括启动基因和操纵基因,启动基因和操纵基因有时被统称为控制基因。随着分子生物学研究的深入,人们又发现在基因结构中存在有"断裂基因"、"重叠基因"、"假基因"、"移动基因"等。移动基因,又称跳跃基因(jumping gene)或转座子(transposon)。这些结构的发现,使人们对基因的功能有了更深入的理解。

基因位于染色体上,并在染色体上呈线性排列。基因不仅可以通过复制把遗传信息传递给下一代,还可以使遗传信息得到表达。不同个体之间在形态、发育和功能等方面的不同,都是基因差异所致。基因是表现生物体遗传性状的物质基础。

单倍体细胞中的全套染色体或病毒粒子所含的全部 DNA 分子或 RNA 分子,称为该生物体的基因组(genome)。基因组中既含有编码序列,也含有非编码序列。基因组的大小用全部 DNA 的碱基对(base pair, bp)总数表示。

1986 年美国科学家 T.Roderick 提出了基因组学(genomics),指对所有基因进行基因组作图、核苷酸序列分析、基因定位和基因功能分析的一门科学。基因组研究主要包括以全基因组测序为目标的结构基因组学(structural genomics)、以基因功能鉴定为目标的功能基因组学(functional genomics)或后基因组(postgenome)、研究和利用模式生物基因组测序产生的大量基因组信息进行基因结构和功能分析的比较基因组学(comparative genomics)。

结构基因组学是一门通过基因作图、核苷酸序列分析确定基因组成、基因定位的科学。遗传信息在染色体上,但染色体不能直接用来测序,必须将基因组这一巨大的研究对象进行分解,使之成为较易操作的小的结构区域,这个过程就是基因作图(gene maping)。根据使用的标志和手段不同,基因作图主要有三种类型:①遗传连锁图——通过遗传重组所得到的基因在具体染色体上的线性排列图谱。利用遗传标志之间的重组频率,确定它们的相对距离,一般用厘摩(cM,即每次减数分裂的重组频率为 1%)来表示,遗传标志有 RFLP(限制性酶切片段长度多态性)、RAPD(随机引物扩增多态性 DNA)、AFLP(扩增片段长度多态性)、STR(短串联重复序列,又称微卫星)和 SNP(单个核苷酸的多态性)等。②物理图谱——利用限制性内切核酸酶处理染色体,根据重叠序列确定片段间连接顺序的图谱。利用遗传标志之间物理距离[碱基对(bp)、千碱基(kb)或兆碱基(Mb)]确定图距,遗传标志主要采用序列标签位点(sequence tagsite,STS),染色体定位明确且可用 PCR 扩增的单拷贝序列]。③转录图谱——利用表达序列标签(expressed sequence tag, EST)作为标记所构建的分子遗传图谱。mRNA 或 cDNA 的 5′ 或 3′ 端序列称为表达序列标签,一般长 300~500bp。

功能基因组学是利用结构基因组所提供的信息和产物,发展和应用新的实验手段,通过在基因组或系统水平上全面分析基因的功能,使得生物学研究从对单一基因或蛋白质的研究转向多个基因或蛋白质同时进行系统研究的学科。研究内容包括基因功能发现、基因表达分析及突变检测。采用的技术包括减法杂交、差示筛选、cDNA 代表差异分析、mRNA 差异显示等

传统的分析技术和基因表达的系统分析、cDNA 微阵列、DNA 芯片等新型技术。

比较基因组学(comparative genomics)是在模式生物的基因组图谱和测序基础上，对已知的基因和基因组结构进行比较，来了解基因的功能、表达机理和物种进化的学科。它利用模式生物基因组与人类基因组之间编码顺序上和结构上的同源性，克隆人类疾病基因，揭示基因功能和疾病分子机制，阐明物种进化关系及基因组的内在结构。

基因是遗传信息的携带者，但全部生物功能的执行者却是蛋白质，因此仅从基因的角度来研究是远远不够的，必须研究由基因转录和翻译出蛋白质的过程，才能真正揭示生命的活动规律。蛋白质组学(proteomics)就是研究细胞内蛋白质组成及其活动规律的新兴学科。蛋白质组(proteome)是指全部基因表达的全部蛋白质及其存在方式，是一个基因、一个细胞或组织所表达的全部蛋白质成分。蛋白质组学对不同时间和空间发挥功能的特定蛋白质群体进行研究，从蛋白质水平上探索蛋白质作用模式、功能机理、调节控制及蛋白质群体内相互作用，为临床诊断、病理研究、药物筛选、药物开发、新陈代谢途径等提供理论依据和基础。但由于蛋白质具有多样性、可变性、复杂性、低表达蛋白质难以检测等特点，蛋白质组研究中要求的"全部的蛋白质成分"非常不容易达到。双向聚丙烯酰胺凝胶电泳(two-dimensional polyacrylamide gel electrophoresis，2D PAGE)、质谱鉴定、计算机图像数据处理与蛋白质数据库是目前蛋白质组学研究的主要工具。

1.2.4　基因的表达和调控

典型的基因表达(gene expression)是指细胞在生命过程中，把储存在 DNA 序列中的遗传信息经过转录和翻译，转变成具有生物活性的蛋白质分子。生物体内的各种功能蛋白质和酶都是利用相应的结构基因编码的。rRNA、tRNA 或 microRNA 等非编码 RNA(ncRNA)的基因经转录和转录后加工产生成熟的 ncRNA，也是 ncRNA 的基因表达。

生物基因组的遗传信息并不是同时全部都表达出来的，一般情况下，只有 5%～10%的基因在高水平转录状态，部分基因处于较低水平的表达，多数基因处在沉默状态，即使蛋白质合成量比较多、基因开放比例较高的肝细胞，一般也只有不超过 20%的基因处于表达状态。

生物个体的各种组织细胞都含有个体发育、生存和繁殖的全部遗传信息，但这些遗传信息的表达是受到严格调控的，通常各组织细胞只合成其自身结构和功能所需要的蛋白质。不同组织细胞中不仅表达的基因数量不相同，而且基因表达的强度和种类也各不相同，这就是基因表达的组织特异性(tissue specificity)和细胞的差别基因表达(differential gene expression)。如果基因表达调控发生变化，细胞的形态与功能也会随之改变。例如，正常肝细胞转化成肝癌细胞时，就首先有甲胎蛋白(alfa fetal protein，AFP)基因表达方面的改变，合成 AFP 的量会大幅度提高，这已经成为肝癌早期诊断的一个重要指标。

基因组中表达的基因分为两类：①一类是维持细胞基本生命活动所必需的，称为持家基因(house keeping gene)，如各种组蛋白基因。持家基因的表达一般不受环境变化的影响，属于组成性表达(constitutive expression)，这些基因的表达产物是细胞或生物体整个生命过程中都持续需要而必不可少的。当然，组成性基因表达也不是一成不变的，其表达强弱也是受一定的机制调控。②另一类是指导合成组织特异性蛋白的基因，对分化有重要影响，称为奢侈基因(luxury gene)，即组织特异性表达的基因(tissue-specific gene)，如表皮的角蛋白基因、肌肉细胞的肌动蛋白基因和肌球蛋白基因、红细胞的血红蛋白基因等。这类基因与各类细胞的特殊性有直接的关系，是在各种组织中进行不同的选择性表达的基因。奢侈基因的表达容易受环境变化的影响。因环境条件变化基因表达水平增高的现象称为诱导(induction)，这类基因被称为可诱导的基因(inducible gene),随环境条件变化而基因表达水平降低的现象称为阻遏(repression),相应的基因被称为可阻遏的基因(repressible gene)。

细胞分化发育的不同时期,基因表达的情况是不相同的,某些基因关闭(turn off),某些基因转向开放(turn on),这就是基因表达的阶段特异性(stage specificity)。即使是同一个细胞,处在不同的发育状态,其基因的表达和蛋白质合成的情况也不尽相同。因此,生物的基因表达不是杂乱无章的,而是受着严密、精确调控的,尽管我们现在对调控机理的奥妙所知还不多,但已经可以认识到,不仅生命的遗传信息是生物生存所必需的,而且遗传信息的表达调控也是生命本质所在。

1.2.5 基因工程

继1969年J. A. Shapiro证明基因可以离开染色体而独立地发挥作用和1967～1970年R. Yuan和H.O.Smith等发现限制性内切核酸酶以后,科学家对体外进行DNA操作产生了浓厚的兴趣,与之相关的领域也得到了迅速发展。基因工程(gene engineering)就是在体外将各种来源的遗传物质插入病毒、细菌质粒、噬菌体或其他载体分子,形成遗传物质的新组合,继而通过转化或转染使之掺入到原先没有这类分子的宿主细胞内,而能持续稳定地繁殖。在基因工程中将外源DNA插入载体分子所形成的杂合分子称为重组DNA(recombinant DNA)或DNA嵌合体(DNA chimera),在宿主细胞内对重组DNA分子进行无性繁殖的过程又称为分子克隆(molecular cloning)、基因克隆(gene cloning)或DNA重组(DNA recombination)。在基因工程中,有时不但要求被操作的基因能够克隆,而且能够正确表达。

与基因工程相似的名词术语很多,包括遗传工程(genetic engineering)、基因操作(gene manipulation)、DNA重组技术(recombinant DNA technique)等。这些术语虽然各有侧重点,但所代表的具体内容都彼此相关,在许多场合下被混同使用,很难作出严格的区分。

基因工程可打破种属界限,在原核生物中表达真核生物基因。例如,1972年P.Bery等将SV40病毒DNA与噬菌体P22DNA在体外重组成功,转化大肠杆菌,使本来在真核生物中合成的蛋白质能在细菌中合成;1979年美国基因技术公司用人工合成的人胰岛素基因重组转入大肠杆菌中合成人胰岛素。至今我国已有人干扰素、人白细胞介素-2、人集落刺激因子、重组人乙型肝炎病毒疫苗、基因工程幼畜腹泻疫苗等多种基因工程药物和疫苗进入生产或临床试用,世界上还有几百种基因工程药物及其他基因工程产品在研制中,成为当今医药业发展的重要方向。

转基因动植物和基因剔除植物的成功也是基因工程技术发展的结果。1982年R. Palmiter等将克隆的生长激素基因导入小鼠受精卵细胞核内,培育得到比原小鼠个体大几倍的"巨鼠",激起了人们创造优良家畜品种的热情。我国水生生物研究所将生长激素基因转入鱼受精卵,得到的转基因鱼的生长显著加快、个体增大。在转基因植物方面,1994年能比普通番茄保鲜时间更长的转基因番茄投放市场。1996年转基因玉米、转基因大豆相继投入商品生产,美国最早研制得到抗虫棉花,我国科学家将自己发现的蛋白酶抑制剂基因转入棉花获得抗棉铃虫的棉花株。到2010年全世界已有1.48亿hm^2土地种植转基因植物。

基因诊断(genetic diagnosis)与基因治疗(gene therapy)是基因工程技术在医学领域发展的一个重要方面。1991年美国向一患先天性免疫缺陷病(遗传性腺苷脱氨酶ADA基因缺陷)的女孩体内导入重组的ADA基因,获得成功。我国也在1994年利用转基因绵羊分泌的含有丰富凝血因子Ⅸ的乳汁,成功治愈了乙型血友病患者。在我国用作基因诊断的试剂盒已有近百种之多。

1.3 分子生物学的发展历程

分子生物学的发展可分为三个阶段:①19 世纪后期到 20 世纪 50 年代初的准备和酝酿阶段;②50 年代初到 70 年代初的现代分子生物学的建立和发展阶段;③70 年代后至今的初步认识生命本质并开始改造生命的深入发展阶段。

1.3.1 准备和酝酿阶段

在这一阶段有两点重大突破:①确定了蛋白质是生命的主要基础物质;②确定了生物遗传的物质基础是 DNA。

19 世纪末 Buchner 兄弟第一次提出酶(enzyme)的名称以后,J.B.Sumner、J.H.Northrop 和 W.M.Stanley 在蛋白酶结晶和制备方面的研究取得了非常有效的成果,证明了酶的本质是蛋白质,并获得了 1946 年的诺贝尔化学奖。随后人们陆续发现物质代谢、能量代谢、消化、呼吸、运动等许多生命现象都与酶和蛋白质有关。在此期间对蛋白质一级结构和空间的认识也有较大的进步。E.Fisher 证明蛋白质结构是多肽,并荣获 1902 年诺贝尔化学奖;A.Harden 和 H.von Euler-Chelpim 因为研究酶在糖和嘌呤衍生物合成中的作用获得 1929 年诺贝尔化学奖;20 世纪 40 年代末,F.Sanger 创立二硝基氟苯(DNFB)法、P.Edman 发展异硫氰酸苯酯法分析肽链 N 端氨基酸;由于结晶 X 射线衍射分析技术的发展,1950 年 L.C.Pauling 和 R.B.Corey 提出了 α-角蛋白的 α 螺旋结构模型。1953 年 F.Sanger 和 K.Thompson 完成了胰岛素 A 链和 B 链的氨基酸全序列分析,并获得 1958 年诺贝尔化学奖。

1868 年 J.F. Miescher 发现核素(nuclein)后,直到 20 世纪二三十年代才确认了自然界有 DNA 和 RNA 两类核酸。但由于当时对核苷酸和碱基的定量分析不够精确,长期认为 DNA 结构只是"四核苷酸"单位的重复,不具有多样性,不能携带更多的信息。当时对携带遗传信息的候选分子更多的是考虑蛋白质。A.Kossel 关于细胞化学尤其是蛋白质和核酸方面的研究取得突破,T.H.Morgan 发现染色体在遗传中的作用,他们分别获得 1910 年和 1933 年诺贝尔生理学或医学奖。40 年代以后的实验事实使人们对核酸的功能和结构有了正确的认识。1944 年 O. T. Avery 等证明了肺炎球菌转化因子是 DNA;1952 年 S. Furbery 等的 X 射线衍射分析阐明了核苷酸并非平面的空间构象,提出了 DNA 是螺旋结构;1948~1953 年 E.Chargaff 等用新的层析和电泳技术分析组成 DNA 的碱基和核苷酸量,提出了 DNA 碱基组成 A=T、G=C 的 Chargaff 规则,为碱基配对的 DNA 结构认识打下了基础。

1.3.2 现代分子生物学的建立和发展阶段

在这一阶段,1953 年 Watson 和 Crick 提出的DNA 双螺旋结构模型(DNA double helix model)是现代分子生物学诞生的里程碑。DNA 双螺旋结构发现的深刻意义在于:①确立了核酸作为信息分子的结构基础;②提出碱基配对是核酸复制、遗传信息传递的基本方式;③确定了核酸是遗传的物质基础,为认识核酸与蛋白质的关系及其生命中的作用打下了最重要的基础。Watson 和 Crick 的重大发现使他们与英国科学家 M.H.F.Wilkins 共同分享了 1962 年的诺贝尔生理学或医学奖。

在发现 DNA 双螺旋结构的同时,Watson 和 Crick 提出了 DNA 复制的可能模型。W.

Gilbert 第一次制备出混合 DNA，P.Berg 和 F.Sanger 建立了 DNA 结构的化学和生物分析法，他们三人出色的研究工作获得了 1980 年诺贝尔化学奖；1956 年 A. Kornbery 发现了 DNA 聚合酶；1958 年 M.Meselson 及 F.W.Stahl 的同位素标记和超速离心分离实验为DNA 半保留复制(DNA semi-conservative replication)模型提出了证明；1959 年，S.Ochoa 和 A.Kornberg 发现了 RNA 和 DNA 的生物合成机制；1968 年 R. Okazaki（冈崎）提出了 DNA 不连续复制(DNA semi-discontinuous replication)模型；T.Okazaki 和 R.Okazaki 1972 年证实了 DNA 复制开始需要 RNA 作为引物；70 年代初 J.C.Wang 等获得 DNA 拓扑异构酶，并对真核 DNA 聚合酶特性做了分析研究。这些都逐渐完善了对 DNA 复制机理的认识。

在研究 DNA 复制将遗传信息传给子代的同时，研究者提出了 RNA 在遗传信息传到蛋白质过程中起着中介作用的假说。1958 年 Weiss 及 Hurwitz 等发现了依赖于 DNA 的 RNA 聚合酶；1961 年 B.D.Hall 和 S.Spiegelman 用 RNA-DNA 杂交证明了 mRNA 与 DNA 序列互补；这些研究逐步阐明了 RNA 转录合成的机理，并认识到蛋白质是接受 RNA 的遗传信息而合成的。20 世纪 50 年代初，P.Zamecnik 等在形态学和分离的亚细胞组分实验中发现微粒体(microsome)是细胞内蛋白质合成的部位；1955 年，A. H. T. Theorell 认识到了氧化酶的性质及其作用机制；1957 年，Hoagland、Zamecnik 及 Stephenson 等分离出 tRNA 并对它们在合成蛋白质中转运氨基酸的功能提出了假设；1961 年 Brenner 及 Gross 等观察了在蛋白质合成过程中 mRNA 与核糖体的结合；1965 年 R.W.Holley 首次测出了酵母丙氨酸 tRNA 的一级结构；1965 年诺贝尔生理学或医学奖获得者 F. Jacob、A. Lwoff 和 J. Monod 发现酶和病毒合成的基因调节；1968 年诺贝尔生理学或医学奖获得者 R. W. Holley、H.G. Khorana 和 M. W. Nirenberg 阐明了遗传密码及其在蛋白质合成中的作用；1969 年诺贝尔生理学或医学奖获得者 M. Delbrück、A. D. Hershey 和 S. E. Luria 发现病毒的复制机制和遗传结构，从而认识了蛋白质翻译合成的基本过程。Nirenberg 因在"真核转录的分子基础"研究领域所作出的贡献而独自获得 2006 年诺贝尔化学奖。英国生物学家 V. Ramakrishnan、美国科学家 T. A. Steitz 和以色列女生物学家 A. E.Yonath 因在核糖体结构和功能研究中的贡献共同获得 2009 年诺贝尔化学奖。

上述重要发现共同建立了以中心法则为基础的分子生物学基本理论体系。1970 年 H.M. Temin 和 D.Baltimore 又同时从鸡肉瘤病毒颗粒中发现以 RNA 为模板合成DNA 的逆转录酶(DNA reverse transcriptase)，又进一步补充和完善了遗传信息传递的中心法则。

1.3.3 初步认识生命本质并开始改造生命的深入发展阶段

20 世纪 70 年代后，以基因工程技术的出现作为新的里程碑，标志着人类认识生命本质并能主动改造生命的新时期开始；人类基因组计划的实现和后基因组计划的实施使人类研究生物整个基因组的结构与功能成为可能；端粒酶(telomerase)、RNA 编辑、核酶(ribozyme)、siRNA 和 microRNA 等新型基因表达调控方式的发现，使人类对控制肿瘤、糖尿病等疾病的发生和发展有了新的途径。

在 D. Baltimore、R. Dulbecco 和 H. M. Temin 发现肿瘤病毒与细胞遗传物质之间的相互作用，以及 W.Arber、D.Nathans、H.O.Smith 发现限制性内切核酸酶并荣获 1978 年诺贝尔生理学或医学奖之后，基因工程技术得到迅速发展。1972 年 P.Berg 等将 SV40 病毒 DNA 与噬菌体 P22DNA 在体外重组成功，转化大肠杆菌，使本来在真核生物中合成的蛋白质能在细菌中合成，打破了种属界限；1977 年 H.W.Boyer 等首次将人工合成的生长激素释放抑制因子 14 肽的基因重组入质粒，成功地在大肠杆菌中合成得到这 14 肽；1997 年，S.lan Wilmut 成功获得克隆羊 Dolly；1998 年，J.P.Renard 利用体细胞克隆牛获得成功。基因工程的迅速进步得益于许多分子生物学新技术的不断涌现。1975～1977 年 F.Sanger、A.M.Maxam 和 W.Gilbert 先后发明了两种 DNA 序列的快速测定法；20 世纪 90 年代全自动核酸序列测定仪问世；1985 年 Cetus 公司的 Mullis 等发明了聚合酶链反应(PCR)的特定核酸序列扩增技术，更以其高灵敏度和特异性被广泛应用、对分子生物学的发展起到重大的推动作用；M. Smith 则发明了 DNA 的“寡聚核苷酸定点突变”法，即基因的“定向诱变”。M. Smith 和 K. B. Mullis 因为提供了基因工程研究的两项重要技术而获得了 1993 年诺贝尔化学奖；M. R. Capecchi、O. Smithies 和 M. J. Evans 在胚胎干细胞和哺乳动物 DNA 重组方面获得了一系列突破性发现，通过使用胚胎干细胞在老鼠身上实现了基因变化，发明了一种通常被人们称为“基因打靶”(gene targeting)的强大技术，从而分享了 2007 年的诺贝尔生理学或医学奖。

目前分子生物学已经从研究单个基因发展到研究生物整个基因组的结构与功能。1977 年 F.Sanger 测定了 ΦX174 DNA 全部 5375 个核苷酸的序列；1978 年 W.Fiers 等测出 SV40 DNA 全部 5224 对碱基序列；20 世纪 80 年代 λ 噬菌体 DNA 全部 48 502 碱基对的序列全部测出；一些小的病毒包括乙型肝炎病毒、艾滋病毒等基因组的全序列也陆续被测定；60 年代后期，许多科学家共同努力测出了大肠杆菌基因组 DNA 的全序列长为 4×10^6 bp。1994 年，日本科学家发表了水稻基因组遗传图，F.A.Wilson 完成了线虫 3 号染色体连续 2. 2Mb 的测定；2000 年 6 月 26 日，中国、美国、日本、德国、法国、英国 6 国，宣布人类基因组草图发表。2000 年 12 月 14 日，英国、美国等国科学家宣布绘出拟南芥基因组的完整图谱。2001 年 1 月 12 日，中国、美国、日本、德国、法国、英国等国科学家和美国塞莱拉公司各自公布人类基因组图谱和初步分析结果，约 3 万基因。2002 年 4 月 5 日，以杨焕明为首的中国科学家在 *Science* 发表了水稻全基因组框架序列图；2002 年 12 月 12 日，以韩斌为首的中国科学家在 *Nature* 发表了水稻第 4 号染色体测序图；2003 年 4 月 14 日六国科学家完成了人类基因组序列图的绘制，实现了人类基因组计划的所有目标。

蛋白质结构分析和功能研究方面也取得了非常重要的进展。R.B. Merrifield 因在多肽合成方面的卓越成就获得了 1984 年诺贝尔化学奖；G. Edelman 和 R. R. Porter 发现抗体的化学结构并获得 1972 年诺贝尔生理学或医学奖；J. Fenn、K. Tanaka 和 K. Wüthrich 发明了对生物大分子进行确认和结构分析的质谱分析法和核磁共振技术，并荣获 2002 年诺贝尔化学奖；A. Ciechanover、A. Hershko 和 I.Rose 发现了泛素调节的蛋白质降解，从而揭示了一种蛋白质“死亡”的重要机理，荣获 2004 年诺贝尔化学奖；美国 Woods Hole 海洋生物学实验室的下村修(O.Shimomura)、哥伦比亚大学的 M. Chalfie 和加州大学圣地亚哥分校的钱永健(R.Y.Tsien)发现了绿色荧光蛋白(green fluorescent protein, GFP)，并将它广泛应用到基因工程、基因表达调控和蛋白质化学结构分析，从而分享了 2008 年诺贝尔化学奖。

自 G. W. Beadle 和 E. L. Tatum 发现基因受到特定化学过程的调控，J. Lederberg 发现细菌遗传物质及基因重组现象，并获得 1958 年诺贝尔生理学或医学奖，以及分子遗传学基本理论建立者 Jacob 和 Monod 提出了操纵元(operon)学说以后，人类对基因表达调控的机理开始有了更深入的认识。在 20 世纪 60 年代，人们主要认识原核生物基因表达调控的一些规律，70 年代以后才逐渐认识了真核基因组结构和调控的复杂性。1977 年最先发现猴 SV40 病毒和腺病毒中编码蛋白质的基因序列是不连续的，这种基因内部的间隔区（内含子）在真核基因组中是普遍存在的，揭开了认识真核基因组结构和调控的序幕。1981 年 T.Cech 等发现四膜虫 rRNA 的自我剪接，从而发现核酶（ribozyme）；1980～1990 年，人们逐步认识到真核基因的顺式调控元件与反式转录因子参与蛋白质间的分子识别与相互作用是基因表达调控根本所在。1983 年，B. McClintock 发现可移动的基因，获诺贝尔生理学或医学奖；1989 年 S. Altman 和 T.R.Cech 因发现 RNA 的生物催化作用而获得诺贝尔化学奖；J. M. Bishop 和 H. E. Varmus 发现逆转录病毒原癌基因（oncogene）在细胞中的产生机制，并获得 1989 年诺贝尔生理学或医学奖。在基因表达调控方面的许多研究工作都获得了诺贝尔生理学或医学奖，如 1992 年，E. H.Fischer 和 E. G. Krebs 阐述的蛋白质可逆磷酸化（reversible protein phosphorylation）这一生物调节机制；1994 年，A. G. Gilman 和 M. Rodbell 发现 G 蛋白（一种运送 GTP 的蛋白质）在细胞信号转导（cell signal transduction）中的作用；1995 年，E. B. Lewis、C. Nüsslein-Volhard 和E. F.Wieschaus 发现早期胚胎发育中的遗传调控机理；1997 年，S. B. Prusiner 发现新的蛋白致病因子朊蛋白；1999 年，G. Blobel 发现蛋白质具有内在信号物质控制其运送到细胞内的特定位置；2001 年，L. H. Hartwell、R. T. Hunt 和 P. M. Nurse 发现细胞周期（cellcycle）中的关键调节因子；2002 年，S. Brenner、H. R. Horvitz 和 J. E. Sulston 发现器官发育和程序性细胞死亡的遗传调控机理；2006 年，A.Z.Fire 和 C.C.Mello 发现了 RNA 干扰机制； 2009 年，E. H. Blackburn、C. W. Greider 和 J. W. Szostak 发现端粒和端粒酶保护染色体的机理。

通过观察分子生物学的发展过程，可以看到分子生物学是生命科学范围发展最为迅速的一个前沿领域，推动着整个生命科学的发展。至今分子生物学仍在迅速发展中，新成果、新技术不断涌现，这也从另一方面说明分子生物学发展还处在初级阶段。虽然分子生物学已建立的基本规律给人们认识生命的本质找出了光明的前景，但分子生物学的历史还短，积累的资料还不够，对核酸、蛋白质组成生命的许多基本规律还在探索当中，目前还不能彻底搞清楚基因产物的功能、调控、基因间的相互关系和协调，因此，分子生物学还要经历漫长的研究道路。

本章小结

从分子生物学的发展过程，可以看出在近半个世纪中它是生命科学范围发展最为迅速的一个前沿领域，推动着整个生命科学的发展，它自身也仍在迅速发展之中，许多新方法、新技术和新成果不断涌现，由此增添的新知识和揭示的基本规律给人们认识生命指出了光明的前景，使人们对生命现象本质的了解也更加全面和真实，尤其是为人类最大限度地利用和改造生物创造了前所未有的机会，为人类社会发展提供了强大的推动力。然而，分子生物学的历史还短，积累的资料还不够，迄今为止人类所了解的只是地球上千姿百态的生物所携带的庞大生命信息中极少的一部分，还只是冰山一角，还未充分认识核酸、蛋白质组成生命的许多基本规律，还不明确控制生物体绝大多数性状的基因所编码产物的具体结构、功能、调控及基因间的相互关系和协调等。因此，分子生物学作为一门领军式学科，还要经历很漫长的研究道路，可以说分子生物学的发展前景光辉灿烂，但道路艰难曲折。

延伸阅读

李海英，杨峰山，邵淑丽. 2008. 现代分子生物学与基因工程.北京：化学工业出版社

卢因 B. 2005.基因Ⅷ. 余龙，江松敏，赵寿元译.北京：科学出版社

特怀曼 R M. 2001.高级分子生物学要义.北京：科学出版社

特纳 P C，迈克伦南 A G. 2002. 分子生物学（现代生物学精要速览中文版）.北京：科学出版社

沃森 J D,贝克 T A,贝尔 S P,等 . 2005.基因的分子生物学.5 版.杨焕明译.北京:科学出版社

思考题

1. 根据分子生物学与其他学科之间的关系,分析分子生物学在生命科学研究中的地位和作用。
2. 分子生物学的主要研究对象和主要研究内容是什么? 你认为需要具备哪些前期理论知识,才能进行分子生物学研究?
3. 分子生物学的发展过程中,哪些研究成果具有“里程碑”式的作用,对该学科的发展起到的促进作用最显著?
4. 你认为分子生物学的迅猛发展的可能原因或动力是什么? 该学科的发展对人类有哪些有益的作用?
5. 针对分子生物学的发展趋势,你认为在 10 年后分子生物学将发展到一种什么样的程度?

2　生物大分子

生物大分子是构成生命的基础物质，包括蛋白质、核酸、脂质、糖类及其多种复合有机化合物（如糖蛋白、脂蛋白、核蛋白等）。这些生物大分子的一部分为生物体的重要结构组成成分，另一部分为生物体代谢过程中的重要参与者或调节者。它们的分子质量比一般的无机盐类大百倍或千倍以上，甚至达到上万倍或更大。例如，蛋白质的分子质量为一万至数万道尔顿，而核酸的分子质量有的可达上百万道尔顿。另外，生物大分子往往具有复杂的高级结构或结构域，正是这些结构决定了它们具有一些特殊的生物学性质或作用，它们在体内的运动和变化体现着重要的生命功能。例如，在机体新陈代谢过程中供给能量与物质、传递遗传信息、控制胚胎分化、促进生长发育、产生免疫功能等。本章着重介绍生物大分子的结构与功能。

2.1　生物大分子概述

2.1.1　生物大分子的概念

细胞(cell)是有机体结构与生命活动的基本单位。构成细胞的分子大约一半是无机离子或是小分子有机物，通常相对分子质量不会超过几百。另一些则是相对分子质量为 $10^4 \sim 10^{12}$ 的多聚物，因此被称为生物大分子(macromolecule)。生物大分子主要包括：蛋白质、核酸、多糖、脂类及相互形成的复合物（或称为复合大分子）。它们存在于一切动物、植物和微生物的细胞之中（朊病毒除外），并在错综复杂的生命活动中发挥着重要的作用。

氨基酸、核苷酸和单糖是形成蛋白质、核酸、多糖的结构单元(structure unit)，由这些结构单元聚合得到的生物大分子行使着令人惊奇的各种不同的功能，使细胞表现出生命活动。例如，蛋白质参与生命活动中的催化反应、代谢调节、机体运动、物质运输、免疫防卫、遗传控制、记忆思维，等等；核酸是遗传信息的载体，保证生物遗传的稳定性；多糖提供能量和生命活动所需的各种小分子，也是细胞壁的组成成分。脂类比较复杂，它们在化学组成和结构上都有较大差异，但有一个共同的特性，即不溶于水，而易溶于乙醚、氯仿、苯等非极性溶剂中，这主要是由组成它们的碳氢结构成分所决定的。脂类具有重要的生物功能，它是构成细胞膜的重要物质，也是机体代谢所需燃料的存储形式和运输形式，有调节代谢的功能，脂类作为细胞的表面物质，与细胞识别、种特异性和组织免疫等有密切关系；复合大分子在生命活动中行使的功能也非常丰富。例如，细胞内蛋白脂复合物的特性决定着细胞膜的主动输送和能量转化；糖蛋白构成了一些具有重要生理功能的物质（如抗体、酶、激素等）；糖脂是细胞膜结构与神经组织的重要部分。正是由于这些生物大分子的构建，一个细胞才有别于另一个细胞，并在大小、形态、功能上各不相同。

因此，生物大分子是一类由小分子（如氨基酸、核苷酸、单糖等）聚合而成的种类繁多、结构复杂、功能多样的大分子物质。在这些简单的小分子物质（核苷酸或氨基）的排列组合中蕴藏着各种信息，并且通过构建复杂的空间结构以形成精确的相互作用系统，由此构成生物的多样性和生物个体精确的生长发育和代谢调节控制。阐明这些复杂的结构及结构与功能的关系是分子生物学的主要任务。

2.1.2 生物大分子的化学结构

虽然生物体中含有许多不同类型的蛋白质、核酸、糖和脂等生物大分子，但是对这些重要的生物分子结构进行分析，则发现它们都是由为数不多的、结构比较简单的小分子以某种方式连接而成。这些结构比较简单的小分子被称为结构单元分子。这些不同生物大分子的结构单元分子通过共价键(covalent)连接，形成各自不同的化学结构，即一级结构(primary structure)，从而行使各自的生物学功能。

2.1.2.1 核酸

核酸是以核苷酸为基本结构单元组成的生物大分子，分为两类：脱氧核糖核酸(DNA)和核糖酸核(RNA)。所有生物细胞都含有这两类核酸。生物机体的遗传信息以密码形式编码在核酸分子上，表现为特定的核苷酸序列。DNA 和 RNA 都是生物体的遗传物质。

1）构成 DNA 和 RNA 的结构单元分子

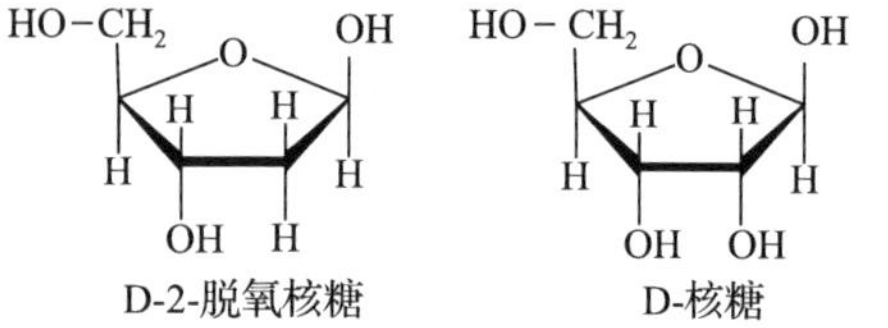

图 2-1 D-2-脱氧核糖与 D-核糖

DNA 和 RNA 都是由结构相似的结构单元分子连接而成的多聚体。DNA 和 RNA 的结构元分子分别由三种简单分子所组成，即戊糖、含氮碱基和磷酸。

(1) 戊糖。组成 DNA 结构单元分子的是D-2-脱氧核糖(D-2-deoxyribose)，而组成 RNA 结构单元分子的是D-核糖(D-ribose)，结构见图 2-1。两者的差别仅在 2 位碳原子连接的基团不同。核糖(存在于核糖核酸，即 RNA 中)在 2 位碳原子上连有一个羟基，而脱氧核糖(存在于脱氧核糖核酸，即 DNA 中)在 2 位碳原于上以另一个氢原于取代这个羟基，即 2 位碳原子连接的羟基脱氧。这一结构上的微小差异使 DNA 和 RNA 的理化性质有很大不同。例如，DNA 的等电点为 4～4.5，而 RNA 的等电点为 2～2.5。DNA 和 RNA 等电点的差别，在 DNA 和 RNA 分离中具有重要意义。DNA 和 RNA 等电点相差较大的原因，很容易从它们的结构特点来理解。RNA 链中 2′-OH 的氢原子能与磷酸酯中的羟基氧原子形成氢键，促进了磷酸酯羟基中氢原子的离解。DNA 作为遗传信息的携带者，要求具有一定的稳定性，而 RNA 在大多数情况下是作为 DNA 的信使，完成任务后即分解掉，所以要求 RNA 具有易被水解的特性。这一重要的生理意义也与 RNA 链中 2′-OH 的存在有关，RNA 分子中核糖 2′-OH 的存在促进了磷酸酯键的水解过程，在相同条件下，DNA 比 RNA 要稳定得多。

(2) 含氮碱基和核苷。组成核酸结构单元分子的含氮碱基有五种，其中两个是嘌呤(purine)的衍生物——腺嘌呤(adenine，A)和鸟嘌呤(guanine，G)；三个是嘧啶(pyrimidine)的衍生物——胞嘧啶(cytosine，C)、胸腺嘧啶(thymine，T)和尿嘧啶(uracil，U)。五种碱基的结构见图 2-2。

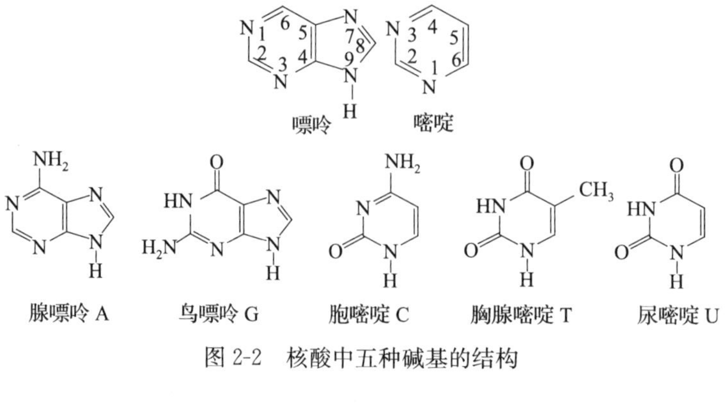

图 2-2 核酸中五种碱基的结构

DNA 中存在的四种碱基是:腺嘌呤(A)、鸟嘌呤(G)、胞嘧啶(C)和胸腺嘧啶(T)。而在 RNA 中,存在的四种碱基是:腺嘌呤(A)、鸟嘌呤(G)、胞嘧啶(C)和尿嘧啶(U)。

脱氧核糖(或核糖)中 C_1' 上的半缩醛羟基(β 构型)与嘌呤碱基的 N_9—H 或 N_1—H 脱水生成 C—N 糖苷键(glycosidic bond),形成相应的核苷(nuelecoside)。除 A、T、G、C、U 外,在 RNA 中还存在较多的稀有碱基,如甲基化的嘌呤 mG、mA、二氢尿嘧啶、次黄嘌呤等。相应地有稀有核苷,如在假尿嘧啶核苷中,不是通常意义上的 N_1 与 C_1' 的连接,而是 C_5 与 C_1' 之间形成糖苷键。

(3) 磷酸和核苷酸。核苷的核糖 C_5' 上的羟基与磷酸所形成的磷酸酯,称为核苷酸(nucleotide)。核苷酸是构成核酸(DNA 和 RNA)的结构单元分子,结构见图 2-3。

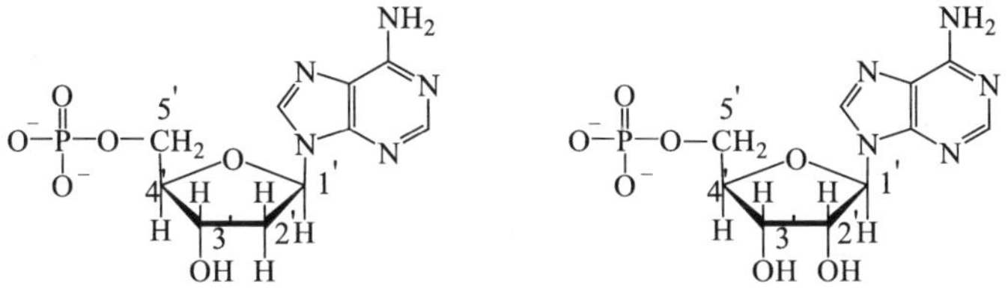

腺嘌呤-2-脱氧核苷酸(dAMP)　　腺嘌呤核苷酸 (AMP)

图 2-3 核苷酸的结构

2) 多聚核苷酸

核酸是核苷酸的线性多聚物(linear polymer),即多聚核苷酸。它由一个核苷酸的 5′磷酸基与另一分子核苷酸的 C_3' 上的羟基脱水,通过磷酸二酯键彼此相连形成长链结构的生物大分子(图 2-4)。

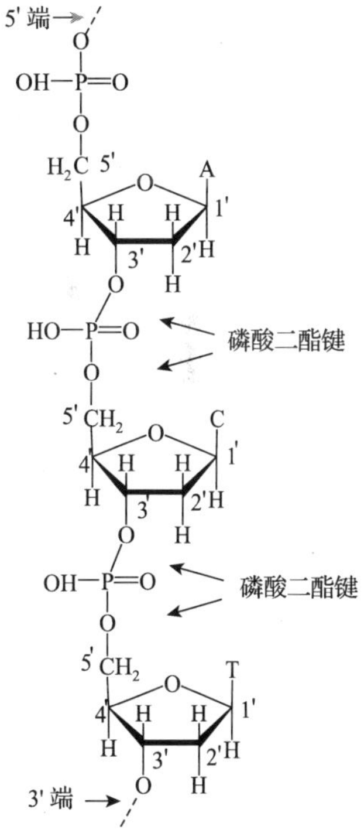

图 2-4 DNA 中多聚核苷酸一小片段结构

多聚核苷酸链具有如下特点。

(1) 多聚核苷酸是通过 5′-3′磷酸二酯键连接而成。链的一端一般含有一个游离的 5′-磷酸基或羟基,另一端则有一个游离的 3′-羟基或磷酸基。多聚核苷酸链具有方向性,习惯上,核酸序列由 5′端向 3′端书写,而且一般 5′端是磷酸基、3′端是羟基。

(2) 多聚核苷酸是由含有不同碱基的核苷酸所组成,因此具有一定的核苷酸顺序,即核酸的碱基顺序。核酸的碱基顺序是核酸的一级结构。核酸的碱基顺序具有极其重要的生理意义。DNA 的碱基顺序本身就是遗传信息储存的分子形式。

多聚核苷酸的结构也可以简化为

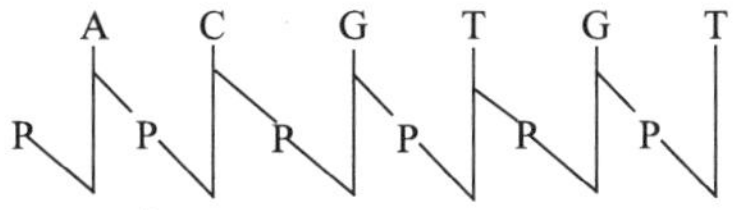

核苷酸顺序可表示为 5′PAPCPGPTPGPT3′,更简洁则可以写成:5′ACGTGT3′。

2.1.2.2 蛋白质

虽然蛋白质种类繁多,但构建蛋白质的结构单元分子是 20 种基本氨基酸。这 20 种基本氨基酸具有如下结构特点。

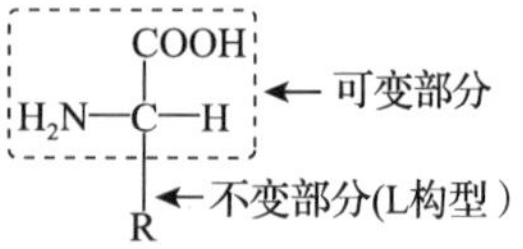

图 2-5 L-α-氨基酸

(1) 均为α-氨基酸(图 2-5)。

(2) α-碳原子为手性(chiral)碳原子(甘氨酸例外),且均为 L 构型,具有旋光性(optical rotation)。

(3) R 称为氨基酸的侧链,是α-氨基酸分子中唯一的可变化部分。R 不同可以衍生出不同的α-氨基酸,蛋白质的性质主要由这些侧链决定。

20 种基本氨基酸的结构图参阅其他相关书籍,在此不再赘述。

在蛋白质中相邻氨基酸之间连接的基本方式是肽键(peptide bond),因此,蛋白质是由一条或多条肽链连接成的生物大分子。蛋白质的化学结构就是以肽链结构为基础的线性序列,即蛋白质的一级结构。

2.1.2.3 多糖

构成多糖的结构单元分子为单糖,由于单糖种类较多,所以有同多糖、杂多糖。单糖之间由糖苷键连接,与核酸、蛋白质相比,糖分子中的连接位点较多,多糖往往具有很多的分支,其分子质量也可以非常巨大。

2.1.2.4 脂类

脂类比较复杂,它们在化学组成和结构上差异较大。虽然将单一的脂类称为大分子并不合适,但它们是由一些较小的结构单元分子(磷脂中的甘油、磷酸、硬脂酸、胆碱和油酸等)构成,并参与许多大分子的组装,形成超分子(supermolecule)而发挥其生物功能。

2.1.3 生物大分子的高级结构

一个生物大分子,无论是核酸、蛋白质或多糖,在发挥生物学功能时,不仅与其一级结构有关,而且与其高级结构有关。首先,它拥有特定的空间结构(三维结构);其次,在它发挥生物学功能的过程中必定存在着构型和构象的变化。生物大分子的高级结构包括二级结构、三级结构、四级结构、结构域、螺旋结构,等等。这些复杂多样的高级结构的形成,与其构型的改变、构象的变化及非共价键之间的相互作用有关。

2.1.3.1 构型和构象

构型(configuration)是指一个分子中诸原子特有的固定的空间排列,致使分子能以立体化学的形式区别开来。当一种构型改变为另一种构型时,共价键发生断裂和重新形成。一个分子并非是写在纸面上的平面组合,而是在三维空间中有一定的排列方式。同一组成的分子中,其原子或基团的几何排列可以不同,这种结构上的差异称立体异构。

构象(conformation)是指分子中不改变共价键结构,单键周围的原子或原子团发生旋转产生空间排列的改变。一种构象改变为另一种构象时,不要求共价键断裂和重新形成。例如,蛋白质分子具有一条或多条肽链,这些肽链既不是直线,也不是无规则的线团,而是在三维空间上有特定的走向与排列。

2.1.3.2 生物大分子的几种高级结构类型

1) 二级结构

二级结构(secondary structure)是指主链原子的局部空间排布,不包括其他链段的相互关系及侧链构象的内容。

2）三级结构

三级结构(tertiary structure)是指生物大分子中所有原子的空间排列，不包括分子间或亚基间的空间排列关系。蛋白质三级结构指多肽链中包括侧链(R)和主链在内的所有原子在三维空间的结构。

3）四级结构

有些球蛋白分子，含有两条或更多条肽链，这些肽链以非共价键相连。每条多肽链是该蛋白质分子的亚单位(亚基)。由亚单位组成的蛋白质分子叫寡聚蛋白质。

所谓四级结构(quarternary structure)，就是各亚单位在寡聚蛋白质中的空间排布及亚单位之间的相互作用，但不包括亚单位本身的构象。把由相同亚单位构成的四级结构叫均一四级结构，否则就是非均一四级结构。近来有人将亚单位看作寡聚蛋白质的一个功能单位。

2.1.3.3 生物大分子的螺旋结构

蛋白质、核酸、多糖、脂肪四种重要的生物大分子，其二级结构的构象大多呈螺旋结构。在蛋白质中，绝大多数为右手 α 螺旋结构，也有左手 α 螺旋结构；在核酸中，众所周知，DNA 二级结构为右手螺旋，同样也有左手螺旋；RNA 也存在螺旋结构；在脂肪中，生物膜中的磷脂也能形成单股螺旋；在多糖中，直链淀粉构象是一种左手螺旋，不少多聚糖都具有空心螺旋结构。

此外，许多亚细胞器和病毒颗粒都呈螺旋状态；细胞骨架、微管呈螺旋排列，而由微管构成的细胞器，如鞭毛、纤毛、中心体等均保持着螺旋结构。螺旋结构在生命现象中的存在具有普遍意义。

2.1.3.4 生物大分子高级结构中几种非共价键力

在生物大分子中，不仅主链和侧链参与高级结构的形成和其有主要关系，而且由于生物大分子的构象处于不断运动状态，必须靠非共价键力来维系空间构象的相对稳定。氢键、疏水作用、离子键、范德华力是生物体系中几种重要的非共价键力。尽管这些非共价键力都属于弱相互作用(4.2～29.3kJ/mol 的能量)，容易断裂，但是由于数目众多，因此在维持生物大分子严密空间结构和生理功能上起着十分重要的作用。

1）氢键

电负性较强的原子(如 N、O 和 S 等)与氢原子形成共价键时，电子云偏向电负性较大的原子一边，使其产生偶极，氢原子带部分正电荷。这种氢原子同另一个带电负性较大的原子相遇时，就会发生相互吸引。这种相互作用称之为氢键(hydrogen bond)。氢键的受体可以是带部分负电荷的原子，也可以是带单位负电荷的基团。生物大分子的高级结构中，主要是氧或氮原子与氢原子之间的氢键(图 2-6)。

氢供体	氢受体	氢供体	氢受体	氢供体	氢受体	氢供体	氢受体
—O—H	---N—	—N—H	---O—	—N—H	---N—	—O—H	---O—

图 2-6 几种常见的氢键类型

氢键的键能为 12.6～29.4kJ/mol，受体和供体之间的电荷差别越大，它们之间的键能也就越大。氢键具有两个重要特征：一个是方向性，当氢原子直接指向受体原子时，其引力最大，若方向偏差一点，键能就小多了；另一个是饱和性，供体氢和受体原子只能形成一条氢键。氢键是维系生物大分子高级结构稳定的主要作用之一，如蛋白质的 α 螺旋和 β 折叠、DNA 的双螺旋结构中,氢键起着决定作用。

2) 疏水作用

在生物大分子中,非极性分子有形成最小疏水面积的缔合趋势,保持这些非极性分子聚集在一起的力则称为疏水作用(hydrophobic interaction)。疏水作用是决定生物分子的结构和性质的重要因素,尤其在蛋白质的折叠、蛋白质和 DNA 等的相互作用中扮演着重要角色。

核酸和蛋白质分子中有很多疏水基团,如核酸中的碱基、蛋白质中的疏水性氨基酸残基。核酸中的碱基和碱基之间发生疏水相互作用,蛋白质分子中疏水性氨基酸残基之间发生疏水相互作用。

3) 范德华力

范德华力(van der Waals force)是原子间的一种近距离相互作用力,作用力的大小与距离的 6 次方成反比。只有当两个非键合原子处于接触距离或称范德华距离(两个原子的范德华半径之和)时作用力才能达到最大,随着距离扩大,键的强度就会迅速趋向于零。这就意味着两个分子如果形状匹配、彼此靠近,就可以通过范德华力将它们连在一起。

范德华力包括三种较弱的作用力,即定向力、诱导力和色散力。色散力是在多数情况下起主要作用的范德华力,它是非极性分子或基团间仅有的一种相互作用力,其大小与分子质量有关;范德华力虽然很弱,它的能量仅仅比热运动的动能稍大,为 4.19～8.37kJ/mol,但由于其数量庞大并且具有加和效应,因此成为一种不可忽视的作用力。

4) 离子键

离子键(ionic bond)又称盐键。它是正电荷与负电荷之间的一种静电相互作用。吸引力 F 与电荷电量的乘积成正比,与电荷质点间距离的平方成反比,在溶液中此吸引力随周围介质的介电常数增大而降低。在生理 pH 条件下,蛋白质分子中的酸性氨基酸残基侧链电离后带负电荷,碱性氨基酸残基侧链电离后带正电荷,二者之间可形成离子键。值得注意的是正、负离子间的相互作用可以使链间或者链内相距甚远的部分在空间结构上相互靠近,而同类离子由于排斥则相互远离。

2.1.4 生物大分子的自组装

生物分子之间的自发缔合称为自组装(self-assembly)。自组装是组成大分子的结构单位(如单体或亚基)自发形成超分子结构(如核糖核蛋白体、病毒、膜或多酶系统)的装配过程,依赖分子之间相互作用自发聚集,不需要任何能源,也不需要在酶或一些模板的指导下进行。例如,线状多肽链和核酸链伸长的线性结构,依照一定方式折叠或盘绕成有序的形态结构,并通过次级键维持该结构的稳定,或进一步折叠并盘绕形成更高级结构,即超二级和三级空间结构,从而表现出自身的功能。这种分子还可作为亚单位或亚分子,与其他类生物分子通过次级键形成更高级结构,即四级结构,如血红蛋白、多酶复合物、核酸与蛋白质形成的复合物等。

1) 功能类似的分子组装

螺旋-转角-螺旋的超二级结构最初发现在分解代谢物激活蛋白(catabolite activator protein, CAP)和 Cro 阻遏物中,两个螺旋几乎呈直角,其中之一深入 DNA 的大沟中与 DNA 进行专一性序列结合,研究发现该结构单位存在于许多调节蛋白中,在其功能专一性上发挥重要作用,如对应于超二级结构和结构域蛋白质特定活力。二核苷酸折叠(dinucleotide fold)的结构单位存在于 NAD^+ 为辅酶的磷酸甘油酸脱氢酶、乳酸脱氢酶等分子中,而类似的结构域也存在于以 ATP 为底物的激酶中。这两种结构域,一个与 NAD^+ 结合,一个与 ATP 结合,但它们在结构上具有共同之处，即其中心为平行的自折叠，两侧为 α 螺旋，NAD^+ 或 ATP 的结合部位则位于 β 结构的羧基端，其差异仅在于 α 螺旋的数目和排布的不同，推测它们有共同的前体。

2）同类生物分子的组装

超分子复合物(super molecular complex)可通过蛋白质自身及蛋白质和其他生物大分子自发聚集形成。在尿素的存在下，血红蛋白裂解为两个由 α 亚基和 R 亚基组成的半分子，当尿素去除后，两个半分子又重新缔合成功能性的血红蛋白。

肌动蛋白(actin)是一种球状蛋白，由肌动蛋白单体聚集成肌动蛋白微丝。胶原蛋白是一种三螺旋蛋白质复合物。

微管(microtubule)是真核细胞中的另一种重要的蛋白质。其结构是半径为 25nm 并由 13 股细丝组成的中空管。α-微管蛋白和 β-微管蛋白是组成微管的两种微管蛋白(tubulin)。α-微管蛋白和 β-微管蛋白先形成二聚体，然后再组装成微管。微管和微管蛋白的存在处于动态平衡中，可随着代谢条件的需要决定其结构(聚集或解体)。

3）异类生物分子组装

蛋白质与核酸形成的复合物称为核蛋白体。病毒粒子是由 RNA 或 DNA 与蛋白质结合而形成的。例如，烟草花叶病毒(tobacco mosaic virus，TMV)由 1 个 RNA 分子与 2130 个相同的蛋白亚基构成，RNA 与蛋白亚基间主要作用力是疏水相互作用。

除病毒外，蛋白质与核酸的相互作用在其他生物遗传信息的传递和调控中都发挥着重要作用。蛋白质和核酸的相互作用可分为核酸与蛋白质形成特定的超分子复合物及蛋白质与核酸间相互作用的动态性两种类型，如核糖体(ribosome)、核内小核糖核蛋白(small nuclear ribonucleoprotein，snRNP)、信号识别颗粒(signal recognition particle，SRP)、延长因子、tRNA 与核糖体形成的三元复合物等。

生物膜是由蛋白质和脂质组成的装配体，包括细胞质膜、细胞内细胞器外包裹的膜。生物膜具有多重功能，如将细胞与环境分隔、胞内不同细胞器分隔的区室化，胞内外物质的选择性通过，信号分子的受体，传递电子，生化反应场所，酶系统存在场所等。

2.2 核　　酸

2.2.1 DNA 的结构与功能

DNA 是遗传的物质基础，基因是具有特定生物功能的 DNA 序列。作为遗传的物质基础，它必须具有下列基本特性：第一，具有稳定的结构，能进行复制，特定的结构能传递给子代；第二，携带生命的遗传信息，以决定生命的产生、生长和发育；第三，能产生遗传的变异使进化永不枯竭。因此研究 DNA 的分子结构，可以从化学键的水平解释 DNA 是怎样起遗传作用的；是如何来完成上一代的性状准确地在下一代表现出来这一过程的。

2.2.1.1 DNA 的一级结构与功能

DNA 是脱氧核苷酸的多聚物。在所有的 DNA 分子中，磷酸和脱氧核糖是不变的，而含氮碱基是可变的，主要有四种，即腺嘌呤(A)、鸟嘌呤(G)、胞嘧啶(C)和胸腺嘧啶(T)。脱氧核苷酸可分别称为腺嘌呤脱氧核苷酸、鸟嘌呤脱氧核苷酸、胞嘧啶脱氧核苷酸和胸腺嘧啶脱氧核苷酸。许多个脱氧核苷酸经 3′端的羟基与 5′端的核苷三磷酸反应形成磷酸二酯键聚合而成为 DNA 链。DNA 通常以线性或环状形式存在，绝大多数 DNA 分子都由碱基互补的双链构成，也有少数生物以单链形式存在，如某些噬菌体（phage）和病毒。

所谓 DNA 的一级结构，就是指四种核苷酸的连接及其排列顺序。组成 DNA 分子的碱基虽然只有四种，但碱基可以任何顺序排列，构成了 DNA 分子的多样性。每个 DNA 分子所具有的特定的碱基排列顺序构成了 DNA 分子的特异性，不同的 DNA 链可以编码出完全不同的多肽。

DNA 作为信息分子(information molecular)，主要有两大功能：一是负责编码蛋白质氨基酸组成的信息及编码 RNA 的信息，在这类信息中，DNA 序列结构与蛋白质的一级结构及 RNA 的序列结构之间基本上存在着共线性关系。二是决定基因开启或关闭的元件或负责编码某些重要的调控蛋白，即负责基因表达的调控，使基因能选择性的表达。这部分 DNA 在细胞周期的不同时期和个体发育的不同阶段、不同器官、组织及不同的外界环境下，决定基因开启还是关闭，以及开启量的多少等。

2.2.1.2　DNA 的二级结构

1953 年，Watson 和 Crick 在前人的研究工作基础上，应用 DNA 结晶的 X 射线衍射图谱和分子模型，提出了著名的 DNA 双螺旋(double helix)结构模型，并对模型的生理意义做了科学的解释和预测。双螺旋结构的发现，是 20 世纪最伟大的科学成就之一。双螺旋结构如图 2-7 所示。

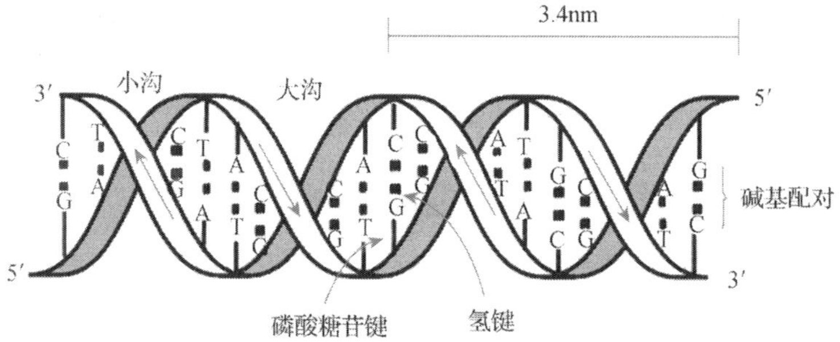

图 2-7　DNA 的双螺旋结构(Chemical Office，2008)

DNA 双螺旋结构具有以下几个基本特点。

(1) 两条反向平行的多核苷酸链围绕同一中心轴相互缠绕；两条链均为右手螺旋。

(2) 磷酸与核糖在外侧，彼此通过 3′，5′-磷酸二酯链相连接，形成 DNA 分子的骨架。嘌呤与嘧啶碱位于双螺旋的内侧，成 DNA 分子的骨架。碱基平面与纵轴垂直，糖环的平面则与纵轴平行。多核苷酸链的方向取决于核酸间磷酸二酯键的走向，习惯上以 C'_3—C'_5 为正向。

(3) 双螺旋的平均直径为 2nm；两个相邻的碱基对之间相距的高度，即碱基堆积距离为 0.34nm；两个核苷酸之间的夹角为 36°；沿中心轴每旋转一周有 10 对核苷酸，成一个螺旋。螺旋的螺距(螺旋旋转一圈)高度为 3.4nm。

(4) 两条核苷酸链依靠彼此碱基之间形成的氢键相连接在一起，而且必须是嘌呤与嘧啶相配，A 和 C、G 和 T 之间不能形成适合的氢键，只有 A 和 T 配对，形成两个氢键，G 与 C 互补配对，形成三个氢键才能保证形成正确的双螺旋结构。这种碱基之间的配对原则称为碱基互补(图 2-8)。碱基在一条链上的排列顺序不受任何限制，根据碱基配对原则，当一条多核苷酸链的序列被确定后，即可决定另一条互补链的序列，表明遗传信息(genetic information)由碱基序列携带。

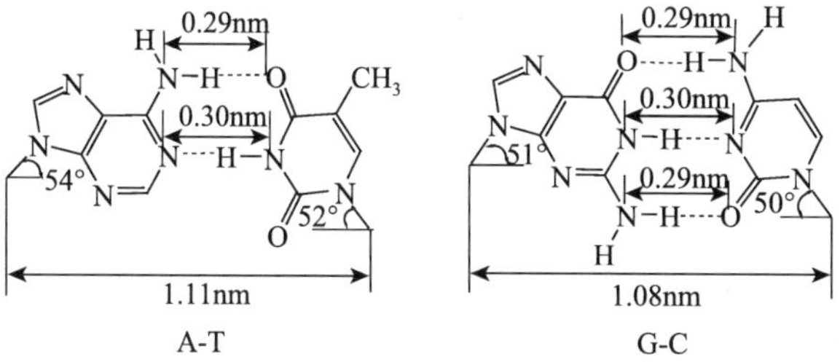

图 2-8 A-T、G-C 碱基配对

碱基互补原则具有极重要的生物学意义，它是复制、转录、逆转录的分子基础。碱基配对概念是核酸参与遗传信息传递所有过程的核心，而碱基对的分离是双螺旋分子发挥功能的特征。形成碱基对的能力是单链核酸发挥功能所必需的。

(5) 大沟和小沟。配对的碱基并不充满双螺旋空间，且碱基对占据的空间不对称。因两条链配对偏向一侧，沿螺旋轴方向观察，双螺旋的表面形成一条宽(2.2nm)的大沟(major groove)和一条窄(1.2nm)的小沟(minor groove)。大沟中碱基的差异易于识别，是蛋白质结合特异 DNA 序列的区域，对于蛋白质识别 DNA 双螺旋结构上的特异信息非常重要；而小沟相对体现的信息较少。大、小沟差异见图 2-9。

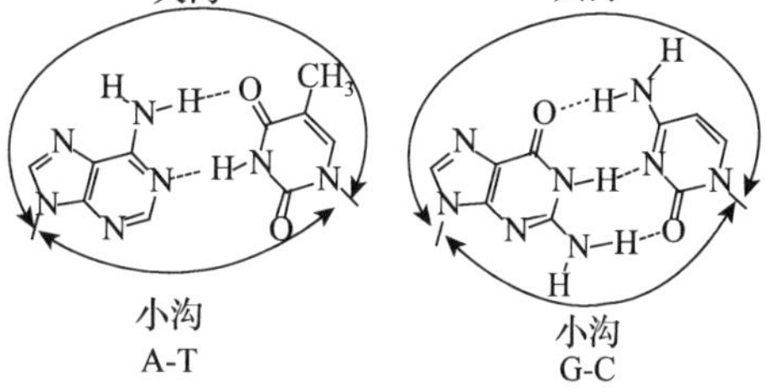

图 2-9 DNA 中的大、小沟

2.2.1.3 影响双螺旋结构稳定性的因素

DNA 双螺旋结构在生理状态下很稳定。影响这种稳定性的主要因素有以下几种。

1) 氢键

在双螺旋中互补碱基 G-C 对有三条氢键，A-T 对有两条氢键。G-C 对比 A-T 对更稳定(图 2-8)，因此双螺旋结构的稳定性与 G+C 的百分含量成正比。

2) 碱基堆积力

分布于双螺旋结构内侧的嘌呤碱与嘧啶碱呈疏水性，大量邻近碱基对的堆积(accumulation)，使其内部形成了强有力的疏水区，与介质水分子隔开。这是 DNA 双螺旋内相邻碱基相互堆积成双螺旋结构的原因之一。

3) 范德华力

双链 DNA 的相邻碱基之间形成方阵结构(square structure)。在方阵结构内碱基平面相互平行，与主轴可以垂直或者倾斜成一定角度，但碱基平面之间的垂直距离为 0.34nm，这与范德华力半径 0.17nm 左右十分吻合，同一单链上相邻碱基的距离恰好在范德华力作用半径上，这样增强了疏水作用。两个原子之间的范德华力是无意义的，但大量碱基对的范德华力积累是维持双螺旋二级结构的另一个重要因素。

4）磷酸基的负电荷静电斥力

核苷酸上的磷酸基团都带有一个负电荷，双链之间这种强有力的静电排斥作用将使两条链分开。但当溶液中加入盐类时，带负电荷的磷酸基团可以被正离子（Na^+）中和，正离子围绕着磷酸基团周围形成“离子云”，屏蔽磷酸基团的静电斥力。在生理盐水浓度（0.2mol/L）时发生了这种屏蔽作用（shielding effect），斥力被中和。当离子浓度降低时，屏蔽作用减弱，斥力增大，在超过生理盐浓度时，由于高浓度下碱基的溶解性降低而增加了疏水作用力，促进双螺旋结构稳定。

5）碱基分子内能

当温度等因素使碱基分子内能增加时，碱基的定向排列遭受破坏，从而削弱碱基的氢键结合力和碱基堆集力，会使 DNA 双螺旋结构受到破坏。

2.2.1.4 DNA 的二级结构的多态性（polymorphism）

Watson 和 Crick 的双螺旋结构模型的特征，是属于 B 型 DNA 双螺旋结构。这是从生理盐水中抽提出的 DNA 纤维，在 92%相对湿度下进行 X 射线衍射分析得出的构象。生物体基因组的大多数 DNA 都以 B 型 DNA 双螺旋结构的形式存在。实际上细胞内 DNA 双螺旋结构的构象并不是固定不变的，它受环境条件的影响而动态可变，结构变化的能力，是 DNA 发挥功能的关键。

研究表明，相对湿度为 75%时，DNA 双螺旋呈 A 型构象。这一构象较 B 型螺旋拧得紧一些，碱基平面对螺旋轴倾斜 20°，大沟和小沟发生变化，从而影响蛋白质与 DNA 之间的相互作用。A 型构象不仅出现于脱水 DNA 中，还出现在 RNA 双链区（由于 RNA 有 2′-羟基，阻碍它形成 B 型结构）和 DNA、RNA 杂交分子中。

相对湿度降为 66%，则 DNA 是 C 型构象，这一构象仅在实验室中观察到。有些 DNA 分子中，G、C 碱基对较少时，呈 D 型和 E 型构象，这样的结构每圈螺旋含有的碱基对数目最少，只有 8 个和 7.5 个。

在 DNA 单链中存在嘌呤与嘧啶交替排列的顺序 CGCGCG 或 CACACA 时，则会出现左手双螺旋结构。其结构特点为：两条六核苷酸链以反向平行排列，自身互补；每圈螺旋 12 个碱基对，碱基平面不与螺旋轴垂直，螺距 4.56nm；螺旋扭角为－51°（G-C）和－9°（C-G），螺旋中的碱基对移向边缘，螺旋轴位于小沟中，小沟深窄，密集了较多负电荷；大沟被胞嘧啶的 C_5 和鸟嘌呤的 N_7、C_8原子填充 ；与右手螺旋不同的是，在 B 型 DNA 转变过程中，鸟嘌呤绕糖苷键旋转 180°，导致核苷酸成顺式构象（*cis* conformation）。而 C 核苷胞嘧啶和核糖整个旋转，使 C 核苷酸保持反式构象（*trans* conformation）。在主链中各个磷酸根呈锯齿状排列，犹如“之”字形一样，因此称为 Z 型结构。Z 型 DNA 不只限于 G C 相同的 DNA 顺序，只要在双螺旋中嘌呤和嘧啶碱基交替排列（alternating arrangement），一定条件下（如高浓度盐）都有可能出现。细胞内一些因素可以促使 B 型 DNA 转变为 Z 型 DNA，如真核细胞中常出现胞嘧啶 5 位碳原子的甲基化，形成局部疏水区，这一区域伸入 B 型 DNA 的大沟中，使 B 型 DNA 不稳定而转变为 Z 型 DNA。

总之在不同条件下，DNA 分子可能有不同的构象，A、B、C、D 和 E 型 DNA 都是右手反向平行双螺旋，而 Z 型 DNA 为左手双螺旋，表面都有两个螺旋沟，沟的宽度和深度有所不同。A 型、B 型和 Z 型构象是 DNA 双螺旋结构中的三个主要的构象（图 2-10）。

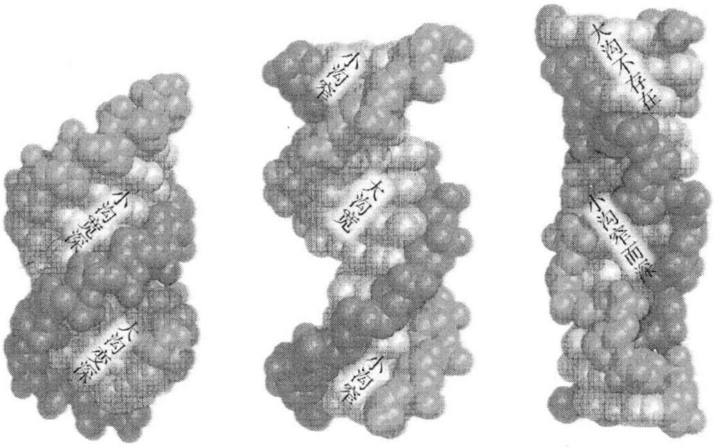

A 型 DNA　　B 型 DNA　　Z 型 DNA

图 2-10　A 型、B 型和 Z 型 DNA 双螺旋结构(http://www.hnca.edu.cn/jpkc_yichu)

2.2.1.5　DNA 分子的发夹结构和回文序列

1) 发夹结构

有些病毒基因组由单链 DNA 或 RNA 组成。单链核酸也可由于部分序列之间的碱基配对而形成分子内或分子间的双螺旋区域。当同一个核酸分子中一段碱基序列附近紧接着一段它的互补序列时,核酸链自身回折配对产生一个反平行的双螺旋结构,称为发夹(hairpin)。发夹结构由称为茎的碱基互补配对的双螺旋区域和不能配对的突环区域构成。当互补序列在分子中距离较远时,形成双链区域时产生较大的单链环,如果两个可能的互补序列中的一个包含一段不配对的多余序列时产生突环(bulge loop)。

2) 回文序列

回文序列又称反向重复序列(inverted repeat),是指在双链 DNA 序列中按确定的方向阅读双链中的每一条链的序列都是相同的,如下面一段双链序列是反向重复序列

5′GTACC3′
3′CCATG5′

每条链从5′→3′方向阅读时,序列都是 GTACC。

在双链 DNA 中,如果两条互补链分开,每条链上的互补序列都有机会发生碱基配对而形成一个发夹。两个相对的发夹结构形成了一个十字形结构(cruciform),对应于四个双螺旋区域的交叉点。原来的双螺旋位于十字形结构的两侧 (图 2-11)。

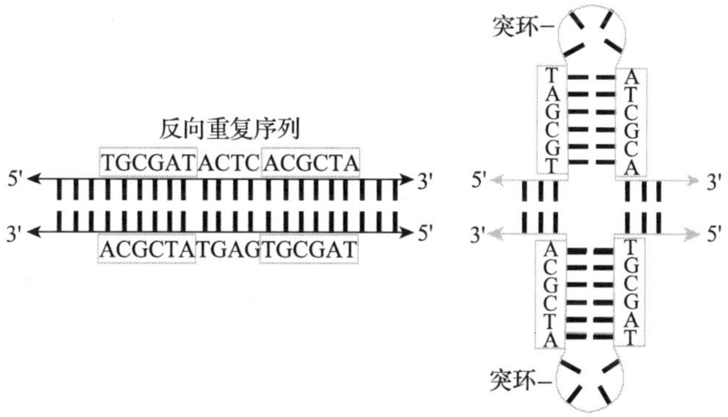

图 2-11　反向重复序列转变为十字形结构

2.2.1.6 DNA 分子的三股螺旋和四链结构

1) DNA 的三股螺旋

当双链核酸的一条链为全嘌呤核苷酸链，另一条链为全嘧啶核苷酸链时，就会转化形成 DNA 的三螺旋结构。

三股螺旋结构形成的区域具有同聚嘌呤（Hpu）和同聚嘧啶（Hpy）序列；三股螺旋的基本结构有两种：一种是 Py-Pu-Py（如 T A T、C G C^+ 等），另一种是 Pu-Pu-Py（如 A A T 、G G C 等）。前者在偏酸性的介质中比较稳定，通常也多见，酸性 pH 可促使胞嘧啶质子化，从而提高了形成三股螺旋时以 Hoogsteen 氢键与鸟嘌呤配对的能力。后者在偏碱性介质中比较稳定。三股螺旋区碱基配对方式，一般符合 Hoogsteen 模型，即第三个碱基以 A-T、G-C 配对，第三条链上的 C 必须质子化，与 G 只形成两对氢键（图 2-12）。三股螺旋结构是在双螺旋结构基础上形成的，三股螺旋的第三股链可以来自分子间或分子内。H-DNA（hinged-DNA）（图 2-13）是一种分子内折叠形成的三股螺旋，存在于基因调控区和其他重要区域中，具有重要生物学意义。实验表明，有些启动子的 S1 核酸酶敏感区存在一些短的、同向或镜像重复的聚嘧啶-嘌呤区，该区域可以形成 H-DNA，因而产生可被 S1 酶消化的单链结构。

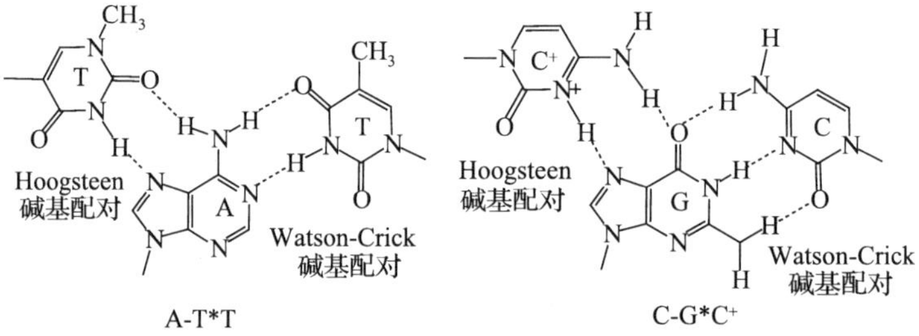

图 2-12 三股螺旋 DNA 中的碱基配对

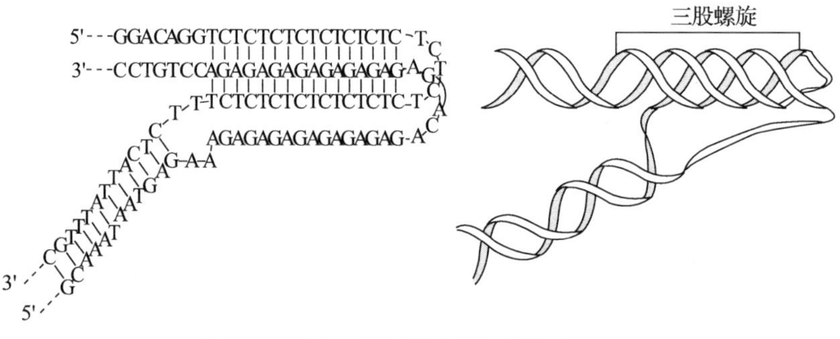

图 2-13 Ⅱ型 DNA 结构（王镜岩等，2002）

2) DNA 的四链结构

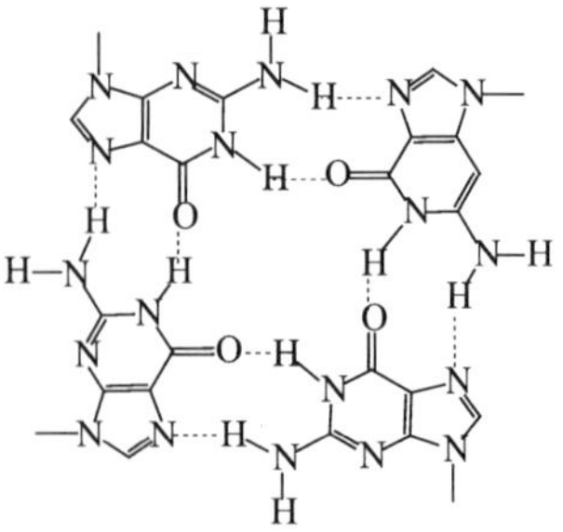

图 2-14 DNA 四联体结构

富含鸟嘌呤的端粒 DNA（telomere DNA），以 Hoogsteen 配对方式也可形成四链结构，其结构单元为G-四联体（G-quadruplex）（图 2-14）。

在线性染色体 DNA 的 3′端常含有几百个类似的 AGGGTT（人）、GGGGTT（四膜虫）和酵母 Gl-4T、Gl-8A 的序列，其特点是 四个 G 以 Hoogsteen 配对方式形成分子内或分子间的四链结构，并依赖于环境而产生不同的构象，在锂盐的水溶液中可形成一个对称的双行四螺旋。真核生物染色体的 3′端（端粒）在复制时的 RNA 引物，在复制完成后即被切除，这段序列不易被修复，结果造成了子代 DNA 的 5′ 端逐步缩短，当细胞进行了若干次分裂以后，端粒越来越短。

除端粒 DNA 外，其他富含 G 的 DNA 序列也可产生以 G-四联体为基础的结构，包括免疫球蛋白铰链区基因中富含 G 的部位、成视网膜细胞瘤敏感性基因和 tRNA、*SupF* 基因上的一些特殊序列等。

2.2.1.7 DNA 分子的超螺旋结构

DNA 的双螺旋结构可进一步扭曲盘绕，形成的特定高级结构成为超螺旋结构(supercoiled structure)。超螺旋结构分为负超螺旋(negative supercoiled)和正超螺旋(positive supercoiled)两大类。以一条绳索实验，可形象地说明这两类超螺旋结构：绳子的两股以右旋方向缠绕，在绳子的一端向紧缠方向捻转，再将绳子的两端连接起来，则产生一个左旋的超螺旋以解除捻转而产生的额外的张力，这种左旋的超螺旋称为正超螺旋。在绳子的一端向松缠方向捻转，再将绳子的两端连接起来，则产生一个右旋的超螺旋以解除外加捻转而产生的张力，这种右旋的超螺旋称为负超螺旋。超螺旋的形成总是要向着抵消初级螺旋改变的方向发展。

在 DNA 双螺旋中，大约每 10 对核苷酸长度旋转一圈，这时双螺旋处于能量最低的状态(当 DNA 双螺旋分子在溶液中以一定构象自由存在时，双螺旋也处于能量最低的状态)，此为松弛态。如果使这种正常的 DNA 分子额外地多转几圈或少转几圈，使每转一圈的核苷酸数大于 10 或小于 10 时，就会使双螺旋中存在张力。当双螺旋分子末端开放时，这种张力可通过链的转动而释放。如果固定 DNA 分子的两端，或者本身是共价闭合环状 DNA 或与蛋白质结合的 DNA 分子，DNA 分子两条链不能自由转动，额外的张力(tension)不能释放，DNA 分子就会发生扭曲，用以抵消张力而产生超螺旋(图 2-15)。

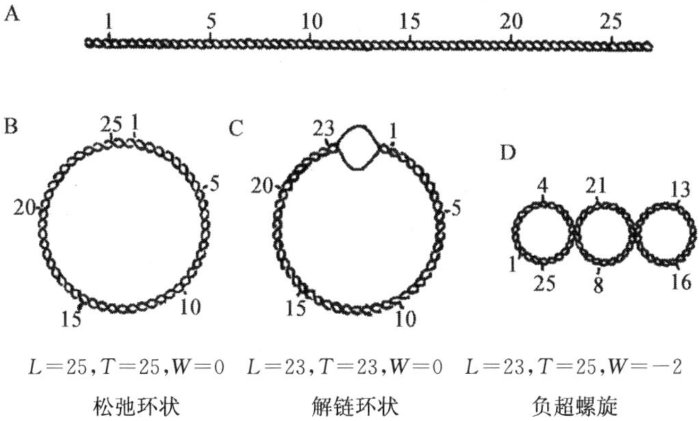

图 2-15 环状 DNA 的不同构象(赵亚华，2006)

1) 超螺旋是所有线性或环形 DNA 的共有的重要特征

细胞内的 DNA 常常是缺少自由末端的闭合结构。绝大多数原核生物的 DNA，如细菌染色体 DNA、质粒 DNA 和某些病毒 DNA 是双链环状分子，可形成环状超螺旋(cyclic supercoiled)结构(图 2-16)；真核生物的线粒体、叶绿体 DNA 也是环状超螺旋结构；真核生物染色体虽为线性分子，但其 DNA 与蛋白质相互结合，以许多大环的形式存在，每个环的基部结合在一起形成类似环的结构。这种闭合环的存在使双螺旋上出现了更多的结构限制。

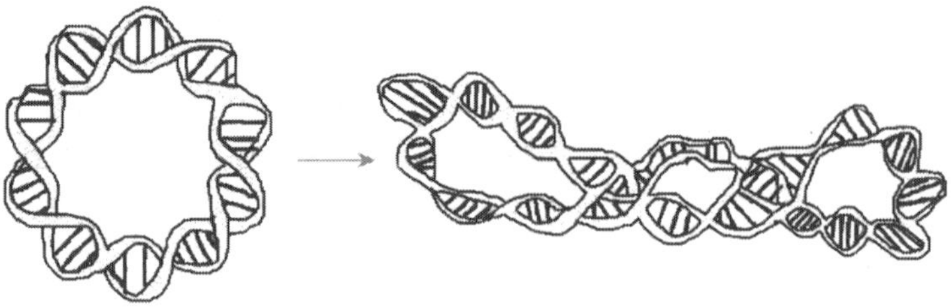

图 2-16 原核生物 DNA 超螺旋（陈启民等，2001）

2）正超螺旋与负超螺旋在特殊情况可以相互转变

$$\text{负超螺旋}\xrightarrow[\text{溴化乙锭}]{\text{拓扑异构酶}}\text{松弛}\xrightarrow[\text{溴化乙锭}]{\text{拓扑异构酶}}\text{负超螺旋}$$

3）超螺旋 DNA 的拓扑学特性

（1）连环数(linking number，L)是 DNA 双螺旋中，一条链以右手螺旋绕另一条链的次数。

（2）扭转数(twisting number，T)是 DNA 分子中的 Watson-Crick 螺旋数目，以 T 表示。

（3）超螺旋数(缠绕数，writhing number，W）直观上为双螺旋在空间的转动数，负超螺旋时 W 为负值，正超螺旋时 W 为正值。用数学公式 Vinograd 方程式描述为

$$L = T + W\ (\alpha = \beta + \gamma)$$

（4）比连环差(specific linking difference，λ）表示 DNA 的超螺旋程度(superhelix density)。$\lambda=[(L-L_0)/L_0]=$ 每一圈初级螺旋(10bp，360°）出现超螺旋数，L_0是指松弛环形 DNA 的 L 值。

4）拓扑异构酶

拓扑异构体：只在连接数上有差别的同种 DAN 分子称为这种 DNA 的拓扑异构体。

拓扑异构酶(topoisomerase)是催化 DNA 由一种拓扑异构体转变成另一种拓扑异构体的酶类。根据作用的机制及其介导一条链还是两条链的断裂，拓扑异构酶可以分为Ⅰ型和Ⅱ型。

（1）Ⅰ型拓扑异构酶。各种Ⅰ型酶的共同特点是：①仅切断双链 DNA 中的一条链，即催化瞬时的单链断裂和连接；②不需要能量辅助因子，如 ATP 和 NAD 等，因而不能催化需能的超螺旋化结构。一般都是使高度超螺旋的 DNA 松弛。研究最多的Ⅰ型酶是 *E. coli* 拓扑异构酶Ⅰ（ω蛋白)，ω蛋白呈 C 形。根据它的反应特点，提出了Ⅰ型酶的反应机制(图 2-17)。

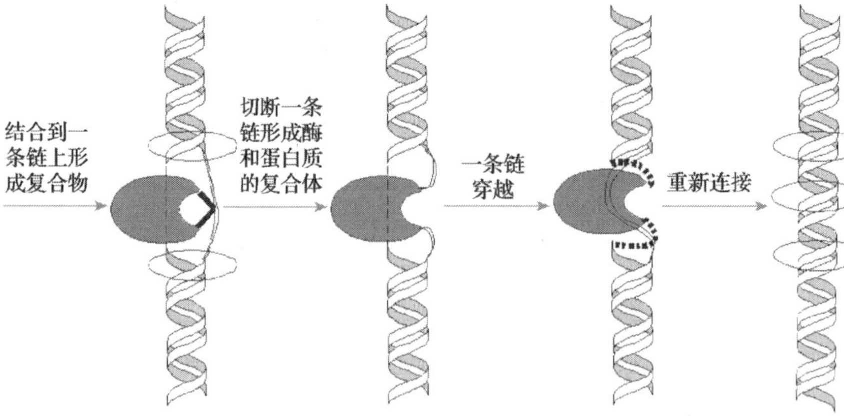

图 2-17 拓扑异构酶Ⅰ的作用机制（Chemical Office，2008）

（2）Ⅱ型拓扑异构酶。Ⅱ型酶的共同特点是：①同时切断、缝合 DNA 的两条链，不需要单

链切口存在，因而每一反应后改变两个链环数；②需要能量辅助因子。Ⅱ型酶没有DNA序列特异性，可以作用于任何相交的两对双链DNA。

拓扑异构酶的生物学功能是：①恢复由一些细胞过程产生的超螺旋，如复制叉前面正超螺旋的消除；转录酶前正超螺旋的消除，后面负超螺旋的产生。②防止细胞DNA的过度超螺旋，多种拓扑异构酶的作用严格控制体内负超螺旋维持在5%水平。

2.2.1.8 原核生物与真核生物染色体的组成、结构

1）原核生物染色体

原核生物由于没有细胞核，往往把原核生物的核酸分子称作原核生物的染色体或基因组。原核生物基因组很小，DNA含量低，如大肠杆菌的DNA约4.6×10^6bp，含3000～4000个基因；SV40病毒只有5226bp，含5个基因。原核生物染色体DNA并非完全散开，它在细胞内紧密缠绕成致密的小体，称为拟核(nucleoid)，约占细胞的1/3。细菌的基因组为双链环状DNA，与碱性蛋白和少量RNA结合，组成许多突环(图2-18)。原核细胞基因组就是以这种拟核形式在细胞中发挥各种功能的。

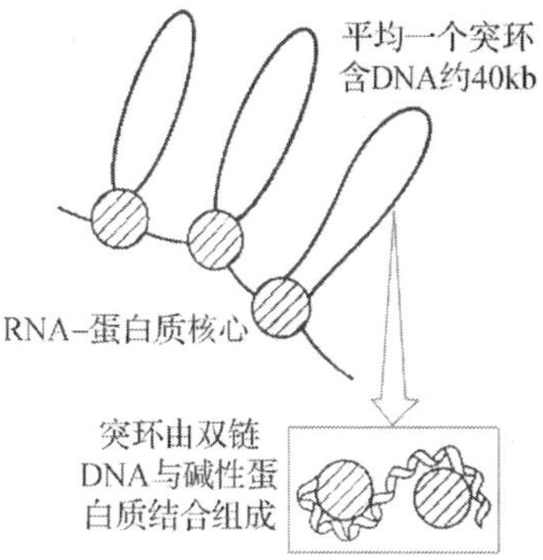

图2-18 细菌拟核结构
（王镜岩等，2002）

2）真核生物染色体

真核生物的染色体与原核生物的相比，比较复杂，具有不同层次的组装结构。在细胞分裂间期，基因组以染色质（染色质是一种纤维状结构，称为染色质丝）形式存在。它是由最基本的单位核小体成串排列而成。核小体单位串联成的微丝需要进一步折叠，压缩成染色质丝和染色体。

核小体(nucleosome)是构成真核生物染色质的基本结构单位，是DNA和蛋白质构成的紧密结构形式。研究表明，染色质呈有规律的重复结构。每个重复单位包括200bp左右的DNA和一组组蛋白分子。把200bp长度DNA与一组组蛋白构成的致密结构称为核小体。构成核小体的组蛋白主要有五种，分别为H1、H2A、H2B、H3和H4。它们具有以下主要特征：①进化上的保守性，H4最为保守；②无组织特异性；③肽链上氨基酸分布的不对称型；④富含碱性氨基酸。

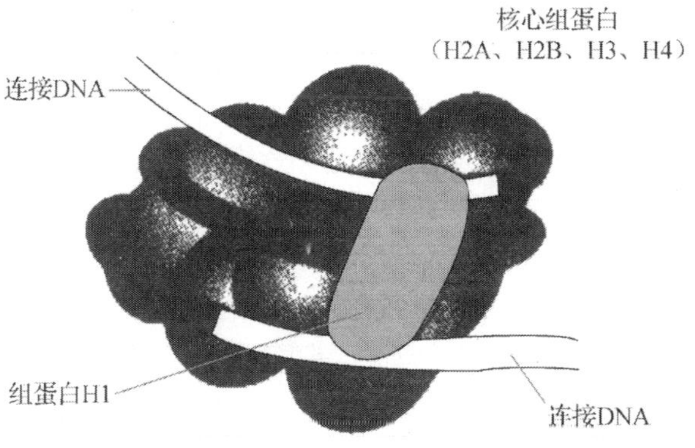

图2-19 核小体的结构（王镜岩等，2002）

核小体的核心由组蛋白H2A、H2B、H3和H4各两分子组成，为八聚体；146bp的双螺旋DNA再以左手螺旋方式盘绕在八聚体上1.8圈，形成核小体的核心颗粒，各核心颗粒之间有一个连接区，由20～60bp的DNA和1分子组蛋白H1构成(图2-19)。平均每个核小体重复单位约占DNA 200bp。核小体继续压缩成螺线管，然后在非组蛋白帮助下进一步形成染色体。由双螺旋DNA组装成染色体结构非常重要。一方面染色体是DNA的紧密结构，更适合存在于细胞中，每次细

胞分裂时都能有效地将 DNA 传递给两个子代细胞；另一方面这种组装可保护 DNA 免于损伤。

染色质。染色质(chromatin)分为常染色质和异染色质两种。在常染色质中 DNA 的压缩比为 1000～2000，相对比较伸展，主要为单拷贝基因和中等重复序列，是基因的活跃表达区域，其表达受各种调节因子的调节。异染色质是指在细胞分裂间期核中 DNA 折叠压缩程度较高，以凝集状态存在，对碱性染料着色较深的区域。在着丝粒、端粒、次缢痕以及染色体的某些节段，由较短和高度重复的 DNA 序列组成永久性的异染色质。另一些染色质区域随细胞分化而进一步折叠压缩，以封闭基因活性，称为功能性异染色质。例如，哺乳类动物雄性个体的细胞含一条 X 染色体，呈常染色体状态；雌性个体的细胞含两条 X 染色体，其中一条在发育早期随机发生异染色质化而成为无活性的巴氏小体，而专一性地关闭整个染色体上基因的表达。此过程使雄性细胞和雌性细胞 X 染色体基因的活性水平相等，属于性分化的剂量补偿效应。

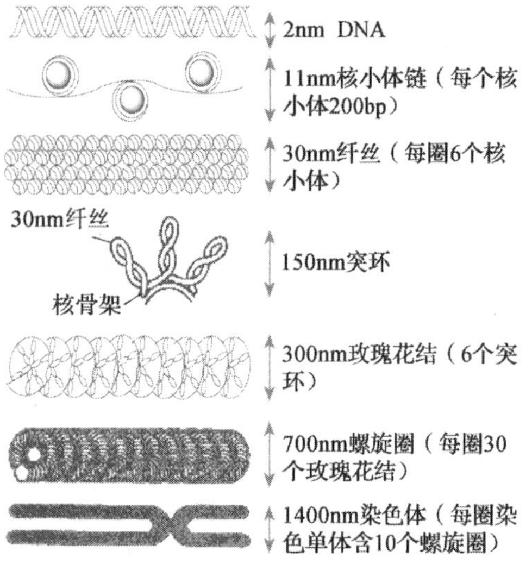

图 2-20 真核生物染色体 DNA 组装不同层次的结构（Chemical Office，2008）

染色体的包装。真核生物的染色体存在更高层次的组织，使 DNA 进一步被压缩。在念珠串的核小体链进一步折叠盘绕的染色质纤丝(30nm) 组成突环(100bp) 基础上，再由突环形成玫瑰花结(rosette)形状的结构，进而组装成螺旋圈(coil)，由螺旋圈再组装成染色单体(chromatid)。总之，染色体是由 DNA 和蛋白质及 RNA 构成的不同层次缠绕线(plectonemic)和螺线管(solenoidal)结构。虽然不能用一个简单的模型来描述所有的染色体的结构，但在真核生物染色体中，DNA 压缩的基本原则是在螺旋上形成螺旋，再形成螺旋的复杂过程(图 2-20)。

2.2.2 R NA 的结构与功能

RNA 在生命活动中具有重要作用，它和蛋白质共同负责基因的表达和调控。RNA 主要存在于细胞质中。RNA 有多种类型，主要有与转录 DNA 遗传信息有关的 mRNA、rRNA 和 tRNA，此外还有许多种小分子的 RNA，如不均一核 RAN(hnRNA) 、小核 RNA(snRNA) 、反义 RNA(asRNA) 、小核仁 RNA(snoRNA) 等。

RNA 分子一般以线状单链形式存在，但是 RNA 分子的某些区域可自身回折进行碱基互补配对，形成局部双螺旋，即 RNA 的二级结构。在 RNA 的局部双螺旋区，A 与 U 配对、G 与 C 配对，也存在非标准(如 G 与 U) 配对情况。无法配对的区域以环状形式突起，这种短的双螺旋区域和环状突起称为突环或发夹结构。二级结构进一步折叠形成三级结构，RNA 只有在具有三级结构时才能成为有活性的分子。RNA 也能与蛋白质形成核蛋白复合物，RNA 的四级结构是 RNA 与蛋白质的相互作用。

2.2.2.1 tRNA 的结构特点

tRNA 的主要生物学功能是转运活化了的氨基酸，参与蛋白质的生物合成各种 tRNA 的一级结构互不相同，但它们的二级结构都呈三叶草形(图 2-21)。

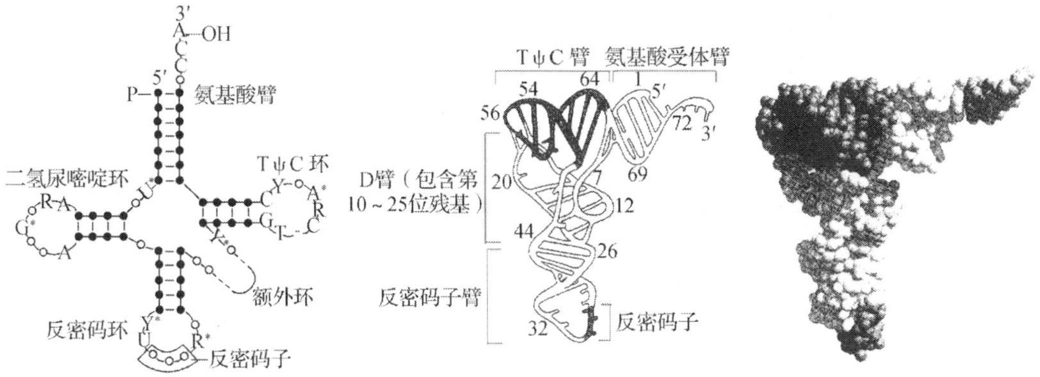

图 2-21 tRNA 的三叶草形及倒“L”结构(朱玉贤和李毅,2002)

*代表修饰碱基

这种三叶草形结构的主要特征是:氨基酸受体臂、二氢尿嘧啶环(DHU 环)、反密码环、额外环和 TψC 环。tRNA 在二级结构的基础上进一步折叠成为倒“L”形的三级结构(图2-21)。

2.2.2.2 mRNA 的结构特点

mRNA 一般都不稳定,代谢活跃,更新迅速,半衰期短。mRNA 分子中从 5′端到 3′端每三个相邻的核苷酸组成的三联体代表氨基酸信息,称为密码子(codon)。mRNA 的生物学功能是传递 DNA 的遗传信息,指导蛋白质的生物合成。细胞内 mRNA 的种类很多,分子大小不一,由几百至几千个核苷酸组成。原核生物中 mRNA 转录后一般不需加工,直接进行蛋白质翻译。mRNA 转录和翻译不仅发生在同一细胞空间,而且这两个过程几乎是同时进行的。真核细胞成熟 mRNA 是由其前体核内不均一核 RNA(heterogeneous nuclear RNA,hnRNA)剪接并经修饰后才能进入细胞质中参与蛋白质合成。所以真核细胞 mRNA 的合成和表达发生在不同的空间和时间。mRNA 的结构在原核生物中和真核生物中差别很大。

1) 原核生物 mRNA 的结构特点

原核生物的 mRNA 结构简单,往往含有几个功能上相关的蛋白质的编码序列,可翻译出几种蛋白质。在原核生物 mRNA 中编码序列之间有间隔序列,可能与核糖体的识别和结合有关。在 5′端与 3′端有与翻译起始和终止有关的非编码序列,原核生物 mRNA 中没有修饰碱基,5′端没有帽子结构,3′端没有多聚腺苷酸的尾巴(polyadenylate tail,polyA 尾巴)。原核生物的 mRNA 的半衰期比真核生物的要短得多,现在一般认为,转录后 1min,mRNA 就开始降解。

2) 真核生物 mRNA 的结构特点

在真核生物中,最初转录生成的 RNA 称为不均一核 RNA,然而在细胞质中起作用,作为蛋白质的氨基酸序列的合成模板是 mRNA(messenger RNA)。hnRNA 是 mRNA 的未成熟前体。两者之间的差别主要有两点:一是 hnRNA 核苷酸链中的一些片段将不出现于相应的 mRNA 中,这些片段称为内含子(intron),而那些保留于 mRNA 中的片段称为外显子(exon)。也就是说,hnRNA 在转变为 mRNA 的过程中经过剪接,被去掉了一些片段,余下的片段被重新连接在一起。二是 mRNA 的5′端被加上一个 m7pGppp 帽子,帽子结构可保护 mRNA 不被外切核酸酶水解,并且能与帽结合蛋白结合识别核糖体并与之结合,与翻译起始有关;在 mRNA 3′

端有一个 polyA 尾巴，其长度为 20～250 个腺苷酸，随着 mRNA 存在时间的延续，这段尾巴慢慢变短。因此，目前认为这种 3′端结构可能与增加转录活性以及使mRNA趋于相对稳定有关。

2.2.2.3 rRNA 的结构特点

rRNA 分子为单链，局部有双螺旋区域，具有复杂的空间结构，原核生物主要的 rRNA 有三种，即 5S、16S 和 23S rRNA，如大肠杆菌的这三种 rRNA 分别由 120、1542 和 2904 个核苷酸组成。真核生物则有四种，即 5S、5.8S、18S 和 28S rRNA，如小鼠，它们相应含 121 个、158 个、1874 个和 4718 个核苷酸。传统上认为 rRNA 是核糖体的骨架，蛋白质的肽键由核糖体上的肽基转移酶催化形成。20 世纪 90 年代初 Noller 等证明大肠杆菌 23S rRNA 能够催化肽键形成，证明了核糖体是核酶，从根本上改变了传统的观点。所有生物体的核糖体都由大小不同的两个亚基所组成。原核生物核糖体为 70S，由 50S 和 30S 两个大小亚基组成。30S 小亚基含 16S 的 rRNA 和 21 种蛋白质，50S 大亚基含 23S 和 5S 两种 rRNA 及 34 种蛋白质。真核生物核糖体为 80S，是由 60S 和 40S 两个大小亚基组成。40S 的小亚基含 18S rRNA 及 33 种蛋白质，60S 的大亚基则由 28S、5.8S 和 5S 3 种 rRNA 及 49 种蛋白质组成。大肠杆菌 16S 和 5S rRNA 的二级结构如图2-22所示。

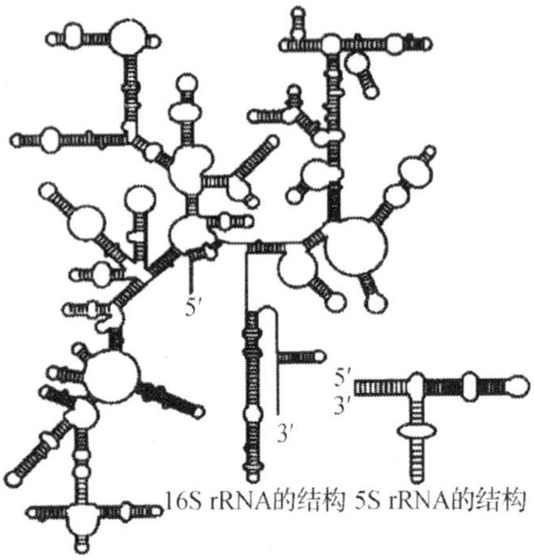

图 2-22 16S 和 5S rRNA 的二级结构
（王镜岩等，2002）

2.2.2.4 其他 RNA 分子

20 世纪 80 年代以后由于新技术不断产生，人们发现 RNA 有许多新的功能，并发现了许多新的 RNA 基因。

1）核内小 RNA(snRNA)

在大多数真核生物细胞核内存在着许多种类的小分子 RNA(small nuclear，snRNA)，其大小为 100～300 个核苷酸，称为核内 snRNA，通常又被称为 U-RNA，因在其序列中含有较多的尿嘧啶而得名，又称 U 系列。snRNA 都有帽子结构和含有较多的修饰成分。这些小核 RNA 一般与多肽或蛋白质结合形成核糖核蛋白(RNP)。每个 snRNA 能与几个或十几个蛋白质结合，称为 snRNP。U1、U2、U4/U6、U5 snRNP 参与 mRNA 前体的剪接；U3 snRNP 与 rRNA 前体的加工有关。snRNA 参与 mRNA 前体剪接内含子的机制为：①U1 snRNA 的 5′端序列与前体 mRNA 的内含子 5′剪接点处序列互补并结合其上；②U2 snRNA 含有与分支点互补的序列，但需 U1 snRNP 和 U2 辅助因子(U2 auxiliary factor，U2AF)协助后结合到分支点上；③U4 与 U6 有很长的互补区，一般结合在同一核糖核蛋白颗粒上，释放 U1 snRNP；④原来被 U1 snRNP 占据的空间使 U5 snRNP 先结合于外显子上，之后转移至内含子；⑤随后 U6 结合到 5′端剪接点；⑥U4 snRNA 被释放；⑦U6 与 U2 的碱基配对，并回折形成发夹结构；⑧U5 snRNP 识别外显子 3′端剪接点并与之结合，在 U6/U2 催化下完成两次转酯反应，使两个外显子连接在一起。剪接过程如图 2-23 所示。

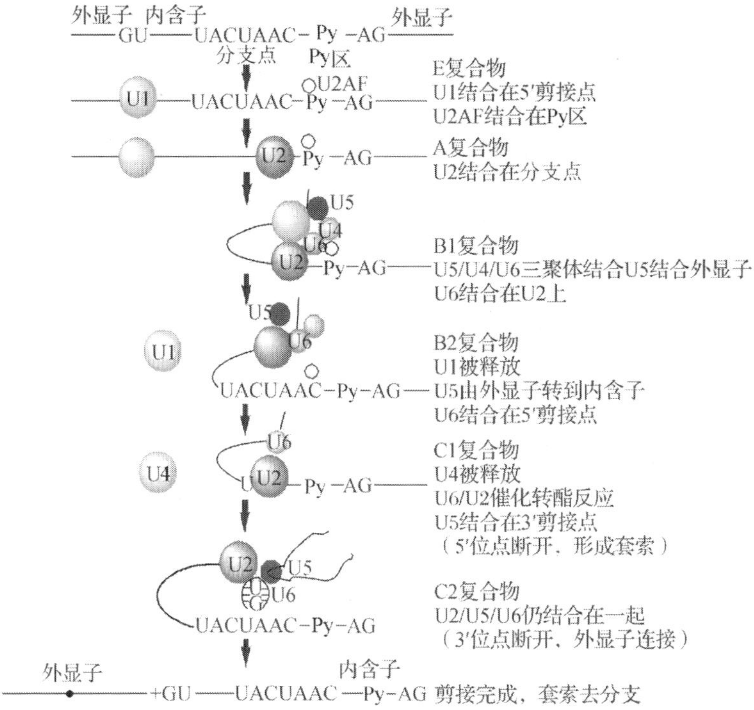

图 2-23 前体 mRNA 的剪接机理（Chemical Office，2008）

2）反义 RNA(asRNA)

反义 RNA 是指与被调控的 RNA 或 DNA 序列互补的 RNA 片段。通过配对碱基之间的氢键作用，人工合成的或生物合成的特定 RNA 片段与对应的 RNA 或 DNA 形成双链复合物，影响 RNA 的正常修饰、翻译等过程，封闭或抑制基因的正常表达。

在病毒和细菌中，反义 RNA 对基因活性调节作用具有普遍性。在高等生物中尚未观察到天然反义 RNA 的存在，但将人工构建的反义 RNA 引入细胞内进行基因调控的研究，已证实反义 RNA 对基因的调控作用。例如，应用 cyclin mRNA 的反义寡聚核苷酸，可以阻断细胞的生长分裂，反义 C-Ha-ras 寡聚核苷酸，可以干扰 C-Ha-ras mRNA 的翻译和拼接过程，降低 C-Ha-ras 癌基因的表达，抑制 p21 蛋白合成。反义 RNA 的作用机理可归纳为：①抑制翻译；②抑制转录；③抑制转录后加工。基因的许多靶序列可以与反义 RNA 相互作用，如 5′端非编码区、核糖体结合区、翻译起始区、编码区。

3）核仁小分子 RNA(snoRNA)

核仁小分子 RNA(small nucleolar RNA，snoRNA）参与 rRNA 前体的加工及核糖体亚基的装配，广泛分布于从酵母到哺乳动物细胞的核仁区。大小一般在几十到几百个核苷酸。哺乳动物 snoRNA 以 U 命名，按顺序编号，酵母的以 snR 命名，如 snR128 等。根据结构将已知的 snoRNA 分为两类：①boxC/D 型，其 5′端有 boxC（UGAUGA)序列，3′端有 boxD（CUGA）。在 boxD 上游有 8～14nt 的片段与成熟 rRNA 内一段保守核心序列互补。具有互补序列的 boxC/D 类型的 snoRNA，称反义 snoRNA（antisense snoRNA)。②boxH/ACA型，其 3′端第 3 个核苷酸上游有一个保守序列 ACA 或类似序列 AGA、

AUA。这类 snoRNA 的整个分子形成两个发夹结构，之间是有保守 boxH（ANANNA）的铰链区。

snoRNA 的功能是参与 rRNA 前体的加工。在 rRNA 前体转录过程中，反义 snoRNA 始终与新生 rRNA 前体结合，参与 rRNA 空间构象的形成，起着分子伴侣(molecular companion)的作用，当协助形成了正确的构象后，snoRNA 在解旋酶作用下从 rRNA 前体上脱离。

4）胞质小 RNA(scRNA)

胞质小 RNA(small cytosol RNA, scRNA)的种类很多，其中 7S LRNA 与蛋白质一起组成信号识别颗粒(signal recognition particle, SRP)，参与分泌性蛋白质的合成。

5）微 RNA(miRNA)

微 RNA(microRNA, miRNA) 是一种具有突环结构的非编码 RNA，长度一般为 20～24 个核苷酸，在 mRNA 翻译过程中起到开关作用，它可以与靶 mRNA 结合，产生转录后基因沉默作用(post-transcriptional gene silencing, PTGS)，在一定条件下能释放，这样 mRNA 又能翻译蛋白质，由于 miRNA 的表达具有阶段特异性和组织特异性，它们在基因表达调控和控制个体发育中起重要作用。

6）核酶

核酶(ribozyme) 是具有催化功能的 RNA 分子或 RNA 片段。核酶的发现改变了生物催化剂的传统概念。不论是 rRNA、mRNA、tRNA 都存在自身催化剪接的功能。核酶目前可分为以下几种：①剪切型，对前体 RNA(hnRNA)进行剪切；②剪接型，包括剪切和剪接，具有连接酶的活性。按底物核酶又可分为：①自体催化，多数核酶是以自身 RNA 为底物，进行自我剪切和剪接，许多 RNA 前体的加工成熟大多是属于自体催化；②异体催化，以其他化合物为作用底物，可以是 RNA，也可以是多糖。

2.2.3 核酸的变性、复性和分子杂交

2.2.3.1 核酸的变性

在某些理化因素的作用下，DNA 分子中的碱基堆积力和氢键断裂，空间结构被破坏，从而引起理化性质和生物学功能的改变，这种现象称为核酸的变性(denaturation)。能引起 DNA 变性的理化因素有加热、pH 改变、乙醇、尿素等。DNA 发生变性后，双螺旋被解开，有更多的碱基共轭双键暴露，对波长 260nm 的紫外线吸收增强，这种现象称为增色效应。如果在连续加热 DNA 的过程中以温度对紫外线吸收值作图，所得的曲线称为解链曲线(图 2-24)。从曲线中可以看出，DNA 的变性从开始解链到完全解链，是在一个相当狭窄的温度内完成，在这一范围内，紫外线吸收值达到最大值的 50%时的温度称为 DNA 的解链温度，由于这一现象和结晶的熔解过程类似，又称熔解温度(T_m)。

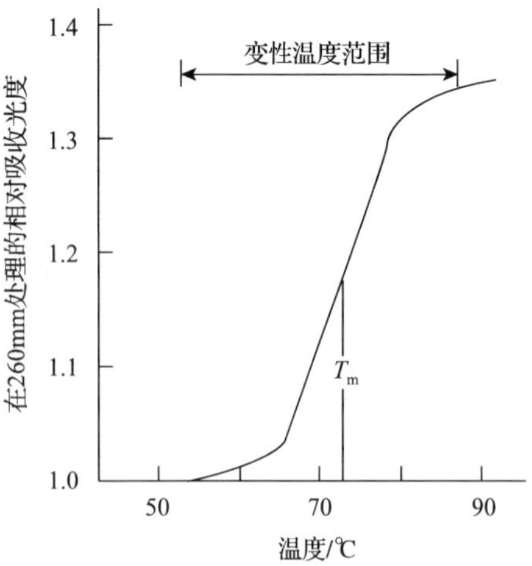

图 2-24 DNA 解链曲线

2.2.3.2 核酸的复性

变性 DNA 在适宜条件下，两条彼此分开的链经碱基互补可重新形成双螺旋结构，这一过程称为复性(renaturation)，热变性的 DNA 经缓慢冷却后即可复性，这一过程称为退火(annealing)。

(1) DNA 复性的条件。DNA 的复性必须满足两个条件：①一定的离子强度，用以削弱两条链中磷酸基团之间的排斥力；②较高的温度，用以避免随机形成的无规则氢键，但不能太高，否则不能形成有效的氢键以维持稳定的双链。

(2) 影响 DNA 复性速度的因素包括：①简单分子；②同一种 DNA 分子；③DNA 片段大小；④温度的影响，复性速度与温度直接有关，温度不宜过低，一般为 $T_m = 25°C$；⑤阳离子浓度。

(3) 复性的动力学。复性是一个比较慢的，可逆的随机过程，变性 DNA 的两条互补单链之间要形成氢键，必须使配对碱基处于正确的位置，由于这个过程是随机的，所以复性速度与 DNA 的初始浓度有关。复性过程基本符合二级反应动力学，动力学方程为 $dC/dt = -k_2C^2$，积分形式为 $C/C_0 = 1/(1+ k_2C_0)$。可见，按照复性动力学理论，起始浓度(C_0) 和反应时间的乘积(C_0t)的大小可作为复性程度的量化指标。而复性速度常数 k_2 可反映 DNA 序列的复杂性。

2.2.3.3 核酸的分子杂交

在 DNA 变性后的复性过程中，如果将不同种类的 DNA 单链分子或 RNA 分子放在同一溶液中，只要异源 DNA 之间在某些区域有同源的序列，在适宜的条件(温度及离子强度) 下，就可以在不同的分子间形成杂化双链(heteroduplex)。这种杂化双链可以在不同的 DNA 与 DNA 之间形成，也可以在 DNA 和 RNA 分子之间或者 RNA 和 RNA 分子之间形成。这种现象称为核酸的分子杂交(hybridization)。核酸的杂交在分子生物学研究中得到广泛应用，许多重大的分子生物学问题都是用分子杂交技术解决的。

1) 分子杂交有多种类型

目前分子杂交类型有两种：将不同来源的 DNA 变性后，在溶液里进行杂交，称为溶液杂交(solution hybridization)；用硝酸纤维素制成的滤膜，可以吸附单链 DNA 或 RNA，将变性 DNA 或 RNA 吸附到滤膜上，再进行杂交，称为固相杂交(solid-phase hybridization)，也称滤膜杂交 (filter hybridization)。

2) 固相杂交的几种不同方法

Southern 印迹杂交技术是进行基因组 DNA 特定序列定位的通用方法之一。其基本原理是：具有一定同源性的两条核酸单链在一定的条件下，可按碱基互补的原则形成双链，此杂交过程是高度特异的。一般利用琼脂糖凝胶电泳分离经限制性内切酶消化的 DNA 片段，将胶上的 DNA 变性并在原位将单链 DNA 片段移至尼龙膜或其他固相支持物(硝酸纤维素膜)上，经干烤或才紫外线照射固定，再与相对应结构的标记探针进行杂交，用放射自显影或酶反应显色，从而检测特定 DNA 分子的含量。

分子杂交实验主要包括以下两个步骤：第一是将核酸样品转移到固体支持物滤膜

上，这个过程特称为核酸印迹转移，主要的有电泳凝胶核酸印迹法、斑点和狭线印迹法、菌落和噬菌斑印迹法；第二是将具有核酸印迹的滤膜与带有放射性或其他标记的 DNA 或 RNA 探针进行杂交，即分子杂交过程。

Northern 印迹法(Northern blot)是用于鉴定 RNA 的杂交技术。用上面类似的方法，将 RNA 变性后转移到硝酸纤维素膜上再进行杂交的技术。

Western 印迹法(Western blot)是专门针对蛋白质的一种特异性鉴定技术。一般的蛋白质都与其配体有亲和反应，如抗原-抗体的特异反应等。根据以上类似的原理，分析目标蛋白质的技术称为 Western 印迹法。

2.3 蛋 白 质

2.3.1 蛋白质的结构

蛋白质是由 20 种氨基酸通过肽键相互连接成的一类具有特定空间结构和生物学功能的大分子化合物。

2.3.1.1 蛋白质的一级结构

蛋白质中通过肽键连接的氨基酸序列即蛋白质的一级结构。一级结构是不同的蛋白质的最基本、最重要的标志之一。

2.3.1.2 蛋白质的空间结构

天然蛋白质具有独特而稳定的空间构象，是蛋白质分子中各种基团间相互作用的结果，包括氢键、疏水性作用、范德华力、离子键、配位键和二硫键。这些相互作用使蛋白质的线性多肽链在空间折叠成特定的三维空间结构，称为蛋白质的空间结构或构象。蛋白质的空间结构包括：二级结构、超二级结构、结构域、三级结构和四级结构。蛋白质的生物学功能在很大程度上取决于其空间结构，蛋白质构象的多样性导致其不同的生物学功能。

1) 蛋白质的二级结构

肽单元：构成蛋白质二级结构的基本单位是肽单元(peptide unit)，又称为肽平面(peptide plane)(图 2-25)，由参与肽键的 6 个原子——$C_{\alpha1}$、C、O、N、H、$C_{\alpha2}$ 构成，它们位于同一平面上。其中，肽键(C—N) 有一定程度双键性能，不能自由旋转。而 C_α 分别与 N 和 C 相连的键都是典型的单键，可以自由旋转，由此决定了两个相邻的肽单元平面的相对空间位置，导致蛋白质二级结构的形成。

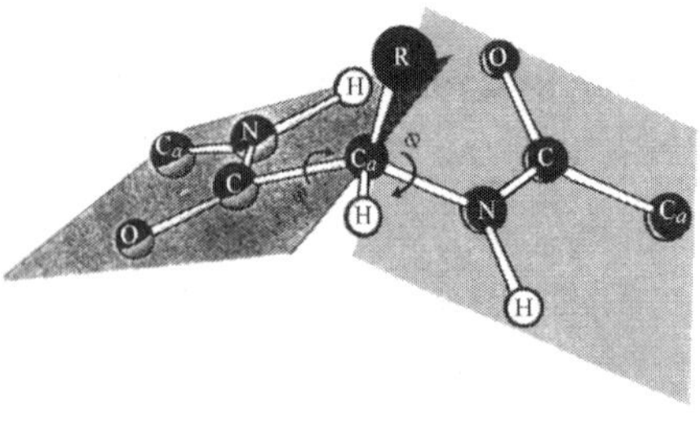

图 2-25 两个肽平面的相对空间位置
(陈启民等，2001)

α 螺旋(α-helix)：是多个肽键平面通过 α-碳原子旋转，相互之间紧密盘曲成稳固的右手螺旋。其结构特征为：①主链骨架围绕中心轴盘绕形成右手螺旋(right-hand helix)；②螺旋每上升一圈是 3.6 个氨基酸残基，螺距(pitch) 为 0.54nm；③相邻螺旋圈之间形成许多氢键(hydrogen bond)；④侧链基团位于螺旋的外侧，如图 2-26 所示。

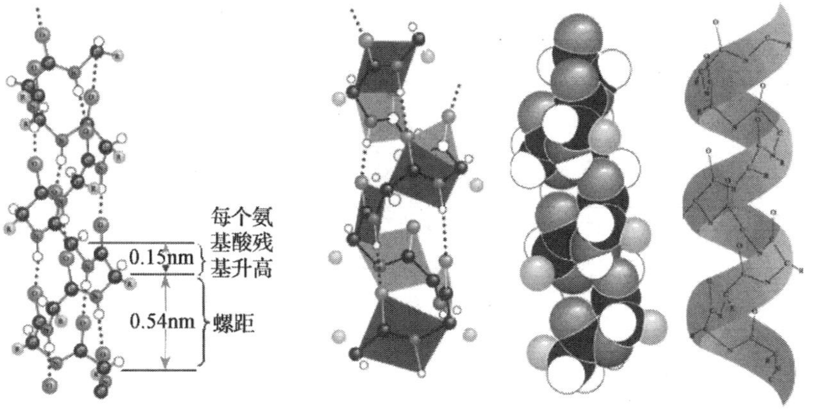

图 2-26 α螺旋结构

影响α螺旋形成的三个主要因素是相邻氨基酸残基侧链的带电性、大小及种类。例如，多聚谷氨酸在pH低于5时可以形成典型的α螺旋，当pH在6以上时，由于侧链羧基的解离，谷氨酸之间相互排斥，α螺旋不能形成。又如，多聚甘氨酸由于没有侧链基团的影响，可以很好地形成α螺旋，而脯氨酸残基存在处却不能形成α螺旋。

β折叠(β-pleated sheet)是肽链相当伸展的结构，肽链平面之间折叠成锯齿状，相邻肽键平面间呈110°角。氨基酸残基的R侧链伸出在锯齿的上方或下方。依靠两条肽链或一条肽链内的两段肽链间的 C═O 与 H 形成氢键，使构象稳定。两段肽链可以是平行的(parallel)，也可以是反平行的(anti-parallel)，即前者两条链从N端到C端是同方向的，后者是反方向的(图 2-27)。

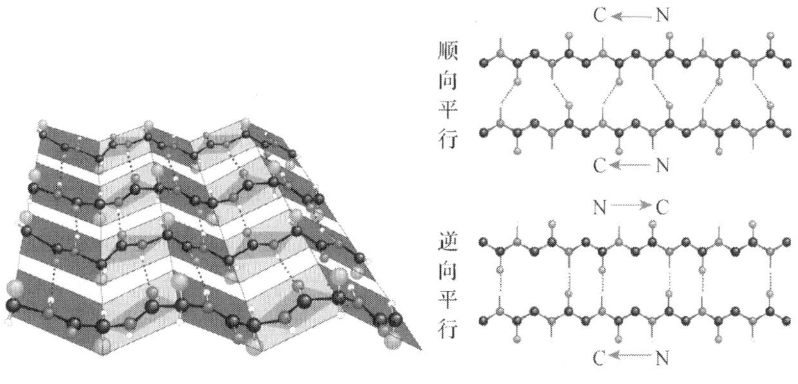

图 2-27 β折叠结构（王镜岩等，2002）

β转角和无规卷曲：β转角(β-turn) 常发生于肽链进行180°回折时的转角上，通常由4个氨基酸残基组成，第1个残基的 >C═O 与第4个残基的—NH—形成氢键，以维持转折结构的稳定。第2个残基常为脯氨酸。无规卷曲(random coil)指没有一定规律的松散肽链结构。此结构看来杂乱无章，但对一种特定蛋白又是确定的，而不是随意的。在球状蛋白中含有大量无规卷曲，与生物活性密切相关。

2）蛋白质的超二级结构和结构域

（1）超二级结构。在蛋白质分子中特别是在球状蛋白质分子中经常可以看到由若干相邻的二级结构元件（主要是α螺旋和β折叠）组合在一起，彼此相互作用，形成种类不多的、有规则的二级结构组合(combination)或结构串(cluster),在多种蛋白质中充当三级结构的构件,称为超二级结构(super-secondary structure)。现在已知的超二级结构有三种基本的组合形式——αα、βαβ 和 ββ。

(2) 结构域。多肽链在二级结构或超二级结构的基础上形成三级结构的局部折叠区,它是相对独立的紧密球状实体,称为结构域(structural domain)。结构域是球蛋白的独立折叠结构单位,可分为单结构域和多结构域。单结构域即三级结构。多结构域是由它的基因的相应外显子编码。常见单结构域的氨基酸残基数为 100～400 个,图 2-28 显示了一些蛋白质的结构域。

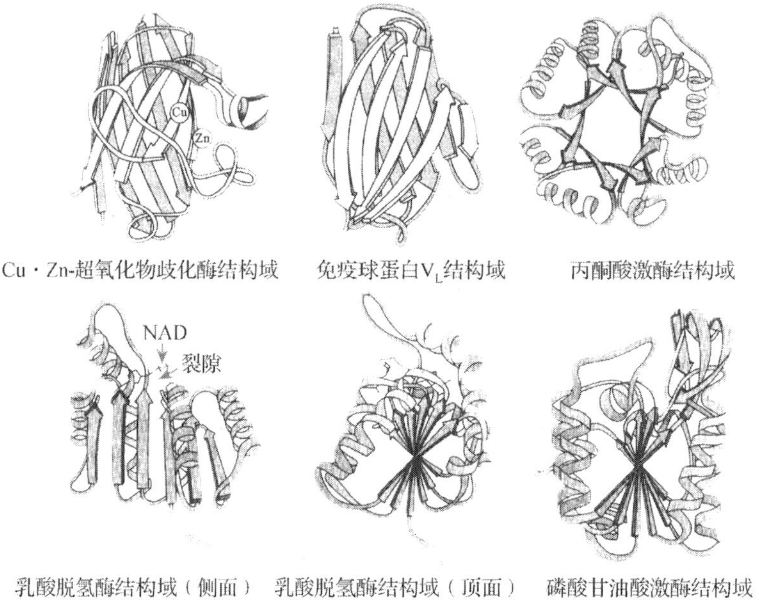

图 2-28　一些蛋白质的结构域(王镜岩等,2002)

3) 蛋白质的三级结构和四级结构

三级结构:是指一条多肽链,通过各种二级结构(α 螺旋、β 折叠、β 转角、无规卷曲)的组装,借助于非共价键的作用,形成了紧密的球状的三维空间结构。蛋白质的三级结构具有如下的特征:①含有多种二级结构元件;②具有明显的折叠层次;③是紧密的球状或椭球状实体;④疏水侧链埋藏在分子内部,亲水侧链暴露在分子表面;⑤表面有一个空穴(或称裂沟、凹槽、口袋),是生物功能的活性部位。图 2-29 表示了肌红蛋白(myoglobin)分子的三级结构。

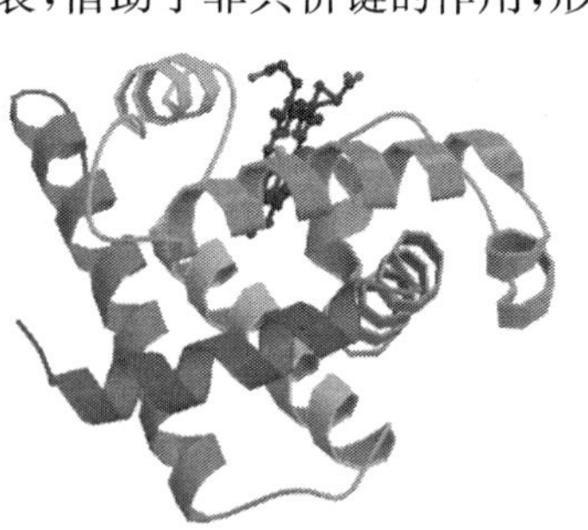

图 2-29　肌红蛋白分子的三级结构

四级结构:是指由相同或不同的亚基(或分子)按照一定的排布方式聚合而成的聚合体结构。它包括亚基(或分子)的种类、数目、空间排布及相互作用。根据亚基数目的不同,可以将寡聚蛋白分为二聚体、三聚体、四聚体等。根据亚基种类的不同,可以分别以 α、β、γ、δ、ε 命名不同的亚基。维持四级结构的作用力是疏水键、离子键、氢键和范德华引力。

图 2-30 表示了血红蛋白分子和烟草花叶病毒的外壳蛋白质的四级结构。血红蛋白分子是由两个相同的 α 亚基和两个相同的 β 亚基,按照正四面体排布方式,聚合而成的四聚体

($\alpha_2\beta_2$);烟草花叶病毒的外壳蛋白质的亚基呈螺旋状排布。

图 2-30 蛋白质的四级结构

A. 血红蛋白分子的四级结构(Berg et al. ,2002) ; B. 烟草花叶病毒的外壳蛋白质的四级结构(PDB 数据库)

2.3.2 蛋白质的结构与功能

蛋白质的生物学功能取决于结构,蛋白质空间结构的多样性,使其发挥多样的生物学功能。

2.3.2.1 蛋白质一级结构与功能

蛋白质发挥生物学功能,从根本上说是取决于它的一级结构。

同源蛋白(homologous protein)与生物进化。存在于不同生物体内,具有相同功能的蛋白质称为同源蛋白。不同种属的同源蛋白,其一级结构存在差别,这种差别引起了种属差异(species difference)。研究同源蛋白的结构在种属间的差异,有助于了解物种的分子进化。

蛋白质一级结构与分子病(molecular disease)。由于遗传基因的突变,导致了蛋白质分子结构的改变或某种蛋白质的缺失会引起分子病,如镰状红细胞性贫血就是由于血红蛋白 574 个氨基酸残基中 β 亚基上的一个氨基酸残基发生改变而引起的。

2.3.2.2 蛋白质的空间结构与功能

蛋白质具有特定的生物学功能,必须具有特定的三维空间结构,空间结构稍有破坏,就会引起生物活性降低甚至丧失。虽然物理、化学等因素会引起构象破坏而活性丧失,但正常情况下,有很多蛋白质的天然构象也不是固定不变的。生物体内有很多蛋白质往往存在着多种天然构象,但只有一种构象能显示出正常的功能活性。因而,常可通过调节构象的变化来影响蛋白质的活性,从而调控物质代谢或相应的生理功能。

当某种小分子物质特异地与某种蛋白质或酶结合后,能够引起该蛋白质或酶的构象发生微妙而规律的变化,从而使其活性发生变化,这种现象称为别构效应(allosteric effect)。通过别构效应,蛋白质或酶的活性得到不断的调整,从而使生物机体适应千变万化的内外环境。

血红蛋白(Hb)就是一种最早发现的具有别构效应的蛋白质,它的功能是运输氧和二氧化碳,Hb 运输 O_2的作用是通过它对 O_2的结合与脱结合(释放) 来实现的。Hb 有两种能够互变的天然构象(native conformation)(图 2-31),一种叫紧密型(T 型),另一种叫松弛型(R 型)。T 型对 O_2的亲和力低,不易与 O_2结合;R 型则相反,它与 O_2的亲和力高,易于结合 O_2。

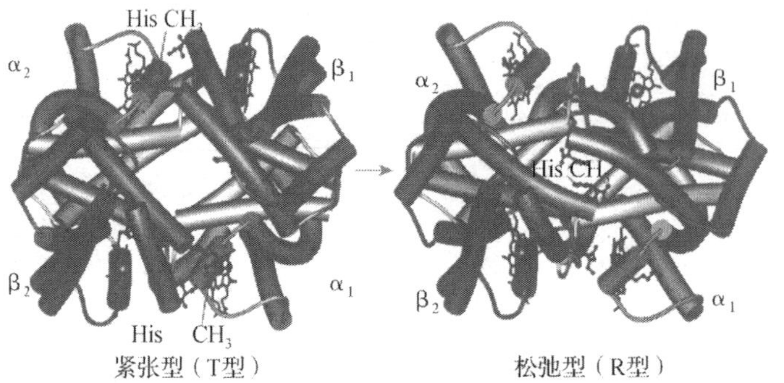

图 2-31 血红蛋白的两种构象

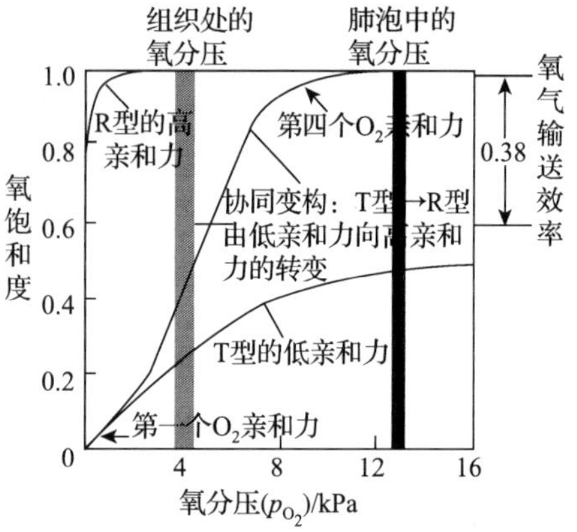

图 2-32 血红蛋白 O_2结合曲线（S形曲线）
（Chemical Office，2008）

T 型 Hb 分子的第一个亚基与 O_2结合后，即引起其构象变化，将构象变化的“信息”传递至第二个亚基，使第二、第三和第四个亚基与 O_2的亲和力依次增高，Hb 分子的构象由 T 型转变成 R 型。Hb 随红细胞在血循环中往返于肺及其他组织之间，随着条件的变化，Hb 的 T 型与 R 型不断互变：在肺部毛细血管内，O_2分压很高，促使 T 型转变为 R 型，利于 Hb 饱和地“装载”O_2；在全身组织毛细血管中，O_2分压较低，R 型 Hb 又转变为 T 型，有利于释放 O_2。Hb 分子两型构象的互变，引起结合 O_2与释放 O_2的变化，这就微妙地完成了运输 O_2的功能（图 2-32）。

在正常人体内，除了 O_2本身作为效应剂对 Hb 功能进行调节外，还有 2,3-二磷酸甘油酸、CO_2及 H^+ 等也是 Hb 的别构效应剂，它们与 R 型 Hb 的不同部位结合后，促进 Hb 的 R 型构象转变为 T 型，有利于 Hb 放氧。蛋白质构象的细微变化即可导致功能的改变，这充分说明了构象与功能的密切关系。

2.4 其他生物大分子

2.4.1 脂类

脂类（lipids）是一类难溶于水，易溶于非极性溶剂的生物有机化合物。单一脂类物质结构简单，严格来说，不属于生物大分子物质，但由于能够进行自我组装，尤其与蛋白质、多糖等生物大分子形成复合物，发挥其多样的生物学功能。

脂类主要和蛋白质、糖等物质组成具有特殊结构和功能的选择性生物膜。生物中除某些病毒外都具有生物膜，厚度一般为 7～8nm。真核细胞除质膜（plasma membrane）外，还有分隔各种细胞器的内膜系统（endomembrane system），包括核膜、线粒体膜、内质网膜、溶酶体膜、高尔基体膜、叶绿体膜和过氧化酶体膜等。这些细胞或细胞器由膜包裹着与外界分开，形成一个稳定的内环境，在活细胞的物质、能量及信息的形成、转换和传递等生命活动过程中，是必不可少的结构（图 2-33）。

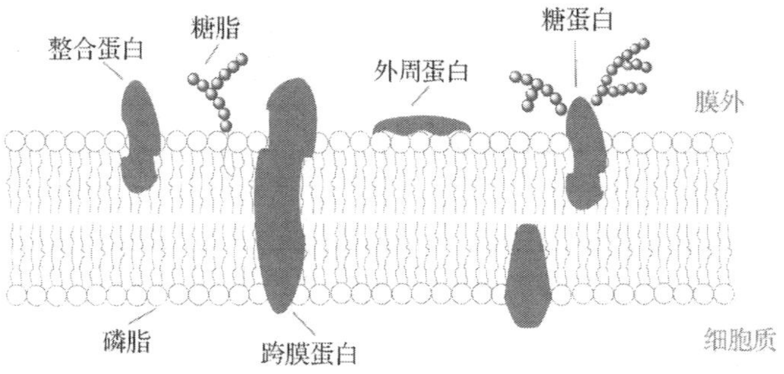

图 2-33 生物膜结构示意图（Chemical Office，2008）

生物膜的结构特点是：①脂双分子层是生物膜的结构基础；②外围膜蛋白疏松地结合在外表或通过一个脂或糖基磷脂醇锚定在膜上，且易于流动；③镶嵌膜蛋白被埋在膜中，不破坏膜就不能移动这些蛋白；④跨膜蛋白完全横跨双脂层，一些蛋白质则从膜的内外表面突出，这些蛋白质既有处于细胞膜外的结构域又有细胞内结构域。

2.4.2 多糖类大分子

多糖是由许多单糖通过糖苷键连接的生物大分子，其主要功能是作为营养糖原或组织结构，如淀粉、纤维素。此外，多糖也与其他生物大分子形成复合多糖，如脂多糖、糖蛋白等。这类物质在生物体内也发挥重要功能，本节仅作简要介绍。

2.4.2.1 细菌多糖

1）肽聚糖

肽聚糖(peptidoglycan)可看成是由一种基本结构单位重复排列构成，其结构式如图 2-34 所示。肽聚糖是一个含有四肽侧链的二糖单位，二糖单位由 β-1,4 连接的 *N*-乙酰葡萄胺（GlNAc 或 NAG）和 *N*-乙酰胞壁酸（MurNAc 或 NAM）组成，四肽侧链的 N 端通过酰胺键与 NAM 残基上的乳酸基相连。四肽侧链中氨基酸以 D 型和 L 型交替存在。肽聚糖是细菌细胞壁的主要组成成分。实际上肽聚糖是通过共价连接，包围着整个细菌细胞的囊状大分子。

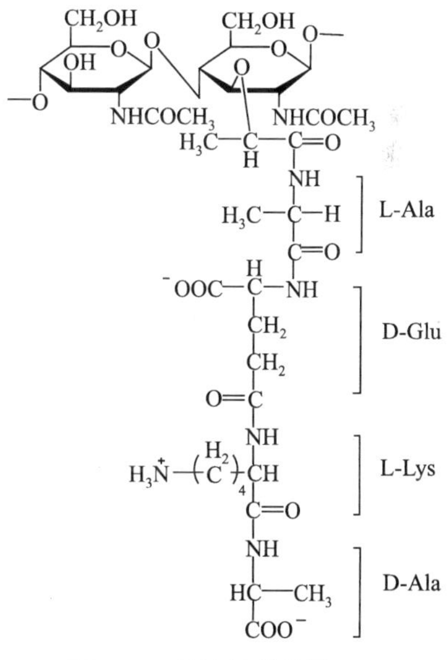

图 2-34 肽聚糖结构图

2）脂多糖

脂多糖(lipopolysaccharide)是革兰氏阴性细菌细胞壁特有的结构成分，是构成外膜外表的主要物质，这种结构使细胞表面具有亲水性。

3）荚膜多糖

荚膜多糖(capsular polysaccharide)是相对分子质量较大的抗原，由几百个寡糖重复单位（一般为 1～6 个单糖残基）组成。荚膜多糖既是病原菌的毒性物，也是病原菌的保护层。

2.4.2.2 糖蛋白

糖蛋白是一种或多种糖以共价键连接到肽链上的蛋白质。蛋白质含量较多，糖所占比例变动大，表现为蛋白质的特性。糖蛋白分布在细胞膜、溶酶体和细胞外液中。糖蛋白聚糖分为 *N*-连接型和 *O*-连接型两种类型。近年来，由于内切、外切糖苷酶核糖链合成抑制剂的应用，DNA 定点突变技术和糖基转移酶基因工程技术的应用，人们对糖链功能有了相当的了解。其主要的生物学作用是：①糖链参与肽链的折叠和缔合；②参与糖蛋白的运转和分泌；③参与分子识别和细胞识别。

2.4.2.3 蛋白聚糖

蛋白聚糖(proteoglycan，PG)是一类特殊的糖蛋白。由一条或多条糖胺聚糖和核心蛋白共价连接而成。

核心蛋白(core protein) 是指与糖胺聚糖链共价结合的蛋白质。其主要特点是：①多数核心蛋白可以分为几个不同的结构域；②所有核心蛋白均含有相应的糖胺聚糖结合结构域；③通过核心蛋白中的特异结构域，一些蛋白聚糖可锚定在细胞表面或细胞外基质的大分子上；④有些核心蛋白还会有其他具有特异相互作用性质的结构域。

近年来的研究表明，蛋白聚糖可分为三种：大分子聚集型胞外基质蛋白聚糖、小分子富含亮氨酸胞外基质蛋白聚糖和跨膜胞内蛋白聚糖。

蛋白聚糖在动物组织中分布广泛，除构成细胞外基质的主要成分外，也存在于细胞表面、细胞内分泌颗粒及细胞核中。由于构成蛋白聚糖的核心蛋白分子大小和结构的不同，糖胺聚糖链的种类、数量、链的长度及硫酸化的部位和程度等的差异，蛋白聚糖的分子种类和类型特别多。这类分子可与其他生物大分子及细胞因子等相互作用，参与许多生理过程的调节，有重要的生物功能。

2.4.3 核蛋白

核蛋白(nuclear protein)是一类由蛋白质和核酸结合而成的复合蛋白质。核蛋白普遍存在于所有原核细胞和真核细胞的细胞质内。此外，核仁、核基质中也能看到类似的颗粒，核外膜、线粒体基质也存在着核蛋白体。病毒是一类极简单的生物，它们的化学本质就是核蛋白。细胞中核蛋白主要存在于染色体和核糖体中。由于核酸有 DNA 和 RNA 两类，核蛋白也因而分为 DNA 核蛋白(又称为 DNA 结合结构域或 DNA 结合蛋白) 和 RNA 核蛋白两类。DNA 核蛋白主要存在于细胞核内，RNA 核蛋白主要存在于核糖体中。

蛋白质与 DNA 分子的相互作用主要有以下几种形式。

(1)螺旋-转角-螺旋(helix turn helix，HTH)是转录因子中的结构，常常可以结合在 DNA 上。该结构由 60 个氨基酸组成，三个 α 螺旋由短的转角连接。N 端的两个螺旋反向平行，C 端的螺旋与前面两个螺旋垂直，并且将前面两个连接起来，就是这第三个螺旋可以与 DNA 相互作用。

(2)锌指(zinc finger)结构也是一个能与 DNA 结合的蛋白质结构。包括由两个反向平行的 β 折叠片层与一个 α 螺旋共同构成的锌指，以及由两个相互平行或垂直的 α 螺旋构成的锌指。锌离子与半胱氨酸及其他疏水氨基酸连接，构成锌指区。

(3)亮氨酸拉链(leu zipper)由平行的卷曲螺旋形 α 螺旋构成，当来自同一个或不同多肽链的两个 α 螺旋的疏水面(常含有亮氨酸残基)通过亮氨酸侧链的疏水作用互相缠绕，形成一个圈对圈的二聚体结构时就形成了亮氨酸拉链。

(4)螺旋-环-螺旋(helix-loop-helix，HLH)结构通常含有 40～50 个氨基酸残基，两个 α 螺旋(长 15～16 个氨基酸残基)既亲水又亲脂，由 10～24 个氨基酸残基的环状结构相连，同时具有 DNA 结合和形成蛋白质二聚体的功能。

DNA 核蛋白(DNA 结合结构域)的主要功能是参与蛋白质的生物合成相关内容将继续在第 9 章介绍。

本章小结

生物大分子是一类由小分子(如氨基酸、核苷酸等)聚合而成的种类繁多、结构复杂、功能多样的高分子物质，包括蛋白质、核酸、多糖和脂类及相互形成的复合物。它们大小、形态各不相同，并在错综复杂的生命活动中扮演不同角色，发挥重要作用。

核酸是由核苷酸聚合而成的高分子化合物，是所有生物遗传信息的携带者。根据核苷酸分子中戊糖的类型，将核酸分为脱氧核糖核酸(DNA)和核糖核酸(RNA)两大类。核苷酸由磷酸基、戊糖和含氮碱基组成，碱基包括嘌呤和嘧啶两大类。DNA 一般含 A、C、G、T 四种碱基，RNA 一般含 A、C、G、U 四种碱基。四种核苷酸按照一定的排列顺序，通过 3′，5′-磷酸二酯键相连形成的线性多核苷酸即为 DNA 的一级结构。在一级结构的基础上 DNA 二级结构双螺旋模型遵循碱基的严格配对，两条链序列互补的原则逻辑地预示通过碱基间的氢键和碱基堆积力，形成并稳定了核酸的高级结构。

在某些理化因素作用下，DNA 互补碱基对之间的氢键断裂，两条链彼此分开，这个过程称为变性。DNA 中分开的两条链在合适的条件下可以重新形成双螺旋，称为复性或退火。具有互补序列的、不同来源的单链核酸分子一起复性，则可能发生杂交。杂交是许多分子生物学技术的基础。杂交可发生在 DNA-DNA、RNA-RNA 和 DNA-RNA 之间。

蛋白质中氨基酸的顺序即为蛋白质的一级结构。蛋白质序列必须经过有效折叠才能形成活性分子。蛋白质的折叠发生在如下几个水平：一级结构、二级结构、超二级结构、结构域、三级结构和四级结构，是一个逐步组装的过程，既与内部本身的序列有关，又常离不开辅助性蛋白质的参与。蛋白质多种多样的功能与各种蛋白质特定的空间构象密切相关，构象发生变化，其功能活性也随之改变。

脂和蛋白质、多糖等形成的多种脂复合物，在生命活动中也发挥主要功能，如生物膜、脂多糖等。此外还有其他生物大分子，如糖蛋白、蛋白聚糖、核蛋白等。

延伸阅读

陈宏. 2004. 基因工程原理与应用. 北京：中国农业大学出版社
陈启民，王金忠，耿运琪 . 2001.分子生物学.天津：南开大学出版社
何光源. 2007. 植物基因工程实验手册.北京：清华大学出版社
李永明，李林，霍群 . 2006.分子生物学简明教程.北京：化学工业出版社
刘次全，白春礼，张静 . 1997.结构分子生物学.北京：高等教育出版社
卢向阳 . 2004.分子生物学. 北京：中国农业出版社
特怀曼 R M. 2000.高级分子生物学要义.陈淳，徐沁译.北京：科学出版社
特纳 P C，麦克轮南 A G，贝茨 A D，等 . 2001.分子生物学(影印版).2 版.北京：科学出版社
汪世华. 2008.蛋白质工程. 北京：科学出版社
王镜岩，朱圣庚，徐长法，等.2002. 生物化学(上、下册).3 版.北京：高等教育出版社
沃森 J D.2006. 双螺旋——发现 DNA 结构的故事.吴家睿译.北京：科学出版社
杨岐生 . 1994.分子生物学基础.杭州：浙江大学出版社
赵亚华 . 2006. 分子生物学教程.2 版.北京：科学出版社
朱玉贤，李毅 . 2002. 现代分子生物学.2 版.北京：高等教育出版社
Chemical Office.2008.http://media.cambridgesoft.com/cou110/cou110.

Gerald K. 2002. Cell and Molecular Biology. 3rd ed.北京：高等教育出版社

Lewin B.2002. Genes Ⅷ. Oxford:Oxford University Press

Malacinski G M, Freifelder D. 2002. Essentials of a Molecular Biology.北京：科学出版社

思考题

1.生命体内存在哪些生物大分子？简述其化学本质。

2.生物分子有哪些结构类型？稳定生物大分子高级结构的作用力有哪些？

3.怎样证明 DNA 是细胞的遗传物质？

4.简述 DNA 双螺旋的结构特点及生理意义。

5.简述 DNA 与 RNA 的主要不同点(分子组成、存在部位、结构及功能)。

6.简述真核生物 mRNA 的结构特点。

7.试述 tRNA 的结构特点与其功能的关系。

8.论述 α 螺旋的基本特点。

9.说明蛋白质的功能与结构的关系。

3　基因与基因组

基因是生物大分子核酸中具有编码或调节功能的特定核苷酸序列，真核生物和原核生物的基因结构有很大差异，真核生物的基因大多有内含子，编码序列是间断的；而原核生物基因通常没有内含子，基因的编码序列是连续的。基因是可分的，其中最小的突变单位和交换单位是1个碱基对。基因的概念是不断发展丰富的，如断裂基因、重叠基因、重复基因、假基因、移动基因等的发现。基因组是指一种生物全套染色体所携带的DNA分子，包括所有的基因及其间隔序列，除核基因组外，还有线粒体基因组、叶绿体基因组等。许多物种的基因组全序列已经公布，基因组学的研究内容除基因组测序、基因分布和定位外，更多的是对基因及其表达产物的功能，以及基因和基因之间相互关系的研究。

3.1　基因的概念及历史演变

1865年，孟德尔(Gregor Mendel)(图3-1)以豌豆为材料进行了大量杂交实验，提出了“遗传因子”学说，指出遗传因子是一种物质，它控制着生物的性状。但这一伟大发现在当时并未受到其他科学家的理解和重视，直到1900年三位植物学家Vries、Tschermak和Corrensen各自独立的研究均得出与孟德尔相似的结论，人们才开始关注孟德尔的研究成果。

图3-1　孟德尔

1903年Sutton和Boveri提出遗传因子在染色体上，第一次把遗传物质和染色体联系起来，这个观点就是遗传的染色体理论。

1909年丹麦生物学家Johansen用基因(gene)一词代替了遗传因子，并创立了基因型(genotype)和表现型(phenotype)的概念。

1926年Morgan通过对果蝇的研究出版《基因论》，认为基因是组成染色体的遗传单位，并且证明基因在染色体上占有一定位置，而且呈线性排列，由此提出“功能、交换、突变”三位一体的基因概念。

虽然染色体理论得到了普遍的认同，但早期研究曾认为遗传物质是蛋白质。1928年Fred Griffith以肺炎双球菌转化实验奠定了DNA是遗传物质的基础(图3-2)，在1944年Avery等采用与Griffith相似的转化实验也证明基因的化学本质是DNA。然而，源自早期化学分析的错误概念认为DNA是一个四核苷酸的单一重复序列，使许多遗传学家认为DNA不可能是遗传物质。直到1952年A.D.Hershey和Martha Chase以T2噬菌体感染大肠杆菌的实验(图3-3)进一步证实DNA是遗传物质。1953年Watson和Crick提出DNA双螺旋模型，从根本上推翻了“DNA是一个四核苷酸的单一重复序列”的错误观点，并因此与Wilkins共享诺贝尔生理学或医学奖，后者通过对DNA分子的X射线衍射研究(图3-4)证实了DNA的反向平行双螺旋模型。

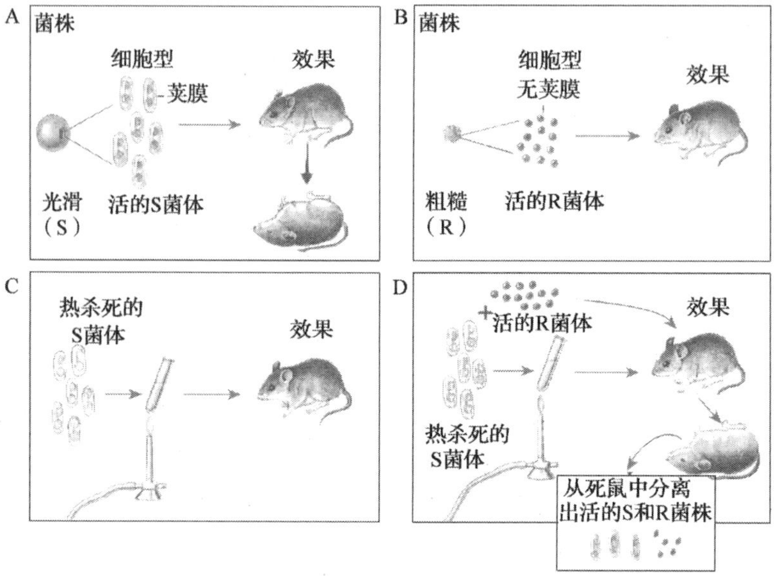

图 3-2 Griffith 的转化实验(Weaver,2009)

A. 有毒性的肺炎双球菌株 S 杀死了宿主;B. 无毒性的菌株 R 不能成功感染宿主,小鼠存活;C. 加热杀死的 S 菌株不能感染宿主;D. R 菌株和加热杀死的 S 菌株的混合物杀死了小鼠,说明死的毒性菌株(S) 将无毒菌(R) 转化成有毒的

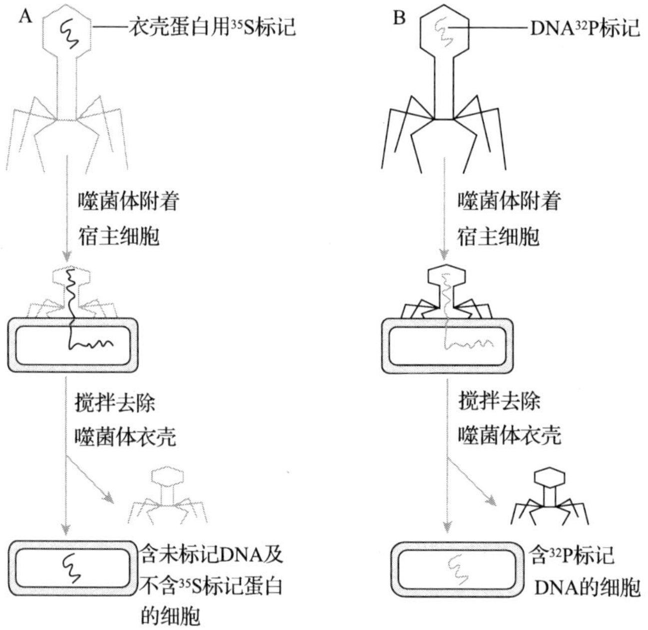

图 3-3 Hershey-Chase 实验(Weaver, 2009)

T2 噬菌体仅由 DNA 和蛋白质组成,它能够在细胞中复制,说明它的基因肯定是由这两种物质中的一种构成的。实验分两部分,在 A 图中,用 ^{35}S 标记噬菌体的蛋白质。在 B 图中,用 ^{32}P 标记噬菌体 DNA。大部分标记的蛋白质留在外面,通过搅拌使标记的蛋白质脱离细胞(A),而大部分标记的 DNA 进入感染的细胞(B)。结论是该噬菌体的基因由 DNA 构成

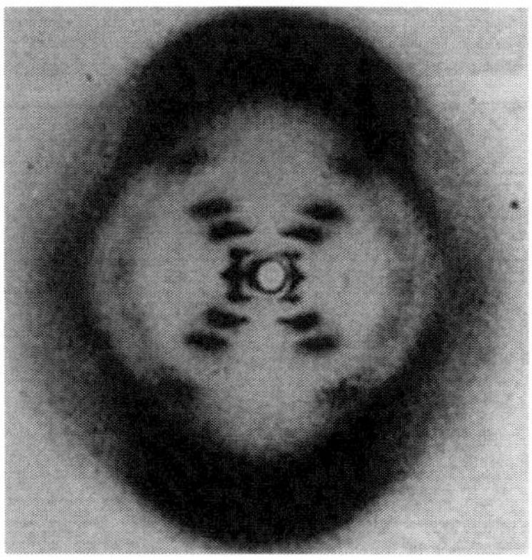
图 3-4 DNA 分子的 X 射线衍射图(向义和,2005)

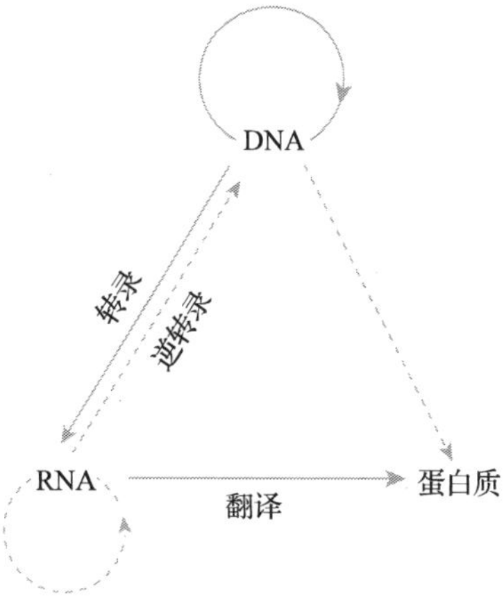

图 3-5 中心法则(http://www.pep.com.cn/)

1955 年,Benzer 提出顺反子的概念,编码一个蛋白质的全部组成所需信息的最短片段,即一个基因。一般而言,一个顺反子就是一个基因,基因仅是一个功能单位,基因内部的碱基对才是重组单位和突变单位。在分子水平上,基因就是一段有特定功能的 DNA 序列。

1958 年 Crick 进一步又提出中心法则,认为大多数生物的遗传物质为 DNA,病毒为 RNA(图 3-5),从而将 DNA 双螺旋结构与其功能联系起来。1961 年 Jacob 和 Monod 证实了 mRNA携带着从 DNA 到蛋白质合成所需要的信息。

但是,并非所有的基因都能够编码蛋白质,基因按功能可分为结构基因、调节基因和操纵基因。结构基因(structure gene)是指编码蛋白质或 RNA 的基因,它的突变可导致蛋白质或 RNA 一级结构发生改变。结构基因的 5′-非编码区(5′-untranslated region,5′-UTR)包括启动子(promoter)及原核生物 mRNA 起始密码子上游的核糖体结合位点(ribosome-binding site,RBS),或 SD 序列(以发现者的名字命名)。结构基因的 3′-非编码区(3′-UTR)包括促使转录终止的终止子(terminator)序列和真核生物的加尾信号等。调节基因(regulator gene)的功能是产生调控蛋白,调控结构基因的表达。操纵基因(operator gene)的功能是与调控蛋白质结合,控制结构基因的表达。调节基因和操纵基因的突变会影响一个或多个基因的表达活性。

20 世纪 70 年代后,基因的概念随着多学科渗透和实验手段日新月异又有突飞猛进的发展,重叠基因、假基因、断裂基因先后被发现。总之,基因的概念随着遗传学、分子生物学、生物化学等领域的发展而不断完善。从遗传学的角度看,基因是生物的遗传物质,是遗传的基本单位——突变单位、重组单位和功能单位;从分子生物学的角度看,基因是负载特定遗传信息的 DNA 分子或 RNA 片段,在一定条件下能够表达这种遗传信息,调控特定的生理功能。目前,我们所说的基因也包括基因两侧的调控区域,该区域是基因起始和终止(某些情况)表达所需的。

3.2 基因的类型

3.2.1 基因的命名

基因的命名应该简短而且专一,能够表示这个基因的特性或者功能,但是并不一定要描述这个基因的一切内涵。基因符号的首字母应该像姓氏一样方便,按照字母顺序列表并分组。

基因通常用三个小写斜体字母表示，如 *skn7*；蛋白质符号用标准字体表示，如 HPK；自然质粒用三个正体字母，且首字母大写；重组质粒需要在两个大写字母前面加小写 p，如 pCB1532。在目录中基因则不必用斜体字。为区分 mRNA、基因组 DNA 和 cDNA，应该在括号内注明相应的前缀。需要注意的是，人类基因为大写斜体。

3.2.2 断裂基因

在真核生物基因的分子图谱完成之前，人们一直设想真核生物与原核生物有着相同的组织结构，构成基因一定长度的 DNA 和蛋白质之间呈线性关系。但是，后来通过成熟 mRNA(或 cDNA)与编码基因的 DNA 杂交试验发现，在电镜下 DNA 与它的 mRNA 并不完全配对，而且在未配对的地方形成多个突环，称为 R 环(图 3-6B 中的 a、b 和 c)。这说明真核生物的基因是不连续的，从而改变了原来对基因结构的看法。比较 DNA 结构和相应的 mRNA，可以发现两者之间的差异：mRNA 包含这一段按照遗传密码原则编码相应蛋白产物的核苷酸序列，而 DNA 中则含有位于编码区内打断翻译成蛋白序列的额外序列。至此，断裂基因被人们发现。

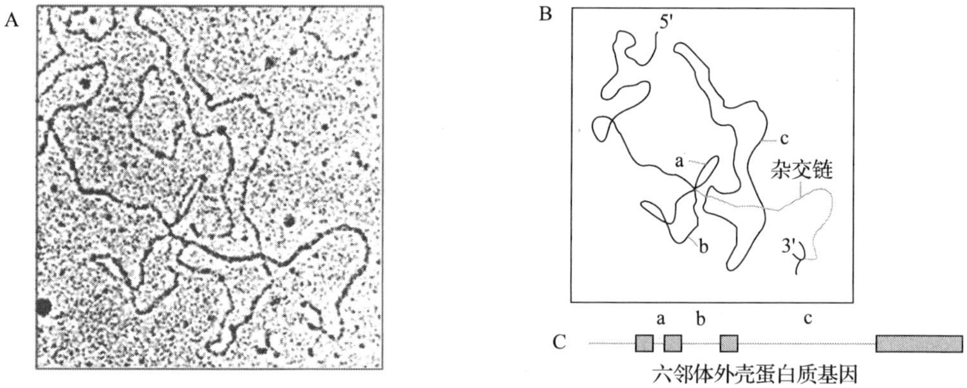

图 3-6 基因腺病毒外壳蛋白质基因与 mRNA 的杂交 (Berget et al., 1997)

断裂基因(split gene)是指编码序列在 DNA 分子上不连续排列而被不编码的序列所隔开的基因，由外显子(exon)和内含子(intron)两部分组成。外显子的序列包含在成熟 mRNA 中，确切地说，基因起始于一个外显子的 5′端，终止于另一个外显子的 3′端。内含子是插入序列，在初始转录物加工成成熟 mRNA 时被去除。如果一个基因有 n 个内含子，则相应地含有 $n+1$ 个外显子。

断裂基因在真核生物中普遍存在，而在原核生物基因组中极为少见，目前只在古细菌和大肠杆菌的噬菌体中发现。有些 tRNA 基因甚至 rRNA 基因也含有内含子，一些低等真核生物的线粒体和叶绿体基因也是断裂基因。

研究发现，断裂基因在表达时首先转录成初级转录产物，即前体 mRNA，它不能翻译成蛋白质。前体 mRNA 首先去除内含子，连接外显子，最后形成成熟 mRNA，这个过程称为 RNA 剪接(RNA splicing)(图 3-7)。

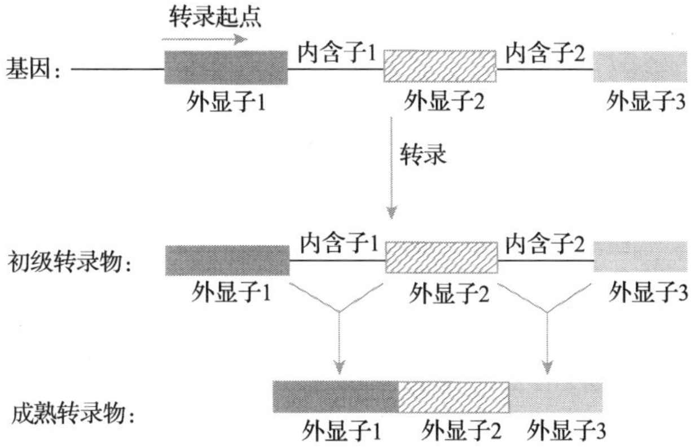

图 3-7 RNA 剪接示意图(Weaver, 2009)

RNA 剪接耗费巨大,为什么生物体仍然要转录内含子,再将其切除? 内含子究竟有什么生物学意义? 大量事实表明内含子对基因的表达具有重要作用,可以调控基因的表达,增加基因表达产物的多样性,促进重组,增加基因组的复杂性,有利于物种变异与进化,等等。内含子的研究引起了科学家的高度重视,它的功能还有待进一步的研究。

3.2.3 重叠基因

人们一度把基因看作是彼此独立的、非重叠的实体,但是随着基因组测序的发展,发现在一些噬菌体和动物病毒中,不同基因的核苷酸序列存在彼此重叠的现象。1977 年,Sanger 在测定噬菌体 ΦX174 的全部核苷酸序列时,意外地发现 ΦX174 的 DNA 全长是 5386 核苷酸,但它编码的 9 种蛋白质全长是 2000 个氨基酸,也就是说,它的 DNA 全长应该是 6000 核苷酸。Sanger 经过研究发现,基因 *D* 中包含着基因 *E*,基因 *E* 的第一个密码子(见遗传密码) 从基因 *D* 的中央的一个密码子 TAT 的中间开始,因此两个部分重叠的基因所编码的两个蛋白质不仅大小不等,氨基酸也不相同(图 3-8)。后来在噬菌体 G4、MS2 和 SV40 中都发现了重叠基因。

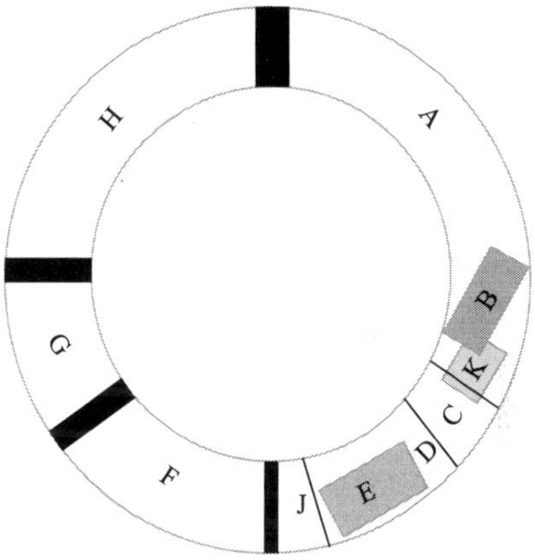

图 3-8 ΦX174 噬菌体的重叠基因
(杨建雄,2009)

重叠基因(overlapping gene)是指两个或两个以上的基因共有一段 DNA 序列,或是指一段 DNA 序列成为两个或两个以上基因的组成部分。重叠基因有多种重叠方式,如大基因内包含小基因、前后两个基因首尾重叠、几个基因的重叠,等等。

目前发现,不仅在细菌、噬菌体等低等生物的基因组中存在重叠基因,在一些真核生物中也有其他类型的重叠序列。例如,果蝇蛹上皮蛋白质基因位于另一个基因的内含子之中。

3.2.4 移动基因

移动基因(movable gene) 又称转座因子(transposable element),指 DNA 能在染色体上从一个地方跳到另一个地方,从一个位点切除,然后插入同一或不同染色体上的另一个位置。基因的移动能够产生突变和染色体重排,进而影响其他基因的表达,这是一个重要的进化因素。

1950 年,美国遗传学家 Barbara McClintock 在研究玉米时发现一个称为 *Ds*(解离因子)的转座因子可以通过改变自身的位置引起邻近部位的基因失活或恢复活性,从而导致玉米籽粒性状改变。后来科学家们又陆续发现了很多这类基因,现在已了解到真核生物中普遍存在移动基因。

3.2.5 假基因

在多基因家族中,有些成员具有与功能基因相似的序列,但不能翻译为功能蛋白质,称为假基因(pseudogene),常用符号 ψ 表示。假基因是相应的正常基因在染色体的不同位置上的复制品,是突变积累的结果,没有活性。1977 年 Jacq 等在爪蟾的 5S 基因系统中发现了假基因。后来在珠蛋白基因簇、免疫球蛋白基因簇及组织相容性抗原基因簇中都发现有假基因,而且假基因常常处于功能基因的间隔处。假基因同 cDNA 一样没有内含子和启动子序列,而在 3′端具有 mRNA 分子特有的多聚腺苷(polyA)序列。

目前有一个普遍被认可的观点:基因复制产生有功能的重复序列,重复序列通过变异形成新功能基因或失活形成假基因,这是一个连续的进化过程。大多数基因家族中都有假基因,但它们只占基因组的一小部分。典型的例子就是山羊的 β-珠蛋白基因家族,这个家族中存在三种成体基因 β^A、β^B、β^C(图 3-9),每个基因上游几 kb 都有一个假基因。三个假基因之间的相似性比它们与 β-珠蛋白基因更高,而且导致三个假基因失活的突变是相同的。这说明很可能是原始的 $\psi\beta$-β 结构作为一个整体发生了复制,形成了功能各异的 β 基因和两个无功能的基因。

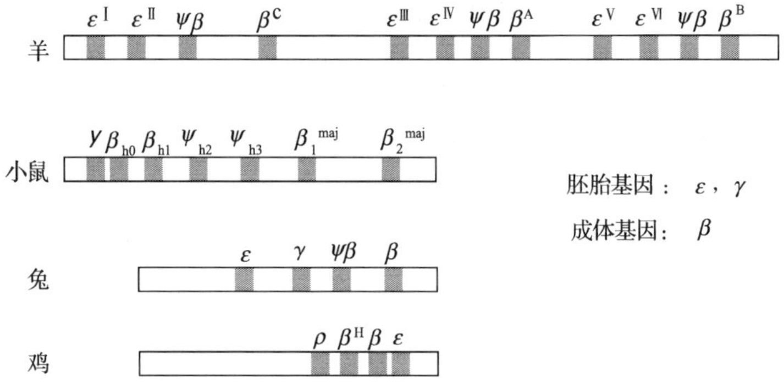

图 3-9 脊椎动物中的 β-珠蛋白基因(卢因,2007)

3.2.6 基因家族

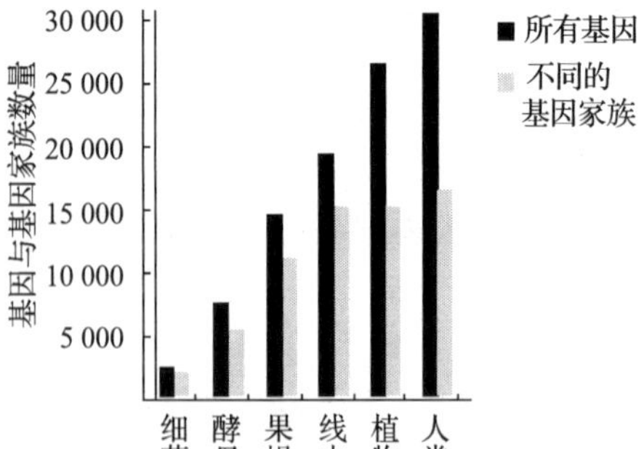

图 3-10 不同物种的基因数与基因家族数比较(卢因,2007)

基因家族(gene family)是通过同一个祖先基因的复制和变异传递下来的一组基因,其成员基因的核苷酸序列或编码产物的结构具有一定程度同源性。基因家族中的成员成簇排列成大段的串联重复单位,定位于染色体的特殊区域,称为基因簇(gene cluster)。但基因家族中的成员也可能分散在不同的染色体上。到目前为止已经发现了很多基因家族,人类基因组计划确定的 40 000 条基因归类于15 000个家族。在不同的生物中,随着基因组的增大,基因家族数达到了一种相对稳定的状态(图3-10)。例如,人类生长激素基因家族包括人生长激素、人胎盘促乳素和催乳素三种激素的基因,它们之间的核酸序列高度同源。

现在，人们又发现了基因超家族（gene superfamily）的存在，它是指一组由多基因家族及单基因组成的更大的基因家族，它们的结构有不同的同源性，但功能并不一定相同。典型的例子是免疫球蛋白基因超家族。

另外，在染色体上还存在着大量无转录活性的重复 DNA 序列家族，与基因家族中的组织形式类似，它也有两种组织形式：卫星 DNA（satellite DNA），成簇存在于染色体的特定区域；分散重复的 DNA，重复单位并不成簇存在，而是分散于染色体的各个位点上。

3.3　基　因　组

3.3.1　基因组的概念

20 世纪 70 年代 DNA 测序技术的出现，使得大规模的测序计划得以实现，分子生物学家能够获得整个基因组（genome）的碱基序列。基因组是指一个物种全套染色体所携带的 DNA 分子，包括所有的基因和基因之间的间隔序列。第一个完成基因组测序的是 ΦX174 噬菌体，它一共包含了 5386bp，编码 11 个基因（图 3-11）。随后，流感嗜血杆菌（*Haemopbilus influenaze*）、酿酒酵母（*Saccharomyces cerevisiae*）、拟南芥（*Arabidopsis thaliana*）、稻瘟病菌（*Magnaporthe oryzae*）等的基因组先后测序成功，尤其人类基因组计划更是受到全世界的瞩目。

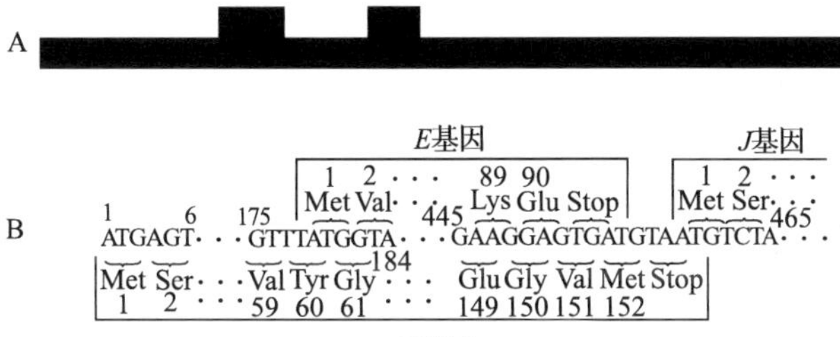

图 3-11　ΦX174 噬菌体的遗传图谱（Weaver，2009）

A. 每个字母代表一个噬菌体基因。B. ΦX174 的重叠可读框。基因 *D* 从图中所标的 1 号碱基开始一直到 459 号碱基结束，对应于氨基酸 1～152 位，外加一个终止密码子 TAA。图中的点表示未标出的碱基或氨基酸，而且该图只显示了非模板链。基因 *E* 从 179 位碱基开始到 454 位结束，对应于氨基酸 1～90 位，外加一个终止密码子 TGA。基因 *E* 的可读框比基因 *D* 向后移动了一个碱基。基因 *J* 从 459 号碱基开始，其可读框只在左边与基因 *D* 有一个碱基的重叠

原核生物基因组就是其细胞内构成染色体的 DNA 分子，真核生物的核基因组是指单倍体细胞核内整套染色体所含有的 DNA 分子。除了核基因组，真核生物还有细胞器基因组，即线粒体基因组和叶绿体基因组。

不同物种的基因组大小差别很大，但是真核生物的单倍体基因组的 DNA 总量是相对恒定的，称为 *C* 值（*C*-value）。不同生物的 *C* 值变化很大，图3-12展示了不同门类生物的 *C* 值变化范围。可以看出，随着生物的进化，生物体的结构和功能越来越复杂，*C* 值也越来越大，如最小的支原体是 10^6 bp，而两栖动物可达10^{11} bp。从原核生物到哺乳动物，每一生物门类中的基因组最小值依次增加。

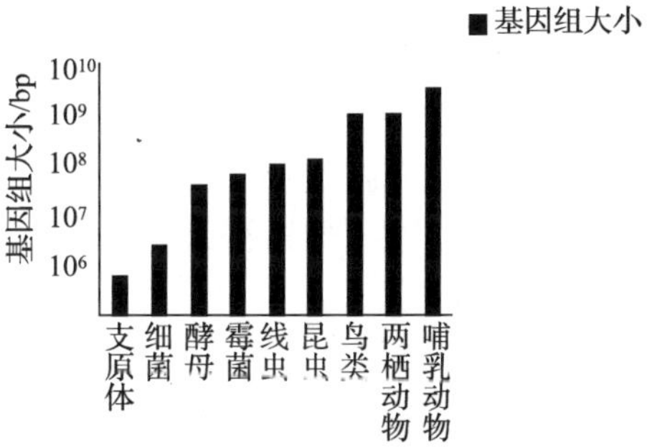

图 3-12　不同物种中基因组的最小值（卢因，2007）

但是,有时基因组大小并非随着遗传复杂程度的增加而上升。例如,爪蟾的基因组大小与人类的相似,但是人类在遗传发育上要比爪蟾复杂得多,甚至百合花一个细胞所含的 DNA 量比人类细胞的多 100 倍!

这种真核生物的 *C* 值与生物体复杂性之间对应关系的反常现象称*C* 值矛盾(*C* value paradox,又称 *C* 值悖论)。对 *C* 值矛盾较为可信的解释是很高 *C* 值的生物体具有大量多余的、非编码的 DNA。

3.3.2　病毒的基因组

病毒缺乏独立生存所必需的生物化学机制,是需要在宿主细胞内生存的寄生生物,并且依赖宿主细胞提供原料和能量进行自我复制。病毒由一个核酸基因组及封装这个基因组的蛋白质外壳构成。

目前已知的病毒有数千种,能够侵染包括细菌、真菌、植物及人类等各种生物,它的基因组也与其他生物不同,只能是 DNA 或者 RNA。根据病毒基因组的核酸类型可以将病毒分为 DNA 病毒和 RNA 病毒;根据宿主的不同也可以将病毒分为动物病毒、植物病毒、真菌病毒和噬菌体等。

病毒的进化速度很快,主要原因是病毒的核酸聚合酶在复制或转录过程中出错率较高。一个感染了 HIV(人类免疫缺陷病毒)的患者体内可能携带有几百万个不同的病毒,而且每一个病毒的序列都与其他个体不同。

3.3.2.1　RNA 病毒基因组

HIV 能够引起人类的获得性免疫缺损综合征,即艾滋病。HIV 能够破坏宿主的免疫系统,从而使得其他病原生物乘虚而入导致疾病,对人类是致命的。艾滋病的感染人数正以大约每年 3%的速度增长。

已经发现艾滋病毒有两种,即 HIVⅠ和 HIVⅡ。HIV 基因组由两条单链正义 RNA 组成,每个 RNA 基因长 9.2kb。在 RNA 的 5′端有甲基化帽,3′端有 polyA 尾巴,主要结构基因有种群特异性抗原基因(group specific antigen,*gag*)、聚合酶基因(polymerase,*pol*)和被膜蛋白质基因(envelope,*env*),两端还有长末端重复序列基因(long terminal repeat,LTR)。除了这三个结构基因,还有 *tat*、*rev*、*nef*、*vif*、*vpr* 和 *vpu* 六个调节基因,编码六种调控蛋白(图3-13)。

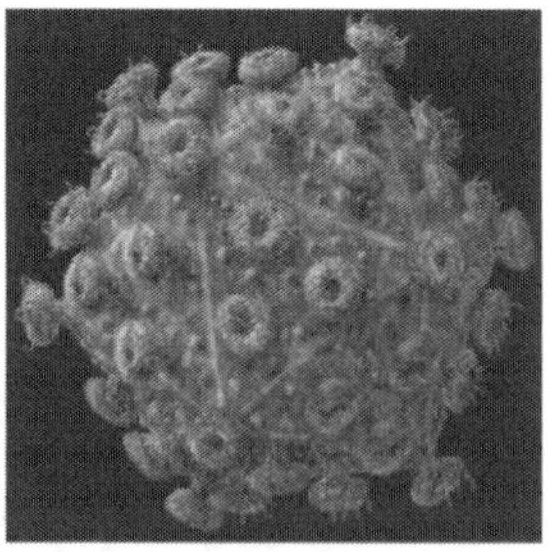
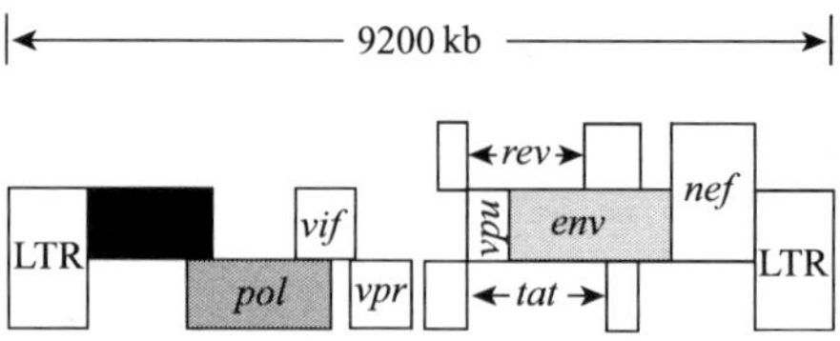

图 3-13　HIV 模式图以及基因组结构图(http://cdzyyxxk.blog.sohu.com/54533195.html)

3.3.2.2　DNA 病毒基因组

腺病毒(adenovirus,Ad)是 1953 年从腺样组织中分离得到的,医学上腺病毒被认为是导致急性呼吸道感染的病因而长期潜伏在扁桃腺和淋巴组织中，会导致多个器官及系统的疾病。人类腺病毒基因组是线性双链 DNA，包括早期蛋白基因（*E1A*、*E1B*、*E2A*、*E2B*、*E3*、*E4*）和晚期蛋白基因（*L1*、*L2*、*L3*、*L4*、*L5*）。腺病毒 DNA 分子两端有反向重复区，DNA 的两条链都有编码功能，但转录方向不同（图 3-14）。

腺病毒易培养转化，基因组中可插入较大的外源片段，而且可以在宿主细胞内大量扩增，可用于基因工程和基因治疗。

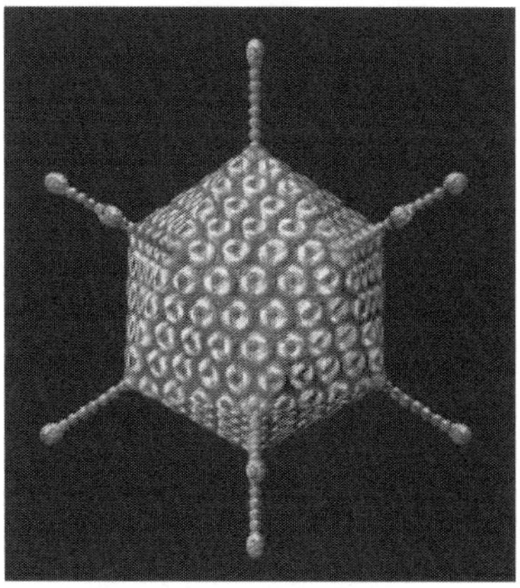

图 3-14 腺病毒的结构图
（http://www.hudong.com/）

3.3.3 原核生物的基因组

据估计，细菌占地球生物总量的 60%，是典型的原核生物。原核生物的细胞内没有明显的细胞核，遗传物质是 DNA，DNA 与蛋白质结合形成类核（nucleoid），类核无核膜，中央部分由 RNA 和支架蛋白组成，外围是双链闭环的 DNA 超螺旋。原核生物一般以细菌为代表，所以这里主要介绍细菌的染色体基因组。

3.3.3.1 细菌染色体基因组的一般特点

（1）细菌的染色体基因组通常仅由一条环状双链 DNA 分子组成，与蛋白质结合形成类核。

（2）具有操纵子（transcriptional operon）结构，即数个功能相关的结构基因串联在一起，受同一个调节区的调节，合成多顺反子 mRNA。

（3）在大多数情况下，结构基因在细菌染色体基因组中都是单拷贝，rRNA 基因一般是多拷贝的。

（4）非编码 DNA 所占比例比真核细胞基因组小得多。

（5）具有编码同工酶的同源基因。例如，在大肠杆菌基因组中有两个编码分支酸变位酶的基因，两个编码乙酰乳酸合成酶的基因。

（6）在细菌基因组中一般不会出现基因重叠现象。

（7）在 DNA 分子中具有多种调控区，如复制起始区 OriC、复制终止区 TerC、转录启动区和终止区等。这些区域往往具有特殊的顺序，并且含有反向重复顺序。

（8）在基因或操纵子的末端经常具有特殊的终止顺序，可使转录终止和 RNA 聚合酶从 DNA 链上脱落。例如，大肠杆菌色氨酸操纵子后尾含有 40bp 的 GC 丰富区，其后紧跟 AT 丰富区，这就是转录终止子的结构。

3.3.3.2 细菌染色体基因组的概况

以大肠杆菌（*E. coli*）为例，染色体基因组约为 4.2×10^6 bp，含有 3000～4000 个基因。已知的基因多是编码一些酶类的基因，如氨基酸、嘌呤、嘧啶、脂肪酸和维生素合成代谢的一些酶类的基因，以及大多数碳、氮化合物分解代谢的酶类的基因。*E. coli* 的 rRNA 基因串联在一起，以 16S rRNA、23S rRNA、5S rRNA 的顺序，形成 7 个拷贝，存在于基因组 DNA 的不同部位。

质粒（plasmid）。原核生物除了染色体基因组，在细胞内还有许多独立存在能够自主复制的 DNA 小分子，称作质粒(plasmid)。质粒 DNA 呈线状或环状双链结构，大小从几百 bp 到几百 kb。质粒基因虽然通常不在染色体中，但可通过复制、转录、翻译而赋予寄主细胞某种性状，如抗生素抗性，从而使细菌能在外界环境不适宜的情况下也能存活。质粒的复制调控系统由质粒上的复制起点(ori)、*rep* 基因和 *cop* 基因组成。质粒的自主复制特性可以用于基因工程，因为质粒能在细胞间转移。

3.4 真核生物的基因组

3.4.1 真核生物基因组的特点

真核生物是具有由膜包被的核结构和细胞骨架的单细胞或多细胞生物。真核生物的基因组比较庞大，并且不同生物种间差异很大，如人的单倍体基因组有 3.16×10^9 bp。与原核生物比较，其基因组具有以下特点。

(1) 基因分布在多个染色体上，结构复杂，基因数庞大，具有许多复制起点。

(2) 多数基因是断裂基因，基因组转录后的绝大部分前体 RNA 必须经过剪接才能形成成熟的 mRNA。

(3) 含有大量重复序列和可移动序列。

(4) 基因的调控复杂，基因表达的各个阶段都有特定的调控机制。

3.4.2 真核生物基因组的重复序列

真核生物基因组的总体特征可以通过DNA 复性动力学(reassociation kinetic)来估计。DNA 复性过程遵循二级反应动力学，可用 C_0t 曲线来描述，方程是$C_0t\ (1/2) = 1/K$。DNA 的 $C_0t\ (1/2)$ 值与 K 值相关，而 DNA 序列的复杂性影响 K 值。在控制反应条件(初始浓度、温度、离子强度、片段大小)相同的前提下，DNA 分子的 $C_0t\ (1/2)$ 值，取决于核苷酸的排列复杂性。

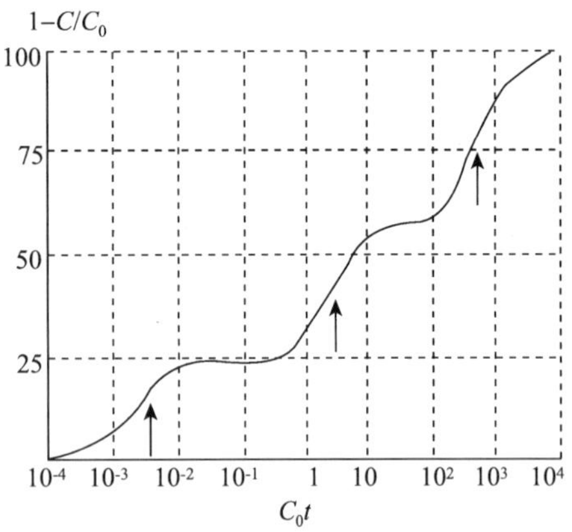

图 3-15 真核生物复性曲线模式图
(杨建雄，2009)

图 3-15 是真核生物基因组 DNA 复性曲线的模式图，可以看出复性反应分为三相，是一条复合多 S 形曲线，每相代表了基因组内不同复杂程度的序列类型。而原核生物的 DNA 复性曲线形状都是单一的 S 形，说明原核生物的 DNA 大都为单一序列。

根据复性动力学可以鉴定出真核生物基因组有两种类型的序列：非重复序列和重复序列。重复序列(repetitive DNA)是指在基因组中的不止一份拷贝的序列。不同生物基因组中非重复序列所占比例变化较大，图 3-16 总结了一些有代表性生物的基因组组成。原核生物只含有非重复 DNA 序列；低等真核生物的大部分 DNA 是非重复的，重复组分不超过 20%；动物细胞中多达一半的 DNA 由重复序列组成；在植物和两栖动物中，重复序列占到了基因组的 80%，成为主要的组成部分；卵菌中，马铃薯晚疫病菌重复序列占基因组的74%，而大豆疫霉菌只占基因组的39%。另外，基因组中的非重复序列与物种的相对复杂性有较好的相关性。例如，大肠杆菌的非重复序列是4.2×10^6 bp，秀丽线虫增加到6.6×10^7 bp，黑腹果蝇增加到约10^8 bp，哺乳动物的又增加到了约2×10^9 bp。

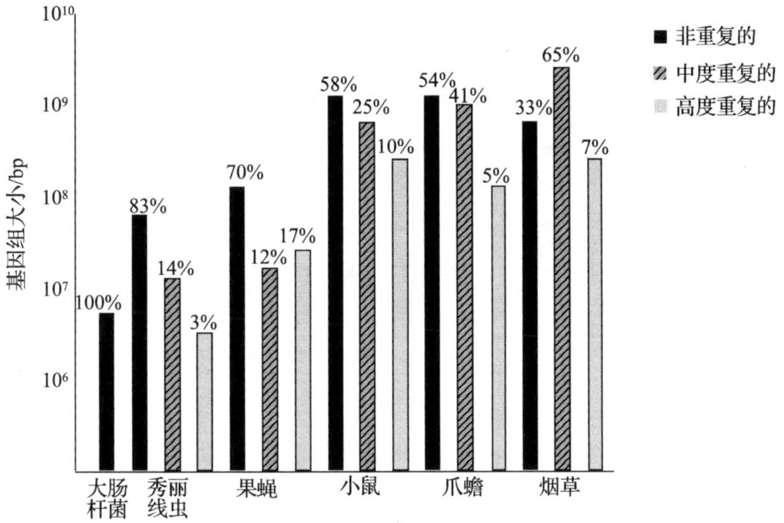

图 3-16 不同生物的基因组组成(卢因，2007)

3.4.2.1 重复序列的类型

真核生物的重复序列有的成簇集中在染色体的某些部位，如染色体的着丝粒；有些重复序列则分散在各个部位。根据DNA序列在基因组中的重复频率，可将其分为轻度重复序列、中度重复序列和高度重复序列。重复频率(repetition frequency)是指在一个基因组中各组分的拷贝数。

1) 轻度重复序列

轻度重复序列(slightly repetitive sequence)在基因组中一般有2～10个拷贝，通常是一些编码蛋白质的基因。例如，tRNA基因和一些组蛋白基因。

2) 中度重复序列

中度重复序列(moderately repetitive sequence)在基因组内重复数十次至数十万次，平均长度6×10^5 bp，通常是非编码序列，分散存在于基因组内。目前认为，大部分的非编码中度重复序列与基因表达的调控相关。

大多数中度重复序列与其他序列间隔排列，称作分散重复序列(dispersed repetitive sequence)。由含有1～500个碱基的重复单元首尾依次相连排列在一定的区域，称为串联重复序列(tandem repetitive sequence)。这里主要介绍一下串联重复序列。

串联重复序列包括卫星DNA、小卫星DNA和微卫星DNA，以及编码组蛋白、5S RNA、tRNA家族的基因。

卫星DNA(satellite DNA)是由非常短的序列重复多次形成的。将基因组DNA裂解为约10^4 bp长的片段，进行氯化铯密度梯度离心时，真核生物会出现一个主带和一些小的卫星带，卫星DNA由此而来。卫星DNA集中在异染色质区，特别是在着丝粒和端粒

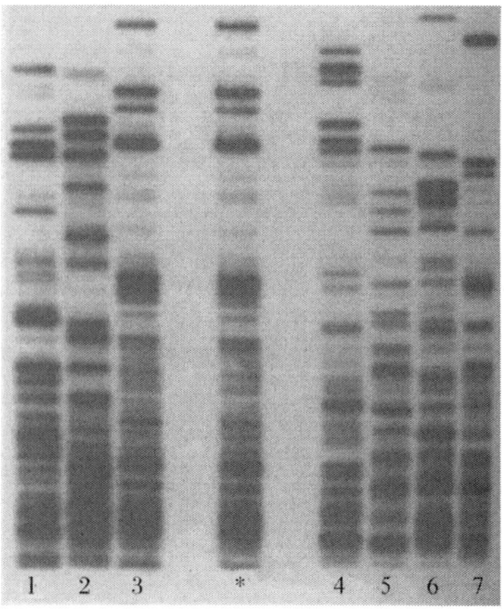

图 3-17 人类 DNA 指纹
(Griffiths, 1999)

附近。

小卫星 DNA(minisatellite DNA)一般由 15bp 左右的串联重复序列组成,拷贝数为 10～1000,由于小卫星序列的拷贝数在群体内差异很大,所以也被称为可变数串联重复序列(variable number tandem repeat, VNTR)。VNTR 可以用于 DNA 指纹图谱分析、亲子鉴定、基因定位等。例如,利用 DNA 指纹可以进行法医鉴定,指认出犯罪嫌疑人(图3-17),来自犯罪现场的血迹指纹(*)与 7 位嫌疑人的血液指纹,可以看出 3 号标本的血液指纹和犯罪现场的相同。

微卫星 DNA(microsatellite DNA)的重复单位只有 2～5bp,分散在基因组中。可以作为基因组作图的遗传和物理标记。

3) 高度重复序列

在基因组中重复频率高达 10^6 以上,复性速度很快的 DNA 序列称为高度重复序列(highly repetitive sequence)。例如,人类的 ALU 家族约有 30 万种类型,而其他物种的 ALU 类似家族共有 50 万种。

3.4.2.2 重复序列的功能

大量实验证明重复序列富含大量遗传信息,它是基因调控网络的组成部分,与各种信号分子、顺式表达元件共同调节基因的表达。

(1) 含有遗传调控信息。例如,很多细菌和病毒的复制起点都有同向重复、回文及简单重复序列。

(2) 促使核酸包装成各种高级结构。重复序列能够特异性地结合一些蛋白质,从而使核酸序列形成二级、三级甚至更高级结构。真核细胞的端粒、着丝粒、减数分裂配对与重组区域都是卫星 DNA 或者是转座子相关重复序列。

(3) 通过染色体的异染色质化而关闭基因的表达。重复序列的一段转录成 RNA,在 Dicer 酶的作用下,生成小干扰 RNA(siRNA),siRNA 和 Agol 结合,重新作用于染色体的重复序列,与 Tas3、Chpl 形成 RITS 复合物,同时招募 Swi6,最终导致相应的组蛋白去乙酰化、DNA 甲基化。最后导致 DNA 的异染色质化,引起基因沉默。

3.4.3 细胞器基因组

细胞核外存在基因的第一个证据来自植物的非孟德尔现象的发现,人们把存在于核外的基因称为染色体外基因(extrachromosomal gene)。后来人们又发现线粒体和叶绿体中存在 DNA 分子,而且独立于核基因组外。绝大多数细胞器基因组是具有独特序列的 DNA 分子,通常呈环状,在线粒体中被称为线粒体 DNA(mitochondrion DNA, mtDNA),在叶绿体中被称为叶绿体 DNA(chroloplast DNA, ctDNA)。几乎所有的真核生物都有线粒体基因组,植物等可以进行光合作用的真核生物还具有叶绿体基因组。

3.4.3.1 线粒体基因组

一个细胞里有多个线粒体,每个线粒体里都有几份拷贝的基因组,所以一个细胞里也就有许多个线粒体基因组。不同物种的 mtDNA 基因组大小悬殊。例如,哺乳动物的线粒体基因组约为 16.5kb,酿酒酵母的线粒体基因组平均约为 80kb。

第一个被测序的细胞器基因组就是人类的线粒体,这个基因组大约有 16 568bp,编码 13 个蛋白质,即细胞色素 b、细胞色素氧化酶的 3 个亚基、ATP 酶的 2 个亚基以及 NADH 脱氢酶的 7 个亚基,两个 rRNA 和 22 个 tRNA,只包含了极少量的非编码 DNA(图3-18)。

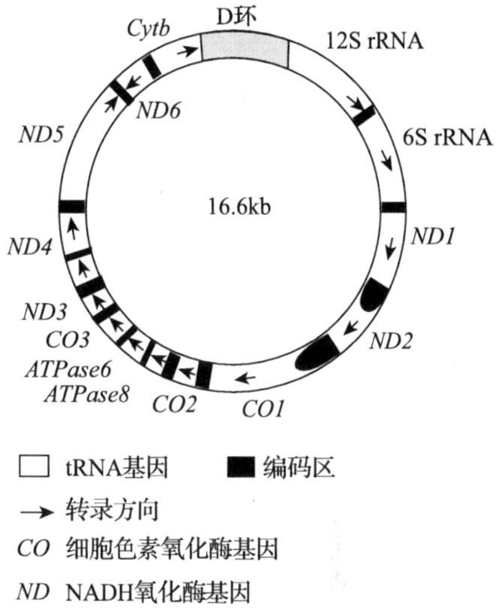

图 3-18 人类线粒体 DNA
(卢因,2007)

线粒体基因组能够单独进行复制、转录及合成蛋白质,但线粒体基因组的遗传并非完全不受核基因的控制,核基因在生物体的遗传控制中仍起主宰作用。通过对不同动物细胞的线粒体基因组全序列比较,发现它们的结构具有广泛的同源性,所以 mtDNA 可用于分子系统发生研究。

线粒体基因组中的基因与线粒体的氧化磷酸化密切相关。近年来发现,人的一些神经肌肉变性疾病,如 Leber 遗传性视神经病、帕金森病、早老痴呆症、线粒体脑肌病、母系遗传的糖尿病和耳聋等,都与线粒体基因有关。

3.4.3.2 叶绿体基因组

叶绿体基因组是一个裸露的环状双链 DNA 分子,其大小为 120～217kb,相当于噬菌体基因组的大小。一个叶绿体中通常有一个到几十个叶绿体基因组。

叶绿体基因组与线粒体基因组的结构相似,但 ctDNA 中的 GC 含量与核 DNA、mtDNA 有很大的不同,因此可用 CsCl 密度梯度离心来分离 ctDNA。叶绿体基因组中的基因比线粒体基因组多,编码 50 多种蛋白质以及蛋白质合成所需的各种 tRNA 和 rRNA,包括 RNA 聚合酶、核糖体蛋白质、核酮糖-1,5-二磷酸核酮糖羟化酶(RuBP 酶)的大亚基等。

叶绿体基因组虽然可以进行自主复制,但仍需要细胞核遗传系统提供遗传信息。例如,光合系统Ⅱ中的 Chla/b 蛋白质是在细胞质内的 80S 核糖体上合成后再转运进叶绿体的。

烟草的叶绿体基因组已经测序,该基因组共 156kb,含有 4 种 rRNA 基因,30 种 tRNA基因,49 种蛋白质基因和 38 种含 70 个密码子以上的 ORF。蛋白质双向电泳表明,烟草叶绿体基因组中半数以上的蛋白质是由核基因编码,并在细胞质中合成后输入叶绿体中的。

3.5 结构基因组学

大规模的全基因组测序计划正在获得越来越多的序列信息,并由此产生了一个新的分支学科——结构基因组学。结构基因组学(structural genomics)是基因组学的一个重要组成部分和研究领域,是一门通过基因作图、核苷酸序列分析确定基因组成、基因定位的科学。结构基因组学是基因组分析的早期阶段，以建立生物体高分辨率遗传图谱、物理图谱和大规模测序为目标。结构基因组的研究将会带动生物科学各个领域及医药、农业、酶工程等许多方面的新发展。

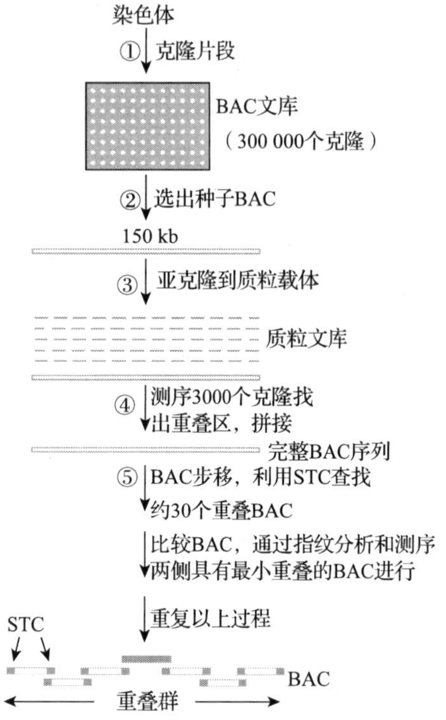

图 3-19 鸟枪法测序的方法

（Venter et al.，1996）

基因组测序的方法有双脱氧链终止法、化学降解法、热循环法和焦磷酸法等。由于测序方法的局限性，一次实验只能得到一小段的序列，这就意味着必须将基因组这一巨大的研究对象进行分解，使之成为较易操作的小的结构区域。目前，基因组测序的技术路线有两种：①逐步克隆策略，首先通过寻找沿每条染色体均匀分布的标记来绘制全基因组图谱，同时收集各标记相应的克隆群，再对每一个克隆测序即可按照正确的顺序将这些序列拼凑在一起；②鸟枪法测序策略（图 3-19），先构建一个含有不同大小插入片段的克隆文库，随机测定这些插入片段的序列，然后利用计算机程序发现序列之间的重叠区从而将它们拼接在一起。在实践中，这两种策略通常是组合在一起使用的，人类基因组测序就是这样完成的。

3.5.1 遗传图谱

通过遗传重组所得到的基因在具体染色体上的线性排列图称为**遗传图谱**（linkage map）。遗传作图是以连锁遗传为基础的，连锁遗传是指原来为同一亲本所具有的两个性状，在 F_2 中常常有联系在一起的倾向。同一条染色体上的两个基因的相对距离越大，那么减数分裂时它们发生重组的概率也越大，共同遗传的概率就越小。因此可以根据后代性状的分离判断它们的交换率，也就可以判断它们在遗传图谱上的相对距离，一般用厘摩（cM）来表示。减数分裂的重组频率为 1%时即为 1cM。

最初是使用基因作为遗传图谱的标记，随着 DNA 多态性的开发，使得可利用的遗传标记数目迅速增加，主要有下面几种 DNA 标记：RFLP（restriction fragment length polymorphism，限制性酶切片段长度多态性），RAPD（random amplified polymorphic DNA，随机引物扩增多态性 DNA），SSR（simple sequence repeats，简单序列重复），SNP（single nucleotide polymorphism，单核苷酸多态性）。

遗传作图需要找到合适的遗传标记，再通过杂交实验确定标记之间的距离，但对大多数高等真核生物来说，连锁分析的作用受到限制，还需要在遗传图谱的基础上制作精细的物理图谱。

3.5.2 物理图谱

在对染色体进行分解之前，需要制作低分辨率的物理图谱，以确定染色体分解得到的各个片段之间的连接次序。

物理图谱（physical map）是利用限制性内切核酸酶将染色体切成片段，再根据重叠序列确定片段间的连接顺序，得到遗传标记之间物理距离（用 bp 或 kb 或 Mb 表示）的图谱。目前已有多种物理作图方法，主要有限制酶作图、荧光原位杂交(FISH)、序列标记位点。其中，序列标记位点(sequence tagged site，STS)作图是通过对基因组片段进行PCR和杂交分析，来对短序列进行定位作图。它是目前最有效的物理作图技术，能对大的基因组作出精细的图谱。一个STS是一段短的DNA序列，通常长度为100～500bp，易于识别，仅存在于待研究的基因组中。STS有时是从cDNA克隆中获得的，被称为表达序列标签(expressed sequence tag，EST)。以人类基因组物理图谱为例，首先获得分布于整个基因组的30 000个STS，对获得的目的基因的cDNA克隆进行测序，确定两端约200bp的cDNA序列，设计合成引物，并分别利用cDNA和基因组DNA作模板扩增，制备放射性探针与基因组进行原位杂交，使每隔100kb有一个标志。然后，在此基础上构建覆盖每条染色体的大片段克隆群，得到重叠的连续克隆系，最后得到低分辨率的物理图谱。得到的连续克隆系我们通常称作重叠群(contig)。

遗传图谱反映DNA序列上两点的连锁关系，而物理图谱则反映的是两点之间的实际距离。遗传图谱与物理图谱并非一定是相对应的，在DNA交换频繁的区域，两个物理位置上距离很近的标记可能具有较大的遗传距离，反之亦然。

3.5.3 基因组图谱的应用

高密度的基因组图谱在基础研究和应用研究方面具有广泛的应用价值。迄今为止，已经构建了很多生物的基因组图谱，包括植物、动物、细菌、真菌等各类生物。基因组图谱除了用于基因组序列测定外，还应用于：①物种遗传多样性研究；②基因定位；③标记辅助选择(marker-assisted selection，MAS)；④基因组比较分析；⑤基于图谱的基因克隆。

3.6 功能基因组学

功能基因组学(functional genomics)又称后基因组学(post genomics)，是利用结构基因组学所提供的信息，发展和应用新的实验手段，在基因组或系统水平上对基因功能的全面研究。目前，对基因组学的研究已从结构基因组学转向功能基因组学，对于基因功能的研究也由单一基因转向大规模、批量分析。

功能基因组学的主要研究内容有基因功能的研究、基因的表达及时空调控的研究、蛋白质组学的研究、基因组多样性的研究等方面。功能基因组学需要解决的问题包括：基因何时表达，它的表达产物定位于何处，基因的表达过程及表达产物与哪些基因有相互作用，该基因突变后有什么影响等。

功能基因组学还涉及众多的新技术，经典的减法杂交(subtractive hybridization)、差式筛选(differential screening)、cDNA替代差异分析(representative difference analysis，RDA)及mRNA差异显示(differential display)等技术被广泛用于鉴定和克隆差异表达的基因，但是由于这些技术不能胜任对大量的基因进行全面、系统的分析，因此，基因表达系列分析(serial analysis of gene expression，SAGE)、cDNA微阵列(cDNA microarray)和DNA芯片(DNA chip)等能够进行大规模的基因差异表达分析的技术应运而生。

因此，功能基因组学与转录组学、蛋白质组学和生物信息学等密切相关，同时在功能基因组学的基础上还产生出许多的分支学科，如比较基因组学、进化基因组学、药物基因组学等。

3.6.1 转录组学

转录组学(transcriptomics)，是一门在整体水平上研究细胞中基因转录的情况及转录调控规律的学科。转录组即一个活细胞所能转录出来的所有mRNA。与基因组不同的是，转录组的定义中包含了时间和空间的限定。同一细胞在不同的生长时期及生长环境下，其基因表达情况是不完全相同的。通常，同一种组织表达几乎相同的一套基因以区别于其他组织，如脑组织或心肌组织分别只表达全部基因的30%，而且各自表达的基因也不同，从而显示出组织的特异性。

目前用于转录组数据获得和分析的方法主要有cDNA芯片、寡聚核苷酸芯片、基因表达系列分析和大规模平行信号测序系统。1991年，Affymetrix公司在Southern blot的基础上，开发出世界上第一块寡核苷酸基因芯片，自此基因芯片技术得到了迅速发展和广泛应用，成为功能基因组研究中最主要的技术手段。SAGE是近年来发展的以测序为基础的分析特定组织或细胞类型中基因群体表达状态的一项技术，可以定量分析已知基因及未知基因表达情况。

这种基于基因表达谱的分子标签，可以用于疾病的诊断。例如，患有阿尔茨海默病时，患者会出现的神经元纤维缠结的大脑神经细胞的基因表达谱就有别于正常神经元，在病理形态学尚未出现纤维缠结时，这种表达谱的差异就可以作为分子标志直接对该病进行诊断。

3.6.2 蛋白质组学

尽管现在已有多个物种的基因组被测序，但在这些基因组中通常有一半以上基因的功能是未知的。目前功能基因组中所采用的策略，如基因芯片、SAGE等，都是从mRNA的角度来考虑的，但这实际上仅包括了转录水平的调控，并不能全面代表蛋白质表达水平。实验证明，组织中mRNA丰度与蛋白质丰度的相关性并不好，尤其对低丰度蛋白质来说，相关性更差。一方面某种mRNA可能大量合成但立即被降解或只有低效的翻译，导致蛋白质的产量很少。另一方面，很多蛋白质要经历翻译后的修饰，这对它们的活性有着深刻的影响。例如，某些蛋白质磷酸化后才具有活性。蛋白质是生理功能的执行者，是生命现象的直接体现者，所以对蛋白质结构和功能的研究能直接阐明生命在生理或病理条件下的变化机制。蛋白质的翻译后修饰、蛋白质间相互作用及蛋白质构象等问题，仍需要直接对蛋白质研究来解决。

蛋白质组学(proteomics)是对蛋白质性质和功能大规模研究的学科，通过对蛋白质的表达水平、翻译后修饰及与其他分子的相互作用的研究来明确蛋白质在细胞中的各种功能。研究内容包括鉴定蛋白质，研究蛋白质的时空表达、一级结构、空间结构、修饰形式、生物学功能及与其他生物大分子相互作用的方式等。

目前蛋白质组研究进展十分迅速，不论基础理论还是技术方法都在不断进步和完善，很多生物的蛋白质组数据库已经建立起来。1996年，澳大利亚建立了世界上第一个蛋白质组研究中心——Australia Proteome Analysis Facility (APAF)。丹麦、加拿大、日本也先后成立了蛋白质组研究中心。2001年4月，在美国成立了国际人类蛋白质组研究组织(Human Proteome Organization，HUPO)，通过合作的方式，融合各方面的力量，完成人类蛋白质组计划(Human Proteome Project)。有关蛋白质组研究技术体系详见第12章。

3.6.3 生物信息学

自20世纪80年代末对人类和其他生物的基因组开始研究以来，已有大量的数据产生。不仅核苷酸和蛋白质序列的数据在迅速增长，各种生物的特征基因和蛋白质结构的数据量也在飞速增长。所以，操作和使用这些数据就成为一个关键问题，一门新兴的交叉学科——生物信息学诞生了。生物信息学(bioinformatics)将大量系统的生物学数据与数学和计算机科学的分析理论和实用工具联系起来，通过对生物学实验数据的获取、加工、存储、检索与分析，解释这些数据所蕴含的生物学意义。

生物学数据库：*Nucleic Acids Research* 杂志连续七年在每年的第一期中详细介绍最新版本的各种数据库。迄今为止，生物学数据库总数已达 500 个以上，在 DNA 序列方面有 GenBank、EMBL 和 DDBJ 等；在蛋白质一级结构方面有 SWISS-PROT、PIR 和 MIPS 等；在蛋白质和其他生物大分子的高级结构方面有 PDB、SCOP 和 CATH 等。而且，几乎所有这些数据库对学术研究人员来说都是免费的，可以免费下载或提供免费服务。美国国立图书馆生物技术信息中心（National Center for Biotechnology Information，NCBI）数据库中不但有序列数据库，还有大量的文献信息。

目前，生物信息学关注的研究热点包括：序列对比、基因识别和 DNA 序列分析、蛋白质结构预测、分子进化、数据库中知识发现（knowledge discovery in database，KDD）等。

3.6.4　模式生物体基因组研究

模式生物体的基因组结构虽然相对简单，但由于它们的许多生理、生化过程具有很大程度的保守性，因而可以通过对不同模式生物体的基因组信息的比较，加深对人类基因组结构和功能的了解。因此，利用比较容易研究的生物作为模型，来研究其基因的结构和生物学功能，并由此获得可以使用于其他比较难研究生物的信息，以揭示某种具有普遍规律的生命现象，这种被选定的生物物种就是模式生物（model organism）。目前，应用最广的模式生物包括大肠杆菌、酿酒酵母、秀丽隐杆线虫、果蝇、稻瘟病菌、小鼠、拟南芥和水稻等。

随着基因重组技术的发展，科学家可以将某一基因转入细胞或生物体，通过观察这一基因引起的表型变化，来确定基因的功能。此外，还可以利用基因敲除、基因过表达或 RNA 干扰来分析缺失某基因引起的表型变化，由此来确定基因的功能。这种由基因到表型的研究方法称为反向生物学（antibiology）。例如，在稻瘟病菌野生型 GUY11 菌株中，利用同源重组原理敲除某个基因后，如果与野生型相比，突变体的致病性下降或丧失，我们就认为该基因与致病相关。如图 3-20 所示，与野生型相比，突变体的致病性有明显的下降，叶片上病斑的数量及面积均显著下降。

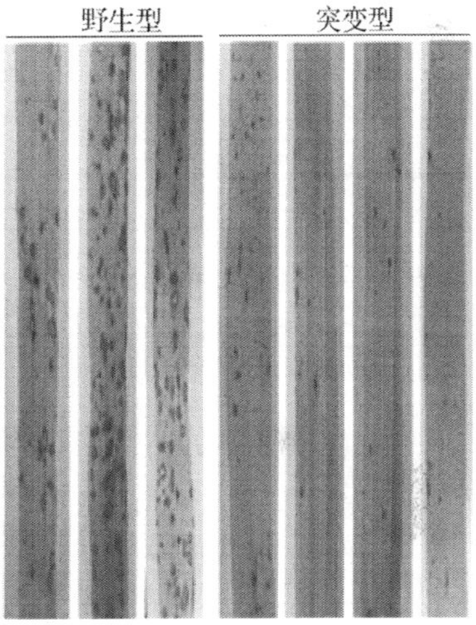

图 3-20　稻瘟病菌野生型和突变体分别对水稻的致病性

3.7　人类基因组计划

人类基因组计划（human genome project，HGP）由美国科学家于 1985 年率先提出，于 1990 年正式启动。美国、英国、法国、德国、日本和中国科学家共同参与了人类基因组计划。这一计划旨在为 30 多亿个碱基对构成的人类基因组精确测序，发现所有人类基因并搞清其在染色体上的位置，破译人类全部遗传信息。该计划与曼哈顿原子弹计划和阿波罗登月计划并称为 20 世纪三大科学计划。

人类基因组研究主要有两个部分——人类基因组 DNA 全部序列测定；基因 DNA 序列的识别与功能研究，基因变异与人类疾病的研究。HGP 的基本任务可用四张图谱来概括：遗传图谱、物理图谱、序列图谱和表达图谱。最后，人类基因组计划历时约 15 年，耗资 30 亿美元，完成了全部人类基因的测序工作。

人类基因组计划的主要发现有以下几个方面：①人类基因组中预测编码蛋白质的基因有3万～4万个，远小于原先10万个基因的估计；②人类蛋白质组在比无脊椎动物蛋白质组复杂得多，人类基因组在通过可变剪切的mRNA转录子加工过程中也表现出极大的复杂性；③人类基因组中的有些基因是通过水平基因转移从细菌中获得的，与细菌的序列同源，其他已知的动物却没有这种情况出现；④人类基因组中98%以上的序列不编码基因，而且存在很多的重复序列；⑤片段扩增在人类基因组中频繁发生；⑥人类基因组中有几十万个*Alu*重复；⑦男性减数分裂的突变率大约是女性的2倍；⑧发现了大约140万个单核苷酸多态性，并进行了精确的定位，初步确定了30多种致病基因。

人类基因组计划对生命科学的研究和生物产业的发展具有非常重要的意义，它为人类社会带来的巨大影响是不可估量的，主要有以下几方面。

（1）HGP对人类疾病基因研究及医学的贡献。获得人类全部基因序列将有助于人类认识许多遗传疾病及癌症等疾病的致病机理，为分子诊断、基因治疗等新方法提供理论依据。

（2）HGP对生物技术的贡献。人类基因组计划有助于人们对基因的表达调控有更深入的了解，蛋白质组的研究将加快药物开发方面实质性的突破，推动制药工业的发展。

（3）HGP对社会经济的重要影响。由于基因组研究与制药、生物技术、农业、食品、环境、能源和计算机等领域密切相关，更重要的是基因组的研究可以转化为巨大的生产力，国际上一批大型制药公司和化学工业公司纷纷大规模投巨资进军基因组研究领域，极大地推动了社会经济的发展。

（4）HGP对生物进化研究的影响。科学家对进化的研究，不再建立在假说的基础上，利用比较基因组学，通过研究DNA从远古至今的演变，可揭示生命进化的奥秘及古今生物的联系，帮助人们更好地认识人类在自然界中的地位。

但是，人类基因组计划的实施同时，也带来了许多伦理学、法学和社会学问题。例如，基因专利战、基因资源的掠夺战及涉及个人隐私的问题。科学是一把双刃剑，需要我们的合理利用才能造福世界。

本章小结

对“基因”的研究最早可追溯到1865年的孟德尔豌豆杂交实验，他认为“遗传因子”是一种物质，控制着生物的性状。然而40年以后Sutton和Boveri才将“遗传因子”与染色体联系起来，丹麦生物学家Johansen用基因一词代替了遗传因子，Morgan通过对果蝇的研究创立了染色体遗传理论。1953年Watson和Crick关于DNA双螺旋的发现为今后生物研究的发展指明了方向。随着人们对基因本质认识的深入，发现对基因的理解超出了先前的设想，基因结构和调控机制也异常复杂，基因的概念随着多学科渗透和实验手段日新月异又有了突飞猛进的发展，移动基因、重叠基因、假基因、断裂基因等先后被发现。

随着生物技术的发展，开辟了基因组学研究，从整体研究基因表达规律，包括病毒基因组研究、原核生物基因组研究、真核生物基因组研究。大规模的全基因组测序计划正在获得越来越多的序列信息，结构基因组学以及功能基因组学也应运而生，其中转录组学、蛋白质组学、生物信息学和模式生物体基因组研究是功能基因组学研究的不同方向，借助表达序列分析、cDNA微阵列和DNA芯片等技术对基因差异表达进行分析，最终可以明确基因何时表达、表达产物定位于何处、基因表达过程及表达产物与哪些基因有相互作用、该基因突变后有什么影响等。人类基因组计划就是分析人类基因组结构，研究其基因组的功能，简言之就是对人类的结构基因组学研究和功能基因组学研究。

延伸阅读

布朗. 2002. 基因组. 袁建刚译. 北京:科学出版社

卢因 B. 2007. 基因Ⅷ.余龙,江松敏,赵寿元译. 北京:科学出版社

佩夫斯纳 J. 2006. 生物信息学与功能基因组学. 孙之荣译. 北京:化学工业出版社

向义和.2005.DNA 纤维的 X 射线衍射分析与双螺旋结构的发现.大学物理,24(1) :51-58

阎隆飞,张玉麟. 1997. 分子生物学.2 版. 北京:中国农业大学出版社

杨建雄. 2009.分子生物学. 北京:化学工业出版社

朱军. 2002. 遗传学. 3 版. 北京:中国农业大学出版社

朱玉贤,李毅. 1997. 现代分子生物学. 北京:高等教育出版社

Berget M, Moore S. 1997. Spliced Segments at the 3′terminus of adenovirus 2 Late mRNA. Proceedings of the National Academy of Sciences USA, 74:3173

Lyer V R, Eisen M B, Ross D T, et al. 1999. The transcriptional program in the response of human fibroblasts to serum. Science, 283

Venter J C, Smith H O, Hood L A. 1996. New strategy for genome sequencing. Nature, 381: 365

Weaver R F.2009. 分子生物学.4 版. 郑用琏译. 北京:科学出版社

思考题

1.请简述断裂基因的构成和性质。

2.什么是重叠基因?可能存在几种类型?

3.请描述 *C* 值矛盾,并举一个例子说明。

4.请简述原核生物与真核生物基因组的区别。

5. 根据 DNA 复性动力学研究真核生物的 DNA 序列可以分为四种类型,是哪四类?

6. 哪些细胞器带有自身的基因组?为什么这些细胞器带有自身的基因组?

7.据你所知有哪些 DNA 序列组成特点可作为判别基因的依据?

8.生物信息学主要的研究内容有哪些?生物信息学与基因组学研究有什么关联?

9.何谓蛋白质组学?其研究内容有哪些?

10. 名词解释:基因家族、基因簇、卫星 DNA、分散重复 DNA 序列、人类基因组计划。

4 DNA 的复制

复制是指作为遗传信息载体的DNA(通常为双螺旋DNA)分子的两条母链彼此分离，分别以每一条母链作为模板按碱基配对原则合成两个与亲代完全一样的DNA分子，并把遗传信息准确无误地分配到子代细胞中的过程，分为起始、延伸和终止三个阶段。DNA的复制是以半保留方式进行的半不连续复制。复制保证了物种的忠实性和连续性，是生物性状得以遗传的前提条件。复制过程需要DNA模板、dNTP底物、引物，以及许多相关酶类和蛋白因子的参与，并受细胞内调控系统的控制。与原核生物相比，真核生物的复制过程要复杂得多，如染色质的复制、多个复制起点、多种酶类参与、引物和冈崎片段等。

4.1 DNA 复制的机理与体系

4.1.1 DNA 复制的机理

最初，关于DNA的复制(replication)有三种假说，即全保留(conservative)、半保留(semiconservative)和弥散式(dispersive)复制(图4-1)。全保留复制即两个子代DNA分子中，1个分子是完全亲代的，而另一个分子是新合成的；半保留复制是指子代DNA中一条链来自亲代，另一条链是新合成的。弥散式复制指子代DNA的每一条链都是由亲本链的片段与新合成的片段随机拼接而成。

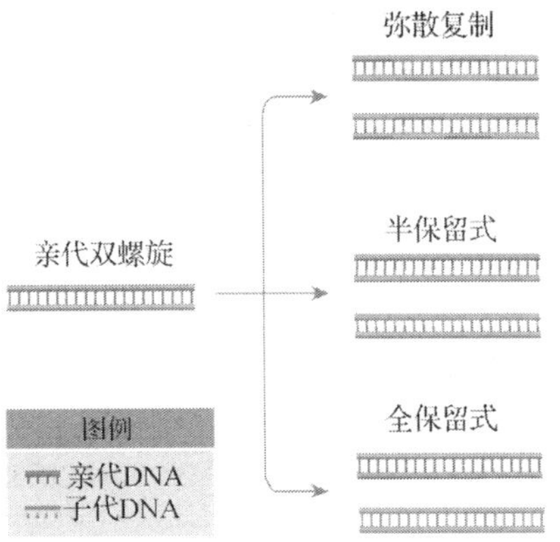

图4-1 DNA复制的三种可能途径(Brown，2007)

1958年，Meselson和Stahl用氯化铯(CsCl)密度梯度离心法结合同位素标记技术，为DNA以半保留复制方式进行复制提供了证据(图4-2)。他们先将大肠杆菌放在$^{15}NH_4Cl$培养基中生长14代，使几乎所有的DNA都被^{15}N标记后，再将细菌移到只含有$^{14}NH_4Cl$的培养基中培养。随后，在培养不同代数时，收集细菌，裂解细胞，提取DNA，进行氯化铯密度梯度离心。由于^{15}N-DNA分子的密度比^{14}N-DNA的密度大，在氯化铯梯度离心时，这两种DNA分子会形成位置不同的区带。^{14}N-DNA分子密度较小(1.710g/cm^3)，停留在离管口较近的位置；^{15}N-DNA密度较大，停留在较低的位置上。当含有^{15}N-DNA的细胞在$^{14}NH_4Cl$培养液中培养一代后，只有一条区带介于^{14}N-DNA与^{15}N-DNA之间，这时在^{15}N-DNA区已没有吸收带，说明这时的DNA一条链来自^{15}N-DNA，另一条链为新合成的、含有^{14}N的新链。培养两代后则在^{14}N-DNA区又出现一条带。在$^{14}NH_4Cl$中培养的时间越久，^{14}N-DNA区带越强，而^{14}N-^{15}N-DNA区带逐渐减弱，但始终未出现其他新的区带。这种实验结果说明复制后的DNA是由一条亲代链和一条子代链组成的，其复制过程只能按半保留复制的机制解释。

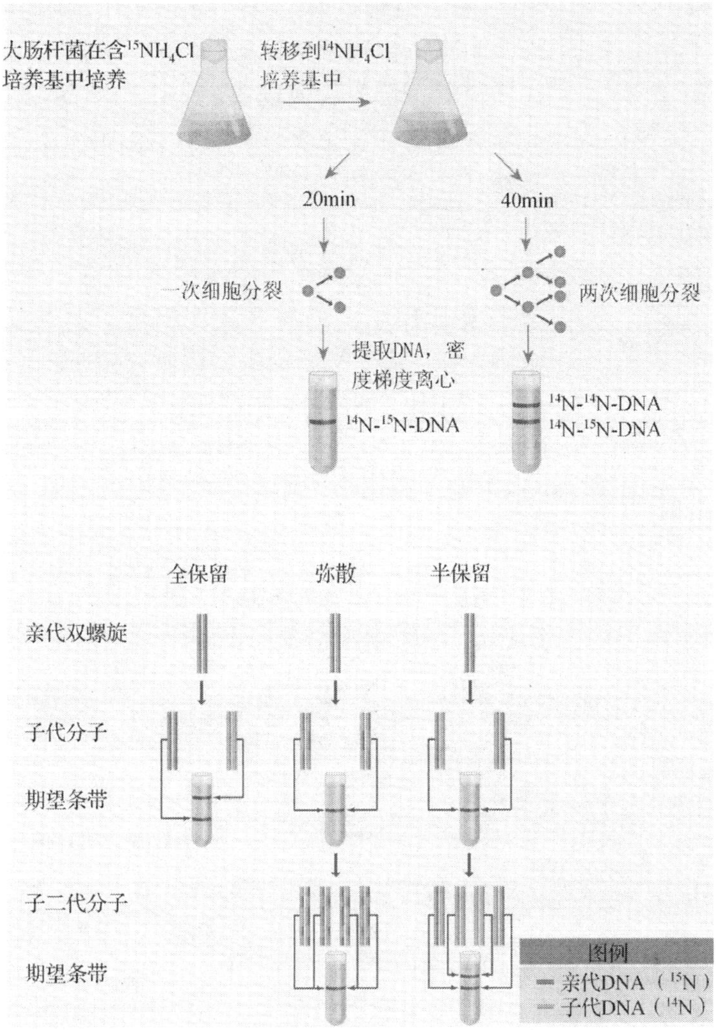

图 4-2 Meselson-Stahl 实验(Brown，2007)

DNA 复制采取半保留方式进行复制，将亲代 DNA 的一条链保留在子代 DNA 分子中，新合成的链必须与模板链碱基配对，因此，子代 DNA 保留了亲代 DNA 的全部遗传信息，从而保证了遗传的相对保守性。

4.1.2 DNA 复制的体系

DNA 复制是一个非常复杂的生物合成过程，涉及多种生物分子。除需亲代 DNA 分子为模板外，还需要四种脱氧核苷三磷酸(dNTP) 为底物，以及提供 3′-OH 末端的引物。此外还需要许多相关酶和蛋白因子的参与，其中部分酶和蛋白质结合在一起，协同动作，构成复制体(replisome)。原核生物和真核生物 DNA 复制均涉及 DNA 聚合酶、拓扑异构酶、解旋酶、单链结合蛋白、引发酶及连接酶等酶和蛋白质的参与。

4.1.2.1 DNA 聚合酶

DNA 聚合酶(DNA polymerase，DNA pol)是指以脱氧核苷三磷酸为底物催化合成

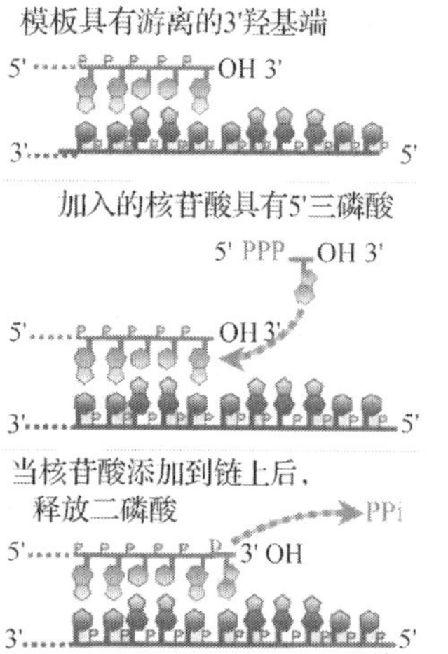

图 4-3 核酸合成5′→3′方向进行(Lewin,2009)

DNA 的一类酶。DNA 聚合酶催化合成反应的机制是在生长的 DNA 链(或引物链)末端的 3′-OH 对新加入的脱氧核苷三磷酸 α-位的磷酸进攻，形成 3′,5′-磷酸二酯键，并释放一个焦磷酸。每释放一个焦磷酸，即形成一个磷酸二酯键，就延长一个核苷酸单位的 DNA 链。DNA 的延长方向是 5′→3′(图4-3)。

1956 年，Arthur Kornberg 首次在大肠杆菌中发现了 DNA 聚合酶Ⅰ。之后又陆续发现了其他的 DNA 聚合酶。原核生物的 DNA 聚合酶有五种，分别命名为 DNA 聚合酶Ⅰ～Ⅴ(pol Ⅰ～Ⅴ)，它们具有不同的亚基组成，执行不同的功能(表 4-1)。参与原核生物 DNA 复制的酶主要是 pol Ⅲ和pol Ⅰ。

表 4-1 原核生物(*E. coli*) DNA 聚合酶

酶	DNA pol Ⅰ	DNA pol Ⅱ	DNA pol Ⅲ	DNA pol Ⅳ	DNA pol Ⅴ
亚基数目	1	1	10	1	3
功能	主要的修复酶	次要的修复酶	复制酶	SOS 修复	SOS 修复

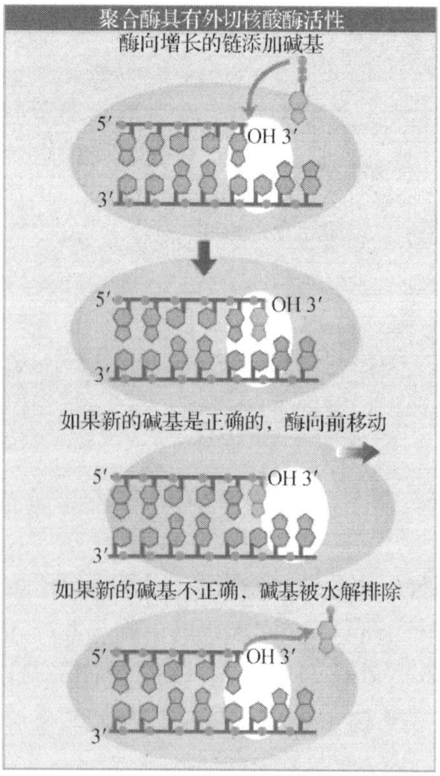

图 4-4 DNA 聚合酶的校读功能(Lewin,2009)

DNA 聚合酶Ⅰ是一条分子质量为 1.09×10^5 Da 的多肽链。具有多种催化功能，包括5′→3′聚合酶活性、3′→5′外切酶活性和5′→3′外切酶活性。DNA 聚合酶Ⅰ可被特异的蛋白酶水解成两个片段(6.8×10^4 Da 和 3.6×10^4 Da)，其中的大片段称为 Klenow 片段，具有5′→3′聚合酶活性和3′→5′外切酶活性，是分子生物学常用的工具酶。

这种3′→5′外切酶活性对保证 DNA 复制的真实性具有重要的意义。DNA 聚合酶在接上新的核苷酸前，它能对 3′端的碱基进行识别。若为错配的碱基，即通过3′→5′外切酶活性把错配的碱基切除，再使正确的碱基聚合上去，保证 DNA 复制的高度真实性，这种功能也称校读功能(proof reading)(图 4-4)。小片段则具有5′→3′外切酶活性，它能从5′→3′方向一个挨一个切除，产物为 5′单核苷酸，或跨过若干个核苷酸再进行酶解，从 5′端释放一寡核苷酸。可除去冈崎片段(Okazaki fragment) 5′端的 RNA 引物和在 DNA 损伤修复中起重要的作用。但 DNA 聚合酶Ⅰ并不是大肠杆菌 DNA 复制中主要的 DNA 合成酶，它的主要作用是切除 RNA 引物、填补空缺和 DNA 损伤的修复。

DNA聚合酶Ⅱ由一条多肽链构成，具有5′→3′聚合酶活性和3′→5′外切酶活性，但没有5′→3′外切酶活性。目前认为其主要参与DNA损伤修复。

DNA聚合酶Ⅲ是一个多聚酶，由10种不同亚基组成，称为DNA聚合酶Ⅲ全酶。DNA聚合酶Ⅲ全酶的亚基特性见表4-2。它具有三个特点：①它是一种非常高的续进性酶。所谓续进性即在DNA聚合酶与模板分离下来之前加入的核苷酸平均数。续进性≥500 000。而DNA聚合酶Ⅰ仅合成3～200个核苷酸，即自模板上释放；②催化活性比DNA聚合酶Ⅰ高很多倍，每秒可催化1000个核苷酸聚合，而DNA聚合酶Ⅰ每秒仅催化16～20个核苷酸聚合。③不但催化活性高、合成速度快，而且由于具有3′→5′外切酶活性，产物真实性高。大肠杆菌DNA聚合酶Ⅰ、Ⅱ和Ⅲ的基本特性见表4-3。

表4-2 大肠杆菌DNA聚合酶Ⅲ全酶的亚基

亚基	相对分子质量($\times 10^6$)	功 能
α	129.9	5′→3′聚合酶活性，合成DNA
ε	27.5	3′→5′外切酶活性，校正
θ	8.6	刺激ε的外切酶活性，帮助其他亚基组建
τ	71.1	聚合核心酶，促进二聚化，结合γ复合物
γ	47.5	结合ATP，ATP酶
δ	38.7	结合β亚基
δ′	36.9	与δ和γ亚基结合
χ	16.6	结合SSB
Ψ	15.2	与χ和γ亚基结合
β	40.6	滑动环，程序化因子

表4-3 大肠杆菌DNA聚合酶的性质

特性	DNA聚合酶Ⅰ	DNA聚合酶Ⅱ	DNA聚合酶Ⅲ
5′→3′聚合作用	+	+	+
3′→5′外切酶活性	+	+	+
5′→3′外切酶活性	+	−	−
体外实验链延伸速率/(bp/s)	16～20	2～5	250～1000
每个细胞的分子数	约400	100	10～20

DNA聚合酶Ⅲ是DNA复制必需的酶，其分子质量约9×10^5 Da，全酶成不对称的二聚体，围绕着DNA双螺旋，每个单体都具有催化活性，一个作用于前导链(leading strand)，另一个作用于后随链(lagging strand)，使DNA两股链在同一位置同一时间进行合成(图4-5)。

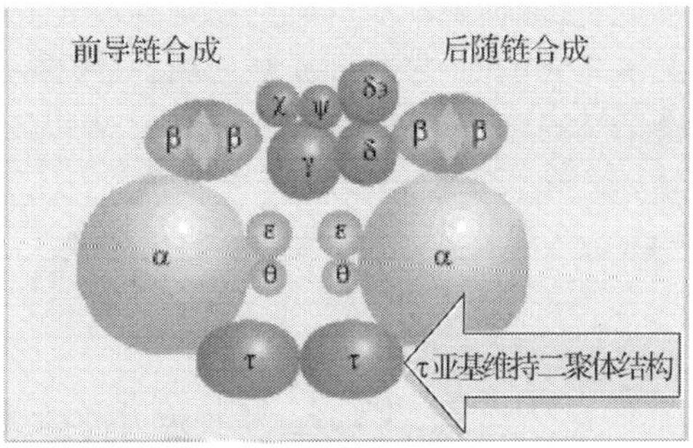

图4-5 DNA聚合酶Ⅲ全酶(Lewin，2009)

DNA聚合酶Ⅳ和Ⅴ是在1999年才发现的，涉及DNA的SOS修复。当DNA受到较严重损伤时，即可诱导产生这两种酶，但修复缺乏准确性，因而出现高突变率。

真核生物的 DNA 聚合酶有五种，即 DNA 聚合酶 α、β、γ、δ 和 ε(pol α、β、γ、δ 和 ε)，其特性见表 4-4。其中，DNA 聚合酶 α 负责后随链的合成，DNA 聚合酶 δ 负责前导链的合成。DNA 聚合酶 γ 负责线粒体 DNA 的复制，DNA 聚合酶 β 和 ε 的功能为 DNA 的修复。

表 4-4 真核生物五种 DNA 聚合酶

DNA 聚合酶	α	β	γ	δ	ε
位置	细胞核	细胞核	线粒体	细胞核	细胞核
亚基数目	4	1	2	2～3	≥1
5′→3′聚合作用	+	+	+	+	+
5′→3′外切酶活性	−	−	−	−	−
3′→5′外切酶活性	−	−	+	+	+
功能	后随链的合成和引发	修复	线粒体 DNA 合成	前导链的合成	修复

4.1.2.2 DNA 解旋酶和单链结合蛋白

DNA 复制时，复制开始部位的 DNA 双螺旋必须解开成单链，模板链上的碱基才能以碱基配对原则，指导新链的合成(图 4-6)。DNA 聚合酶不具备使双链解开的能力，因此必须由 DNA 解旋酶(DNA helicase) 催化解链过程。该酶具有 ATP 酶的活性，可以利用 ATP 水解获得的能量打断氢键，解开 DNA 双链并在 DNA 分子上沿一定方向移动。原核生物大肠杆菌有四种解旋酶，即解旋酶Ⅰ、Ⅱ、Ⅲ和 Rep 蛋白，其中 Rep 蛋白是主要的，结合于前导链模板沿3′→5′方向移动，解旋酶Ⅰ、Ⅱ、Ⅲ结合于后随链模板沿5′→3′方向移动，每解开1对碱基需水解 2 个 ATP。真核生物病毒中的大 T 抗原具有解开双链的功能。此外，在真核生物中也分离出多种 DNA 解旋酶，其功能还在鉴定中。

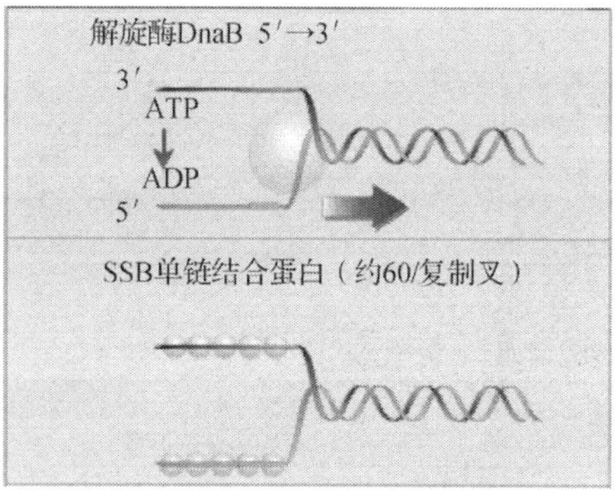

图 4-6 DNA 解旋酶和单链结合蛋白
(Lewin，2009)

单链结合蛋白(single strand binding protein，SSB) 能与已被解链酶解开的单链 DNA 结合，以维持模板处于单链状态，又可保护其不被核酸酶水解。单链 DNA 结合 SSB 后既可避免重新形成双链的倾向，又可避免自身发夹螺旋的形成，还能使前端双螺旋的稳定性降低，易被解开。当 DNA 聚合酶在模板上前进，逐个接上脱氧核苷酸时，SSB 即不断脱离，又不断与新解开的链结合。*E. coli* 中的 SSB 为四聚体，对单链 DNA 具有很高的亲和性，但对双链 DNA 和 RNA 没有亲和力。它们与 DNA 结合时有正协同作用。而真核生物的 SSB 没有协同作用。SSB 可以循环使用，在 DNA 的修复和重组中均有参与。

4.1.2.3 旋转酶

大多数天然的 DNA 都具有适度的负超螺旋，可以形成部分的单链结构，有利于蛋白质的结合和复制起始时单链小泡的形成。但当 DNA 复制时，由于复制叉不断向前移动，逐渐消除了原有的负超螺旋，并在复制叉前面形成正超螺旋结构。随着解链程度的增加，正超螺旋堆积，未解链部分的缠绕更加紧密，甚至出现打结现象，形成的压力使解链不能继续进行。因此复制中需要旋转酶(gyrase) 去消除解链造成的正超螺旋结构恢复负超螺旋结构。旋转酶属于拓扑异构酶Ⅱ的一种,暂时切断 DNA 双链,使另一 DNA 双链经过此切口,随后又再封闭切口,反应需要 ATP。

4.1.2.4 引发酶

DNA 新链的合成只能从一段核苷酸的 3′-OH 末端开始,这段称为引物的序列由引发酶(primase) 来合成。引发酶与催化转录的 RNA 聚合酶一样,有从头合成新链的能力,它识别 DNA 单链模板特异序列,以 NTP 为底物合成一小片段的 RNA,作为 DNA 合成的引物。*E. coli* 的引发酶是由 *dnaG* 基因编码的一条肽链,分子质量为 6×10^4 Da,每个细胞中有 50～100 个分子。该酶单独存在时没有酶活性,只有在与有关蛋白质相互结合成为引发体(primosome) 时才有活性。引发体中的某些蛋白质(如 DnaA) 能结合至 DNA 复制起始部位,DnaB 具有解链酶的作用,DnaC 辅助 DnaB 结合到复制起始点,使起始部位的双链解开。

4.1.2.5 DNA 连接酶

DNA 连接酶(DNA ligase) 可以催化两段 DNA 链之间磷酸二酯键的形成,从而连接两条链。DNA 连接酶不能连接两分子单链的 DNA,只能作用双链 DNA 分子中一条链上缺口的两个相邻末端。如果 DNA 两条链都有缺口,只要缺口两端的碱基互补,也可被 DNA 连接酶连接。例如,DNA 经限制性内切核酸酶切割后,两个片段的黏性末端相配,DNA 连接酶能使之连接。即使是两段平齐 DNA,DNA 连接酶也能使之连接。在 DNA 复制过程中,当 RNA 引物清除后,靠 DNA 聚合酶Ⅰ填补空缺,冈崎片段之间的缺口靠 DNA 连接酶作用而连成完整的一条新链。DNA 连接酶在 DNA 损伤修复中亦起重要作用,并且是一种重要的工具酶。DNA 连接酶催化连接反应时需要能量,在原核生物中由 NAD^+ 供能,在真核生物中由 ATP 供能(图 4-7)。

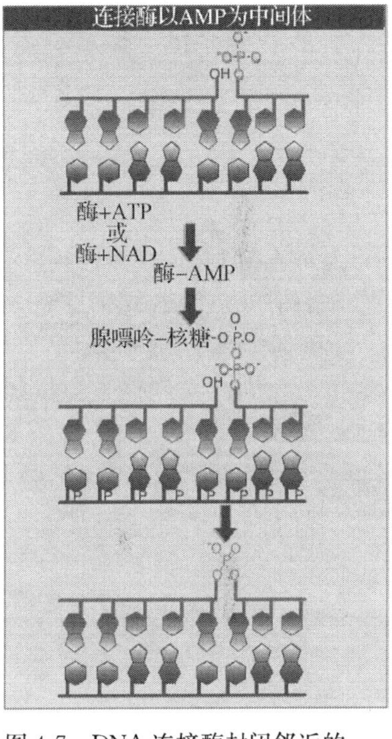

图 4-7 DNA 连接酶封闭邻近的核苷酸之间的切口(Lewin,2009)

4.2 原核生物 DNA 复制的过程

原核生物双链 DNA 的复制是一个复杂的过程,大体上可以分为复制的起始、延伸和终止三个阶段。

4.2.1 复制的起始

起始是复制中一个较为复杂的部分,在起始阶段,DNA 双链解开形成复制叉,然后多种蛋白质参与组成引发体,并合成引物。

4.2.1.1 复制起始点

复制是从DNA分子上的特定部位开始的，这一部位叫做复制起始点(origin of replication)，用ori或O表示。DNA复制是以复制子(replicon)为单位进行的，复制子是从起始点开始直到终点为止。原核生物只有一个复制起始点，即单复制子。大肠杆菌的复制起点为oriC，长度为245bp，所有细菌复制起始位点都是保守的，并富含AT。oriC中四个9bp的重复序列和三个13bp的重复序列在复制中起关键作用(图4-8)。

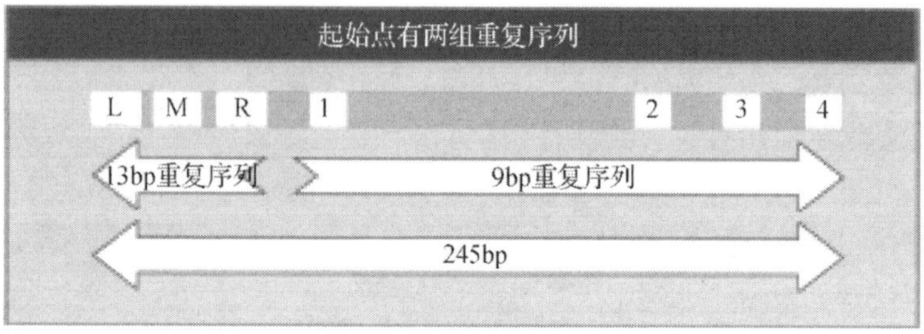

图4-8 大肠杆菌的复制起点(Lewin，2009)

4.2.1.2 复制方向

DNA复制时，在亲代双链分子的起始点打开呈叉子状，称之为复制叉(replication fork)。复制进行中，以复制起始点为中心，向两个方向以复制叉形式向前复制。在低等生物中，也可进行单向复制。复制方向主要有两种形式(图4-9)：①定点开始双向复制(bidirectional replication)，这是原核生物和真核生物DNA复制最主要的形式，复制从起始点开始，向两个相反的方向各生长出两条链，形成两个复制叉；②定点开始单向复制(unidirectional replication)，质粒Col E1是典型的例子，复制从起始点开始，以同一方向生长出两条链，形成一个复制叉。

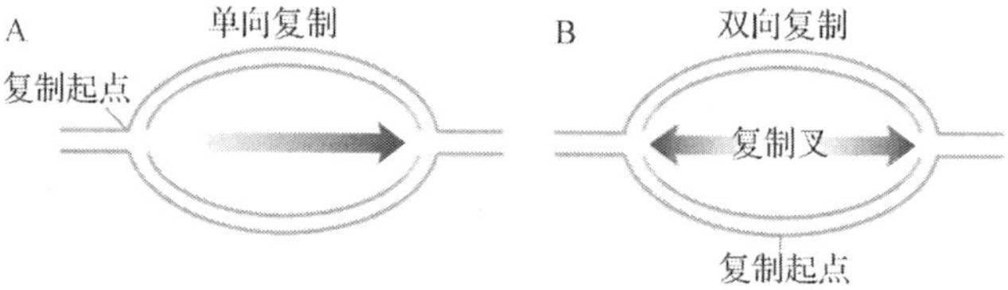

图4-9 DNA复制的方向

4.2.1.3 复制的起始过程

大肠杆菌DNA的复制起始一般包括以下几个步骤。

1) DnaA蛋白引发复制起始

首先*E. coli*编码的DnaA蛋白识别并结合至复制起始点oriC中四个9bp重复序列处，一般20～40个DnaA蛋白结合成一个核心，oriC DNA盘绕在核心上。然后DnaA蛋白与三个13bp的重复序列结合，通过水解ATP获得能量，解开DNA双链。在这一过程中，还需要其他酶和蛋白质的参与，如拓扑异构酶能使形成的正超螺旋恢复为负超螺旋。HU蛋白是组蛋白样蛋白，识别并刺激oriC复制，促进复制起始反应，并抑制其他潜在复制原点上的复制。起始过程还需要SSB蛋白保护已解开的单链。

2) 预引发体(preprimosome)的形成

DnaB蛋白和DnaC蛋白进入解链区，形成复合物。每个DnaB六聚物结合六个DnaC单体，形成DnaB-DnaC引发前复合体。其中，DnaC蛋白使DnaB蛋白结合于起始点，而DnaB蛋白具有解旋作用，可以利用水解ATP产生的能量，促进大范围解链。DNA双向溶解形成两个复制叉。

3）引发体的形成

预引发体进一步与引发酶和其他相关蛋白结合形成引发体(primosome)(表4-5)。引发体可以在单链DNA上移动，在DnaB亚基的作用下识别DNA复制起点位置。首先在前导链上由引发酶按碱基配对原则合成一小段的RNA引物。由于前导链的合成是连续进行的，所以它的起始相对简单，而后随链的合成是不连续进行的，所以引发阶段比较复杂。引发体在后随链上连续地与引发酶结合并解离，从而在不同部位引导引发酶催化合成RNA引物。

表4-5 参与大肠杆菌复制起始的各种蛋白质

蛋白质	功能
DnaA	识别起始位点序列
解旋酶(DnaB，Rep蛋白)	解开DNA双链
DnaC	帮助DnaB蛋白结合于起始点
引发酶(DnaG)	合成RNA引物
SSB	结合单链DNA
拓扑异构酶Ⅱ	消除DNA解链过程中所产生的扭曲力

引物合成后，在复制叉上，DNA聚合酶Ⅲ全酶按照DNA模板链的指令，向RNA引物的3′-OH端依次添加新的脱氧核苷酸，合成新的DNA链。

按DNA合成的起始方式，复制可分为重新起始(denovointation)和共价延伸两种类型。重新起始是DNA链重新开始，即需要合成RNA引物，也叫复制叉式复制；共价延伸是前导链共价结合在一条亲本链上，也叫滚环复制(rolling circle replication)。复制主要以双向等速进行，如原核生物*E. coli*和真核生物DNA复制；少数是单向复制，如质粒Col E1的复制；或以不对称的双向方式进行，如线粒体DNA复制(D环复制)和叶绿体DNA的复制(2D环复制)。θ型复制是双链环状DNA以复制叉式复制的特例。某些双链环状DNA或单链DNA在复制时，以滚环方式进行复制。滚环式复制是某些噬菌体DNA复制的共同方式，如*E. coli*、噬菌体ΦX174、M13等。

4.2.2 复制的延伸

在复制的延伸(elongation)阶段，主要依靠DNA聚合酶Ⅲ起作用，催化与模板碱基正确配对的dNTP分子以dNMP的形式逐个加到新合成链的3′-OH端，使DNA链延长。

DNA双螺旋的两条链是反向平行的，因此，在复制起点处两条DNA链解开成单链时，一条是5′→3′方向，另一条是3′→5′方向。以这两条链为模板时，新生链延伸方向一条为3′→5′，另一条为5′→3′。而DNA合成的方向只能是5′→3′，这是一个矛盾。冈崎片段的发现使这个矛盾得以解决。在复制起点两条链解开形成复制泡后，DNA向两侧复制形成两个复制叉。以复制叉移动的方向为基准，一条模板链是3′→5′，以此为模板而进行的新生DNA链的合成沿5′→3′方向连续进行，这条链称为前导链。另一条模板链的方向为5′→3′，以此为模板的DNA合成也是沿5′→3′方向进行，但与复制叉前进的方向相反，而且是分段，不连续合成的，这条链称为后随链，合成的片段即为冈崎片段。这些冈崎片段合成后由DNA连接酶连成完整的DNA链。这种前导链的连续复制和后随链的不连续复制在生物中是普遍存在的，称为DNA合成的半不连续复制(图4-10)。

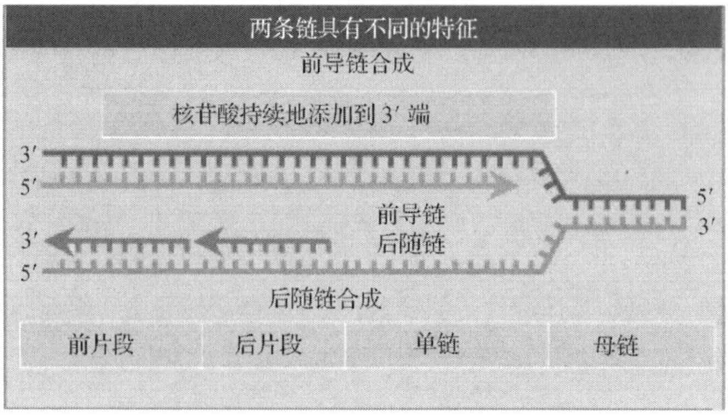

图 4-10　DNA 合成的半不连续复制(Lewin,2009)

DNA 复制延伸过程主要包括前导链和后随链的合成。前导链和后随链均由引发酶合成引物,前导链只需合成一条引物,而后随链中每个冈崎片段都需要合成引物。特异的引发酶催化合成 RNA 引物后即可以由 DNA 聚合酶Ⅲ进行延伸。前导链和后随链的合成是由同一个 DNA 聚合酶Ⅲ完成的。DNA 聚合酶Ⅲ全酶含有两个拷贝的核心酶,每个核心酶可负责一条新链的合成。当前导链上开始 DNA 合成和复制叉向前移动时,后随链模板绕聚合酶向后回折成环,穿过核心酶,从而使两条模板链呈相同的 3′→5′走向。随着后随链模板在聚合酶中穿行,DNA 聚合酶便从 RNA 引物合成冈崎片段。当合成的 DNA 链到达前一次合成的冈崎片段的 5′-P 时,后随链模板及刚合成的冈崎片段便从 DNA 聚合酶Ⅲ上释放出来。这时,由于复制叉继续向前移动,便又产生了一段单链的后随链模板,它重新环绕 DNA 聚合酶Ⅲ全酶,并通过 DNA 聚合酶Ⅲ开始合成新的后随链冈崎片段(图 4-11)。

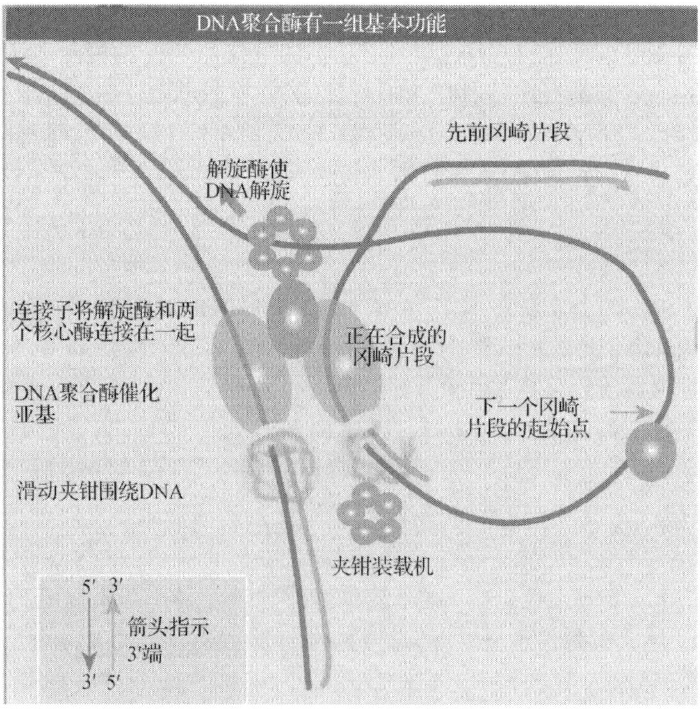

图 4-11　前导链和后随链协同合成(Lewin,2009)

在复制叉附近，形成了以 DNA 聚合酶Ⅲ全酶分子、引发体、解旋酶和 SSB 等构成的复合体，称为 DNA 复制体(replisome)（图 4-12）。复制体在 DNA 前导链模板和后随链模板上移动时便合成了连续的 DNA 前导链和由许多冈崎片段组成的后随链。当冈崎片段形成后，DNA 聚合酶Ⅰ通过其5′→3′外切酶活性切除冈崎片段上的 RNA 引物，同时，利用后一个冈崎片段的 3′-OH 由5′→3′合成 DNA。最后两个冈崎片段由 DNA 连接酶将其接起来，形成完整的 DNA 后随链(图 4-13)。

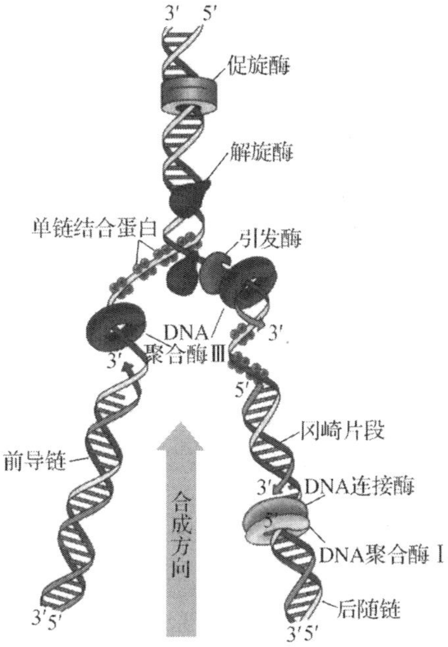

图 4-12　DNA 复制体(Lewin，2009)

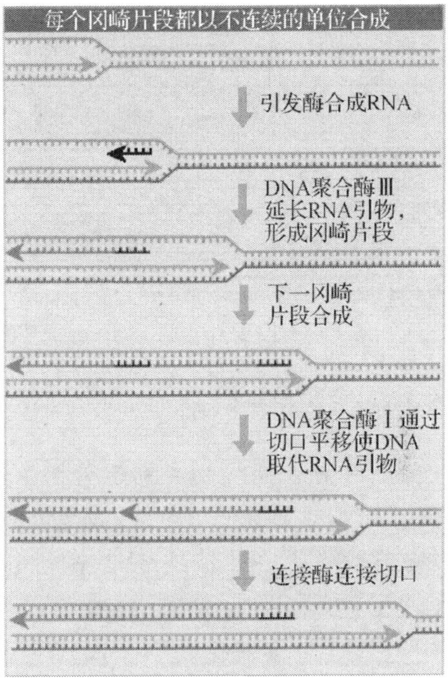

图 4-13　后随链合成过程(Lewin，2009)

4.2.3　复制的终止

4.2.3.1　环形 DNA 复制的终止

在单向复制的环形 DNA 分子中，复制的终点(terminus)也就是复制的原点。而在双向复制的环形 DNA 分子中有的有固定的终点，而大多数无固定的终点。一般来说，DNA 链复制的终止不需要特定的信号，如 λ 噬菌体 DNA 分子就没有特定的终止序列，λ 噬菌体 DNA 按 θ 方式复制时，它的终止点和起始点相差 180°。研究发现，如果删除一些非必需区域或插入一些无关的片段，以改变起始位点和终止点的相对距离，但其终止点仍在相距起始位点 180°的位置，而不是原来的终止点。

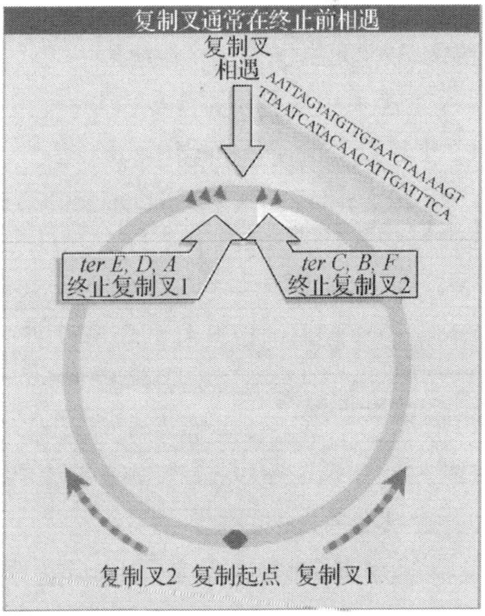

图 4-14　大肠杆菌的复制终止点(Lewin，2009)

E. coli 也是双链环形的 DNA 分子，双向复制，其复制终止点位于 oriC 的相对处。在复制终止点有两个终止区域，序列一是 *terE*、*terD* 和 *terA*，序列二

是 *terF*、*terB* 和 *terC*(图 4-14)。每个区域只对一个方向的复制叉起作用。复制终止时,每个复制叉必须越过另一个复制叉的终止点,才能到达自己的终止点。Tus(terminus utilization substance)蛋白能识别和结合终止点,结合后的 Tus 蛋白具有阻止解旋酶的解链活性,阻止 DnaB 蛋白的解链作用,从而阻挡复制叉的继续前进,当相反方向复制叉到达后,在 DNA 拓扑异构酶(DNA topoisomerase)作用下使复制叉解体,释放子链 DNA(图 4-15)。

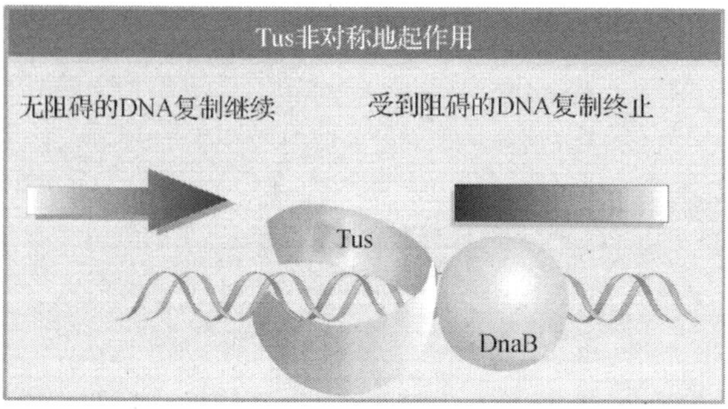

图 4-15　Tus 与 ter 非对称结合单向阻止复制(Lewin,2009)

4.2.3.2　线性 DNA 复制的终止

线性 DNA 分子当复制叉到达分子末端时,复制即终止。线性 DNA 分子的原核生物在复制终止时需解决末端 DNA 合成问题。已知 DNA 复制都要有 RNA 引物参与。当 RNA 引物被切除后,中间所遗留的间隙由 DNA 聚合酶 Ⅰ 所填充。但是,在线性分子末端的 RNA 引物被切除后是无法被 DNA 聚合酶所填充的。因此复制产生的子代 DNA 分子双链中一条链的 5′端将缺少一段序列。生物体采取了各种措施解决这一问题。有的线性 DNA 分子从一开始就采取环化的方法,避免末端复制,如 λ 噬菌体 DNA;有的线性 DNA 分子采取形成连环分子的方法。T7 噬菌体利用自身线性 DNA 末端的重复序列,通过末端互补形成连环分子的形式再切割;DNA 通过在末端产生一个发夹,可形成一特殊结构,如痘病毒;通过引入一个蛋白质直接从末端起始 DNA 的合成,一些线性病毒核酸的 5′端可共价连接蛋白质,借助蛋白质的介入来解决线性分子末端复制问题。腺病毒 DNA 就采用这种方式。

1) 生成连环分子(concatemer)

T7 噬菌体 DNA 两端的 DNA 序列区有 160bp 长的序列完全相同。而且,在 T7 噬菌体 DNA 复制时,产生的子代 DNA 分子不是一个单位 T7 DNA 长度,而是许多单位长度的 T7 DNA 首尾连接在一起。T7 DNA 两个子代 DNA 分子都会有一个 3′端单链尾巴,两个子代 DNA 的 3′端尾巴以互补结合形成两个单位 T7 DNA 的线性连接。然后由 DNA 聚合酶 Ⅰ 填充和 DNA 连接酶连接后,继续复制便形成 4 个单位长度的 T7 DNA 分子。这样复制下去,便可形成多个单位长度的 T7 DNA 分子。这样的 T7 DNA 分子可以被特异的内切酶切开,用 DNA 聚合酶填充与亲代 DNA 完全一样的双链 T7 DNA 分子。

2) 痘病毒的末端复制

痘病毒复制时,线性 DNA 分子两端都形成发夹环状结构。DNA 复制时,在线性分子中间的一个复制起点开始,双向进行,将发夹环状结构变成双链环状 DNA。然后,在发夹的中央将不同 DNA 链切开,使 DNA 分子变性,双链分开。这样,在每个分子两端形成一个单链尾端要以自我互补,形成完整的发夹结构(hairpin),与亲代 DNA 分子一样。

3) 引入蛋白质直接从末端起始复制

在腺病毒两条链的 5′端各以共价键结合着一个 DNA 末端蛋白(terminal protein, TP) 复合物, TP 通过其 Ser-OH 与 DNA 5′端的 dCMP 5′磷酸之间形成磷酸二酯键。胞嘧啶通过碱基配对与腺病毒 DNA 模板 3′端的鸟嘌呤核苷酸配对结合,腺病毒的 DNA 复制首先是以 5′端结合有 pTP 的 dCMP 作为引物,以 3′端的末端反向重复序列(inverted repeat, IR)为模板,进行链置换合成,置换出的单链分子可以自我退火环化,形成锅柄状(panhandle) 环形分子,然后这种环形分子再以相同的机制合成出子代双链 DNA 分子(图 4-16)。

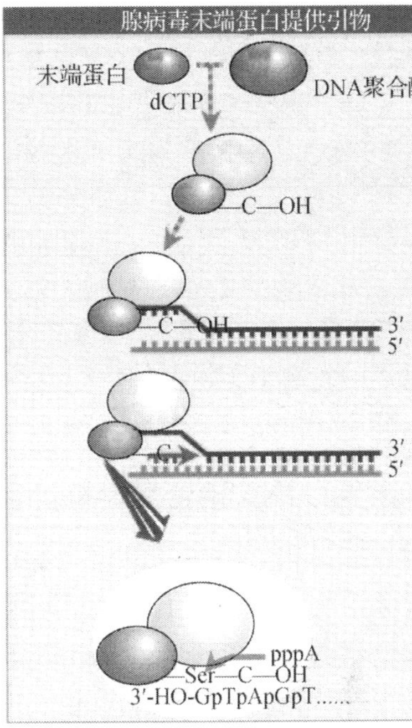

图 4-16 腺病毒末端复制(Lewin, 2009)

4.3 真核生物 DNA 复制的特点

真核生物 DNA 复制与原核生物 DNA 复制的相同点在于它们都是半保留、半不连续复制,复制过程都存在起始、延伸和终止三个阶段,都需要相应功能的蛋白质和酶参与。但真核生物比原核生物复杂得多,其基因组 DNA 也远大于原核生物,在结构上真核生物基因组 DNA 要与五种组蛋白(histone)(H1、H2A、H2B、H3 和 H4) 结合,形成核小体(nucleosome),以染色质的形式存在于细胞核中。因此真核生物 DNA 复制与原核生物 DNA 复制有很多不同之处。

4.3.1 染色质复制

真核生物的基因组 DNA 与组蛋白结合成核小体,以染色质的形式存在。因此,在 DNA 复制过程中需要解决核小体的问题。DNA 复制过程中,复制叉向前移动,由于 DNA 双链解旋,核小体结构必然被解聚,复制完成后,核小体则需在子链上重新组装。由于复制后 DNA 量增加了 1 倍,因此必须合成新的组蛋白以组装新的核小体。组蛋白的合成与 DNA 复制同步进行。现在一般认为 DNA 复制是半保留的,而组蛋白的合成是全保留的,即在真核生物的复制子上,亲代染色体的核小体被逐个打开,组蛋白以完整的八聚体形式直接转移到子代 DNA 的前导链上,新合成的组蛋白与后随链组装成核小体。这些主要是通过环己酮亚胺抑制组蛋白合成,在电子显微镜下观察进行实验证明的。

然而随着研究的深入,科学家们发现实际上并非如此。实际上核小体的组装与复制叉蛋白组分相联系。组蛋白在辅助蛋白 CAF-1 的帮助下组成正确的核小体结构,而 CAF-1 通过增殖细胞核抗原(proliferating cell nuclear antigen, PCNA)与复制叉相连接,从而确保复制和染色质结构重建同步进行。CAF-1 含有五个以上的亚基,总分子质量 238kDa。CAF-1 的功能是和新合成的 H3、H4 结合,因此新形成的 DNA 双链先与$(H3)_2$·$(H4)_2$四聚体结合,再加入两个 H2A·H2B 二聚体,从而组成核小体结构。在核小体八聚体解聚和重新装配的过程中,旧的组蛋白八聚体被解聚为$(H3)_2$·$(H4)_2$四聚体和 H2A·H2B 二聚体,它们与新合成的$(H3)_2$·$(H4)_2$四聚体、H2A·H2B 二聚体一起参与核小体组装,新旧之间是随机装配。

4.3.2 复制起点及复制速度

真核生物的 DNA 具有多复制起点，而原核生物只有一个。例如，酵母 *S. cerevisiae* 的 17 号染色体约有 400 个起始点。真核生物染色体在全部复制完成之前，各个起点不再重新开始复制；而在快速生长的原核生物中，复制起点可以连续开始新的 DNA 复制，虽然只有一个复制单元，但有多个复制叉。真核生物在快速生长时，往往采用更多的复制起点。

真核生物的复制速度比原核生物的慢。例如，细菌 DNA 复制叉的移动速度为 50 000bp/min，哺乳类动物复制叉移动速度实际仅为 1000～3000bp/min，相差 20～50 倍，然而哺乳类动物的复制子只是细菌的几十分之一，哺乳动物的复制子大小多为 100～200kb。果蝇和酵母的复制子比较小，平均为 40kb，但同一基因组中各复制子的长度相差较大，有的可达 10 倍以上。

4.3.3 DNA 聚合酶

真核生物 DNA 复制需 DNA 聚合酶及多种蛋白质因子参与，真核生物 DNA 聚合酶主要有 α、β、γ、δ 和 ε 五种酶，其中，pol α、pol δ 在核内起主要作用，pol ε 是一种修复酶。pol α 和引发酶紧密结合，形成 pol α-引发酶复合体，在 DNA 模板上先合成 RNA 引物。与原核生物中引发酶周期性结合复制叉不同，真核生物的 pol α-引发酶一直与复制叉相结合，并且间断性地由引发酶合成引物。引物合成后，先由 pol α 延长新链，再由延伸能力强的 pol δ 或 pol ε 代替（聚合酶转换）。pol δ 需要与一种 PCNA 复制因子结合，PCNA 相当于大肠杆菌 pol Ⅲ 的 β 亚基，能形成滑动夹结构，以增强聚合酶的持续合成能力。在真核生物的复制中，还有两种蛋白因子的参与。复制蛋白 A（replication protein A，RP-A）是真核生物的单链结合蛋白，相当于大肠杆菌的 SSB；复制因子 C（replication factor C，RF-C）是滑动夹装载器，可促使 PCNA 安装及拆卸到 DNA 双链上，还可促进复制体的装配。

4.3.4 RNA 引物和冈崎片段

真核生物复制中的 RNA 引物和冈崎片段均小于原核生物。真核生物的 RNA 引物一般长 10 个核苷酸，而且可能含有 DNA 成分，冈崎片段大小为 100～200 个核苷酸；而原核生物的 RNA 引物为十几至几十个核苷酸，合成的冈崎片段大小为 1000～2000 个核苷酸。

4.3.5 DNA 复制与细胞周期

在真核细胞中，DNA 的复制属于细胞周期的一部分。真核生物的一生要经历许多次细胞分裂，而每一次细胞分裂都要经历四个不同的时期，即细胞周期（cell cycle）。细胞周期可分为 DNA 合成前期（G_1期）、DNA 合成期（S 期）、DNA 合成后期（G_2期）和有丝分裂期（M 期）。G_1期占整个细胞周期的大部分，在此期间合成 DNA 复制所需要的引物及延伸所需的底物、复制所需的酶系、辅助因子、起始因子等。DNA 合成期在 S 期，在高等真核生物中 S 期延续数小时，首先是常染色质 DNA 的复制，然后是异染色质的复制。DNA 复制完成后进入有丝分裂的准备期（G_2期）。G_1期、S 期和 G_2期总称为细胞间期。然后细胞进入细胞分裂期。

4.3.6 末端复制与端粒酶

由于真核生物染色体是线性 DNA，因此在 DNA 复制后，其末端 RNA 引物被切除后，不能像环形 DNA 那样填补 5′端的空缺，因而会使序列缩短。假如每次细胞分裂或 DNA 复制都是如此,5′端将会不断缩短,最终导致关键基因的丧失及种系灭绝的危险,但事实并非如此。真核生物通过形成端粒(telomere) 结构及端粒酶(telomerase) 来阻止端粒缩短。

端粒是真核生物染色体两个末端具有的特殊结构。对端粒 DNA 序列的分析发现,端粒 DNA 的 3′端是由数百个串联重复 GT 丰富的短的寡核苷酸序列组成,如四膜虫的重复序列为-TTGGGG-,人的端粒序列为-AGGGTT-。端粒 DNA 序列虽不含功能基因,但对维持染色体的稳定性起着重要作用。如果端粒丧失,染色体之间可能出现端-端融合、降解、重排乃至染色体丢失等变化,最后细胞衰亡。

端粒酶(telomerase) 是一种能延长端粒末端的核糖蛋白(RNP) 酶,主要成分是 RNA 和蛋白质,其含有引物特异识别位点,能以自身 RNA 为模板,合成端粒 DNA 并加到染色体末端,使端粒延长。端粒酶通常含有 150 个左右碱基的 RNA 链,其中含一个半拷贝的端粒重复单位的模板。端粒酶具有种属特异性。例如,四膜虫的端粒酶,其 RNA 部分含 159 个核苷酸,其中有一段序列为 5′-CAACCCCAA-3′可作为合成端粒 DNA 3′端 GT 丰富序列-GGGGTTTT-GGGG-的模板。人端粒酶的 RNA 含 450 个碱基,其中 5′-CUAACCCUAAC-3′为合成-AGGGTTTTAGGG-的模板。端粒酶具有逆转录酶活性,利用自身携带的 RNA 作为模板,以脱氧核苷三磷酸(dNTP) 为原料,以逆转录的方式催化互补于 RNA 模板的后随链 DNA 片段的合成。合成一个重复单位后端粒酶再向前移动一个单位(图 4-17)。这样可防止细胞分裂时 DNA 复制端粒的缩短。

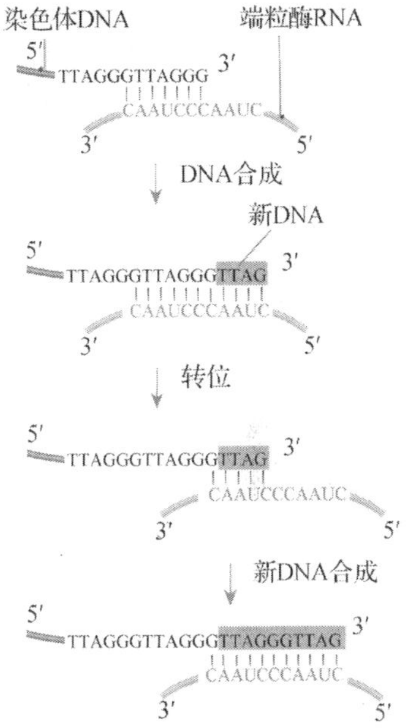

图 4-17 端粒复制过程
(Brown,2007)

端粒、端粒酶和细胞的衰老有密切关系。有人将端粒称为分子钟或有丝分裂钟。在动物的生殖细胞中,由于端粒酶的存在,端粒一直保持一定的长度。体细胞随着分化而失去端粒的活性,主要是因为编码该催化亚基的基因表达受到了阻遏。在缺乏端粒酶活性时,细胞连续分裂将使端粒不断缩短,短到一定程度时,细胞生长停止或凋亡(图 4-18)。但是恶性肿瘤细胞当端粒缩短到某种程度时,端粒酶活性又重新出现,对端粒进行补偿,使之永不衰亡,形成恶性增殖。目前,端粒酶是最广谱的肿瘤标记物。

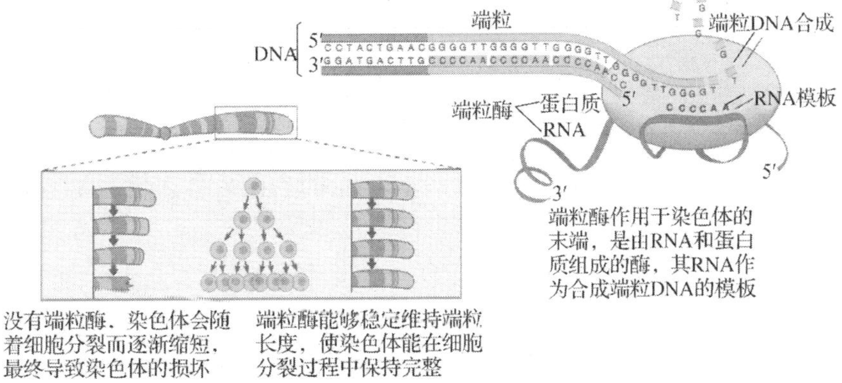

图 4-18 末端复制与端粒酶(http://old.cmt.com.cn/yxzx/idxw/2009/0/t2009/005-18549.html)

4.4 DNA复制的忠实性及复制调控

4.4.1 DNA复制的忠实性

DNA复制具有高度忠实性，其错配概率很低(约为 10^{-10})，以保证物种维持遗传保守性。DNA复制的高度忠实性主要依赖以下机制：①DNA聚合酶的选择作用；②DNA聚合酶的校正作用；③RNA引物的合成与切除；④DNA复制后错配碱基的修正。其中，RNA引物的合成与切除是提高DNA复制准确性的重要因素。

4.4.1.1 DNA聚合酶的选择作用

DNA聚合酶能够依照模板的核苷酸，选择正确的dNTP掺入到引物末端，这种作用称为DNA聚合酶的碱基选择作用。DNA聚合酶不仅对正确或错误核苷酸的亲和力不同，而且把它们掺入到DNA链中的速度也是不同的，即DNA聚合酶既利用了 K_m 又利用 V_{max} 来区别正确与错误的核苷酸，这是通过酶的构象的改变来达到的。DNA聚合酶反应分两个阶段进行：①结合阶段，掺入的dNTP与模板进行配对，此时聚合酶处于开放的构象状态。②催化阶段，新形成的碱基配对诱导聚合酶形成了封闭的构象，从而正确地定位了催化基团的位置。由于封闭的构象的形成是由掺入的dNTP与模板正确的碱基配对所诱导的，因此，聚合酶的构象由“开放”到“封闭”形成了正确碱基对的双重选择。

4.4.1.2 DNA聚合酶的校正作用

DNA聚合酶除具有聚合活性外，还具有外切酶活性，其中3′→5′外切核酸酶活性对DNA复制的准确性非常重要，在正常聚合条件下，3′→5′外切核酸酶活性迅速除去错误进入的核苷酸，然后聚合反应才得以进行下去，这种作用称为DNA聚合酶的校正功能。遗传学研究发现，缺失3′→5′外切核酸酶活性的大肠杆菌DNA聚合酶Ⅰ催化DNA合成时出现错误概率增大5～50倍。因此，3′→5′外切核酸酶活性可以使DNA真实性提高1～2个数量级。

4.4.1.3 RNA引物的合成与切除是提高DNA复制准确性的重要因素

需要RNA引物是DNA复制的基本特点之一。为什么引物都是RNA? 由于碱基配对的相互作用具有协同性的特征，如果新合成的DNA链首先掺入的少数核苷酸是错误配对的，那么对短的双链寡核苷酸的校对同样是易出错的过程。因此，DNA复制时，先由引发酶(RNA聚合酶)合成RNA引物，再由RNA引物来引导DNA的合成。这些短的RNA引物随即被DNA聚合酶Ⅰ所切除，并被高度忠实性的DNA序列所取代，有效地提高了DNA复制的准确性。

4.4.1.4 DNA复制后错配碱基的修正

上述因素并不能确保DNA复制时对碱基正确选择的万无一失。例如，DNA聚合酶不能很有效地区别dUTP和dTTP，即使dUTP浓度很低，新合成的DNA仍然会有偶然错配的U。但是这些U能被尿嘧啶-*N*-糖苷酶有效地切除，然后通过核苷酸的切除修复被T取代。

另外,DNA 复制过程中产生的错配碱基还可通过错配修复系统(mismatch repair system)加以纠正。该系统包括基因 *mutH*、*mutL*、*mutS* 和 *uvrD* 的产物。通过甲基化的程度,系统区别 DNA 分子的母链和新合成的子链并优先纠正新合成 DNA 子链中错配的碱基。

4.4.2 DNA 复制的调控

细菌染色体 DNA 的复制不仅存在正调控系统,而且也存在负调控系统。真核生物 DNA 复制的调控在三个水平进行:①细胞周期水平,通过限制点进行调控,决定细胞停留在 G_1 期还是进入 S 期;②染色体水平;③复制子水平,决定复制的起始与否。

4.4.2.1 原核生物 DNA 复制的调控

原核生物 DNA 链的延伸速度是恒定的。与生长、增殖相配合协调的 DNA 合成速度,主要取决于复制叉的数量。迅速分裂的细胞具有较多的复制叉,分裂缓慢的细胞复制叉较少并出现复制间隙。细胞内复制叉的多少取决于复制起始的频率,这是原核细胞复制的调控点。复制子的调控由复制起始因子和起始位点两部分组成。*E. coli* 的起始位点主要是 oriC,与蛋白质相互作用来启动复制。主要的起始因子有 DnaA、DnaC、DnaT 和 DnaH 等蛋白质,它们通过与起始位点形成复合物并相互作用,确定复制的起始频率和复制方式。模板的转录激活(transcription activation) 和 DnaA 蛋白在 oriC 区结合,是决定复制起始频率的重要因素。蛋白质因子与原点的识别和结合可能还要依赖于 DNA 和蛋白质的浓度及共价修饰调节,如 DNA 的甲基化(methylation) 和去甲基化(demethylation)、蛋白质的磷酸化(phosphorylation)和去磷酸化(dephosphorylation)等。DnaA 蛋白结合在复制原点后,才能进一步形成引发体并合成引物,从而引发复制。因此,DnaA 蛋白对复制起正调控作用。DnaA 蛋白浓度决定了 oriC 质粒复制起始频率。

原核生物 DNA 复制的调控也存在负调控系统,如大肠杆菌质粒 Col E1 的复制调控。Col E1 质粒 DNA 的复制,是从一个特定的复制起点(ori) 开始,并沿着环 DNA 分子单向性地进行。控制此种质粒 DNA 复制启动的两种关键因素 RNAⅠ和 RNAⅡ,都是由 Col E1 DNA 转录产生的,其中 RNAⅡ也叫做复制引物(replication primer)。RNAⅡ分子在转录起点附近同互补的模板 DNA 形成一种杂交分子,被 RNaseH 酶所切割,从而释放出 3′-OH 端,并以此作为引物(图 4-19)。RNAⅠ是一个约有 108 个碱基的分子,由 RNAⅡ的反义链(antisense strand)编码。RNAⅠ与引物 RNA 的关系如图 4-20 所示。RNAⅠ作为一个负调控因子,与 RNA 引物的 5′端互补,从而改变了 RNA 引物二级结构,使之不能被 RNaseH 所识别,也就不能形成引物,从而阻止了复制的起始。细胞内 RNAⅠ的浓度决定了 Col E1 质粒的复制起始频率。另外,质粒 DNA 还编码 1 个负调控因子 Rop 蛋白,Rop 蛋白能提高 RNAⅠ与引物前体的相互作用,从而加强了

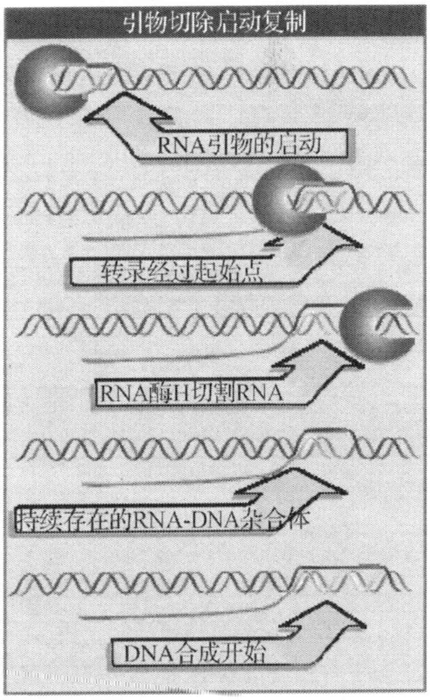

图 4-19 ColE1 DNA 的复制起始
(Lewin,2009)

RNAⅠ的负调控作用。

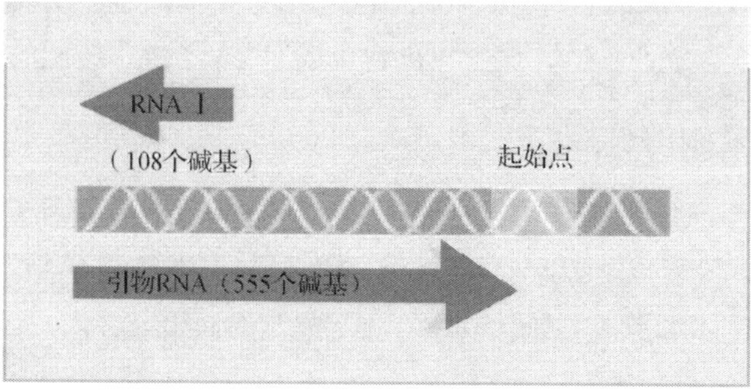

图 4-20 RNAⅠ序列与引物 RNA 的 5′端互补(Lewin,2009)

4.4.2.2 真核 DNA 复制的调控

由于真核生物复制的调控要比原核生物的复杂，对于真核生物复制的调控机理了解得较少，主要对 SV40 和酵母等一些简单系统的研究取得了一定的进展。真核生物复制的调控主要表现在以下三个方面。

(1) 细胞周期调控。在真核的细胞周期中 S 期与 M 期的协调非常重要，基因组必须完全复制一次，而且必须在有丝分裂出现之前。紧接在 S 期与 M 期之前的时期被认为是关键控制点，这里有两个关键控制点，一个是由 G_1 期进入 S 期，另一个是由 G_2 期进入 M 期。G_1 期决定着 DNA 是否复制，只有复制所需的一切条件成熟后才进入 S 期进行 DNA 的合成，G_1 期即决定细胞停留在 G_1 期还是进入 S 期；G_2 期检验复制是否已经完成、DNA 有无损伤等，决定着是否进行有丝分裂(进入 M 期)。如果涉及控制细胞周期的基因突变或是细胞经受了诸如 DNA 损伤等事件，细胞分裂便会在这两个关键控制点停留。许多外部因素和细胞因子参与限制点(restriction point)调控。促细胞分裂剂、致癌剂、细胞质因子等可诱发 G_1 期进入 S 期。一些细胞质因子，如四磷酸二腺苷和聚 ADP-核糖也可诱导复制。

(2) 染色体水平的调控。决定不同染色体或同一染色体不同部位的复制子按一定顺序在 S 期起始复制。真核生物是多复制子，在复制时，并不是所有起始点都在同一时间被激活，而有先后顺序。复制时间与染色质结构、DNA 甲基化及转录活性有关。通常活性区域优先复制，非活性区域激活后才复制；常染色质区先复制，异染色质区后复制。

(3) 复制子水平的调控，决定复制的起始与否。这种调控从单细胞生物到高等生物是高度保守的。复制子参与的多种因子均可参与调节，主要是复制起始调控，如酵母复制起始受时序调控。此外，真核生物复制的起始还包括转录活化、复制起始复合物的形成和引物合成等阶段，许多参与复制起始蛋白的功能与原核生物中的类似。

本章小结

DNA 是通过半保留方式进行复制的。半保留复制保证了遗传的稳定性。

DNA 复制除需亲代 DNA 模板、dNTP 底物和 RNA 引物外，还需要许多相关酶和蛋白因子的参与。原核生物和真核生物 DNA 复制均涉及 DNA 聚合酶、拓扑异构酶、解旋酶、单链结合蛋白、引发酶及连接酶等酶和蛋白质的参与。

DNA 的复制可以分为复制的起始、延伸和终止三个阶段。

真核生物 DNA 的复制与原核生物 DNA 的复制有很多不同之处，真核生物的基因组 DNA 与组蛋白结合成核小体，以染色质的形式存在。真核生物的 DNA 具有多复制起点，而原核生物只有一个。真核生物的复制速度比原核生物慢，复制子比较小。

延伸阅读

Banach-Orlowska M, Fijalkowska I J, Schaaper R M, et al. 2005. DNA polymerase Ⅱ as a fidelity factor in chromosomal DNA synthesis in *Escherichia coli*.Mol Microbiol, 58(1) :61-70

Brown T A. 2007. 基因组 3.袁建刚译.北京:科学出版社

Chang M, Luke B, Kraft C, et al. 2009. Telomerase is essential to alleviate pif1-induced replication stress at telomeres. Genetics, 24

Conn C W, Lewellyn A L, Maller J L. 2004. The DNA damage checkpoint in embryonic cell cycles is dependent on the DNA-to-cytoplasmic ratio.Dev Cell,7(2) :275-281

Gilbert D M. 2001. Making sense of eukaryotic replication origins. Science, 294:96-100

Johnson A, O'Donnell M. 2005. Cellular DNA replicases: components and dynamics at the replication fork. Annu Rev Biochem, 74:283-315

Kelly T J, Brown G W. 2000 Regulation of chromosome replication. Annu Rev Biochem,69:829-880

Lewin B.2009. 基因Ⅷ.余龙,江松敏,赵寿元等译. 北京:科学出版社

Lipps G, Weinzierl A O, von Scheven G, et al. 2004. Structure of a bifunctional DNA primase-polymerase. Nat Struct Mol Biol,11(2) :157-162

Lubin J, Markowska J, Markowska A, et al. 2009. Activity of telomerase in ovarian cancer cells. Clinical implications. Clin Exp Obstet Gynecol, 36(2) :91-96

Mott M L, Berger J M. 2007. DNA replication initiation: mechanisms and regulation in bacteria. Nat Rev Microbiol, 5(5) :343-354

Ozmen B, Duvan C I, Gümüs G, et al. 2009. The role of telomerase activity in predicting early recurrence of epithelial ovarian cancer after first-line chemotherapy: a prospective clinical study. Eur J Gynaecol Oncol, 30(3) :303-308

Palermo C, Walworth N C. 2005. Assaying cell cycle checkpoints: activity of the protein kinase Chk1. Methods Mol Biol,296:345-354

Rouillon C, Henneke G, Flament D, et al. 2007. DNA polymerase switching on homotrimeric PCNA at the replication fork of the euryarchaea *Pyrococcus abyssi*. J Mol Biol, 369(2) : 343-355

Sancar A, Lindsey-Boltz L A, Unsal-Kaçmaz K, et al. 2004. Molecular mechanisms of mammalian DNA repair and the DNA damage checkpoints. Annu Rev Biochem,73:39-85

Smogorzewska A, de Lange T. 2004. Regulation of telomerase by telomeric proteins. Annu Rev Biochem,73: 177-208

Stillman B. 1996. Cell cycle control of DNA replication. Science, 274(5293) :1659-1664

Veening J W, Murray H, Errington J. 2009. A mechanism for cell cycle regulation of sporulation initiation in *Bacillus subtilis*. Genes Dev,23(16) :1959-1970

思考题

1. Meselson 和 Stahl 是如何用氯化铯密度梯度离心法结合同位素标记技术，证明了 DNA 半保留复制的机制？
2. 参与原核生物 DNA 复制的酶和蛋白质有哪些？其功能分别是什么？
3. 简述原核生物 DNA 复制的过程。
4. 原核生物线性 DNA 复制 5′端短缩的解决办法有哪几种？
5. 简要叙述端粒酶的作用机制。
6. 原核生物 DNA 复制与真核生物 DNA 复制有何异同点？
7. DNA 复制的高度忠实性是通过哪些因素来体现的？
8. 叙述原核生物和真核生物 DNA 复制的调控机制。

5 DNA 的损伤、修复与突变

生物个体或细胞生活在各种环境中，DNA 的稳定性会受到各种环境因素的影响，据报道一个细胞内的 DNA 平均每天约遭受 74 000 次以上的损伤，其中主要有自发性损伤、物理或化学因素引起的损伤等，但生物体在长期的演变和进化历程中，形成了一套 DNA 修复保障机制，如错配修复、切除修复、直接修复和重组修复等，能及时修复绝大多数 DNA 损伤，少数未能及时修复或错误修复的 DNA，一部分随着细胞凋亡而消失，另一部分以突变的方式作为新的遗传物质传递给下一代。尽管大多数突变对生物体有害，但突变也是生物体适应环境变化以及进化的推动力。

5.1 DNA 的损伤

DNA 损伤(DNA injury 或 DNA damage)是指在生物体生命过程中 DNA 双螺旋结构发生的非正常的改变，包括单个碱基的改变和双螺旋结构的异常扭曲等。前者仅影响 DNA 序列而不改变 DNA 的整体结构，而是通过序列改变作用于子代，改变子代的遗传信息；后者则对 DNA 复制或转录产生生理性伤害。

DNA 遭受损伤后可以被修复，而其他大分子在损伤后要么被取代，要么被降解。但并非所有 DNA 损伤都可以被修复，如果 DNA 受到的损伤来不及修复，不仅会影响到 DNA 的复制和转录，还可能导致细胞的癌变或早衰甚至死亡。

5.1.1 DNA 损伤的因素

引起 DNA 损伤的因素很多，既有 DNA 复制过程中的自发性损伤，也有受细胞内外的理化因素影响造成的损伤，前者主要影响 DNA 的一级结构，后者影响 DNA 的高级结构。

5.1.1.1 DNA 的自发性损伤

1) DNA 碱基错配引起的自发性损伤

DNA 复制中的自发性损伤主要由于复制过程中碱基的错配造成，以 DNA 为模板按碱基配对进行 DNA 复制是一个严格而精确的事件，但也不是完全不发生错误的。大肠杆菌的 DNA 复制过程中，碱基配对的错误频率为 10^{-2}～10^{-1}，在 DNA 聚合酶的校正作用下，碱基错误配对频率降到 10^{-6}～10^{-5}，再经过 DNA 损伤的修复作用，可使错配率降到 10^{-10}左右，即每复制 10^{10}个核苷酸仍会有一个碱基的错误。

2) DNA 碱基改变引起的自发性损伤

(1) 碱基的异构互变。碱基的异构互变是碱基发生烯醇式碱基与酮式碱基间的互变，通过氢原子位置的可逆变化，使一种异构体变为另一种异构体。

DNA 中的四种碱基各自的异构体间都可以自发地相互变化，这种变化就会使碱基配对间的氢键改变，可使腺嘌呤能配上胞嘧啶、胸腺嘧啶能配上鸟嘌呤等，如果这些配对发生在 DNA 复制时，就会造成子代 DNA 序列与亲代 DNA 不同的错误性损伤。

(2) 碱基的脱氨基作用(deamination)。碱基的脱氨基作用是指 C、A 和 G 分子结构中多含有环外氨基,碱基的环外氨基有时会自发脱落,从而胞嘧啶(C) 会变成尿嘧啶(U) 、腺嘌呤会变成次黄嘌呤(H) 、鸟嘌呤会变成黄嘌呤(X) 等,遇到复制时,U 与 A 配对、H 和 X 都与 C 配对就会导致子代 DNA 序列的错误变化(图 5-1)。胞嘧啶自发脱氨基的频率约为每个细胞每天 190 个。

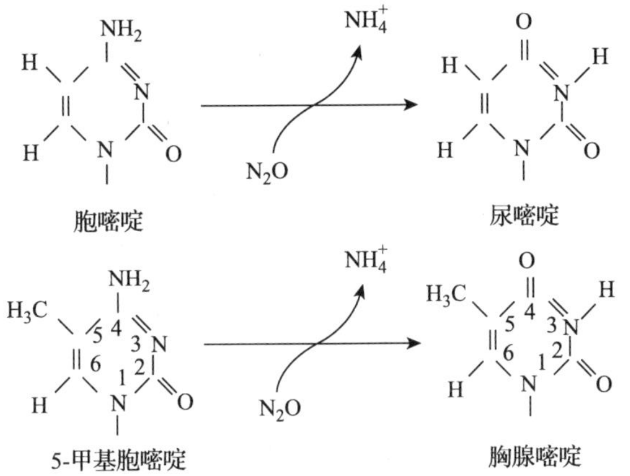

图 5-1 碱基的脱氨基作用(王曼莹,2006)

(3) 碱基的丢失。DNA 分子在生理条件下可自发性水解,使嘌呤和嘧啶从 DNA 链的核糖磷酸骨架上脱落下来,DNA 因此失去了相应的嘌呤或嘧啶碱基,而糖-磷酸骨架仍然是完整的,其中脱嘌呤的频率要高于脱嘧啶的频率。一个哺乳类细胞在 37℃条件下,20h 内 DNA 链上自发脱落约 1000 个嘌呤和 500 个嘧啶。

(4) 碱基的氧化损伤(oxidative damage)。细胞呼吸的副产物 O^{2-} 、H_2O_2、· OH 等活性氧会造成 DNA 氧化损伤,这些自由基可在多个位点上攻击 DNA,产生一系列性质变化了的氧化产物(图5-2),如胸腺嘧啶乙二醇、5-羟基胞嘧啶、8-氧-腺嘌呤等碱基修饰物。体内还可以发生 DNA 的甲基化,结构的其他变化等,这些损伤的积累可能导致细胞老化。

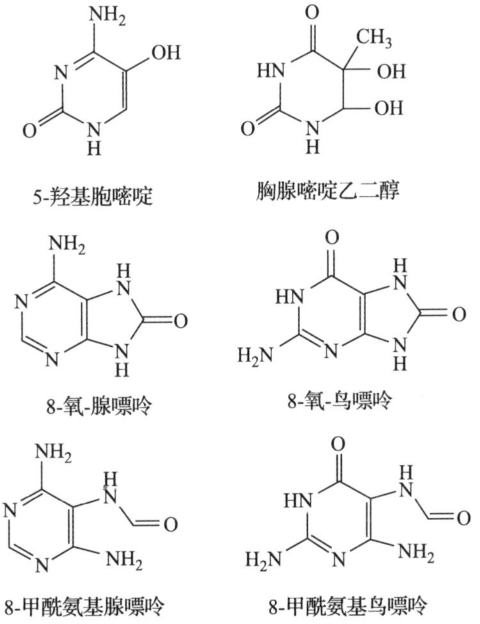

图 5-2 碱基的氧化(杨荣武,2007)

5.1.1.2 物理因素引发的DNA损伤

DNA分子损伤最早是从研究紫外线的效应开始的。紫外线照射引起DNA的损伤主要是形成嘧啶二聚体(dipolymer)。当DNA受到最易被其吸收波长260nm左右的紫外线照射时,同一条DNA链上相邻的嘧啶以共价键结合成嘧啶二聚体,相邻的两个T,或两个C,或C与T间都可以结合成二聚体,其中最容易形成的是TT二聚体(图5-3)。TT二聚体导致DNA局部变性,造成DNA双螺旋扭曲变形,影响DNA的复制和转录。

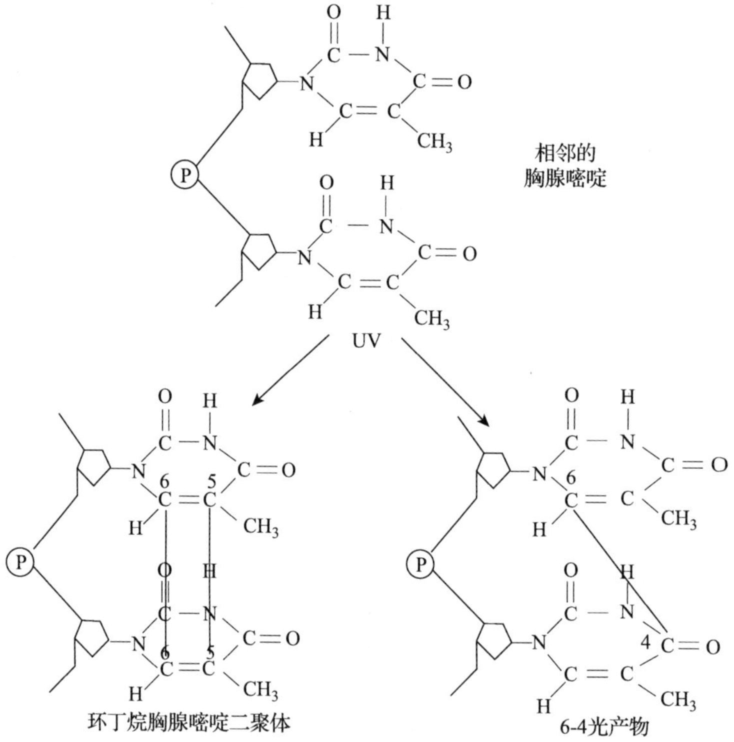

图5-3 紫外线引发的碱基损伤(王曼莹,2006)

此外,电离辐射也可导致DNA分子的多种变化,如碱基的氧化损伤、脱氧核糖的分解及DNA链的断裂等。

5.1.1.3 化学因素引发的DNA损伤

(1) 烷化剂对DNA的损伤。烷化剂(alkylating agent)是一类亲电子的化合物,是可将烷基(如甲基)加入核酸上各种亲和位点的亲电化学试剂。常见的烷化剂有甲基磺酸甲酯(EMS)和乙基亚硝基脲(ENU),它们可使鸟嘌呤甲基化成7-乙基鸟嘌呤、3-甲基鸟嘌呤和O^6-甲基鸟嘌呤,以及腺嘌呤甲基化成3-甲基腺嘌呤,这些损伤会干扰DNA解旋,影响DNA的复制和转录(图5-4)。

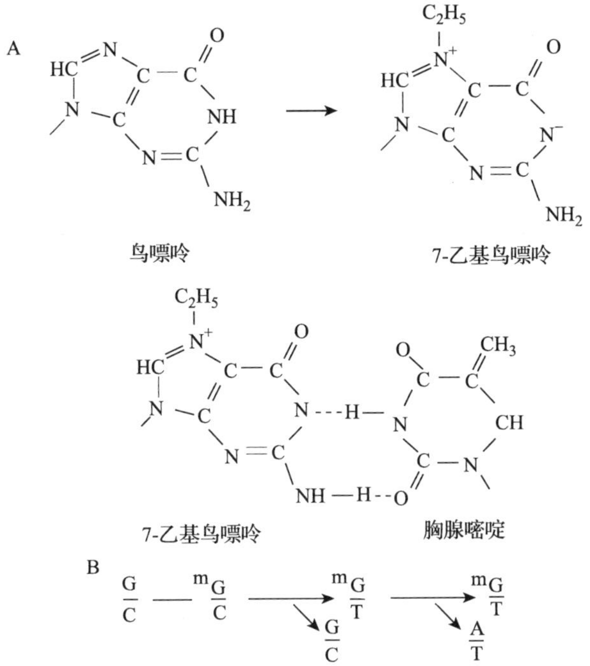

图 5-4 烷化剂 EMS 的诱变作用

A. 鸟嘌呤的烷化及其所形成的 7-乙基鸟嘌呤与胸腺嘧啶配对；B. 碱基配对行为改变导致碱基转换(http://www.ksgkyx.cn/gky/web/ztwz/kexue/kexue-2/co6-2/6-21/a08/012.htm)

烷化剂属于细胞毒类药物，在体内能形成碳正离子或其他具有活泼的亲电性基团的化合物，进而与细胞中的生物大分子(DNA、RNA、酶)中含有丰富电子的基团(如氨基、巯基、羟基、羧基、磷酸基等)发生共价结合，使其丧失活性或使 DNA 分子发生断裂，造成正常细胞 DNA 结构和功能的损害、死亡或癌化。

(2) 碱基类似物、修饰剂对 DNA 的损伤。碱基类似物是一类与碱基相似的人工合成的化合物，由于它们的结构与正常的碱基相似，所以进入细胞后能与正常的碱基竞争掺入到 DNA 链中，干扰 DNA 的合成(图 5-5)。常见的碱基类似物有 5-溴尿嘧啶和 2-氨基嘌呤，前者可与腺嘌呤配对，后者可与酮式状态的胸腺嘧啶配对或与烯醇式状态的胞嘧啶配对。人工合成的这些碱基类似物可用作促突变剂或抗癌药物。

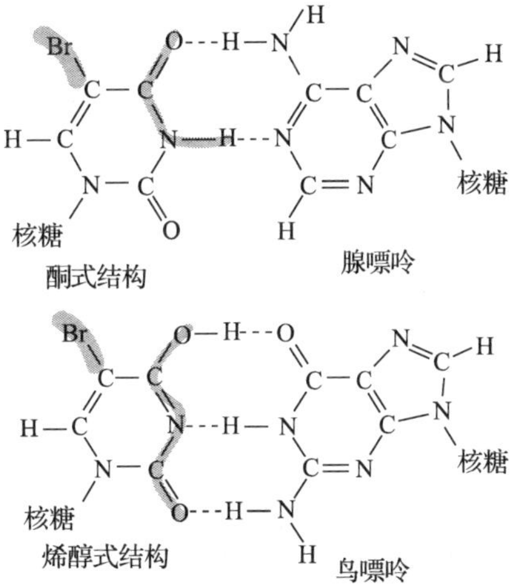

图 5-5 碱基类似物的竞争性配对

5-溴尿嘧啶以酮式存在时，与腺嘌呤配对，但以烯醇式存在时，则与鸟嘌呤配对

还有一些人工合成或环境中存在的化学物质能专一修饰 DNA 链上的碱基或通过影响 DNA 复制而改变碱基序列。例如，亚硝酸盐能使 C 脱氨变成 U，经过复制就可使 DNA 上的 G-C 变成 A-T；羟胺能使 T 变成 C，结果是 A-T 变成 C-G；黄曲霉素 B 也能专一攻击 DNA 上的碱基，导致序列的变化，这些都是诱发突变的化学物质或致癌剂。

5.1.2 DNA 损伤的类型

由于多种因素均可导致 DNA 损伤，因而损伤有多种类型(图 5-6)。

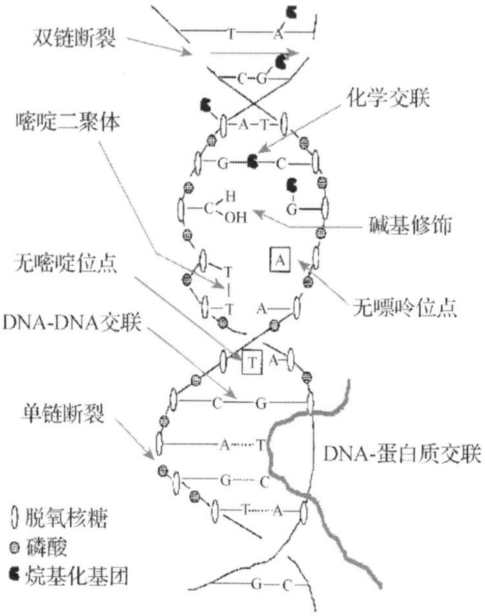

图 5-6 DNA 分子上可能会遭遇到的各种损伤(杨荣武,2007)

(1) 碱基的氧化。细胞内的活性氧分子(ROS)对 DNA 的攻击,以及环境中的辐射产生的自由基(如 · OH 自由基) 均会造成碱基的氧化。

(2) 碱基的修饰。通过烷化剂造成碱基的烷化修饰,碱基类似物可使子代 DNA 链中掺入非正常碱基。

(3) 碱基的去氨化。自发脱落和物理辐射及其产生的自由基都可以造成碱基的环外氨基的脱落,导致子代 DNA 序列的错误变化。

(4) 碱基的错误配对。同一碱基间的自发互变异构、脱氨基均可能造成碱基间的配错误对。

(5) DNA 水解。由于自发水解作用或物理辐射造成碱基从 DNA 链上脱落。

(6) DNA 扭曲。紫外线照射后使 DNA 同一条链上相邻的嘧啶形成嘧啶二聚体,结果不能与其相对应的链进行碱基配对,导致 DNA 局部变性,破坏复制和转录,使得 DNA 双螺旋扭曲变形。

(7) DNA 断裂。DNA 链的断裂是最为严重的损伤,其中有单链断裂和双链断裂两种。高能物理辐射(X 射线或 γ 射线) 量或某些化学试剂(博莱霉素)的作用使得 DNA 出现断裂,特别是双链断裂,常常导致细胞死亡。癌症的放疗原理就在于此。

此外还有 DNA 链间的交联和 DNA 与蛋白质之间的交联,同样是由于物理或化学因素造成的 DNA 的损伤,它们使得染色体中的蛋白质与 DNA 以共价键相连,这些交联是细胞受电离辐射或化学因素影响后,在显微镜下看到的染色体畸变的分子基础,会影响细胞的功能和 DNA 复制。

5.2 DNA 损伤的修复

DNA 损伤的修复是细胞对 DNA 受到损伤后的一种反应,这种反应能使 DNA 的结构恢复原样，能重新执行它原来的功能。DNA存储着生物体赖以生存和繁衍的遗传信息，因此维护DNA分子的正常功能对细胞至关紧要。外界环境和生物体内部的因素都经常会导致DNA分子的损伤或改变，一般在一个原核细胞中只有一份DNA，在真核二倍体细胞中相同的DNA也只有一对，如果DNA的损伤或遗传信息的改变不能更正，对体细胞而言就可能影响其功能或生存，对生殖细胞则可能影响到后代。所以生物细胞修复DNA损伤的能力就显得十分重要，也是生物能保持遗传稳定性之所在。另外，在生物进化中突变又是与遗传相对立统一而普遍存在的现象，DNA分子的变化并不是全部都能被修复成原样的，正因为如此生物才会有变异、有进化。

5.2.1 错配修复

在含有错配碱基的DNA分子中，用于修复在复制中错配并漏过校正检验的任何错配碱基，使正常核苷酸序列恢复的修复方式(图5-7)。

错配修复(mismatch repair，MMR)系统会根据"保存母链，修正子链"的原则，找出错误碱基所在的DNA链。该系统对母链的识别依赖于Dam甲基化酶的贡献，Dam甲基化酶在复制叉通过之前将两条母链中的5′-GATC序列中的腺苷酸的N^6甲基化。同时还需要错配修复蛋白MutS、MutL、MutH、单链结合蛋白、DNA聚合酶、UvrD解旋酶等蛋白质和酶的参与。

在大肠杆菌细胞中具体修复过程是错配修复蛋白MutS首先识别错配或未配对碱基并与之结合，然后MutL参与形成复合体MutL-MutS-DNA，并增加MutS-DNA复合体的稳定性。

其次，MutS-MutL在DNA双链上移动，发现并定位于距错配碱基最近的甲基化DNA位点，在MutH蛋白的参与下在5′GATC序列处切开非甲基化的子链，然后外切核酸酶在解螺旋酶及SSB蛋白质的协助下，将无甲基化的这一段子链从GATC位点至错配位点整段去除。最后利用DNA聚合酶和DNA连接酶合成正确配对的子链DNA。在大肠杆菌细胞中，这种错配修复系统被称为MutLHS途径。

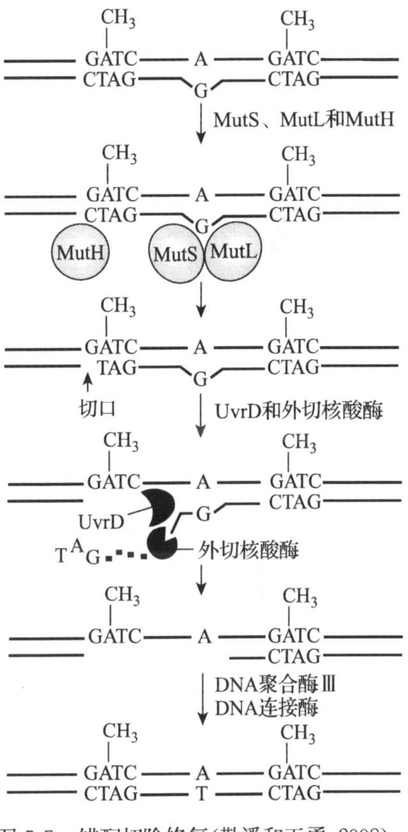

图5-7 错配切除修复(勒潘和王勇，2008)

错配修复的过程概括为：母链甲基化标识，识别错配碱基，切除掉不正确的部分子链，合成正确配对的子链DNA。

DNA错配修复系统广泛存在于生物体中，是DNA复制后的一种修复机制，起维持DNA复制保真度，控制基因变异的作用。

5.2.2 切除修复

切除修复(excision repair)是在一系列酶的作用下，将DNA分子中受损部分去掉，并以另一条链为模板，合成出切除的部分，然后使DNA恢复正常结构的过程，是一种比较普遍的修复方式，对多种损伤均能起修复作用，并且是无差错的修复。

切除修复经过四步酶促反应完成：① 内切核酸酶识别DNA损伤部位，并在5′端做一切口；② 在外切酶的作用下连同受损部位，从 5′端到 3′端方向切除；③ 然后在 DNA 聚合酶的作用下以损伤处相对应的互补链为模板合成新的 DNA 单链片段以填补切除后留下的空隙；④ 在连接酶的作用下将新合成的单链片段与原有的单链以磷酸二酯链相接而完成修复过程。

从切除的对象来看，切除修复又可以分为碱基切除修复和核苷酸切除修复两类。

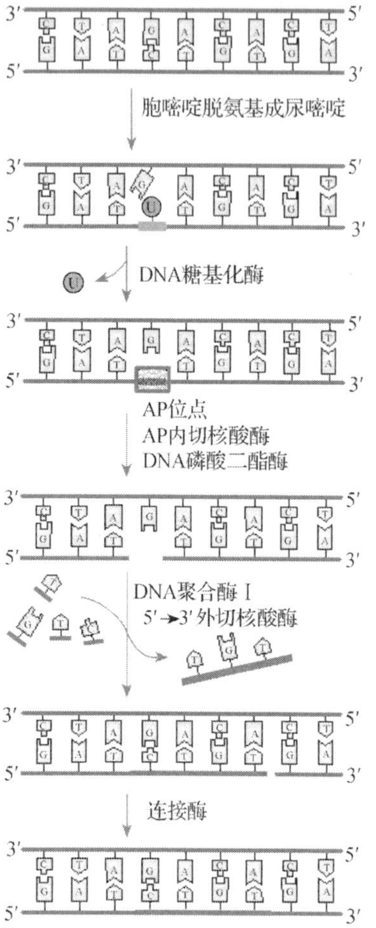

图 5-8 碱基切除修复(勒潘和王勇，2008)

1）碱基切除修复

碱基切除修复(base-excision repair，BER) 是先由糖基化酶识别(DNA-glycosylase) 和去除损伤的碱基，在 DNA 单链上形成无嘌呤或无嘧啶的空位(AP 位点)，在内切核酸酶的催化下在空位的 5′端切开 DNA 链，从而触发上述一系列切除修复过程(图 5-8)。

所有细胞中都带有不同类型、能识别受损核酸位点的糖基化酶，它能够特异性切除受损核苷酸上的 N-β-糖苷键，在 DNA 链上形成去嘌呤或去嘧啶位点，统称为 AP 位点。一类 DNA 糖基化酶一般只对应于某一特定类型的损伤，如尿嘧啶糖基化酶就特异性识别 DNA 中胞嘧啶自发脱氨形成的尿嘧啶，而不会水解 RNA 分子中尿嘧啶上的 N-β-糖苷键。

DNA 分子中一旦产生了 AP 位点，AP 内切核酸酶就会把受损核苷酸的磷酸糖苷键切开，并移去包括 AP 位点核苷酸在内的小片段 DNA，由 DNA 聚合酶Ⅰ合成新的片段，最终由 DNA 连接酶把两者连成新的被修复的 DNA 链。

2）核苷酸切除修复

核苷酸切除修复(nucleotide excision repair，NER) 用于较为严重的区域性染色体结构改变的 DNA 损伤，如紫外线所导致的嘧啶二聚体、DNA 与 DNA 的交联等。这些损害若没有适时排除，DNA 聚合酶将无法辨识而滞留在损害的位置，这时细胞就会活化细胞周期检查点以全面停止细胞周期的进行，甚至引起细胞凋亡(图 5-9)。

具体修复过程：损伤发生后，首先 DNA 内切酶(endonuclease) 在损伤的核苷酸 5′和 3′位分别切开磷酸糖苷键，产生一个 12～13 个核苷酸(原核生物) 或 27～29 个核苷酸(人类或其他高等真核生物) 组成的小片段。该酶与一般的内切酶不同，可在链的损伤部位两侧同时切开 DNA 链，并移去小片段；最后由 DNA 聚合酶Ⅰ(原核生物) 或 ε(真核生物) 合成新的片段，并由 DNA 连接酶完成修复中的最后一道工序。

在大肠杆菌中，该切割酶的基因是 *uvr*，其编码的蛋白质包括三个亚基：UvrA、UvrB 和 UvrC。

由 UvrA 和 UvrB 蛋白组成复合物(A_2B) 寻找并结合在损伤部位，UvrA 二聚体随即解离，UvrC 取代 UvrA 与 UvrB 结合，UvrC-UvrB 复合物在损伤部位 3′侧第 5 个磷酸糖苷键处切开 DNA 链，在损伤部位 5′侧第 8 个磷酸糖苷键处切开 DNA 链，最后由解旋酶 UvrD 除去受损 DNA 片段，最后由 DNA 聚合酶Ⅰ修复受损 DNA，DNA 连接酶完成连接。

真核生物的核苷酸切除修复与原核生物的类似，在损伤部位 3′侧第 6 个磷酸糖苷键和损伤部位 5′侧第 22 个磷酸糖苷键处切开 DNA 链，切除 27～29 个核苷酸片段，然后由 DNA 聚

合酶 ε 和 DNA 连接酶填补空缺，切割酶功能上与原核生物的类似，但结构上相差甚远。切割酶可以识别许多种 DNA 损伤，包括紫外线引起的嘧啶二聚体和其他光反应产物、碱基的加合物(如苯并芘鸟嘌呤)等。

5.2.3 直接修复

直接修复(direct repair)是通过一种可连续扫描 DNA 并识别出损伤部位的蛋白质，将损伤部位 DNA 恢复到原来状态的修复方法，该修复方法不用切断 DNA 或切除碱基。

1) 光复活修复

细菌在紫外线照射后立即用可见光照射，可以显著提高细菌的存活率，这由细菌中的 DNA 光解酶(photolyase)完成，该酶能特异性识别紫外线造成的核酸链上相邻嘧啶共价结合的二聚体，并与其结合，这步反应不需要光；结合后如受 300～600nm 波长的光照射，则该酶就被激活，将二聚体分解为两个正常的嘧啶单体，然后酶从 DNA 链上释放，DNA 恢复正常结构(图5-10)。

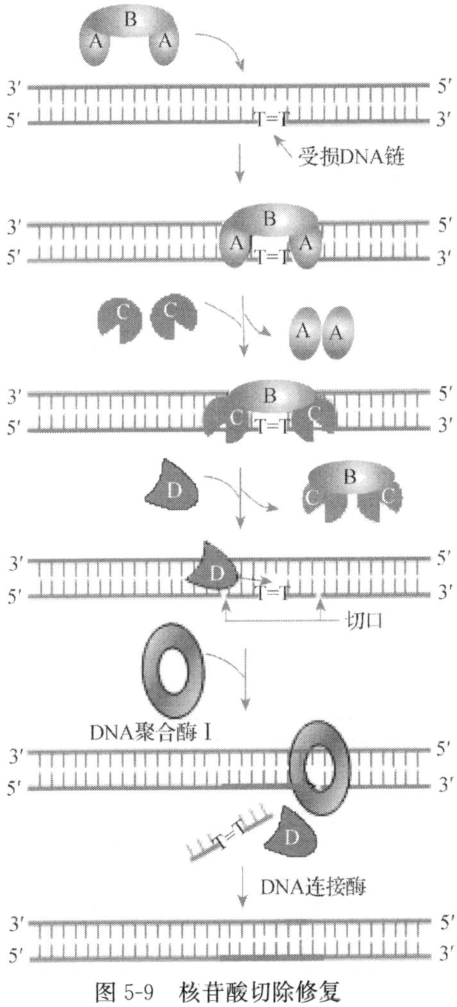

图 5-9 核苷酸切除修复
(勒潘和王勇，2008)

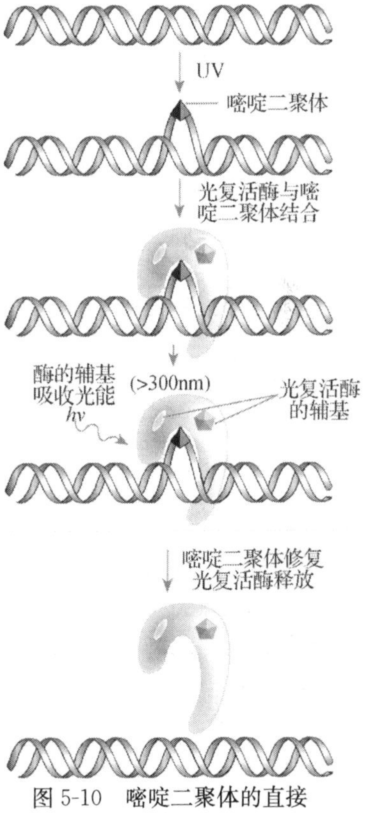

图 5-10 嘧啶二聚体的直接修复(Griffths，2005)

光复活修复是一种高度专一的 DNA 直接修复过程，它只作用于紫外线引起的 DNA 嘧啶二聚体(主要是 TT，也有少量 CT 和 CC)，利用可见光所提供的能量使环丁酰环打开而完成的修复。

光复活酶已在细菌、酵母菌、原生动物、藻类、蛙、鸟类、哺乳动物中的有袋类和高等哺乳类及人类的淋巴细胞和皮肤成纤维细胞中发现。这种修复功能虽然普遍存在,但主要是低等生物的一种修复方式,随着生物的进化,它所起的作用也随之削弱。

2) 烷基化碱基的直接修复

在烷基转移酶(alkyltransferase)的参与下,将烷基化的碱基上的烷基,转移到烷基转移酶自身的半胱氨酸残基上,恢复 DNA 原来的结构。烷基转移酶得到烷基后就失活了,因此该酶是一种自杀酶(suicide enzyme),即以一个酶分子为代价修复一个受损伤的碱基(图 5-11)。

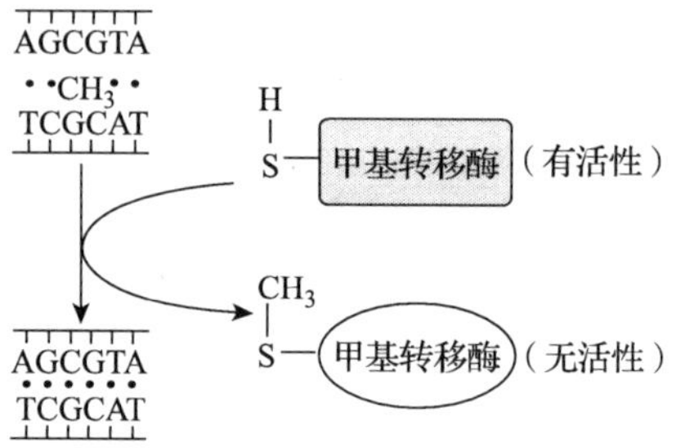

图 5-11 烷基化碱基的直接修复(杨荣武,2007)

在大肠杆菌中发现有一种 O^6-甲基鸟嘌呤-DNA 甲基转移酶,可将 6-烷基鸟嘌呤、4-烷基胸腺嘧啶和甲基化的磷酸二酯键上的烷基转移到自身上来,完成修复过程。该反应只需一步即可完成修复,这个酶的修复能力并不很强,在低剂量烷化剂作用下能诱导出该酶的修复活性。类似的烷基转移酶在其他细菌和真核生物中也存在,只是特异性有些不同。

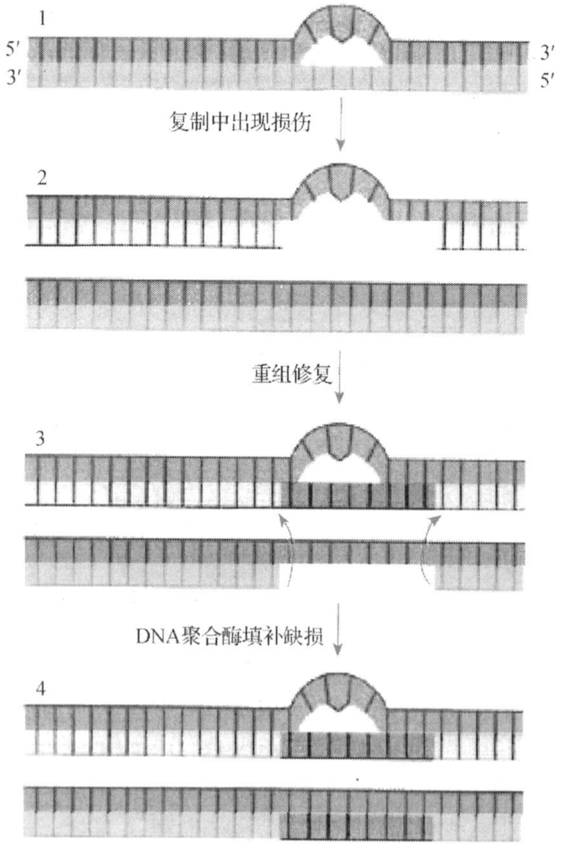

图 5-12 同源重组修复过程(朱玉贤和李毅,2007)

3) 单链断裂修复

DNA 单链断裂是常见的损伤,可以通过重新连接完成修复,需要 DNA 连接酶催化 DNA 双螺旋结构中单链的缺口处的 5′-磷酸与相邻的 3′-羟基形成磷酸二酯键。DNA 连接酶在各类生物各种细胞中都普遍存在,修复反应容易进行。

4) 碱基的直接插入修复

DNA 链上嘌呤的脱落造成无嘌呤位点,能被 DNA 嘌呤插入酶(insertase)识别结合,在 K^+ 存在的条件下,催化游离嘌呤或脱氧嘌呤核苷插入生成糖苷键,且催化插入的碱基有高度专一性,与另一条链上的碱基严格配对,使 DNA 完全恢复。

5.2.4 重组修复

重组修复也是 DNA 修复机制之一,当 DNA 双链中单链损伤或同时损伤并尚未修复就开始复制时,造成对应的损伤位置的新链合成缺乏正确模板指导,需要另一种更为复杂的修复机制进行修复,即重组修复。依据修复机制的不同,重组修复可分为同源重组和非同源重组。

1）同源重组

同源重组(homologous recombination)即双链 DNA 中的一条链发生损伤(如嘧啶二聚体、交联或其他结构损伤)，损伤还未来得及进行相应修复，当 DNA 复制到含有损伤的 DNA 部位时，复制系统在损伤部位无法通过碱基配对合成子代 DNA 链，就跳过损伤部位，在下一个冈崎片段的起始位置或前导链的相应位置上重新合成引物和 DNA 链，结果子代链在损伤相应部位留下缺口，另一条完整的母链与有缺口的子链重组，完成重组后，母链中的缺口则通过 DNA 聚合酶的作用，合成核苷酸片段，然后由连接酶使新片段与旧链连接(图 5-12)。

大肠杆菌中起关键作用的是 RecA 蛋白，也称为重组酶，可与损伤的 DNA 单链区结合，同时能识别与受损 DNA 序列相同的姐妹链，使两者结合发生重组交换。

2）非同源重组

非同源重组(nonhomologous recombination)也称为非同源末端连接，是哺乳动物 DNA 双链断裂的修复方式(图 5-13)。非同源重组中起关键作用的是一种复合蛋白——DNA 依赖的蛋白激酶(DNA-PK)，当 DNA 双链断裂时，DNA 的游离端二聚体蛋白 Ku 与 DNA-PK 结合，使两个 DNA 断头重新靠拢在一起，Ku 蛋白将两个 DNA 断头处的双链解开，暴露出单链，如果一个断头上的一条链与另一断头上的一条链有一些互补性，那么它们就可能结合在一起重新将两个断头连接起来，完成修复。

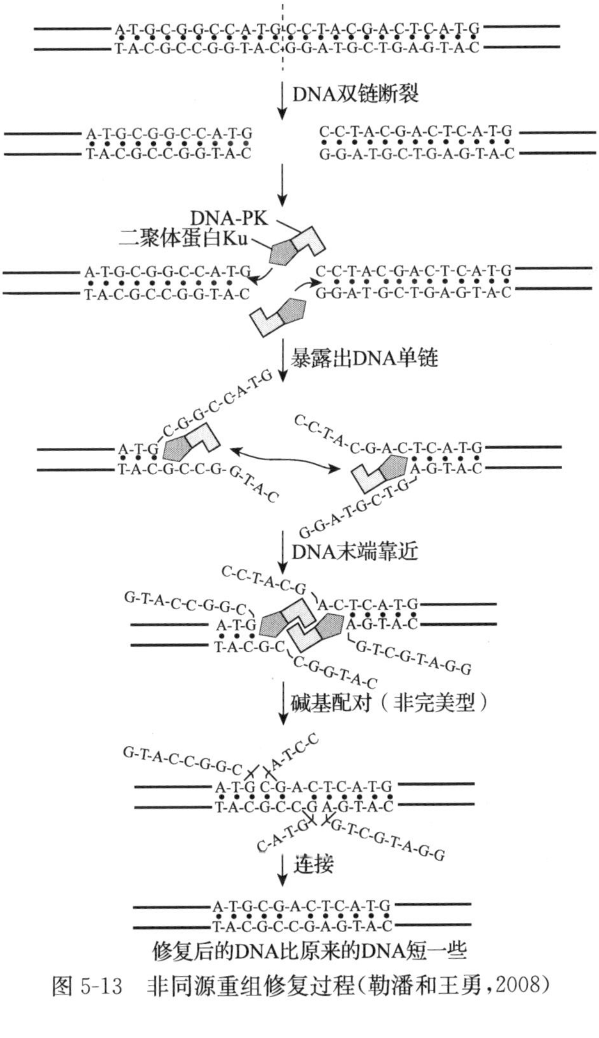

图 5-13 非同源重组修复过程(勒潘和王勇，2008)

这种修复并不十分完美，非同源重组合成的 DNA 链同源性不高，可能会造成不同链之间的连接，同时修复过程中未起作用的 DNA 单链会被降解，造成修复的 DNA 序列比原先的 DNA 序列短一些。显然这种修复的 DNA 序列存在一定的错误，修复不够精确，但对于具有巨大基因组的哺乳动物来说，发生错误的位置可能不在关键基因上，并且可以维持细胞的存活，这一点对细胞来说是至关重要的。

5.2.5 SOS 反应

在正常生理状态下，生物体的 DNA 修复系统常处于不活跃状态，处于低水平表达，多种与修复相关基因的表达受到抑制，一旦 DNA 受到损伤或在复制系统受到抑制的紧急情况下，细胞为求生存迅速解除对修复基因的抑制作用，使其产物投入到活跃的修复活动中，这种应急修复措施称为SOS 反应(SOS response)或SOS 修复(SOS repair)。SOS 反应诱导的产物可参与重组修复、切除修复、错配修复等各种途径的修复，同时抑制细胞分裂，避免因 DNA 复制受阻的情况下，产生不含 DNA 的细胞，造成无谓的物质和能量的损耗，也使细胞有更多的修复机会。

在大肠杆菌中，这种反应由 RecA-LexA 系统调控(图 5-14)。正常情况下系统处于不活动状态，当有诱导信号(如 DNA 损伤或复制受阻形成暴露的单链）时，RecA 蛋白的蛋白酶活力就会被激活，分解阻遏物 LexA 蛋白，使 SOS 反应有关的基因去阻遏。DNA 修复完毕后，引起 SOS 反应的信号消除，RecA 蛋白的蛋白酶活力丧失，LexA 蛋白又重新发挥阻遏作用。RecA 蛋白是大肠杆菌 *rec* 基因编码，在同源重组中起重要作用的蛋白质，同时也是 SOS 反应的启动因子。

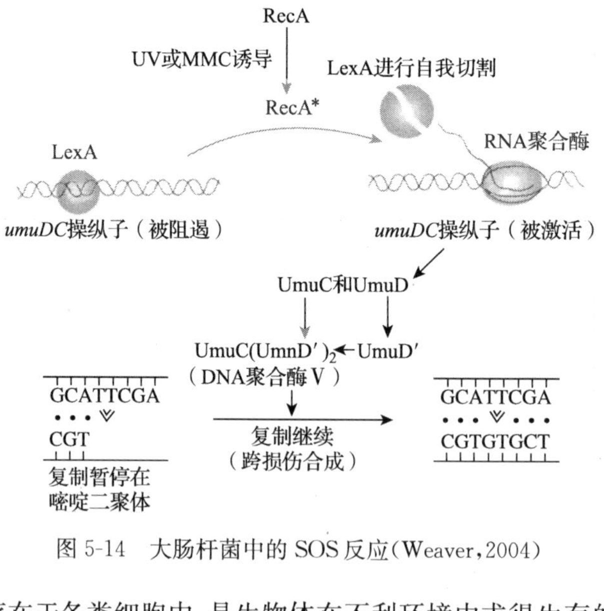

图 5-14 大肠杆菌中的 SOS 反应(Weaver，2004)

SOS 反应广泛存在于各类细胞中，是生物体在不利环境中求得生存的一种基本功能。它不仅使各种损伤修复功能增强，细胞存活率增加，同时也导致大量突变，这是由于 SOS 反应可诱导产生不具有校正功能的 DNA 聚合酶Ⅳ和Ⅴ参与 DNA 的修复。

所以 SOS 反应包括两方面的内容：DNA 的修复和细胞变异。多数诱导 SOS 反应的作用剂都有致癌作用，如紫外线辐射、电离辐射、烷化剂、黄曲霉素等，某些不致癌的作用剂大都不能引起 SOS 反应，如 5-溴尿嘧啶。推测许多癌变是由于 SOS 反应引起的，因而 SOS 反应可作为检测药物致癌性的指标，而抑制 SOS 反应的药物则可减少突变和癌变，这类物质被称之为抗变剂。

5.3　DNA 的突变

DNA 受到损伤后，细胞内的修复系统可以在很大程度上及时将 DNA 的损伤进行修复，但修复系统并不是完美无缺的，修复系统的不完善性可能使得 DNA 错误地修复，DNA 碱基序列发生改变，并直接固定下来传给子代细胞，造成 DNA 的突变，甚至由于修复的不及时或错误的修复使得 DNA 所在的细胞死亡。

5.3.1　DNA 突变的概念

将 DNA 碱基序列水平上永久性的、可遗传的改变称为 DNA 的突变(mutation)，其本质是碱基序列与突变之前相比发生了变化。携带突变的生物个体或群体或株系，叫做突变体(mutant)，正是由于突变体中碱基序列的改变，产生了突变体的表现型。突变位点可能位于基因内，该基因称为突变基因，没有发生突变的基因称为野生型基因。突变并不总是产生表现型的变化，因为有些突变没有影响到基因功能或表达。产生 DNA 突变的原因和 DNA 损伤产生的原因是一样的，受到内在和外在因素影响，受损的 DNA 没能及时修复或错误的修复，使碱基序列发生了永久性的改变，便产生了可遗传的突变。根据突变产生原因可将突变分为自发突变和物理、化学的诱导突变两类。

对于多细胞动物来说，只有影响到生殖细胞的突变才具有进化层次上的意义，这样才能将突变传给后代，然而对细菌、原生动物、真菌、植物而言，发生的体细胞突变一样可以传给后代。

5.3.2　DNA 突变的类型

根据碱基序列的变化方式，DNA 突变可分为点突变(ponit mutation)和移码突变(frame-shift mutation)。

1) 点突变

点突变是最简单、最常见的突变，专指 DNA 分子中单个碱基发生改变的突变，可分为转换(transformation)和颠换(transversion)两种形式。转换是指嘌呤和嘌呤之间的替换或嘧啶和嘧啶之间的替换；颠换是指嘌呤和嘧啶之间的替换(图 5-15)。

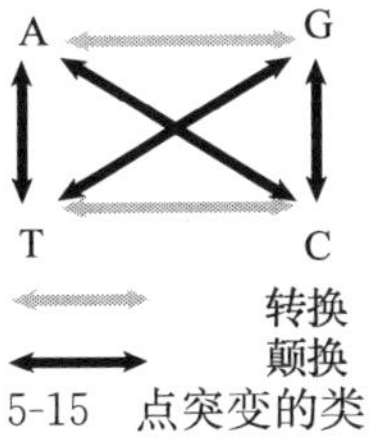

图 5-15　点突变的类型
(王曼莹,2006)

点突变带来的后果取决于其具体发生的位置和具体的突变方式。当点突变发生在基因组的非编码区或非调节区，可能不产生任何后果；当发生在一个基因的启动子或其他调节基因的调节区，则可能影响到基因的表达效率；当发生在一个基因内部，基因表达状况既取决于表达的是 RNA 还是蛋白质，如表达的是蛋白质也取决于突变位点位于编码区还是非编码区。发生在蛋白质基因编码区的点突变也有三种情况：第一种情况是密码子发生同义突变(same-sense mutation)，此种突变对蛋白质的结构和功能不会产生任何影响。第二种情况是密码子发生错义突变，此种突变对蛋白质的结构和功能可能不产生任何影响，也可能对蛋白质的结构和功能影响很大，对个体的生存是致命性的，如镰状细胞贫血症。第三种情况是终止密码子突变成氨基酸密码子或氨基酸密码子突变成终止密码子，翻译的多肽链加长或多肽链缩短，都有可能影响到蛋白质的功能。

当突变发生在蛋白质基因非编码区，则可能影响到基因的转录、转录后加工或者翻译等。例如，内含子剪接需要必要的信号"GT…AG"，使得两个内含子之间的外显子连同其两边的内含子一同被剪接掉，造成外显子的遗漏，最终表达的多肽变短。位于两端的内含子剪接信号的改变也可能造成内含子不能正常被剪接掉。

2）移码突变

移码突变指在 DNA 中插入或缺失非 3 的倍数的少数几个碱基，因而在该基因 DNA 作为蛋白质的氨基酸顺序的信息解读时，引起密码编组的移动，造成这一突变位置之后的一系列编码发生移位错误的改变，这样的突变称为移码突变，造成突变位点下游的大多数密码子变成彻底不同的密码子，它们编码完全不同的氨基酸或变成终止密码子，因而所产生的蛋白质的活力很低或消失（图 5-16），如吖啶橙类诱变剂可以诱发这类突变。丝氨酸的密码子和甘氨酸的密码子之间插入了一个鸟苷酸（G），由于在蛋白质合成时每三个邻接的碱基和一个氨基酸相对应，所以读码框（reading frame）向左面一个碱基移动了一格，其结果是在插入 G 点之后开始合成和正常氨基酸完全不同的顺序。

5′ –AUG GCU UCC GGC UUA GAC AGA GGA U…
甲硫 丙 丝 甘 亮 天冬 精 甘
3′ 野生型
+G ↓
5′ –AUG GCU UCC GGC GUU AGA CAG AGG AU…
甲硫 丙 丝 甘 缬 精 谷 精
3′ 突变型

图 5-16 移码突变（http://old.biovip.com/biology/200609/20060905013231_131995.shtml）

同样从编码区删除一个碱基也会产生移码突变。如果插入或缺失 3 的整数倍的少数几个碱基，则不会造成移码突变，但会造成编码的多肽突变位点的几个氨基酸残基的添加或缺失，不会对其他位置的氨基酸残基造成影响，对蛋白质的结构和功能的影响比移码突变的影响相对要小一些。

5.4 DNA 突变的回复

DNA 损伤后如没能及时修复或修复不彻底，会产生突变，带有这个突变的细胞或个体会成为突变体。若突变体 DNA 再次受到损伤，有可能产生更严重的影响，也有可能恢复到第一次 DNA 损伤之前的状态。

5.4.1 回复突变

ATGCCGTGG 野生型
↓ 第一次突变
ATGCG*GTGG 突变体
↓ 第二次突变（回复突变）
ATGCCCTGG 野生型

图 5-17 回复突变（杨荣武，2007）

野生型基因突变成为突变型基因，而突变型基因也可以通过再次突变成为原来的野生型状态（图 5-17）。突变体重新恢复为野生型的过程称为回复突变（reverse mutation）。可以简单理解为任何离开野生型等位基因的变化称为正向突变（forward mutation），如 A→a，而 a→A 称为回复突变。

5.4.2 基因内校正与基因间校正

1）基因内校正

多数回复突变是突变体所失去的野生型性状通过校正突变而得到恢复，原来的突变位点依然存在，但突变体的表现型效应被第二次的突变所抑制，第二次突变相对于第一次突变被称为校正突变，这种校正突变的抑制效应可以发生在正向突变的基因内部，称为基因内校正（intragenic suppression）（图 5-18），也可以发生在其他基因中，称为基因间校正。

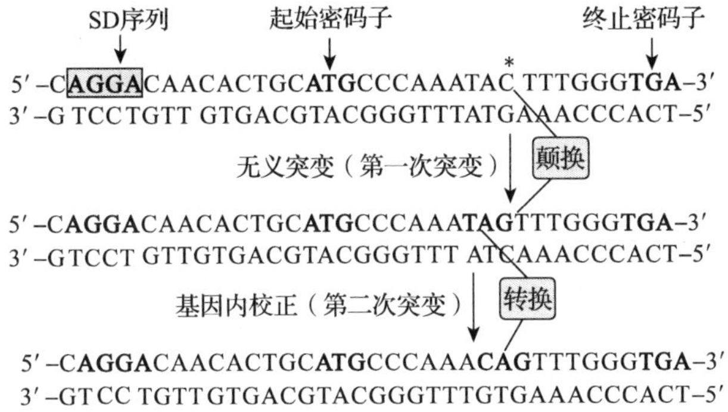

图 5-18 基因内校正（杨荣武，2007）

基因内校正可以通过点突变或移码突变来实现，不过点突变只能校正点突变，移码突变只能校正移码突变。

点突变校正一般是通过恢复一个基因产物内两个残基（氨基酸残基或核苷酸残基）之间的功能联系来实现的，具体机制是两次突变相互抵消了两个残基的变化，从而恢复了两个残基之间的相互作用，使得基因产物能够正确折叠，或者是两个相同的亚基能够组成有功能的同源二聚体。例如，一个蛋白质的正确折叠需要 Lys3 残基和 Glu50 残基侧链之间的离子键，显然如果 Lys3 残基突变成 Glu3 残基，将会导致原来的蛋白质不能正确折叠而丧失功能，但是如果该突变蛋白的 Glu50 残基第二次突变成 Lys50 残基，则有可能恢复 Glu 残基与 Lys 残基之间的离子键，致使突变的蛋白质仍然能够正确折叠，并恢复原来的功能。

移码突变校正则通过与移码突变原因的相反方向删减或添加相同数量的碱基，使得读码框恢复到原来的长度，翻译的蛋白质氨基酸序列也部分或全部恢复到原来状态，蛋白质的功能也得以恢复。例如，一个基因的第一次突变是＋1 移框，如果第二次突变正好发生在它的附近，而且是－1 移框，那么第二次突变很有可能就是一次基因内的移码突变校正。

2）基因间校正

基因间校正（intergenic suppression）发生在另外一个与第一次突变不同的基因上，绝大多数是在翻译水平上起校正作用，这种发生第二次突变具有校正功能的基因被称为校正基因。

校正基因通过恢复两个不同基因产物之间的功能关系来实现，即不同的多肽之间、RNA 之间或多肽与 RNA 之间来实现，多数是 tRNA 和 mRNA 之间实现校正功能，校正基因编码 tRNA，用于校正 mRNA 上一个碱基突变的密码子。

错义突变（missense mutation）是由于结构基因中某个核苷酸的变化使一种氨基酸的密码变成另一种氨基酸的密码，错义突变的校正 tRNA 通过反密码区的改变把正确的氨基酸加到肽链中，合成正常的蛋白质。例如，细胞的色氨酸合成酶中的甘氨酸密码子 GGA 错义突变成 AGA（编码精氨酸），指导合成错误的多肽链。甘氨酸校正 tRNA 的校正基因突变使其反密码子从 CCU 变成 UCU，它仍然是甘氨酸的反密码子但不结合 GGA，而能与突变后的 AGA 密码子结合，把正确的氨基酸（甘氨酸）放到 AGA 所对应位置上，这对于错义突变和无意义突变的校正均有效(图 5-19)。

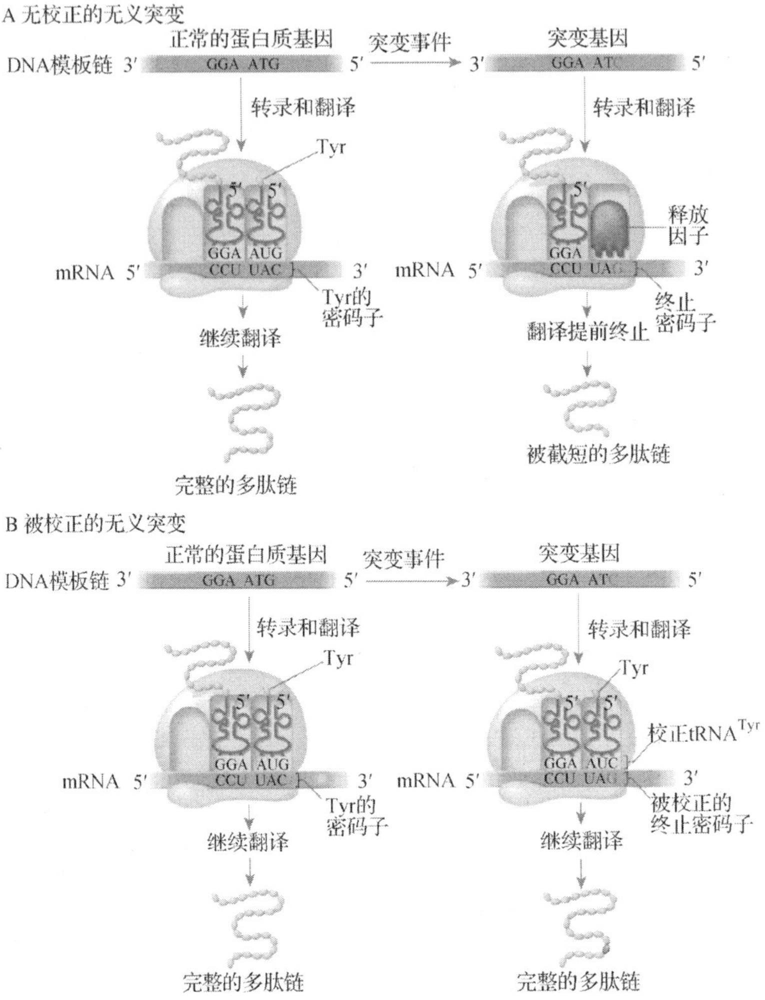

图 5-19 无意义突变的校正(Grifiths，2005)

基因间的校正还存在迂回校正，迂回校正是一种生理意义上的校正，该机制通常适用于一条调控途径。如图 5-20 所示，蛋白质 C 的突变使得信息无法从 C 传递给 D，导致整条途径无法正常运转，然而 D 的同时突变使得 D 的信息可直接从蛋白质 B 中得到，恢复了原来的调控途径。再如一种突变导致一种给定的产物的产量减半，而另外一种突变提高该产物的可得性和运输能力，也可以防止第一种突变给机体带来的危害。

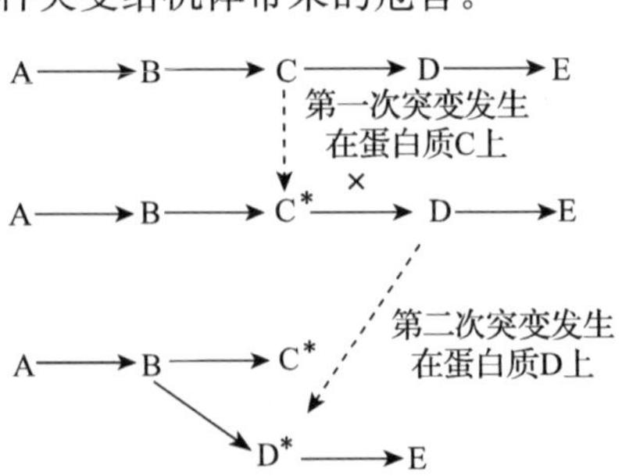

图 5-20 迂回校正(杨荣武，2007)

5.5 定向诱变

定向诱变(site-directed mutagenesis)是在DNA水平上造成多肽编码顺序的特异性改变的技术。这一技术能使基因的有效表达和定向改造成为可能。这项技术一方面可对某些天然蛋白质进行定向改造,另一方面还可以确定多肽链中某个氨基酸残基在蛋白质结构及功能中的作用,明确有关氨基酸残基线性序列与其空间构象及生物活性之间的对应关系,为设计制作新型的突变蛋白提供理论依据。

5.5.1 定向诱变的方法

1) 单一碱基对的诱变

首先合成一段DNA引物,包含所需改变的碱基;合成的引物与单链DNA通过氢键相结合,利用DNA聚合酶可将余下的DNA片段合成完毕,将质粒导入到寄主细胞中增殖,通过细胞培养筛选突变细胞,完成对特定基因的单个碱基的诱变。单一碱基对的诱变包括单个碱基的替换、插入和删除(图5-21)。

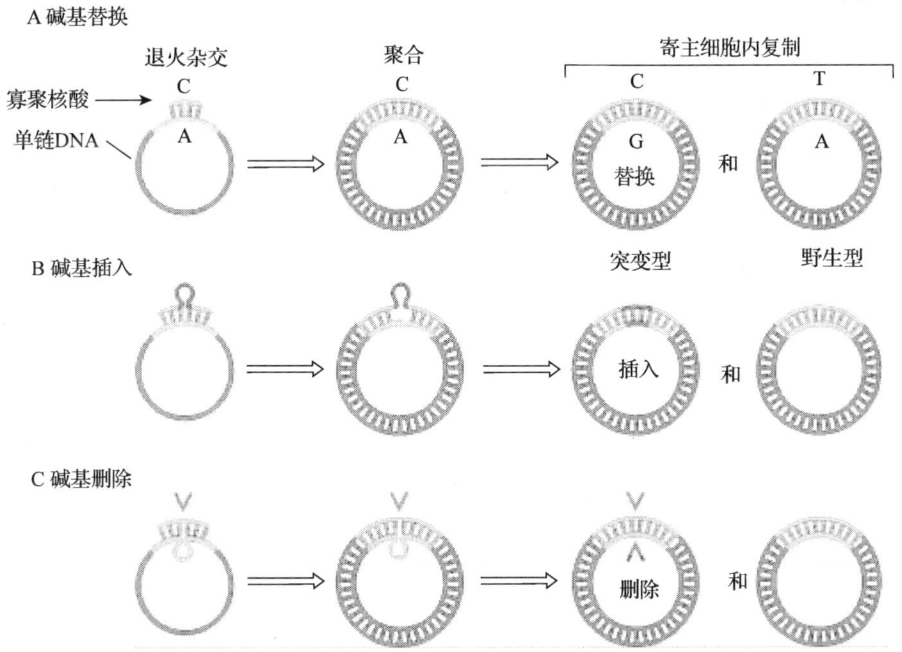

图5-21 单一碱基对的诱变(http://wenku.baidu.com/view/b0def53f5727a5e9856a6196.html)

2) 盒式诱变

利用一段人工合成的、具有突变序列的寡核苷酸片段,取代野生型基因中的相应序列,将改造后的质粒导入寄主细胞,筛选得到突变体。该方法不仅可以改变几个氨基酸序列,研究蛋白质的功能和结构之间的关系,也可以产生嵌合蛋白(图5-22)。

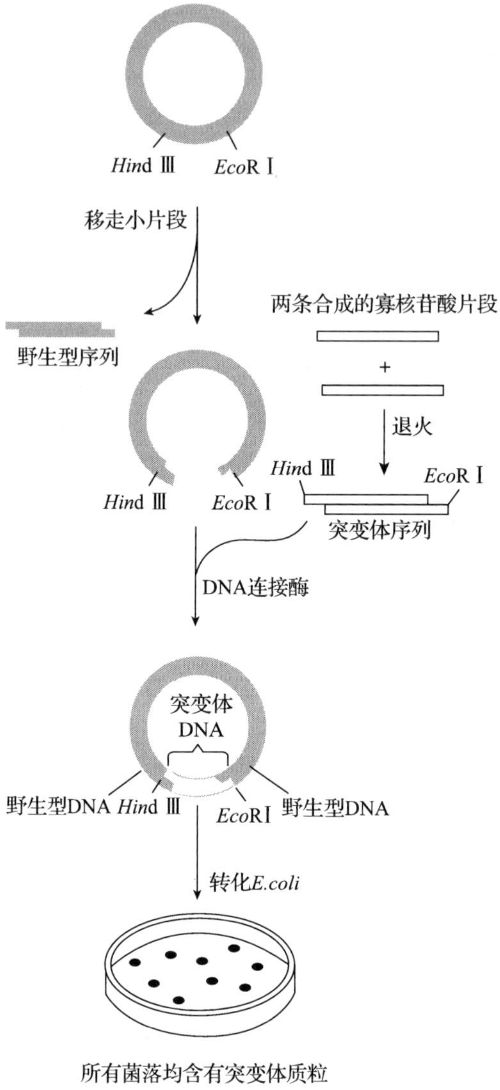

图 5-22　盒式诱变(王曼莹,2006)

3) PCR 扩增诱变法

利用 PCR 技术不仅能在目的基因中导入一个限制性内切核酸酶位点,还能在目的基因上预先确定的位置处引入单个或多个碱基的插入、缺失、取代和重组等突变,使得定向诱变变得更为容易。

首先利用化学合成的、含有突变碱基的寡核苷酸片段作为引物,进行 DNA 复制。一般选用四个引物(图 5-23),其中两个引物含有突变碱基,并且序列互补,将四个引物分成三对,通过三次 PCR 技术可以得到大量含有突变碱基的核苷酸片段,将得到的片段与野生型的基因互补配对实现单个碱基的改变,或直接将得到的片段置换野生型基因片段,通过筛选突变体可高效地实现对特定基因的改造。

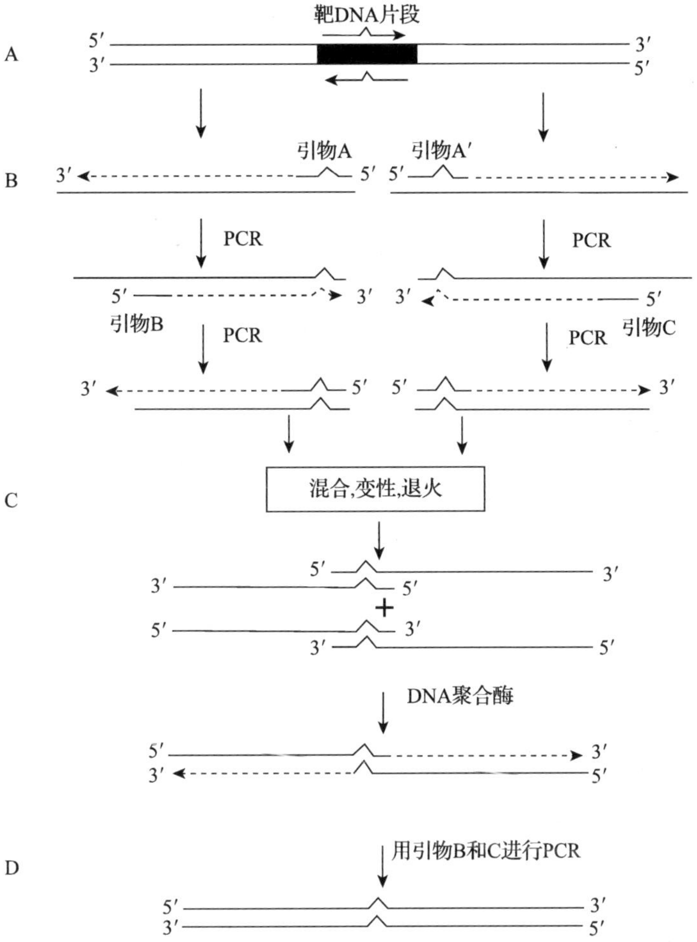

图 5-23 PCR 扩增诱变(迪芬巴赫和德维克斯勒,2003)

5.5.2 定向诱变的应用

定向诱变技术主要应用于蛋白质或酶的改造上,即基因水平上的蛋白质改造,也称为第二代基因工程。通常需要先经过周密的分子设计,然后依赖基因工程获得突变型蛋白质,以检验其是否达到了预期的效果。如果改造的结果不理想,还需要重新设计再进行改造,往往经历多次实践摸索才能达到改进蛋白质性能的预定目标。

1) 木聚糖酶的改造

木聚糖酶可水解木聚糖分子中的 β-1,4-木糖苷键,产生不同链长的寡糖和木糖,该酶广泛存在于各种微生物中。运用定向诱变技术,在木聚糖酶的"Ser/Thr"平面引入精氨酸,产生两个突变木聚糖酶。突变酶的最适温度均提高了 2~5℃。突变酶不仅保持了原来酶的优良性质,而且进一步提高了热稳定性,具有更好的应用价值。

2) Cecropin b 抗菌肽的改造

采用寡核苷酸介导的定向点突变法,将天蚕抗菌肽 Cecropin b 基因 13 位甲硫氨酸(Met)诱变为亮氨酸(Leu)或缬氨酸(Val),保留 1 位上的 Met,并将 Cecropin b 突变体基因与 pGEX-4T-2 融合表达载体中的谷胱甘肽转移酶(GST)基因融合,发现 Cecropin b 突变体与 *GST* 基因融合表达后仍然具有很强杀伤原核细胞的作用。

3）水蛭素改造

水蛭素是由医用水蛭唾液腺分泌的一类由 65～66 个氨基酸残基组成的多肽，是迄今发现的对凝血酶活性最强的天然抑制剂，与凝血酶结合速度快，特异性强，是最有前景的治疗血栓疾病的特效药。

研究人员利用 PCR 定点诱变技术已成功地对野生型水蛭素Ⅲ进行了定点诱变，将野生型水蛭素Ⅲ分子的活性功能非必需区的指状结构顶端第 33～36 位的氨基酸残基替换为 RGDS 序列。改构的水蛭素突变体与野生型水蛭素Ⅲ相比，两者的抗凝血酶活性基本一致且具有显著的抗 ADP 诱导的血小板凝集活性。此外，将水蛭素第 47 位的 Asn（天冬酰胺）转变为 Lys（赖氨酸），可以提高水蛭素的抗凝血效率。

4）生长激素改造

生长激素通过对它特异受体的作用促进细胞和机体的生长发育，然而它不仅可以结合生长激素受体，还可以结合许多种不同类型细胞的催乳激素受体，引发其他生理过程。在治疗过程中为减少副作用，需使人的重组生长激素只与生长激素受体结合，尽可能减少与其他激素受体的结合。研究发现，生长激素和催乳激素受体结合需要锌离子参与，而它与生长激素受体结合则无需锌离子参与，于是取代充当锌离子配基的氨基酸侧链，如第 18 位和第 21 位 His（组氨酸）及第 17 位 Glu（谷氨酸）后，实验达到了预期目的。

5）胰岛素改造

天然胰岛素制剂在储存过程中易形成二聚体和六聚体，延缓胰岛素从注射部位进入血液，从而延缓了其降血糖作用，也增加了抗原性，这是胰岛素 B23～B28 氨基酸残基结构所致，利用蛋白质工程技术改变这些残基，则可降低其聚合作用，使胰岛素快速起作用。该速效胰岛素已通过临床试验。

本 章 小 结

DNA 分子结构的稳定性保证了生物个体遗传的稳定性，但 DNA 经常受到各种环境因素的影响而发生损伤。引起 DNA 损伤的因素主要有三种：第一种是 DNA 自发性损伤，第二种是物理因素引发的损伤，第三种是化学因素引起的损伤。物理化学因素引起的损伤是 DNA 损伤的主要因素。

在生物进化过程中，生物形成了一整套 DNA 修复机制，及时修复受损的 DNA，保证了 DNA 分子结构的稳定。DNA 修复机制主要有错配修复、切除修复、直接修复、重组修复和 SOS 反应 5 种类型。

虽然生物存在各种类型的修复机制，但少量的损伤不能得到修复，或修复不彻底。遗留下的损伤可能会在个体后代中被固定下来，造成遗传突变。

绝大多数突变对生物个体生长是不利的，但也有一些突变是有意义的。突变是生物进化的动力，也是研究生物大分子结构和功能的必备手段。通过研究特定大分子的特定分子结构的改变可以用来揭示该分子结构和功能的关系。定向诱变技术可以实现对特定分子的改造。

延伸阅读

布朗 T A. 2006. 基因组 2.北京：科学出版社
迪芬巴赫 C W，德维克斯勒 G S.2003.PCR 技术实验指南.2 版.黄培堂，俞炜源，陈添弥译.北京：科学出版社
胡云龙，胡泰山，林世康，等.1994. Cecropin B 抗菌肽基因的定向诱变与表达.药物生物技术，6(4)：193-197
黄春媚，陈来同，陈仁馨，等.1995.去 B 链羧端三肽人胰岛素原的基因构建和表达.北京大学学报，31(6)：752-757
勒潘，王勇. 2008. 分子生物学导论.北京：化学工业出版社
卢因 B.基因Ⅷ. 2007. 余龙，江松敏，赵寿元译.北京：科学出版社
谭树华，吴梧桐，刘景晶.1997.应用 PCR 定点诱变技术修正水蛭素Ⅲ(HV-3) 化学合成基因.药物生物技术，18

(2)：85-88
王金发，刘兵，王宏斌，等. 2005. 分子生物学与基因工程习题集. 2版.北京：科学出版社
王曼莹. 2006. 分子生物学.北京：科学出版社
杨金水. 2007. 基因组学. 2版.北京：高等教育出版社
杨荣武. 2007. 分子生物学.南京：南京大学出版社
赵静，Saerom K A N G，张新，等. 2011. Isodihydroauroglaucin诱导的细胞凋亡可能与其诱导DNA损伤有关. 沈阳药科大学学报，28(2)：162-166
赵亚华. 2006. 基础分子生物学教程. 2版.北京：科学出版社
周晨妍，王武，邬敏辰.2010.Arg引入"Ser/Thr"平面对木聚糖酶XynⅡ热稳定性的影响.西北农林科技大学学报(自然科学版)，38(1)：46-52
周国庆. 2005. 生物化学.杭州：浙江科学技术出版社
朱玉贤，李毅. 2007. 现代分子生物学. 3版.北京：高等教育出版社
Jiricny J. 2006. The multifaceted mismatch-repair system. Nature Review Molecular Cell Biology，7：336-346
Lewin B. 2007. Gene Ⅸ. 北京：科学出版社
Richard J R. 2006. 基因与基因组分析. 刘树林译.北京：北京大学医学出版社
Snustad D P. 2006. Principles of Genetics. 4th ed. New York：John Wiley
Turner P C. 2005.分子生物学.2版.北京：科学出版社
Weaver R F. 2002. Molecular Biology.北京：科学出版社

思考题

1. 假如一个细胞发生了单个碱基的突变，该突变对该细胞的表现型有怎样的影响。
2. 如何理解"基因组的稳定性压倒一切"这句话？
3. 指出原核生物对以下损伤使用何种修复机制进行修复：
   嘧啶二聚体、脱氨基后的腺嘌呤、复制中形成的GT碱基配对、DNA双链断裂
4. 查阅资料，简述"人工定向诱变技术"可用于哪些方面的应用研究。
5. 为什么说"校正突变仅仅使突变个体在表现型上与野生型的相同或相似而已"？
6. 有很多突变对于野生型基因是隐形的，也就是说，在一个含有突变型和野生型基因的二倍体细胞中，野生型的特性能够表达。请根据对突变过程的认识解释这一事实。对于说明为什么有些突变是显性的，有何见解？
7. 为什么一个基因座的正向突变发生的频率要比回复突变高？
8. 请阐述基因突变的概念及引起突变的可能途径。
9. 简述DNA修复的意义及修复方式。
10. 说出一种利用RCR技术进行目标基因定向诱变的原理和技术路线。

6 转　　录

转录(transcription)是以双链DNA中的一条链为模板，在依赖于DNA的RNA聚合酶催化下，以四种NTP(ATP、CTP、GTP和UTP)为原料合成RNA的过程。转录是DNA将遗传信息传递给蛋白质的中心环节。转录主要包括识别启动子、起始转录、延伸和终止几个阶段。原核生物和真核生物的转录过程均涉及许多相关酶类和蛋白调节因子，原核生物的mRNA一般不需要加工就可直接翻译成蛋白质，而真核生物的mRNA则需要复杂的加工过程才具有翻译活性，如剪切、5′端加帽、3′端加尾、甲基化等修饰和拼接编辑等。

6.1 转录的概述

DNA是遗传信息的贮存者，它通过转录生成信使RNA，再以RNA为模板翻译生成蛋白质来控制生命现象。转录和翻译统称为基因表达(gene expression)。其中转录是基因表达的核心步骤，是指拷贝出一条与DNA链序列完全相同(除了T→U之外)的RNA单链的过程。我们把与mRNA序列相同的DNA链称为编码链(coding strand)或有义链(sense strand)，并把另一条根据碱基互补原则指导mRNA合成的DNA链称为模板链(template strand)或反义链(antisense strand)。

转录(transcription)是由RNA聚合酶(RNA polymerase，RNA pol)催化的。当RNA pol结合到基因起始处，即启动子(promoter)上时，转录开始进行。最先转录成RNA的一个碱基对是转录的起始点(start point)。从起始点开始，RNA pol沿着模板链不断合成RNA，直到遇见终止子。从启动子到终止子的一段序列称为一个转录单位。转录起始点前面的序列称为上游(upstream)，后面的序列称为下游(downstream)。起始点为+1，上游的第一个核苷酸为−1，其他的依次类推。一个典型的转录单位结构如图6-1所示。

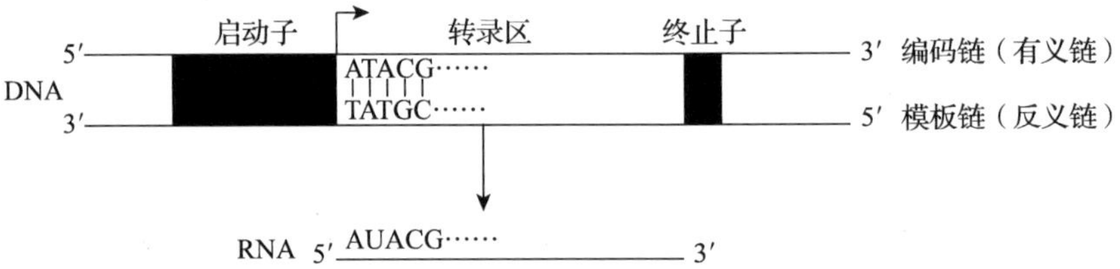

图6-1　典型的转录单位结构

6.1.1 转录的一般特征

转录有以下几个特征。

(1) 转录具有选择性，即只对特定的基因组或基因进行转录，因为在基因组内，只有部分基因在某一类型的细胞中或在某一发育阶段能被转录，随着细胞的不同生长发育阶段和细胞内外条件的改变将转录不同的基因。转录时只对被转录基因的转录区进行转录，因为启动子是不被转录的。

(2) 转录的底物是三磷酸核苷酸(NTP)，包括ATP、GTP、CTP和UTP，每个NTP的3位和2位碳原子上都有一个—OH。在聚合酶作用下一个NTP的3′-OH和另一个NTP的

5′-P 反应，并需要 Mg^{2+} 参与，去掉焦磷酸，形成 3′，5′-磷酸二酯键。

(3) 在被转录的双链 DNA 分子中只有一条单链为模板。在转录区域内 DNA 双链必须部分解链，形成模板链 DNA，与转录产物 RNA 形成 DNA-RNA 杂交分子，随着转录向前推进，释放出 RNA，又恢复成双链 DNA。

(4) RNA 合成方向是 5′→3′，单核苷酸只加到新生 3′-OH 上，RNA 链与模板链呈反方向平行。

(5) RNA 的碱基顺序由 DNA 的顺序决定，且依靠 NTP 与 DNA 上的碱基配对的亲和力被选择，这一点与 DNA 复制相同，只是 T 由 U 代替。

(6) 在 RNA 的合成中不需要引物。

(7) 只有 5′-NTP 掺入到 RNA 合成中，起始转录处的第一个核苷酸是 5′-三磷酸，其 3′-OH 是下一个核苷酸的接触点，所以这样合成的 RNA 分子的 5′端具有三磷酸。

(8) 转录的起始由 DNA 分子上的启动子(promoter) 控制。启动子通常都靠近转录起点。

6.1.2 转录的酶学

转录是由 RNA 聚合酶催化的很复杂的酶促反应。RNA 聚合酶全名是依赖于 DNA 的 RNA 聚合酶(DNA-dependent RNA polymerase，RNA pol)。1960 年从 *E.coli* 中得到了催化转录的酶——RNA pol，为认识转录过程提供了关键的基础。后来，通过 SDS-PAGE 电泳中分离纯化了 RNA pol 的各个亚基，并在离体实验条件下建立了它的反应系统。由此人们对 RNA pol 有了明确的认识。

RNA pol 是高度保守的，特别是在其三维结构上。由于细菌、古细菌和真核生物细胞核和叶绿体的 RNA pol 都是由多个亚基组成的，所以它们属于多亚基 RNA pol 家族；而噬菌体和线粒体基因组编码的 RNA pol 一般只有单个亚基组成，因而属于单亚基 RNA pol 家族。

所有的多亚基 RNA pol 都具有五个核心亚基，真细菌还含有一个专门识别启动子的 σ 因子，真核细胞的三种细胞核 RNA pol 除了具有五个核心亚基之外，还有五个共同的亚基。

6.1.2.1 RNA pol 催化的反应通式及 RNA pol 与 DNA pol 的性质比较

RNA pol 所催化的反应通式为

$$n(\mathrm{ATP/GTP/CTP/UTP}) \xrightleftharpoons{\mathrm{DNA/Mg^{2+}}} (\mathrm{NMP})_n + n\mathrm{PPi}$$

反应产物是与 DNA 模板链的某一段序列互补的 RNA 以及 PPi。此反应在过量 PPi 的存在下是可逆的。但由于 PPi 可被细胞内含量丰富的焦磷酸酶迅速水解，所以反应实际上是不可逆的。

尽管 RNA pol 与 DNA pol 都是以 DNA 为模板，从 5′→3′方向催化多聚核苷酸的合成，但这两类聚合酶的差别显而易见，概括起来包括以下几点。

(1) RNA pol 只有 5′→3′聚合酶活性，没有 5′→3′外切核酸酶和 3′→5′外切核酸酶的活性。由于 RNA pol 缺乏 3′→5′外切核酸酶的活性导致它丧失自我校对的能力而降低转录的忠实性。

(2) 真细菌的 RNA pol 具有解链酶的活性，本身能够促进 DNA 双链解链。

(3) RNA pol 能直接催化 RNA 的从头合成，不需要引物。

(4) RNA pol 与进入的 NTP 上的 2′-OH 有多重接触位点，而进入 DNA pol 活性中心的 dNTP 无 2′-OH。

(5) RNA pol 在催化转录的起始阶段，DNA 分子会形成皱褶(DNA scrunching)，其编码链形成环，以使在无效转录(abortive transcription)时，RNA pol 仍然保持与启动子的结合。

(6) 在转录过程中，转录物不断与模板"剥离"，而在复制过程中，DNA 聚合酶上开放的裂缝允许 DNA 双链从酶分子上伸展出来。

(7) RNA pol 在转录的起始阶段受到多种调节蛋白的调节。

(8) RNA pol 的底物是核苷三磷酸，而不是脱氧核苷三磷酸。

(9) RNA pol 使用 UTP 代替 dTTP。

(10) RNA pol 启动转录需要识别启动子。

(11) RNA pol 反应的速率低，平均速率只有 50nt/s；

(12) RNA pol 催化产生的 RNA 与 DNA 形成的杂交双螺旋长度有限，而且存在的时间不长，很快被 DNA 双螺旋取代。

6.1.2.2 原核生物 RNA pol 的结构和功能

大部分原核生物的 RNA pol 的结构十分相似，但蓝藻菌和古细菌的 RNA pol 比较特别。在真细菌中，一种 RNA pol 几乎负责所有 mRNA、tRNA 和 rRNA 的转录。

1) 大肠杆菌 RNA pol

大肠杆菌 RNA pol 是目前了解最详细的一种真细菌 RNA pol。大肠杆菌 RNA pol 由多亚基组成，$\alpha_2\beta\beta'\omega\sigma$ 称为全酶(holoenzyme)，相对分子质量约为 465 000。σ 亚基与全酶结合疏松，应用磷酸纤维素柱很容易使之与全酶分离。解离后的部分 $\alpha_2\beta\beta'\omega$ 称为核心酶 (core enzyme)。转录的起始过程需要全酶，由 σ 因子辨认起始点，延长过程仅需要核心酶的催化。大肠杆菌 RNA pol 的组成及其功能见表 6-1。

表 6-1 大肠杆菌 RNA pol 的组成及其功能

亚基	基因	相对分子质量($\times10^3$)	亚基数	组分	功 能
α	*rpoA*	36	2	核心酶	核心酶组装，启动子结合
β	*rpoB*	151	1	核心酶	结合底物，催化磷酸二酯键生成
β′	*rpoC*	155	1	核心酶	参与模板结合
ω	*rpoZ*	11	1	核心酶	与 β′亚基一起构成催化中心，稳定 β′的结合；在体外为变性的 RNA pol 成功复性所必需
σ	*rpoD*	70	1	σ 因子	启动子的识别，负责转录的起始

α 亚基与核心酶的组装及启动子结合有关，并参与 RNA pol 和部分调节因子的相互作用。实验证明，T4 噬菌体感染大肠杆菌后对 α 亚基的一个精氨酸残基进行 ADP 糖基化修饰，造成 RNA pol 全酶对启动子亲和力降低。

β 亚基能与模板 DNA、新生 RNA 链及核苷酸底物相结合，催化磷酸二酯键的生成；β′亚基具有结合模板的作用。β 和 β′亚基组成了聚合酶的催化中心，它们在序列上与真核生物 RNA pol 的两个大亚基有同源性。

ω 亚基至少是体外为变性的 RNA pol 成功复性所必需的，而且它能稳定 β′亚基的结合。此外，ω 亚基是水生嗜热菌 RNA pol 必不可少的组分。

σ 因子的作用是负责转录基因的选择和转录的起始。它是 RNA pol 的别构效应物，是酶专一性识别特定基因的启动子。σ 因子可以极大地提高 RNA pol 对启动子区 DNA 序列的亲和力，如酶底结合常数提高 10^3 倍，使酶底复合物的半衰期可达数小时甚至数十小时。σ 因子还能使 RNA pol 与模板 DNA 上非特异性位点的结合常数降低为原来的万分之一，使非特异性位点酶底复合物的半衰期小于 1s。例如，核心酶在 T7 噬菌体 DNA 上约有 1300 个结合位点，平均结合常数为 2×10^{11}，加入 σ 因子后则出现两类位点，大部分位点的结合常数为 10^8～10^9，但有 8 个位点的结合常数为 10^{12}～10^{14}，从而表明 σ 因子不仅增加聚合酶对启动子的亲和力，还降低了它对非专一位点的亲和力。

在大肠杆菌细胞内含有能识别不同启动子的 σ 因子（表 6-2），以适应不同生长发育阶段的要求，调控不同基因转录的起始。最常见的调控因子是由 *rpoD* 基因所编码的 σ^{70}（右上角的数字代表相对分子质量，$\times10^3$），由 *rpoH* 编码的 σ^{32} 与热激启动子所控制的基因转录密切相关，而由 *rpoN* 编码的 σ^{54} 则参与细胞的氮代谢。此外，由 T4 噬菌体所编码的 σ^{55} 能与大肠杆菌 RNA pol 的核心酶结合，启动 T4 晚期基因的转录。另外，枯草芽孢杆菌中就有 6 种不同分子质量的 σ 因子，其中 σ^{55} 是枯草芽孢杆菌 RNA pol 中 σ 因子的主要存在形式，出现在营养细胞中。而 σ^{29} 则主要出现在芽孢形成阶段，参与芽孢形成期基因转录的调控。

表 6-2 大肠杆菌不同 σ 因子的性质与功能比较

σ 因子	基因	功能	−35 区	间隔长度/bp	−10 区
σ^{70}	*rpoD*	大多数基因的转录	TTGACA	16～19	TATAAT
σ^{32}	*rpoH*	热激	CCCTTGAA	13～15	CCCGATNT
σ^{28}	*fliA*	鞭毛	CTAAA	15	GCCGATAA
σ^{54}	*rpoN*	氮代谢	CTGGNA	6	TTGCA

2）古细菌的 RNA pol

古细菌的 RNA pol 结构和组成上像真核生物的细胞核 RNA pol，而不像真细菌的 RNA pol，如产甲烷细菌、嗜盐菌和极度嗜热菌的 RNA pol 由 8 个亚基组成。

6.1.2.3 真核生物 RNA pol 的结构和功能

真核生物的细胞核 RNA pol 的相对分子质量均很大，为 500 000 或更大。其结构比大肠杆菌 RNA pol 更复杂，一般由 8～14 个亚基组成。真核生物 RNA 聚合酶亚基种类如表 6-3 所示。

表 6-3 真核生物聚合酶亚基种类

RNA pol Ⅰ	RNA pol Ⅱ	RNA pol Ⅲ
RPA 1	RPB 1	RPC 1
RPA 2	RPB 2	RPC 2
RPC 5	RPB 3	RPC 5
RPC 9	RPB 11	RPC 9
RPB 6	RPB 6	RPB 6
其他 9 个亚基	其他 7 个亚基	其他 11 个亚基

注：亚基按照分子质量由大到小的顺序排列。

通过将细胞的粗提液在 DEAE-Sephadex 离子交换柱上层析，随盐浓度的逐渐提高，可以出现三个洗脱峰。根据从离子交换柱层析上洗脱的顺序，对三个活性峰进行了鉴定，即 RNA pol Ⅰ、RNA pol Ⅱ 和 RNA pol Ⅲ。它们在细胞核中的位置不同，负责转录的基因不同，对 α-鹅膏蕈碱的敏感性也不同。真核生物中发现的五种 RNA pol 的特点见表 6-4。

表 6-4 真核生物五种 RNA pol 的特点

名称	定位	组成	α-鹅膏蕈碱的敏感性	转录因子	转录产物
RNA pol Ⅰ	核仁	多亚基	不敏感	1～3 种	rRNA 前体
RNA pol Ⅱ	核质	多亚基	高度敏感	8 种以上	mRNA 前体和 snRNA 前体
RNA pol Ⅲ	核质	多亚基	中度敏感或不敏感	4 种以上	tRNA 与 5SRNA 前体
线粒体 RNA pol	线粒体基质	单体酶	不敏感	2 种	所有线粒体 RNA 的合成
叶绿体 RNA pol	叶绿体基质	类似于原核细胞	不敏感	3 种以上	所有叶绿体 RNA 的合成

1）RNA pol Ⅰ

在细胞核中，RNA pol Ⅰ位于核仁，占总 RNA pol 活性的 50%～70%。负责 rRNA（5.8S、18S 和 28S）的转录。由于 rRNA 占总 RNA 的比例最大，所以 RNA pol Ⅰ负责了大部分细胞 RNA 的转录。RNA pol Ⅰ在低离子强度时活性最高，Mg^{2+} 和 Mn^{2+} 能促进其活性。真核生物的 RNA pol Ⅰ不受 α-鹅膏蕈碱抑制。

2）RNA pol Ⅱ

RNA pol Ⅱ位于核质，活性所占比例次于 RNA pol Ⅰ，主要负责核不均一 RNA（heterogeneous nuclear RNA，hnRNA）、核内小分子 RNA（small nuclear RNA，snRNA）和 mRNA 前体的转录。RNA pol Ⅱ在较高离子强度时有高活性，优选离子为 Mn^{2+} 而非 Mg^{2+}。RNA pol Ⅱ的两个大亚基（RPB1 和 RPB2）与细菌核心酶的两个大亚基（β 和 β′）是同源的。目前尚不能完成 RNA pol 的体外重建，所以无法确定哪些亚基是活性所必需的，哪些是活性非必需的，是不是所有的亚基都是活性所必需的。目前了解最为详细的是酿酒酵母，其中 10～11 个亚基是活性所必需的。最大的 3 个亚基分别相当于细菌 RNA pol β、β′和 α 亚基的同源物，其物质的量比为 1∶1∶2，它们担负着 RNA pol 的基本功能。真核生物的 RNA pol Ⅱ的活性都可被低浓度的 α-鹅膏蕈碱抑制。

RNA pol Ⅱ具有羧基末端域（carboxy-terminal domain，CTD），由多个重复的一致序列 Tyr－Ser－Pro－Thr－Ser－Pro－Ser 组成，这些序列是 RNA pol Ⅱ所独有的，这些序列在酵母中重复 26 次，而在哺乳动物中重复 50 次左右。重复次数是重要的，因为缺失典型重复数的一半时是致死的。

3）RNA pol Ⅲ

RNA pol Ⅲ也位于核质，活性所占比例最小，负责 tRNA、5S rRNA、Alu 重复序列和其他小 RNA（snRNA）的转录。在离子强度很宽的范围内都有活性，离子优选 Mn^{2+}。动物 RNA pol Ⅲ受高浓度的 α-鹅膏蕈碱抑制，而酵母、昆虫的 RNA pol Ⅲ不受抑制。

4）线粒体和叶绿体 RNA pol

真核生物除了细胞核 RNA pol 外，还分离到线粒体和叶绿体 RNA pol。线粒体 RNA pol 只有一条多肽链，相对分子质量小于 7×10^4，是已知最小的 RNA pol 之一，与 T7 噬菌体 RNA pol 有同源性。叶绿体 RNA pol 比较大，结构上与细菌中的聚合酶相似，由多个亚基组成，部分亚基由叶绿体基因组编码。尽管这两种 RNA pol 的结构简单，但能转录所有种类的 RNA，类似于细菌 RNA 聚合酶。线粒体和叶绿体 RNA pol 活性均不受 α-鹅膏蕈碱抑制。

6.1.2.4 病毒编码的 RNA pol 的结构和功能

某些噬菌体的 RNA pol 比细菌的 RNA pol 要小很多，只有一条多肽链。例如，T7 RNA pol 就只有一条多肽链，相对分子质量为 98 000，是目前已知的 RNA pol 中最简单的酶，几乎只具备了最简单的聚合酶功能。在37℃下，它们的转录速度为200nt/s。

许多病毒直接使用宿主细胞基因组编码的RNA pol来转录自身的基因，某些病毒则对宿主RNA pol进行特定的改造，使其更有效地催化自身基因的转录，而有的病毒则主要使用自身基因组编码的具有高度特异性的RNA pol，如T7 RNA pol能完全转录表达噬菌体外壳蛋白基因，且没有受到宿主明显的调控。由于T7、T3及SP6等噬菌体的RNA pol都具有活性高和不受调控的特点，这类酶可用于原核生物基因的体外表达系统。

T7 RNA pol不能识别大肠杆菌的基因转录启动子，它只识别一个包括转录起点在内的23bp的启动子结构。由于噬菌体表达蛋白质的产生，能抑制大肠杆菌细胞内的RNA pol活性，导致宿主细胞的基因不能转录，因此，由T7 RNA pol及其结合的启动子序列在基因工程中构建成了一个良好的RNA表达载体系统。

6.1.2.5 RNA pol的三维结构与功能

晶体结构研究表明，无论是原核生物、真核生物还是噬菌体，其RNA pol有着共同的三维结构形态，其形状大体像一只蟹爪。

对水生嗜热菌的RNA pol（*Taq* RNA pol）晶体结构进行的X射线衍射研究表明（图6-2），它具有一个长达15nm的钳状结构（clamp），钳子之间是很大的裂缝，这是聚合酶的主要通道（primary channel），此通道能够容纳一个双螺旋DNA，还含有Mg^{2+}。裂缝的直径约为2.7nm，由β′亚基构成钳子的一个臂和一部分裂缝的底座，β亚基构成钳子的另一个臂和一部分裂缝的底座。总之，钳状结构使聚合酶能锚定在DNA模板上。此外还具有翼状结构（flap）、舵状结构（rudder）、拉链状结构（zipper）、次级通道（secondary channel）和RNA离开通道（RNA-exit channel）。这些结构都是为了保证转录的进行和帮助DNA重新形成螺旋。

2006年度诺贝尔化学奖得主Roger D.Kornberg等对酵母的RNA polⅡ的晶体结构的研究表明：RNA polⅡ分成四个主要作用模块（module），其中包括围绕在活性中心（active center）周围的一个钳子形结构（图6-3）。蟹爪的两个钳子主要是由最大的两个亚基（RPB1和RPB2）构成。酶的活性位点是由这两个亚基的一些区域共同组成的，位于钳子基部的一个被称为"活性中心裂隙"的区域内。只有当钳子形结构域处于开放状态时，才允许启动子DNA序列进入，起始基因转录。钳子形结构域延伸出来的三个平滑结构域可能在转录过程中起到促进RNA解旋以及帮助DNA重新形成螺旋的作用。

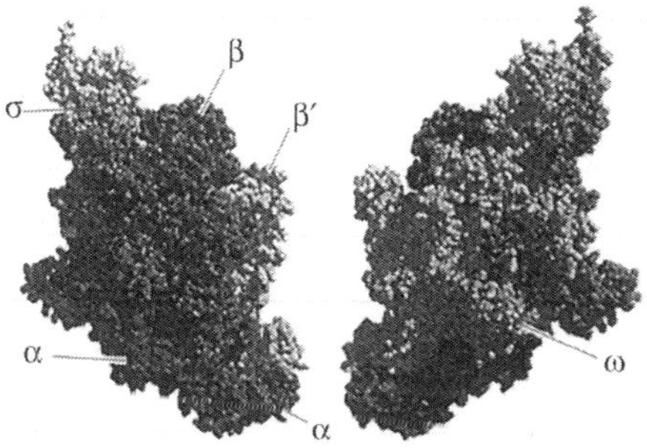

图6-2 *Taq* RNA pol的三维结构
（Nelson and Cox，2005）

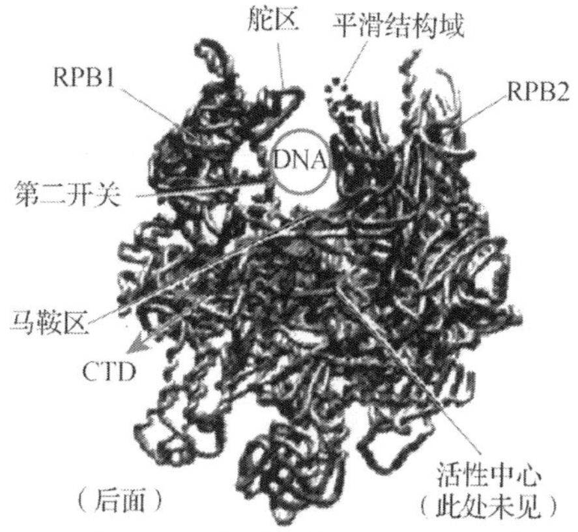

图6-3 酵母的RNA polⅡ的晶体结构（朱玉贤等，2007）

T7 RNA pol分子表面也有一个裂隙，能容纳DNA，其直径相当于DNA双螺旋直径，大肠杆菌的 RNA pol 和酵母 RNA pol Ⅱ等的分子中也发现了类似的结构，这种结构是所有 RNA pol 的一个共同特征。

6.2 原核生物的转录

转录是由 DNA 指导的 RNA 合成的过程，可分为起始、延伸和终止三个阶段。其中，起始和延伸的机制比较复杂，转录的调控就是控制转录的起始或终止。

6.2.1 转录的起始

转录的起始是 RNA pol 识别启动子并与之结合从而启动 RNA 合成的过程。原核生物和真核生物在转录起始的过程中有相似也有不同。

6.2.1.1 转录起始点的确定

1）启动子

启动子(promoter)是指 DNA 分子上被 RNA pol 全酶识别并结合形成起始转录复合物的特定区域，它还包括一些调节蛋白因子的结合位点，启动子本身不被转录。启动子是控制转录起始的序列，并决定着某一基因的表达强度。与 RNA pol 亲和力高的启动子，其起始频率和效率均高。启动子的 DNA 序列本身就可以提供特定的信号，而转录区域的 DNA 序列要转变成 RNA 或蛋白质后才能体现出它所贮存的信息。

细菌的启动子是待转录 DNA 分子中的一段特定的核苷酸序列，一般位于待转录基因的上游。启动子一般位于转录起始位点+1 的上游。启动子序列的编号为负数，其数值可反映它在转录起始位点上游的距离。

原核生物基因的启动子分为两类：一类是 RNA pol 能够直接识别并结合的启动子，称为核心启动子(core promoter)；另一类在与 RNA pol 结合时需要蛋白质辅助因子的协助，这类启动子除了具有 RNA pol 结合位点之外，还有辅助因子结合位点，后者位于核心启动子的上游，因此称为启动子上游部位(upstream part of promoter，UP)。核心启动子与启动子上游部位共同构成了原核生物基因的启动子。

2）启动子的确定方法

可使用生物化学和经典的遗传学方法来确定启动子序列，前者包括电泳泳动变化分析(eletrophoretic mobility shift assay，EMSA)和DNA 酶Ⅰ足印分析(DNase Ⅰ footprinting assay)，前者主要借助于对转录起点周围的碱基序列突变和同源性比对。

DNA 酶Ⅰ-足印分析是应用 RNA pol 来确定可与之结合的 DNA 序列，可用于对启动子的研究。足印分析法的基本原理是启动子序列因 RNA pol 的特异性结合受到保护而抵抗 DNA 酶Ⅰ的消化，在此基础上结合 DNA 序列分析，可以确定受到聚合酶保护的启动子序列。

另外更简单的方法是用 DNA 酶完全消化与 RNA pol 结合的 dsDNA，然后将消化过的样品通过硝酸纤维素滤膜，蛋白质及与聚合酶结合的 DNA 会与滤膜结合，随后将吸附在滤膜上的与 RNA pol 结合的 DNA 复合物释放出来，最后使用化学断裂法直接进行序列分析。

3）原核生物启动子的特征

原核生物的启动子序列位于转录起始位点 5′端，覆盖约 40bp 长的区域，分为四个区域：转录起始点、－10 区、－35 区、－10 区与－35 区之间的序列(图 6-4)。

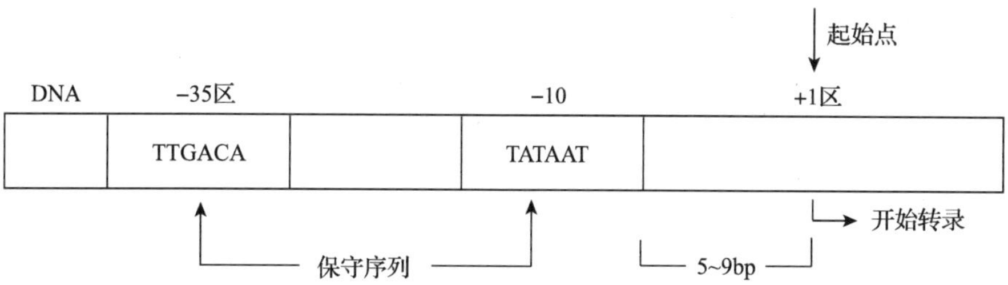

图 6-4 细菌启动子的结构模型

(1) 转录起始点:转录起始点在多数情况(>90%)下为嘌呤,常见的序列为 CAT, A 为转录起始点。但 CAT 的保守程度还不够高,因而不能作为固定的转录起始点序列。

(2) −10 区:在转录起始点的上游紧接着一6bp 的保守序列,在几乎目前已知所有的启动子中均存在。保守序列的中心位于转录起始点上游约−10bp 处,在不同启动子中有所差别,在−18bp 到−9bp 之间。因此这一保守序列又称为−10 序列。它和转录起始点一般相距 5bp。−10 序列由 Pribnow 和 Schaller 于 1975 年发现,故称为Pribnow 盒(Pribnow box),其保守序列为 TATAAT(T_{80}、A_{95}、T_{45}、A_{69}、A_{50}、T_{96}),数字表示该位置碱基在目前所有的启动子中出现的频率(%)。在保守序列中,前两位的 AT 和最后一位的 T 的保守性最强,预示着这几个碱基对 RNA pol 有十分重要的作用。−10 序列是 RNA pol 的牢固结合位点,又称结合位点,或称为解链区。该区域富含 AT 对,熔点较低,在 RNA pol 的诱导下易于首先熔解,使封闭复合物转变为开放复合物,便于转录的起始。其功能为:①与 RNA pol 紧密结合;②形成开放启动子复合体;③使 RNA pol 定向转录。

(3) −35 区: −35 序列又称为 Sextama box 或识别区域,位于转录起始点上游−35bp 处,其保守序列为 TTGACA(T_{82}、T_{84}、G_{78}、A_{65}、C_{54}、A_{45}),与−10 序列相隔 16~19bp。RNA pol 的 σ 因子可以识别该位点,所以称作识别位点。RNA pol 先识别这一区域并与之结合,然后再与结合位点相互作用。该区域是启动子强弱的决定因素。其功能为:①为 RNA pol 的识别位点。RNA pol 的核心酶只能起到和模板结合与催化的功能,并不能识别−35 序列,只有 σ 亚基才能识别−35 序列,为转录选择模板链。②维持 RNA pol 活性的稳定。−35 序列和−10 序列是相当稳定的,过大或过小都会降低转录活性,可能与 RNA pol 本身的大小和空间结构有关。

(4) −10 区和−35 区间的距离: 在 90%的原核生物中,−35 区和−10 区之间的距离为 16~18bp。少数情况下,该距离可少至 15bp,多至 20bp。该区域内的碱基序列并不重要,但碱基的数目,即该距离的长短却是至关重要的。适宜的距离可以为 RNA pol 提供合适的空间结构,便于转录的起始。

分析大量启动子的结构得出,典型的原核生物的启动子的结构为转录起始点、−10 区、−35区和 16~19bp 的间隔区。并不是所有的启动子都具有典型的结构。有些启动子缺少其中的某一结构。有时只有 RNA pol 本身并不足以与启动子结合,还需要其他的辅助因子。另外,转录起始点左右的碱基也可影响转录的起始。+1 至+30 的转录区可影响 RNA pol 对启动子的清除,从而影响启动子的强度。

6.2.1.2 转录起始复合物的形成

原核生物转录的起始过程大致分为四个阶段。

1) RNA pol 全酶搜索并结合 DNA 特异位点

RNA pol 全酶在转录前先接近自然卷曲构象的 DNA 分子,并做相对的分子运动,通过接触—解离—再接触，酶分子在 DNA 上搜索启动子序列。当 σ 因子发现 −35 区识别位点时，全酶与 −35 序列紧密接触。因此，RNA pol 全酶是在 σ 因子协助下找到启动子特异序列的。σ 因子能够引起 RNA pol 对 DNA 亲和性的改变，对非特异位点地结合处于松散状态。直到接触到特异序列，才能使它们紧密结合。

除了酶分子本身的特性外，启动子 DNA 序列结构也决定这种结合的性质。在离体条件下，处于负超螺旋状态的 DNA 和 RNA pol 能更有效地结合并有利于起始转录。负超螺旋结构在形成复合物和 DNA 解旋时需要较少的自由能。

2）聚合酶与启动子形成封闭复合物

在启动子 DNA 的区域，RNA pol 非对称性地结合在转录起点上游 −50～+20 的一段序列上，即形成封闭复合物（closed complex）。这是酶与启动子结合的一种过渡形式。在此阶段，DNA 并没有解链，聚合酶主要以静电引力与 DNA 结合。这种复合物并不十分稳定。

3）封闭复合物转变成开放复合物

σ 因子使 DNA 部分解链。一旦 DNA 解链，DNA 产生一个小的发夹环，导致 DNA 模板链进入活性中心，封闭复合物转变成开放复合物（open complex）。开放复合物也就是起始转录泡（transcription bubble），大小为 12～17bp。开放复合物十分稳定。

开放复合物的形成是转录起始的限速步骤。聚合酶在与启动子形成复合物期间，经历了显著的构象变化，σ 因子刺激封闭复合物异构成开放复合物。开放复合物的形成不单是 DNA 两条链的解链，而且 DNA 的模板链还必须进入全酶的内部，以便靠近酶的活性中心。

4）三元复合物的形成

当前两个与模板链互补的 NTP 从聚合酶的次级通道进入活性中心以后，由活性中心催化第一个 NTP 的 3′-OH 亲核进攻第二个 NTP 的 5′-α-P 而形成第一个磷酸二酯键。一旦有了第一个磷酸二酯键，RNA-DNA-RNA pol 的三元复合物（ternary complex）就形成了。

6.2.2　转录的延伸

转录起始形成 9～10 个核苷酸后，RNA pol 的 σ 亚基释放，离开核心酶，使核心酶的 β′ 亚基构象变化，与 DNA 模板亲和力下降，在 DNA 上移动速度加快，使 RNA 链不断延长的过程就是转录的延伸（elongation）。大肠杆菌 RNA pol 的活性一般为 50～90nt/s。随着 RNA pol 的移动，DNA 双螺旋持续解开，暴露出新的单链 DNA 模板，新生 RNA 链的3′端不断延伸，在解链区形成 RNA-DNA 杂合物。而在解链区的后面，DNA 模板链与其原先配对的非模板链重新结合成为双螺旋。

6.2.2.1　RNA pol 的构象改变

当 σ 因子存在时，β′ 亚基的构象是与 DNA 专一性结合所要求的构象，没有 σ 因子的核心酶，也没有了对特异性序列识别与结合的能力。进入延伸阶段，RNA 和酶分子都发生了构象变化。σ 因子的解离引起了 RNA pol 的构象发生变化，从起始阶段的全酶构象转变为延伸阶段的核心酶构象，核心酶与 DNA 模板的结合是松弛状的非特异性结合，这样有利于核心酶沿着 DNA 模板向前移动。

6.2.2.2　RNA pol 的移位

在延伸过程中，RNA pol 不断移位，以转录新的模板链序列。有两种模型来解释 RNA pol 的移位机制。一种是热棘轮（thermal ratchet）模型，此模型认为受热驱动，酶在两种移位状态之间波动，NTP 的结合和掺入使酶进入前进状态；另外一种为能击(powerstroke) 模型，此模型认为转录的化学能与移位偶联，提供移位的机械能。在后一种机制中，RNA pol 既可以在 PPi 形成的时候移位，也可以在 PPi 释放的时候移位。

6.2.2.3 转录底物和新生 RNA

随着 RNA pol 不断移位，底物 NTP 不断地添加到新生 RNA 链的 3′-OH 端，酶与产物 RNA 不解离，RNA 链不断延伸。在 RNA pol 结合的转录模板区域，大约有 17nt 的 DNA 形成解链区，产物 RNA 链大约有 12nt，与模板形成 RNA-DNA 杂合双链，并保持三元复合物的结构。随着 RNA pol 不断向前移位，杂合双链不断地形成新的磷酸二酯键。由于杂合双链较短，RNA 与 DNA 链间的亲和性远不如 DNA 模板链和编码链之间相互结合的稳定。因而，产物 RNA 很容易从 DNA 模板链不断地脱落下来，酶分子又不断地前移转录，一直保持约 12bp 的杂合双链。

6.2.2.4 延伸的暂停和阻滞

在延伸阶段，RNA pol 每催化一个新的磷酸二酯键的形成就面临三种选择：继续延伸、暂停、倒退(向后滑动，新生的 RNA 3′端一部分序列与 DNA 模板解离)、阻滞。

1) 暂停

暂停是延伸临时停止。暂停可能是依赖于发夹结构，也可能与发夹结构无关，可能涉及 RNA pol 的倒退，也可能不是。有时候，互补的 NTP 暂时短缺也可导致 RNA pol 的暂停。如果发生这种情形，RNA 合成的重新启动需要 GreA 和 GreB 蛋白来解除暂停状态：先是 RNA pol 倒退，然后，GreA 和 GreB 切除 3′端几个核苷酸，以便让 RNA 的3′-OH能重新回到活性中心。就功能而言，暂停可能是转录的一种策略和机制，它可以同步原核生物转录和翻译的偶联，允许转录调节蛋白及时发挥作用；也可作为转录完全终止的前奏。

2) 倒退

倒退可能是校对新合成 mRNA 的一种手段。当聚合酶向后滑动以后，新生 mRNA 的 3′端便暴露出来。如果合成中正好发生了错误，含有错误的寡聚核苷酸被内源核酸酶 GreA 或 GreB 蛋白切除。GreA 和 GreB 很相似，它们的氨基酸序列有 35%是相同的。然而，它们的作用机制略有不同，其中 GreA 刺激切除 2～3nt 的寡聚核苷酸，GreB 刺激切除 2～9nt 的寡聚核苷酸。倒退可导致 RNA 合成的暂停，这很容易发生在 RNA-DNA 杂交双链结合比较弱的时候(富含 AU 碱基对)。

3) 阻滞

当暂停的 RNA pol 倒退到 RNA 堵在次级通道上的时候，转录被完全阻滞。解除 RNA pol 的阻滞状态同样需要 GreA 和 GreB。由 GreA 或 GreB 刺激，对突出 RNA 的剪切是 RNA pol 恢复前进所必需的。

6.2.2.5 影响延伸速度的因素

影响延伸速度的因素有以下三个。

(1) RNA pol 的来源。新生 RNA 链转录延伸的速度受到 RNA pol 的来源的影响。例如，不同 RNA pol 催化 RNA 链延伸的速度不同，*E.coli* 的 RNA pol 转录 T7 的速度为 17nt/s，而其他细菌的速度为 12～19nt/s。

(2) 模板链的特殊序列。新生 RNA 链的延伸速度并非恒定，虽然 RNA pol 对 DNA 模板上的四种碱基都是同等且等效的，但当遇到模板的特殊序列时，转录速度就会突然下降到小于0.1nt/s，这种序列称为暂停信号。暂停状态的模板链大多富集 GC 碱基，或是反向重复序列，GC 富集区使 RNA-DNA 的 5′端较稳定，杂合双链不易解链，有时这种双链可长达数百个核苷酸。后者的存在使产物 RNA 形成茎环结构，破坏 RNA-DNA 杂合双链 5′端的部分结构，妨碍三元复合物上游的模板恢复双链，从而影响了聚合酶沿着模板链前移。

(3) 其他物质。通过离体实验发现，ppGpp 也能影响转录延伸的速度，但与底物 NTP 的掺入之间没有竞争现象，说明底物 NTP 与 ppGpp 两者在酶分子上结合的部位不同。另外大肠杆菌 nusA 蛋白也有调节延伸速度的功能。

6.2.3 转录的终止

转录进行到终止子序列时，就进入了终止阶段，包括新生 RNA 链的释放及 RNA pol 与 DNA 解离。原核生物的终止子有两种：一种是不依赖ρ因子的终止子，另一种是依赖ρ因子的终止子。

6.2.3.1 不需要ρ因子的终止机制

不依赖ρ因子的终止子在结构上有两个特征：一是形成一个发夹结构(hairpin)，二是发夹结构末端紧跟着 6 个连续的 U 串(图 6-5A)。不同终止子的发夹结构长度有差异，为 7～20bp，发夹结构由一反向重复序列构成茎，中间的间隔形成环。在茎环底部有一富含 GC 对的区域。发夹结构中的突变可阻止转录的终止，说明发夹结构的重要作用。经研究确定，新生 RNA 链的发夹结构可使 RNA pol 催化的聚合反应暂停，暂停的时间因终止子不同有所差异，但典型的终止子暂停时间为 60s 左右。转录的终止并不只依赖于发夹结构，新生的 RNA 中可有多处发夹结构。RNA pol 的暂停只是为转录的终止提供了机会，如果没有终止子序列，聚合酶可以继续转录，而不发生转录的终止。6 个连续的 U 串可能为 RNA pol 与模板的解离提供信号。RNA-DNA 间的 rU · dA 结合力较弱，有利于 RNA 和 DNA 的解离。如果将 U 串缺失或缩短，尽管 RNA pol 可以发生暂停，但不能使转录终止。DNA 上与 U 串对应的为富含 AT 对的区域，这说明 AT 富含区在转录的终止和起始中均起重要的作用。

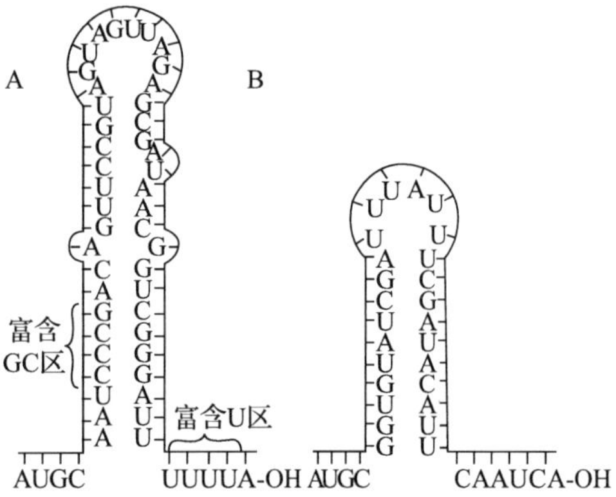

图 6-5 两种终止子转录产物 RNA 的二级结构示意图(刘卫群，2009)
A.不依赖ρ因子的终止子；B.依赖ρ因子的终止子

6.2.3.2 依赖ρ因子的终止机制

在体外实验中，人们发现尽管有终止子存在，RNA pol 只在终止子处暂停，但转录并不终止。向该反应系统中加入ρ因子，则可使转录在特定的位点终止，产生有独特 3′端的 RNA 分子。这种终止称为依赖ρ因子的转录终止。在大肠杆菌的基因组中，依赖ρ因子的终止子相对较少，在噬菌体基因组中较多。经缺失实验表明，ρ因子可识别终止位点上游 50～90bp 的区域。分析这段序列的 RNA 发现，C 的含量多，G 的含量少。C 的含量为 41%，而 G 的含量仅为 14%，终止发生在 CUU 中的某一个位置。一般而言，这种富含 C 少 G 的序列越长，依赖于ρ因子的终止效率越高。另外，依赖ρ因子的终止子虽有发夹结构，但 GC 含量低，且缺少 U 串(图 6-5B)。

ρ因子是一个同源六聚体蛋白,大小为 60 000。ρ因子是 RNA pol 的一种重要的蛋白质辅助因子,只在转录的终止过程中发挥作用。体外实验表明,当ρ因子与 RNA pol 的浓度比为 1∶10时,表现出最大的活性。ρ因子有 RNA 结合结构域,RNA 的长度要大于 50nt,这说明ρ因子是一种 RNA 结合蛋白。每个ρ因子约能结合 12 个碱基,六聚体形式能结合约 72 个碱基。ρ因子具有依赖于 RNA 的 ATPase 活性,ρ因子开始附着在新生 RNA 上,靠 ATP 水解产生的能量推动沿着 5′→3′朝 RNA pol 移动。另外,ρ因子还具有解螺旋酶活性,使转录泡的 RNA-DNA 解链,然后ρ因子及 RNA pol 释放,转录终止。

ρ因子作为 RNA pol 终止转录的重要辅助因子。它的作用机制是:①ρ因子首先结合于终止子上游新生 RNA 链 5′端的某一个可能有序列特异性或二级结构特异性的位点;②利用其 ATPase 活性提供的能量,沿着 RNA 链向转录泡靠近,其运动速度比 RNA pol 在 DNA 链上的移动速度快;③当 RNA pol 移动到终止子而暂停时,ρ因子追赶上 RNA pol;④终止子与ρ因子共同作用使转录终止;⑤ρ因子的 RNA-DNA 的解螺旋酶活性,使转录产物 RNA 从 DNA 模板链释放(图 6-6)。

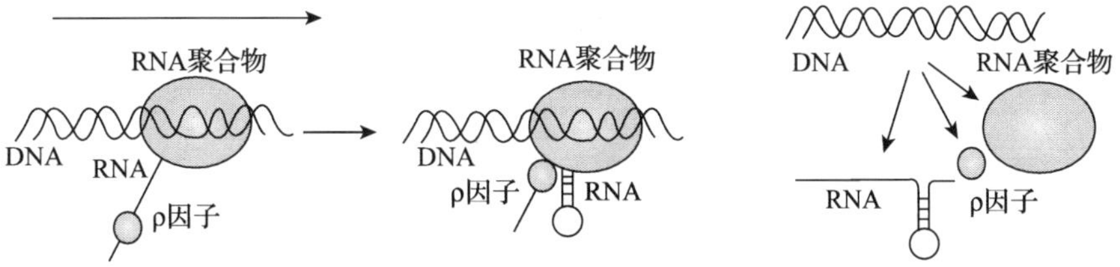

图 6-6　ρ因子的作用机制(赵亚华,2004)

在原核生物中,转录与翻译是同时进行的,ρ因子的终止作用可被核糖体的存在而阻碍。当生长旺盛时,mRNA 被多个核糖体所结合,ρ因子没有机会与mRNA结合。即使结合上去,也会受到核糖体的阻碍而不能实现终止作用。这样为原核生物基因表达的调控提供了一种方式。上述模式可解释下列实验现象。在一个转录单位内,如发生无义突变,可阻止转录单位突变位置之后序列(远端序列)的转录。在正常情况下,当 RNA pol 转录至终止子处时,由于核糖体与mRNA结合,ρ因子不能实现终止作用。无义突变使得翻译提前终止,核糖体提前释放,ρ因子就有机会追赶 RNA pol,从而引起转录的终止。ρ因子的突变可阻止这种现象的出现,也就是说,ρ因子的缺乏会使转录继续进行。另外,RNA 分子中的二级结构也可阻止ρ因子的作用。

ρ因子的突变对转录终止的影响变化很大。体外实验证明,不同的依赖ρ因子的终止子对ρ因子浓度的要求高低不一。在ρ因子的渗漏突变时,不同终止子的反应也有所区别。ρ因子的突变可被其他的基因突变所抑制。在ρ因子突变引起的转录不能终止的菌株中,RNA pol β 亚基基因(rpoB)的一种突变可以恢复转录的终止。rpoB 的另一种突变可减弱依赖ρ因子的转录终止,说明 β 亚基可能是ρ因子的作用部位。

6.3　真核生物的转录

6.3.1　真核生物基因转录概述

尽管真核转录系统与原核转录系统在转录的基本机制上非常相似,但也存在很大差别,特别是真核生物的细胞核基因转录与真细菌的基因转录。

6.3.1.1 真核生物与原核生物转录的差异

1）染色质和核小体结构对转录有深刻的影响

原核生物没有染色质和核小体的结构，因此不存在这种影响，而真核细胞的细胞核基因是处于核小体和染色质结构之中的。可以预见真核细胞 DNA 在转录之前或转录之中，染色质和核小体的结构必须发生某种有利于转录的变化，如染色质构象从紧密状态变为松散状态，核小体结构临时解体或重塑，只有这样，参与转录有关的酶和蛋白质才能识别启动子和模板等，并顺利地催化转录。

2）真核生物的 RNA pol 与原核生物的有许多重要的差别

首先，真核生物的 RNA pol 比真细菌的要大，具有更多的亚基；其次，真核 RNA pol 不能直接识别启动子，需要转录因子；还有真核生物基因转录需要解链酶，原核生物的 RNA pol 本身就具有解链酶活性；最后，真核生物的 RNA pol 高度分工，不同性质的 RNA 由不同的 RNA pol 负责催化转录，这些 RNA pol 在细胞核内的定位也不相同。

3）真核细胞转录的正常进行，还需要许多被称为转录因子的蛋白质的参与

真核细胞核内的三种 RNA pol 需要转录因子，某些转录因子是三种 RNA pol 共有的，而有些是特有的。

4）真核生物调控转录的顺式作用元件比原核生物的复杂得多

原核生物的顺式作用元件（*cis*-acting element）主要有启动子和启动子上游部位，结构简单。真核生物的顺式作用元件主要包括启动子区域、增强子序列、负调控序列和可诱导序列等。它们与相关的基因位于同一条染色体 DNA 上。然而，顺式作用元件单独并不能发挥作用，只有与特殊的蛋白质因子结合以后才会起作用。顺式作用元件识别、结合转录因子、促进转录起始复合物装配、增强或抑制 RNA pol 的活性，并对某些基因起着细胞特异性或组织特异性的调控作用。

5）真核生物转录与翻译不存在偶联关系

原核细胞的多肽或蛋白质基因一旦转录开始以后，核糖体就与 mRNA 5′端结合，并启动翻译，即转录与翻译在时间和空间上存在偶联关系。而在真核细胞内，转录发生在细胞核，翻译则发生在细胞质，两者不存在任何偶联。

6）真核生物转录的产物多为单顺反子，而原核基因的转录产物大多数为多顺反子

导致这种结果的原因是在原核转录系统中功能相关的基因共享一个启动子，以一个共同的转录单位进行转录。而在真核转录系统之中，每一个蛋白质的基因都有自己独立的启动子。

7）转录产物与编码功能差别很大

原核生物的初始转录产物大多数都是编码序列，与蛋白质的氨基酸序列呈线性关系，而真核生物的初始产物很长，含有内含子序列，成熟的 mRNA 只占初始转录产物的一小部分。原核生物的初始转录产物几乎不需要成熟过程，就直接作为成熟的 mRNA，行使翻译模板的功能，真核生物转录产物需经历剪接、修饰的转录后加工过程。

8）真核基因转录水平的调控多以正调控为主

真核基因转录活性要求多种蛋白质因子的存在和协同作用。一般而言，细胞或组织特异转录因子参与激活一个或一组含有靶位点的启动子。只有当有活性的相关蛋白因子在细胞内共同存在时，某一个或一组基因才能被激活。参与调控的转录因子，有时还受到另一个上一级或上几级的调控蛋白等因子的激活。相对于原核生物而言，真核基因的负调控或抑制性调控很少。

6.3.1.2　真核生物基因转录的实验系统

利用特殊的实验系统，能够检测真核生物基因的转录活性和确定启动子功能所必需的序列，从而发现与启动子结合的蛋白质因子等。常用的实验系统有以下四种。

1）爪蟾卵母细胞系统

通过微量注射，将外源 DNA 导入爪蟾卵母细胞核，分离和分析基因的转录产物。但这种方法只能在爪蟾卵母细胞提供的调控因子条件下表达，不能为特异的外源 DNA 提供正常表达所必需的特殊调控因子，有一定的局限性。

2）转基因系统

将外源基因导入尚未分化的动物胚胎细胞，外源基因能以多拷贝形式插入整合到动物基因组的不同位点，并随着转基因动物的生长与发育，在动物的所有组织中都表达，或者如果外源基因具有组织特异性表达的调控区，它就很可能在这种特异的组织中表达。

3）转染系统

将外源基因导入培养着的细胞，如果外源 DNA 进入细胞核后仍以完整基因的形式存在，则能够对其表达产物进行瞬时分析。如果外源 DNA 整合到宿主细胞的染色体内，与宿主细胞基因组在相同条件下表达，则可设计两种或两种以上的外源 DNA 共转染，从而分析蛋白质因子之间的相互作用。

4）体外系统

用体外实验系统研究一个生化过程是经典的方法，通过分离纯化转录过程中所有的组分，再满足所有的反应条件，即可研究转录起始及其获得成功的各个过程。

6.3.2　真核生物转录的机理

真核生物细胞中的转录可分为三类：RNA pol Ⅰ 转录 rRNA、RNA pol Ⅱ 转录 mRNA、RNA pol Ⅲ 转录 tRNA 和其他 sRNA（small RNA）。对于所有真核生物 RNA pol 的功能而言，都是先由转录因子结合到启动子上形成一种结构，以此为 RNA pol 提供所识别的靶标。这一点与细菌的 RNA pol 不同，因为在细菌中是由 RNA pol 识别启动子序列的。对于 RNA pol Ⅰ 和 RNA pol Ⅲ 而言，与它们配合的转录因子相对比较简单，但对于 RNA pol Ⅱ 来说，与它配合的转录因子是一个相当大的家族，统称为基本转录因子（basal factor）。这些由基本转录因子与 RNA pol Ⅱ 一起形成的包围着转录起始点的复合体，被称为基本转录装置（basal apparatus），它们决定了转录起始的位置。

6.3.2.1　RNA pol Ⅰ 所负责的基因转录

RNA pol Ⅰ 只转录 rRNA 一种基因，包括 5.8S、18S 和 28S rRNA。三种 rRNA 的基因（rDNA）成簇存在，共同转录在一个转录产物上（45S rRNA），45S rRNA 通过转录后加工反应可分别得到三种 rRNA。

1）RNA pol Ⅰ 所负责转录的基因启动子

和其他两类启动子相比，RNA pol Ⅰ 的启动子间的差异最小。RNA pol Ⅰ 的启动子主要由两部分组成。目前了解较清楚的是人的 RNA pol Ⅰ 的启动子。在转录起始位点的上游有两部分序列：①核心启动子（core promoter）位于－45～＋20 的区域内，这段序列就足以使转录起始。这种启动子通常是富含 GC（对于其他 RNA pol 的启动子而言并不常见），仅有的保守序列元件则是一个富含 A-T 的短序列元件，环绕着起始点，我们称之为 Inr。②在核心启动子上游－180～－107 有一序列，称为上游调控元件（upstream control element，UCE），可以大大地提高核心启动子的转录起始效率。

核心启动子和 UCE 的序列高度同源，约有 85%的序列相同。都富含 GC，但在转录起始点附近却倾向于富含 AT，以使 DNA 双链更容易解链。

2）RNA pol Ⅰ所需要的转录因子

RNA pol Ⅰ起始转录需要两种辅助因子即 UBF（UCE 结合因子，UCE binding factor）和 SL1（选择因子 1，selectivity factor 1）。

UBF 由一条多肽链组成，可特异地识别核心启动子和 UCE 中富含 GC 对的区域。UBF 与 RNA pol Ⅰ相互作用可识别不同来源的模板，如鼠的 UBF1 和 RNA pol Ⅰ可识别人的基因。

SL1 由四个亚基组成，其中一个是 TBP（TATA 盒结合蛋白），另三个是 TAF（TBP 相关因子，TBP associated factor）。RNA pol Ⅰ的 TBP 种间保守性很强，因此它可能不是负责识别特异 DNA 序列的，而是负责与 RNA pol 相互作用的。SL1 类似于原核生物的 σ 因子，它可与启动子特异的结合，并可保证 RNA pol（包括Ⅰ、Ⅱ和Ⅲ）定位于转录起始位点。SL1 有种属特异性，即人的 SL1 不能识别鼠的基因的核心启动子和 UCE，反之亦然。SL1 单独并没有识别特异 DNA 序列的功能，在 UBF 和 DNA 结合后，SL1 才可结合上来。只有当两种辅助因子与 DNA 结合后，RNA pol Ⅰ才能与核心启动子结合，从而起始转录。

3）RNA pol Ⅰ负责的转录起始、延伸和终止

RNA pol Ⅰ的转录起始复合物的装配分三步：①两个 UBF 分别特异性地结合到上游控制元件（UCE）和核心启动子上。通过 UBF 蛋白质的相互作用，使 UCE 与核心启动子之间的 DNA 形成环状结构；②SL1 结合到 UBF-DNA 复合物上；③当 SL1 和 UBF 结合后，RNA polⅠ就结合到核心启动子上。原来结合于核心启动子的 UBF 直接作用于 RNA pol Ⅰ，而结合于 UCE 的 UBF 再与前一个 rRNA 基因单元中的 UBF 接触结合，并发生相互作用，两个位点间的 DNA 序列成环（图 6-7）。

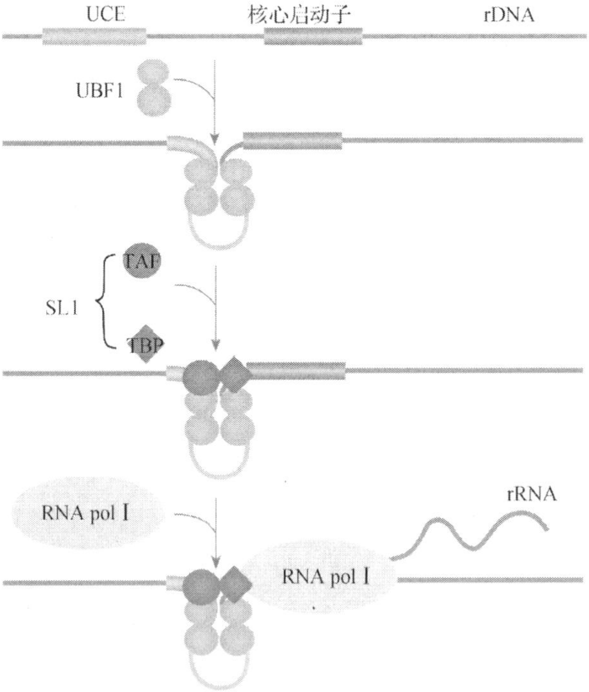

图 6-7 RNA pol Ⅰ负责的转录（Watson et al.，2005）

RNA pol Ⅰ催化的基因转录终止于一个分散的由 18nt 组成的终止子区域，该终止子序列位于编码区末端序列下游约 1000nt 处，需要一个转录终止因子(TTF-1)。当 RNA pol Ⅰ遇到与终止子结合的 TTF-1 以后，终止就发生了：先是 TTF-1 招募了一种释放因子，催化 3′端的形成；然后由外切酶剪切 rRNA 前体新生的 3′端，产生成熟的 3′端；最后 RNA pol Ⅰ与模板解离。

6.3.2.2　RNA pol Ⅲ所负责的基因转录

RNA pol Ⅲ负责转录结构比较稳定的小分子 RNA，如 tRNA、5S rRNA、7SL RNA、小分子核仁 RNA(small nucleolar RNA，snoRNA)、无帽子结构的小分子细胞核 RNA(small nuclear RNA，snRNA) 和某些病毒的 mRNA 等。

1) RNA pol Ⅲ所负责转录的基因启动子特征

RNA pol Ⅲ转录基因的启动子有三类，其中有一类属于基因内部启动子，位于基因编码区的内部，如 tRNA、5S rRNA 和腺病毒的 VA RNA 等。就 5S rRNA 而言，它的内部启动子由 A 盒(A box)、C 盒(C box)和中间元件(intermediate element)三个部分组成(图 6-8)，而 tRNA 的启动子分为 A 盒和 B 盒(B box)，分别对应于 tRNA 的 D 环和 TψC 环。基因内部启动子的序列是高度保守的，5S rRNA 基因的 A 盒相当于 tRNA 的 A 盒。A 盒和 B 盒的保守序列是 5′-TGGCNNAGTGG-3′ (N 为任何核苷酸)和 5′-GGTTCGANNCC-3′。由于它们是基因内启动子，因此本身也被转录。RNA pol Ⅲ的第二类启动子(snRNA 的启动子) 不是内部启动子，在转录起点上游，又称基因外部启动子，是近年来发现的非典型启动子，其结构类似于 RNA pol Ⅱ的启动子。这类启动子有四种元件：TATA 框、近端序列元件(PSE) 、远端序列元件(DSE) 和八聚体基序元件(OCT)。TATA 框的识别同样依赖于 TBP，但必须有其他 RNA pol Ⅲ的辅助因子共同作用，使 RNA pol Ⅲ在启动子上正确定位。这也可以解释为什么这类启动子由 RNA pol Ⅲ来启动转录。第三类是混合型启动子。这类启动子指的是既具有基因内的，也具有基因外的启动子序列元件构成的启动子，如海胆硒代半胱氨酸 $tRNA^{ser}$ 基因。它的上游启动子由 TATA 框、PSE 及尚未鉴定的远端元件构成；基因内的 B 盒与上游元件协同作用，共同启动转录，增加转录的效率。在酵母 *U6* 基因中也找到了类似的混合型启动子结构，在基因内有 B 盒，但未发现 A 盒。

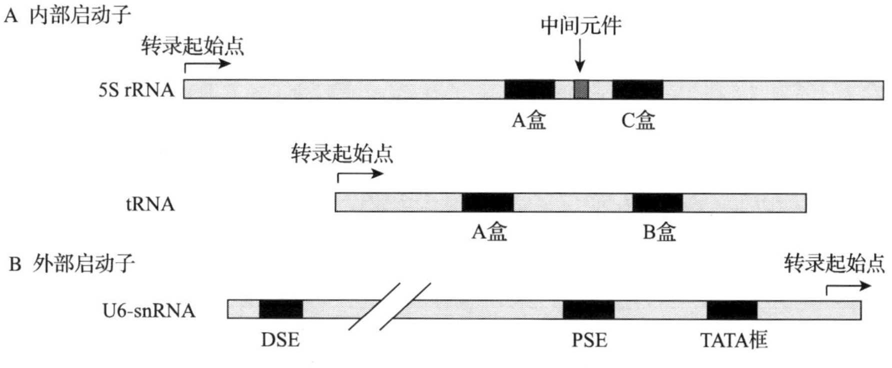

图 6-8　RNA pol Ⅲ所负责转录的基因启动子(Watson et al.，2005)

2) RNA pol Ⅲ所需要的转录因子

RNA pol Ⅲ转录的起始需三种辅助因子 TFⅢA、TFⅢB 和 TFⅢC 的参与。TFⅢA 已被克隆，由一条肽链组成，是一种含锌指结构的蛋白，仅为 5S rRNA 基因转录所必需。TFⅢB

由 TBP 和其他两种蛋白质组成，是一种定位因子，结合于 A 盒上游约 50bp 的位置，但与它结合的序列无特异性。TFⅢC 由六个亚基组成，负责与 tRNA 启动子的 A 盒和 B 盒结合。

3）RNA pol Ⅲ负责的转录起始、延伸和终止

（1）tRNA 基因转录的起始。先是 TFⅢC 结合到启动子上，然后 TFⅢC 招募到TFⅢB，并与之相互作用，最后 RNA pol Ⅲ结合于 TFⅢB-TFⅢC-DNA 复合物。TFⅢC 而后从复合物中释放出来，进行下一轮循环。

（2）5S rRNA 基因转录的起始。TFⅢA 先与启动子结合，然后 TFⅢC 被 TFⅢA 招募上来，形成一种稳定的复合物；随后 TFⅢB 被 TFⅢC 招募到转录起始点附近；最后 RNA polⅢ通过与 TBP 的作用被招募到转录的起始复合物中，开始转录。

RNA pol Ⅲ催化的基因转录终止需要一段富含 GC 的序列和一小串 U，一般来说四个 U 就够了，富含 GC 的序列不需要形成茎环结构。

6.3.2.3　RNA polⅡ所负责的基因转录

RNA polⅡ负责催化 mRNA、具有帽子结构的 snRNA 和某些病毒 RNA 的转录。此类基因的转录最为复杂。

1）RNA polⅡ所负责的转录基因的启动子结构和调控元件

RNA polⅡ的启动子位于转录起始点的上游，由多个短序列元件组成。该类启动子属于通用型启动子，即在各种组织中均可被 RNA polⅡ所识别，没有组织特异性。通过对 β-珠蛋白基因转录起始点上游的 100 个碱基进行替代试验发现，在 HeLa 细胞中，大多数的突变并不影响启动子起始转录的能力。只发现了一例上升突变，另有三例下降突变，发生在三个短序列元件上，远离转录起始点的短序列元件突变对转录起始的影响比接近起始点的短序列元件要大。

经过比较多种启动子，发现 RNA polⅡ的启动子有一些共同的特点，在转录起始点的上游有三个保守序列，又称为元件(element)。

（1）TATA 框(TATA box)：TATA 框位于－25 处，又称 Hogness 框或 Goldberg-Hogness 框，一致序列为 $T_{85}A_{97}T_{93}A_{85}A_{63}A_{83}A_{50}$。经突变试验分析，它是三个元件中转录起始效率最低的一个。虽然有些 TATA框的突变不影响转录的起始，但可改变转录起始位点。这说明 TATA框具有定位转录起始点的功能。将 TATA框反向排列，也可降低转录的效率。TATA框周围为富含 GC 对的序列，可能对启动子的功能有重要影响。它和原核生物的启动子有些相似。但有些启动子中缺少 TATA框。

（2）CAAT 框(CAAT box)：CAAT 框位于转录起始点上游的－75bp 处，一致序列为 GGC(T)CAATCT，因其保守序列为 CAAT 而得名。虽名为 CAAT 框，头两个 G 的作用却十分重要。它是最先被人们发现的转录起始元件。CAAT 框离转录起始位点距离的长短对其作用影响不大，并且正反方向排列均能起作用。CAAT 框内的突变对转录起始的影响很大，说明它决定了启动子起始转录的效率及频率。对于启动子的特异性，CAAT 框并无直接的作用，但它的存在可增强启动子的强度。

（3）GC 框(GC box)：GC 框位于－90bp 附近，核心序列为 GGGCGG，一个启动子中可以有多个拷贝，并且可以正反两个方向排列。GC 框也是启动子中相对常见的成分。

2）增强子和沉默子对基因转录的影响

除了启动子以外，近年来发现还有另一序列与转录的起始有关。它们不是启动子的一部分，但能增强或促进转录的起始，除去这两段序列会大大降低这些基因的转录水平，若保留其中一段或将之取出插至 DNA 分子的任何部位，就能保持基因的正常转录。因此，称这种能强化转录起始的序列为增强子或强化子(enhancer)。另外还有一种和增强子起相反作用的

DNA 序列，被称为沉默子(silencer)，它可以抑制基因的转录。

增强子具有下列特点。

(1) 远距离效应。一般位于上游－200bp 处，但可增强远处启动子的转录，即使相距大于10kb 也能发挥作用。

(2) 无方向性。无论位于靶基因的上游、下游或内部都可发挥增强转录的作用。

(3) 顺式调节。只调节位于同一染色体上的靶基因，而对其他染色体上的基因没有作用。

(4) 无物种和基因的特异性。可以连接到异源基因上发挥作用。

(5) 具有组织特异性。SV40 的增强子在 3T3 细胞中比多瘤病毒的增强子要弱，但在HeLa细胞中 SV40 的增强子比多瘤病毒的要强 5 倍。增强子的效应需特定的蛋白质因子参与。

(6) 有相位性。其作用和 DNA 的构象有关。

(7) 有的增强子可以对外部信号产生反应。例如，热激基因在高温下才表达，金属硫蛋白基因在镉和锌的存在下才表达，某些增强子可以被固醇类激素所激活。

3) RNA pol Ⅱ 所需要的转录因子

参与蛋白质基因转录的转录因子有两类：一类为基础转录因子或普通转录因子，另一类属于特异性转录因子。前者是所有的蛋白质基因表达所必需，后者为特定的基因表达所必需。

基础转录因子是广泛存在于各类细胞中的 DNA 结合蛋白，一般是指 RNA pol Ⅱ 催化基因转录所必需的蛋白质因子。它们是在基因启动子上构成转录复合物的基本组分，属于组成型的转录因子，一般简写为 TFⅡ。目前认识较多的有 TFⅡA、B、D、E、F、H、S 等。它们的一般特性见表 6-5。

表 6-5 RNA pol Ⅱ 所需要的部分基础转录因子

转录因子	亚基数目	功 能
TFⅡD	1TBP	与 TATA 盒结合
	12TAFs	调节功能
TFⅡA	3	稳定 TBP 与启动子的结合
TFⅡB	1	招募 RNA polⅡ，确定转录起始点
TFⅡF	2	和 RNA polⅡ结合，促进聚合酶与启动子的结合，确定转录起始过程中模板的位置
TFⅡH	9	具有 ATP 酶、解链酶、CTD 激酶活性，促进启动子解链和清空
TFⅡE	2	协助招募 TFⅡH，激活 TFⅡH，促进启动子的解链
TFⅡS	1	刺激 RNA pol Ⅱ 的剪切活性，提高转录的忠实性
TFⅡG	未知	作用类似于 TFⅡA
TFⅡI	未知	能与起始位点相互作用

4) 介导因子

介导因子(mediator)是在纯化 RNA pol Ⅱ 时得到的与 CTD 结合的复合物，约由 20 种蛋白质组成，是转录预起始复合物的成分。它们在体外能够促进转录 5～10 倍，刺激 CTD 依赖于 TFⅡH 的磷酸化反应提高 30～50 倍。

介导因子的组分有两类：一类是 SRB 蛋白，它们直接与 CTD 结合，可校正 CTD 的突变；另一类是 SWI/SNF 蛋白，其功能是破坏核小体的结构，促进染色质的重塑。

5) 转录起始、延伸和终止

转录的起始是各种转录因子和 RNA pol Ⅱ 按照一定的次序，通过招募的方式形成预转录起始复合物(preinitiation complex，PIC)的过程。转录因子和 RNA pol Ⅱ 与启动子结合的次序可能是：TFⅡD→TFⅡA→TFⅡB→TFⅡF＋RNA pol Ⅱ→TFⅡE→TFⅡH(图 6-9)。

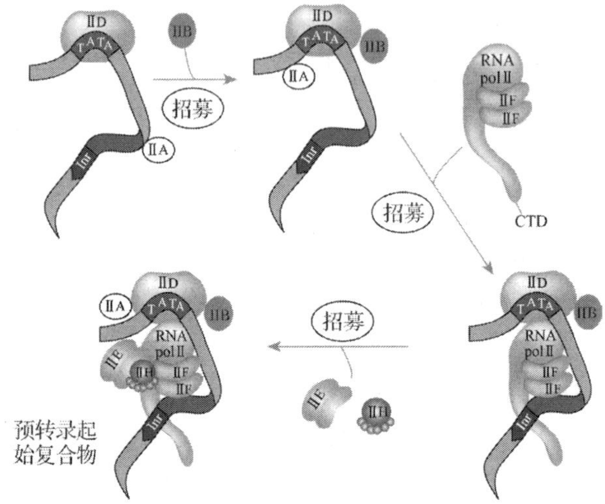

图 6-9 RNA pol Ⅱ负责的基因预转录起始复合物的形成(杨荣武等,2007)

一轮转录循环包括以下几步反应(图 6-10)。

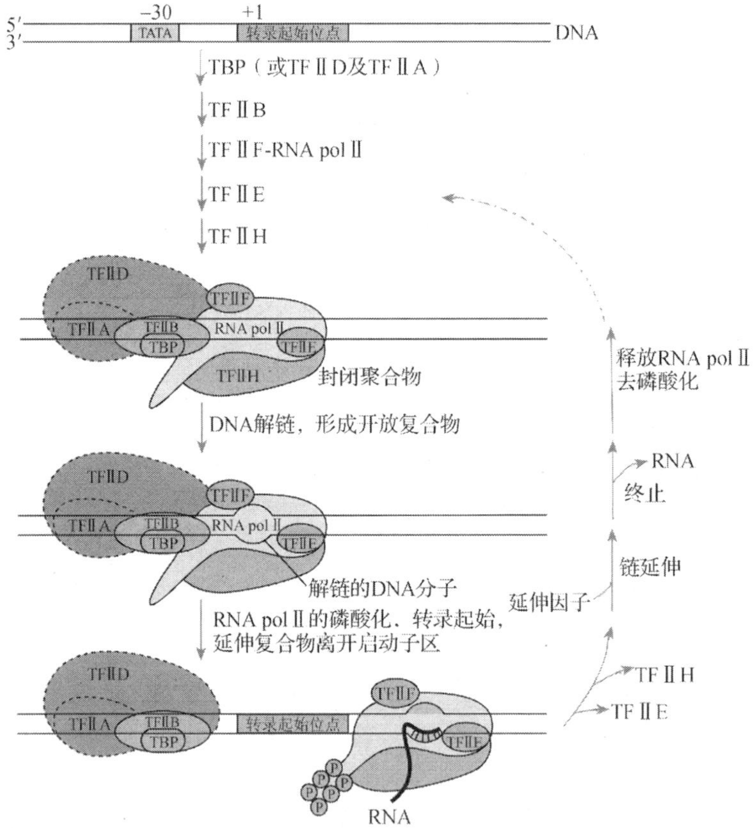

图 6-10 RNA pol Ⅱ催化的基因转录全过程(杨荣武等,2007)

(1) PIC 的形成。先是 TFⅡD 识别 TATA 框并与它结合,随后是 TFⅡA 和 TFⅡB 结合上来,然后是 TFⅡF+RNA polⅡ与调节物结合,最后是 TFⅡE 和 TFⅡH 结合形成完整的 PIC。

(2) PIC 形成以后,很快从封闭状态转变成开放状态。处于开放状态,DNA 被解链,RNA

开始合成。不久,TFⅡH 催化 CTD 磷酸化,导致转录从起始走向延伸。有证据表明,TFⅡS 参与延伸。

(3) CTD 磷酸化后,介导因子与 CTD 解离,同时高度磷酸化的 CTD 与 TBP 脱钩。

(4) RNA pol Ⅱ离开启动子,启动子被清空,但 TFⅡE、TFⅡH 、TFⅡA、TFⅡD 和介导因子仍然在启动子上。

(5) 在 TFⅡF 的刺激下,CTD 磷酸基团被水解。

(6) RNA pol Ⅱ/TFⅡF 复合物离开模板,与介导因子再形成复合物,重新开始下一轮的转录循环。

RNA pol Ⅱ催化的转录终止于一段终止子区域,终止子的性质以及它如何影响终止还不清楚。但已有证据表明,与 RNA pol Ⅱ最大亚基 CTD 结合的、参与加尾反应的 CPSF 和 CStF 可能在调节终止反应中起作用。

6.4 RNA 转录后的加工

基因转录的直接产物即初级转录物通常是没有功能的,它们在细胞内必须经历各种特异性的改变即转录后加工才会转变为成熟、有活性的 RNA 分子。三种主要的 RNA(mRNA、tRNA 和 rRNA) 在原核细胞和真核细胞中所经历的后加工反应并不是完全相同的,而且同一种 RNA 前体(一般是 mRNA 前体) 也可能有不同的加工路线。总体来说,RNA 经历的后加工主要有剪切、修饰、拼接和修饰等。

6.4.1 原核生物 RNA 转录后的加工

在原核生物中,mRNA 的寿命非常短,有的或大多数半衰期只有几分钟,通常 mRNA 一经转录,就立即进行翻译,一般不进行转录后的加工。这是原核生物基因表达调控的一种手段。但原核生物 rRNA 基因与某些 tRNA 基因组成混合操纵子,其他的 tRNA 基因也成簇存在,并与编码蛋白质的基因组成操纵子,它们在形成多顺反子转录物后,断裂成为 rRNA 和 tRNA 的前体,然后进一步加工成熟。通过比较原核生物成熟的 rRNA 和 tRNA 与其转录产物,可以发现:两种 RNA 成熟分子的 5′端为单磷酸,而原始转录产物为三磷酸;成熟分子比原始转录产物小;成熟分子含有异常碱基,而原始转录产物中没有。因此,rRNA 和 tRNA 的转录产物必然存在着后加工过程。

6.4.1.1 mRNA 前体的加工

原核生物中,mRNA 的转录和翻译不仅发生在同一个细胞空间里,而且这两个过程几乎是同步进行的,往往在 mRNA 刚开始转录,核糖体就结合到新生 mRNA 链的 5′端,蛋白质合成就启动了。因此原核细胞的 mRNA 很少经历后加工。大肠杆菌和某些噬菌体 mRNA,也仅仅是经历最简单的内切酶的剪切反应,将多顺反子 mRNA 切割成单顺反子,如大肠杆菌的一个操纵子含有四个结构基因(*rp1J*、*rp1L*、*rpoB* 和 *rpoC*)。在转录出多顺反子 mRNA 前体后,需通过 RNase Ⅲ切割,四个基因两两分开,产生两个成熟的 mRNA(图 6-11)。但近来发现某些原核生物和某些噬菌体的 mRNA 也含有内含子,需要经过相对复杂拼接反应才能成熟(如 T4 噬菌体编码的胸苷酸合成酶)。

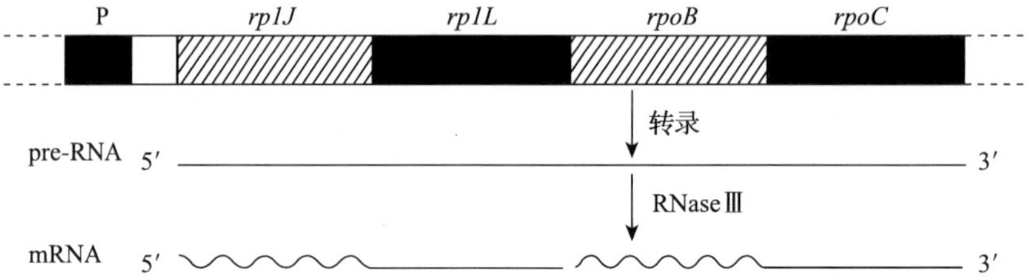

图 6-11 大肠杆菌和某些噬菌体 mRNA 转录后加工(赵亚华等,2004)

6.4.1.2 rRNA 前体的加工

大肠杆菌共有 7 个 rRNA 的转录单位,每个转录单位由 16S rRNA、23S rRNA、5S rRNA 和若干 tRNA 基因组成。其 rRNA 前体的后加工反应主要包括剪切、修剪和核苷酸的修饰(modification)(图 6-12)。16S 和 23S rRNA 之间常由 tRNA 隔开。转录产物在 RNase Ⅲ的作用下裂解产生 rRNA 的前体 P16 和 P23,再由相应成熟酶加工切除多余的核苷酸序列。前体加工时还进行甲基化,产生修饰成分,特别是 α-甲基核苷。N^4,2′-*O*-二甲基胞苷(m^4Cm)是 16S 核糖体 RNA 特有成分。5S 核糖体 RNA 一般无修饰成分。

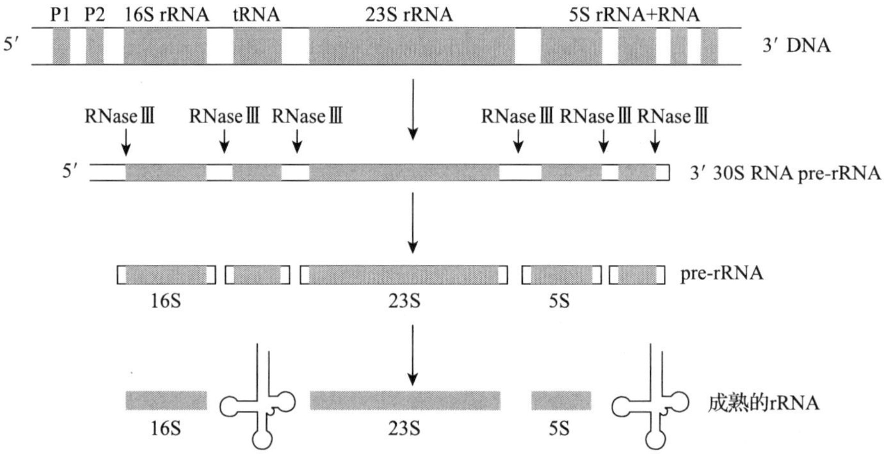

图 6-12 大肠杆菌 rRNA 前体的转录单位及 rRNA 前体的转录后加工(赵亚华,2004)

6.4.1.3 tRNA 前体的加工

tRNA 前体的后加工方式包括剪切、修剪和核苷酸的修饰。*E.coli* 染色体基因组有 60 个 tRNA 基因,即某种氨基酸的 tRNA 基因不止一个拷贝。tRNA 基因大多成簇存在,或与 rRNA 基因,或与蛋白质基因组成混合转录单位。大多数 tRNA 前体加工步骤为(图 6-13A):①内切核酸酶(RNase P)负责特异地切除 tRNA 分子 5′端的前导序列,之后使 5′端逐步成熟。②RNA 内切核酸酶(RNase F) 在 tRNA 3′端附近切断拖尾序列的一段,再由外切核酸酶(RNase D)从 3′端逐个切去附加序列。③tRNA 3′端加上—CCA_{OH}。添加 CCA 是在 tRNA 前体 3′端多余的核苷酸被切除后进行的,催化该反应的酶是 tRNA 核苷酸转移酶(tRNA nucleotidyl transferase)。该酶以 CTP 和 ATP 为底物,只可能将 2 个胞苷酸和 1 个腺苷酸依次添加在 tRNA 的 3′端。某些转运 RNA 已有 CCA 序列,切除附加序列后即露出(图 6-13B)。

tRNA 的 3′端加上—CCA_{OH}序列是 tRNA 转运氨基酸必不可少的序列。④核苷的修饰(修饰酶)：成熟的 tRNA 分子中有一些稀有碱基，这些碱基是在 tRNA 前体合成后，在一些特异酶的催化下经过化学修饰而形成的。修饰的酶包括甲基化酶和假尿苷合成酶。甲基化对碱基和序列都有严格要求，一般以 *S*-腺苷甲硫氨酸为甲基供体。tRNA 分子中的假尿嘧啶是由尿嘧啶经假尿苷合成酶催化产生的。

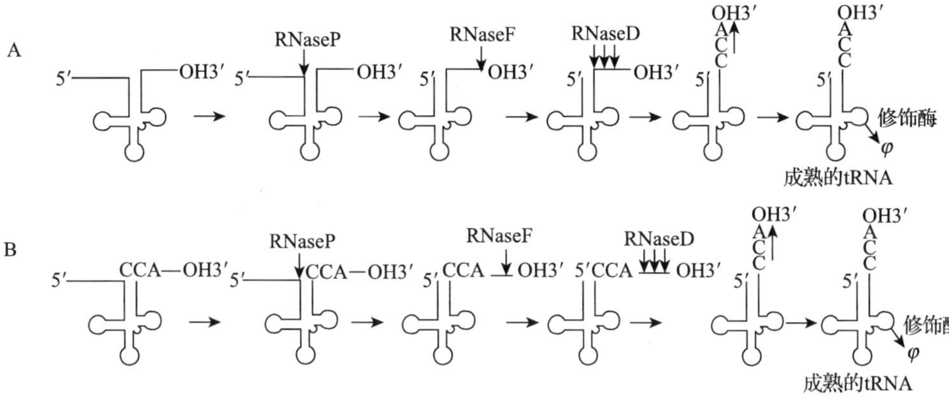

图 6-13 tRNA 前体的转录后加工(杨荣武等，2007)

所有的这些反应都是在酶催化下进行的。总的来说，tRNA 加工所需要用的酶比 mRNA 或 rRNA 加工所需要的酶都要多，特别是多顺反子 tRNA 基因转录产物的加工更为复杂，往往需要多个酶的协同作用。

关于原核生物 RNA 的加工过程特点如下。

(1) 所有稳定的 RNA(rRNA 和 tRNA) 转录后需要加工，mRNA 一般不需要加工。

(2) 大约有 10 个酶参与加工过程，内切核酸酶一般切割后产生 5′-P 和 3′-OH 基团。

(3) 3′-OH 端一般由外切核酸酶作用形成，5S rRNA 可能是例外。

(4) 许多加工酶不具有对碱基的专一性，但对大的结构特征有识别作用。

(5) 当 RNase Ⅲ不存在时，可能由 tRNA 的加工酶代替。

(6) 稀有碱基是在转录后通过修饰酶的作用产生的，不是原来就有的。

6.4.2 真核生物 RNA 转录后的加工

真核细胞 RNA 前体的后加工反应远比原核细胞的复杂，真核生物 tRNA 和 rRNA 前体的转录后加工，包括在酶和蛋白质的参与下，在转录初始产物中切除间隔序列、内含子拼接、5′端和 3′端修饰及碱基的修饰等。真核生物 mRNA 前体的拼接更为复杂。在众多 snRNA 参与下，这些 snRNA 与蛋白质因子共同构成核糖核蛋白体(snRNP)，进行拼接形成成熟的 mRNA。在真核生物中某些后加工的性质与原核系统相似。但是另一些后加工反应是真核系统所特有的。

6.4.2.1 mRNA 前体的加工

与原核系统的 mRNA 很少经历后加工相比，真核细胞的细胞核 mRNA 必须经历多种形式的后加工才会成为成熟的、有功能的分子。真核生物的 mRNA 初始转录物是分子质量很大的前体，在核内加工过程中形成分子大小不等的中间产物，它们被称为核内不均一 RNA (hnRNA)。约有 25%的这种分子能转变成成熟的 mRNA。hnRNA 转变成 mRNA 的加工过程主要包括以下几个方面。

1) 5′端加帽

真核生物的 mRNA 前体和绝大多数成熟的 mRNA 都具有 5′端帽子结构(cap structure)。这些分子的 5′端加帽(capping)修饰需要多种酶催化完成。并且一般从 mRNA 的 5′端开始添加帽子结构。

2) 3′端加尾巴

多数真核生物(酵母除外)的 mRNA 3′端具有约为 200bp 的 polyA 尾巴。具有此特征的 mRNA 表示为 polyA$^+$，不具有该特征的写为 polyA$^-$。polyA 尾巴不是由 DNA 所编码，而是在转录后由 RNA 末端腺苷酸转移酶(RNA terminal riboadenylate transferase)催化下，以 ATP 为供体，添加到 mRNA 的 3′端。

3) 剪接

在各级生物中都存在断裂基因。在低等真核生物的基因中断裂基因仅占很小的一部分，但是在高等真核生物基因组中绝大部分都是断裂基因。断裂基因的初始转录产物称为 pre-mRNA，具有和基因一样的断裂结构。去除初始转录产物的内含子，将外显子连接为成熟 mRNA 的过程称为RNA 剪接(RNA splicing)。拼接发生在核内，与其他一些修饰同时进行，以产生新合成的 RNA。

4) 编辑

RNA 编辑是通过核酶在转录后或转录中的 RNA 顺序中增加或缺失或替换一个碱基，改变 mRNA 的信息。最终导致 DNA 所编码的遗传信息的改变。RNA 编辑在哺乳动物细胞核基因组存在局部编辑现象。常常发生单个碱基的替换或转换，需要特殊的核苷酸脱氨酶的催化。

以上有关 mRNA 前体加工的 5′端加帽、3′端加尾、mRNA 的剪接及 mRNA 的编辑的详细内容请参见第 9 章 9.4.2 节“转录后加工水平上的调控”。

6.4.2.2 rRNA 前体的加工

真核生物的核糖体比原核生物的核糖体更大，结构也更加复杂。真核生物的小亚基含有一条 16S～18S rRNA；大亚基除了 26S～28S rRNA 和 5S rRNA 外还含有一条 5.8S rRNA。每个 rRNA 基因由 16S～18S、5.8S 和 26S～28S rRNA 基因组成一个转录单位，彼此被间隔开来，经 RNA pol Ⅰ 转录产生一个长的 rRNA 前体。rRNA 前体必须经过剪切成各个成熟的 rRNA 分子。rRNA 前体的加工的基本步骤如下所述。

1) 剪切

真核生物有四种 rRNA，即 5.8S 、18S 、28S 和 5S rRNA。其中，前三者的基因组成一个转录单位，形成 47S 的前体，并很快转变成 45S 前体。真核生物的 rRNA 的成熟过程比较缓慢，所以其加工的中间体易于从各种细胞中分离得到，使得对其加工过程也易于了解。哺乳动物的 45S 前体包含着 18S、28S 和 5.8S rRNA，其长度是三种成熟 rRNA 长度和的2 倍。

由 45S 前体加工成成熟的 rRNA 有两种方式，一种发现于人的 HeLa 细胞，另一种发现于小鼠的 L 细胞。两种方式中 45S 前体的剪切位点是相同的，只是对剪切位点的剪切顺序不同(图 6-14)。剪切位点一个位于 18S rRNA 的 5′端，两个位于 18S rRNA 和 5.8S rRNA

间的间隔区，另两个位于 5.8S rRNA 和 28S rRNA 间的间隔区。也可能存在另外的方式。有时在一种细胞中可以发现两种以上的成熟方式。目前还不清楚在剪切位点断裂后是否就产生成熟的末端，还是要经进一步的加工。对负责加工的酶类也知之不多。但可肯定地说，加工过程需要蛋白质的参与，可能形成核蛋白体的形式。真核生物的 5S rRNA 是和 tRNA转录在一起的，经加工处理后成为成熟的 5S rRNA。成熟的 5S rRNA 无需加工就从核质转移到核仁，与 28S 和 5.8S rRNA 以及多种蛋白质分子一起组装成为核糖体大亚基后，再转移到胞质。

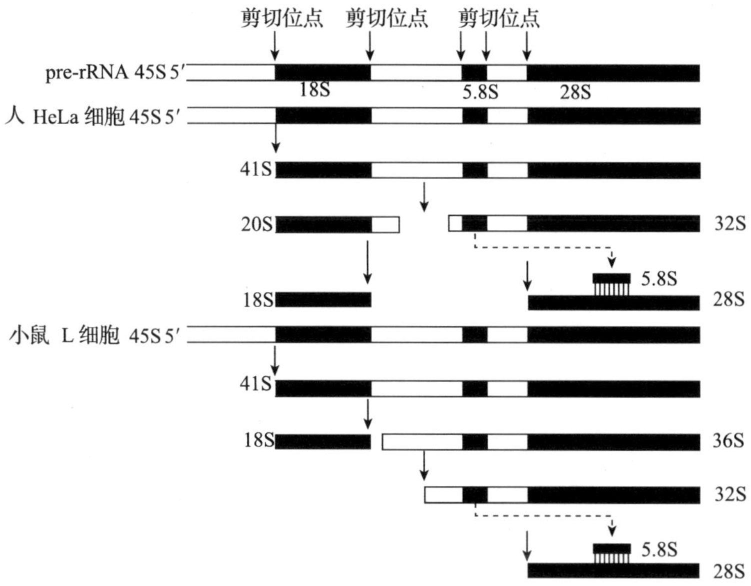

图 6-14　人 HeLa 细胞和小鼠 L 细胞的 rRNA 前体转录后的不同加工方式(赵亚华，2004)

2）拼接

四膜虫 35S rRNA 前体，经加工可以生成 5.8S、17S 和 26S rRNA。某些品系的四膜虫在其 26S rRNA 基因中有一个内含子，35S rRNA 前体需要拼接除去内含子。该拼接过程只需一价和二价阳离子和鸟苷酸(提供 3′-OH)，无需能量和酶。

3）化学修饰

真核生物 rRNA 的甲基化程度比原核甲基化程度高。哺乳动物 rRNA 的 45S 前体共有 110 多个甲基化位点，在转录过程中或以后被甲基化。甲基基团主要是加在核糖的 2′-OH 处。这些甲基化位点在加工后仍保留在成熟的 rRNA 中，其中，18S rRNA 上有 39 个；74 个在 28S rRNA 上。这表明甲基化是 45S 前体上最终成为成熟 rRNA 区域的标志。甲基化的位置在脊椎动物中是高度保守的。此外，rRNA 前体中的一些尿嘧啶核苷酸通过异构作用可转变为假尿嘧啶核苷酸。

6.4.2.3　tRNA 前体的加工

tRNA 前体除了在 5′端和 3′端含有多余的核苷酸序列以外，有些还具有小的内含子。成熟的 tRNA 被高度修饰，并且它们的 3′端的 CCA 序列是 tRNA 前体所没有的。因此，真核生物 tRNA 前体的后加工方式包括剪切、修剪、碱基修饰、添加 CCA 和拼接(图 6-15)。

其中剪切、修剪和碱基修饰与原核系统相似。而 tRNA 拼接则是真核系统所特有的后加工方式。

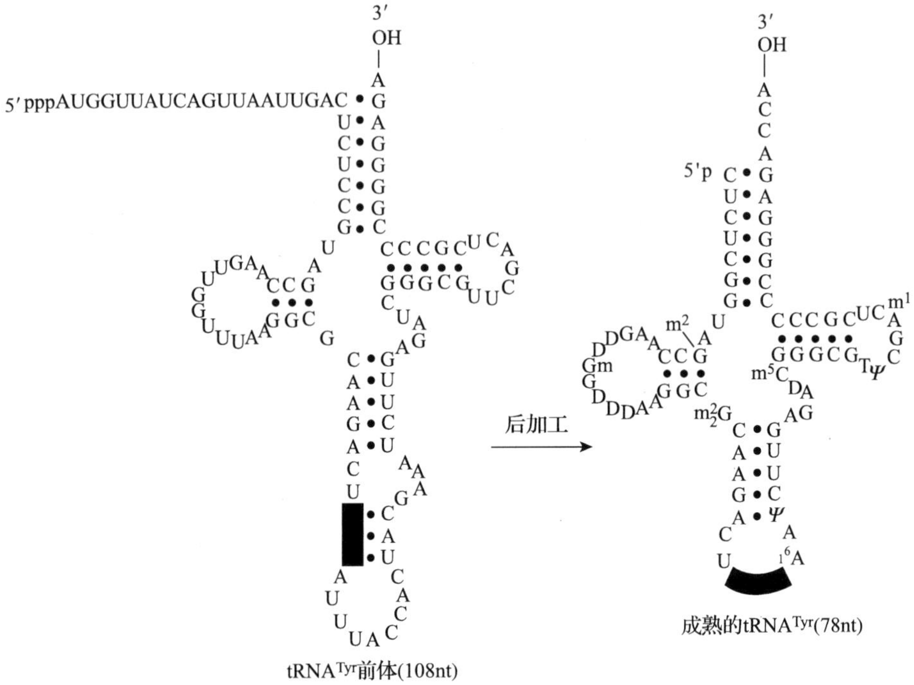

图 6-15 含有内含子的 tRNA^{Tyr} 前体的转录后加工(杨荣武等,2007)

酵母 tRNA 约有 400 个基因,有内含子的基因约占 1/10,内含子长度 14～46bp,没有保守性。切除内含子的酶识别的是 tRNA 的二级结构,而不是识别保守序列。酵母 tRNA 拼接过程(图 6-16):第一步切除内含子,第二步 RNA 连接酶将两个 tRNA 半分子连接。第三步 2′-磷酸的去除。

1) 内含子的切除

这一步不需要 ATP,由特定的内切酶催化,产物是分别具有 2′,3′-环磷酸和 5′-OH 的两个半 tRNA 分子以及具有 5′-OH 和 3′-P 的线状内含子序列。由于 tRNA 前体已形成了三叶草二级结构,所以失去内含子的两个半分子 tRNA 通过受体茎的碱基配对仍然结合在一起。

2) 两个半分子 tRNA 的连接

这一步需要 ATP,主要由 RNA 连接酶催化。第一步反应产生的两个半分子 tRNA 不是连接酶的正常底物,因此需要对它们进行加工。加工需要两种酶:一种是环磷酸二酯酶,负责打开 5′-tRNA 半分子 3′端的 2′,3′-环磷酸,以游离出 3′-OH;另一种是 GTP-激酶,负责将另一个半分子 tRNA 的 5′-OH 转变成 5′-磷酸。一旦两个半分子 tRNA 被加工好,tRNA 连接酶就将其连接起来,使其成为一个完整的 tRNA 分子。

3) 2′-磷酸的去除

拼接好的 tRNA 分子还含有一个多余的 2′-磷酸,这需要磷酸酶将其水解下来。一种依赖于 NAD^+ 的 2′-磷酸转移酶可将 2′-磷酸转移给 NAD^+,产生成熟的 tRNA、ADP-核糖-1′,2′-环磷酸和尼克酰胺。

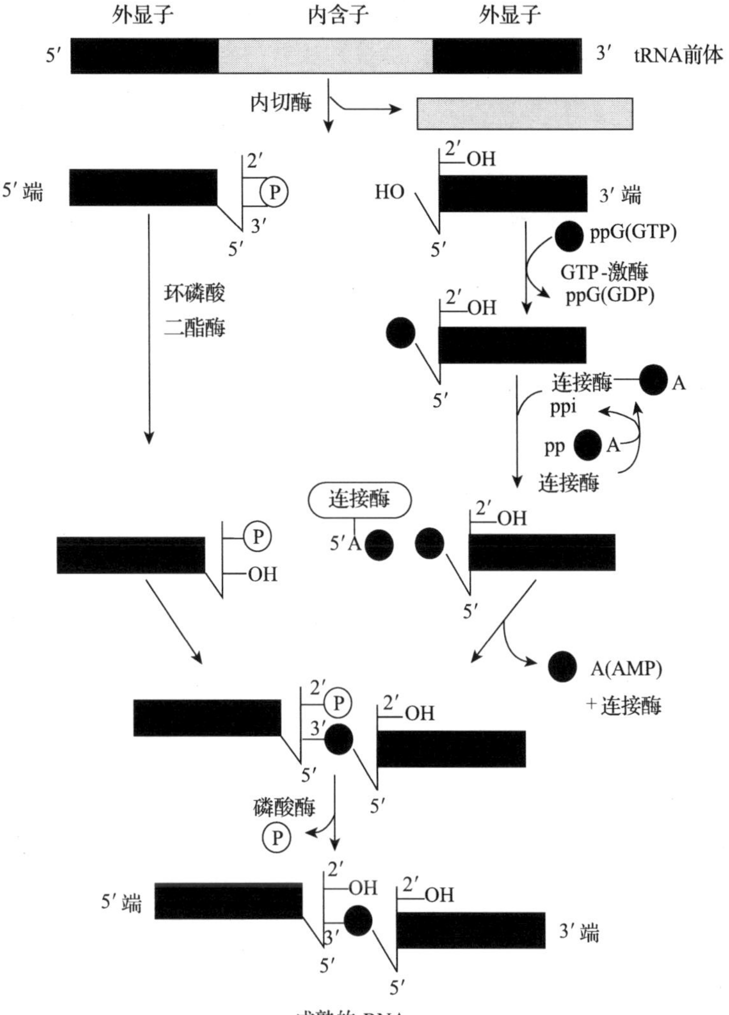

图 6-16　酵母 tRNA 拼接过程(http://biology.ucsd.edu/classes/old.web.classes/bimm100.FA00/images/tRNAsplice.gif)

6.5　转录的抑制

转录能被一些特异性的抑制剂抑制，有些抑制剂是治疗某些疾病的药物，有的则是研究转录机理的重要试剂。按照作用机理的不同，转录抑制剂分为三大类。

6.5.1　碱基类似物

有些人工合成的碱基类似物能干扰和抑制核酸的合成。其中重要的有：6-巯基嘌呤、硫鸟嘌呤、2,6-二氨基嘌呤、8-氮鸟嘌呤、5-氟尿嘧啶及 6-氮尿嘧啶。其结构式如下：

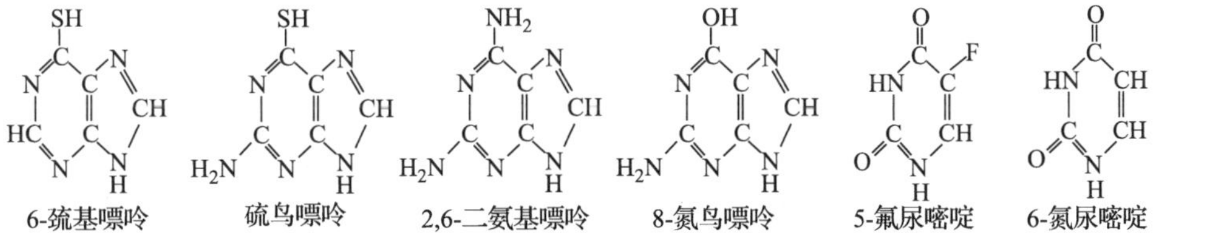

这些碱基类似物在生物体内的作用方式有以下两类。

(1) 作为代谢拮抗物,直接抑制核苷酸生物合成有关酶类,如 6-巯基嘌呤进入体内后,在酶催化下与 5-磷酸核糖焦磷酸反应,或经其他途径,可变为巯基嘌呤核苷酸,在核苷酸水平上抑制嘌呤核苷酸的合成。具体有两种作用:一是抑制次黄嘌呤核苷酸转变为腺嘌呤核苷酸和鸟嘌呤核苷酸;另一是通过反馈抑制 5-磷酸核糖焦磷酸与谷氨酰胺反应生成 5-磷酸核糖胺。6-巯基嘌呤可作为重要的抗癌药物,临床上用于治疗急性白血病和绒毛膜上皮癌等。此类物质一般需转变为相应的核苷酸才能表现出抑制作用。

(2) 通过掺入到核酸分子中去,形成异常 RNA 或 DNA,从而影响核酸的功能并导致突变。5-氟尿嘧啶类似尿嘧啶,可进入 RNA,与腺嘌呤配对或异构成烯醇式与鸟嘌呤配对,使 A-T 对转变为 G-C 对。因为正常细胞可将其分解,而癌细胞不能,所以可选择性抑制癌细胞生长。

6.5.2 DNA 模板功能抑制物

此类抑制剂特异性地与 DNA 链结合,抑制模板的活性,使转录不能进行。这类抑制剂同时抑制 DNA 复制。

6.5.2.1 烷化剂

烷化剂抑制物有氮芥、磺酸酯、氮丙啶等。这些物质中带有活性烷基,能使 DNA 烷基化。鸟嘌呤烷化后易脱落,双功能烷化剂可造成双链交联,磷酸基烷化可导致 DNA 链断裂。烷化剂通常有较大毒性,引起突变或致癌。有些能较有选择地杀伤肿瘤细胞,在临床上用于治疗恶性肿瘤。例如,环磷酰胺在体外几乎无毒性,但进入肿瘤细胞后受磷酰胺酶的作用水解成活性氮芥,用于治疗多种癌症。苯丁酸氮芥含有较多的酸性基团,不易进入正常细胞,而癌细胞因酵解作用旺盛,积累大量乳酸使 pH 降低,故容易进入癌细胞。环磷酰胺和苯丁酸氮芥的结构式如下:

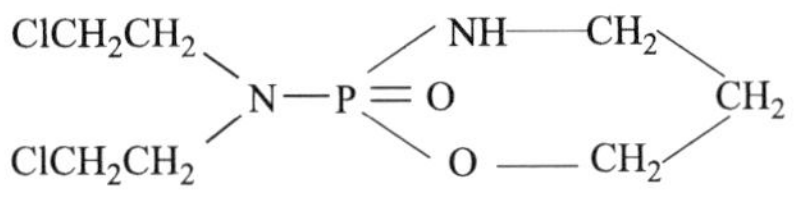

环磷酰胺

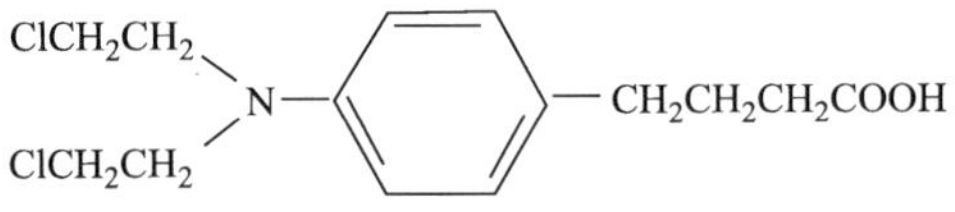

苯丁酸氮芥

6.5.2.2 放线菌素类

放线菌素类抑制物具有抗菌和抗癌作用。放线菌素可与 DNA 形成非共价复合物,抑制其模板功能。低浓度时,阻止 RNA 链的延长,高浓度时可抑制 RNA 的起始,也抑制 DNA 复制。与放线菌素类似的色霉素 A_3、橄榄霉素、光神霉素等抗癌抗生素都能与 DNA 形成非共价复合物而抑制模板功能。

6.5.2.3 嵌入染料

含有扁平芳香族发色团的嵌入染料,可插入双链 DNA 相邻碱基对之间。嵌入染料与碱基大小类似,插入后使 DNA 在复制时缺失或增加一个核苷酸,导致移码突变。它们抑制质粒复制以及转录过程。溴化乙锭是高灵敏的荧光试剂,与核酸结合后抑制其复制和转录,常用于检测 DNA 和 RNA。这类化合物的结构式如下:

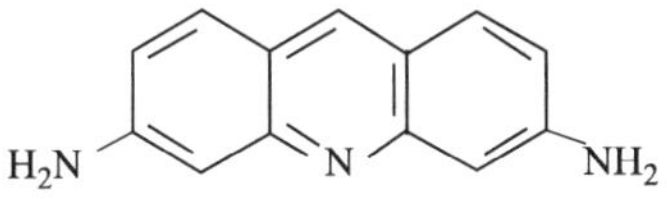

原黄素

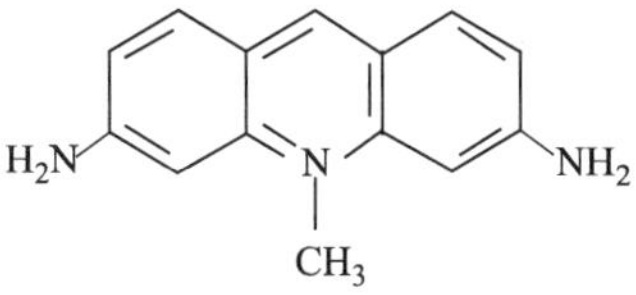

吖啶黄

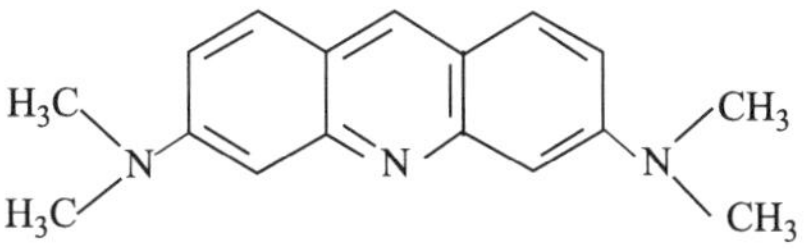

吖啶橙

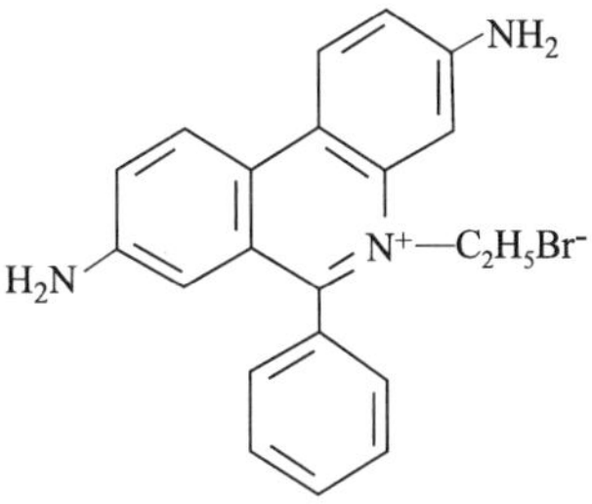

溴化乙锭

6.5.3　RNA pol 抑制剂

RNA pol 抑制剂作用于 RNA pol,使 RNA pol 的活性改变或丧失,从而抑制转录的进行。这类抑制剂只抑制转录,不影响复制,是研究转录机制和 RNA pol 性质的重要工具。

(1) 利福霉素:能强烈抑制革兰氏阳性菌和结核杆菌,利福霉素 D 衍生物利福平具有广谱抗菌作用,对结核杆菌有高效,并能杀死麻风杆菌,在体外有抗病毒作用。其作用机制是与原核细胞 RNA pol 的 β 亚基非共价结合,阻止 RNA 转录的起始,对真核生物 RNA pol 无作用。

(2) 利链菌素:与细菌 RNA pol 的 β 亚基结合,抑制转录过程中链的延长。其结构式如右所示。

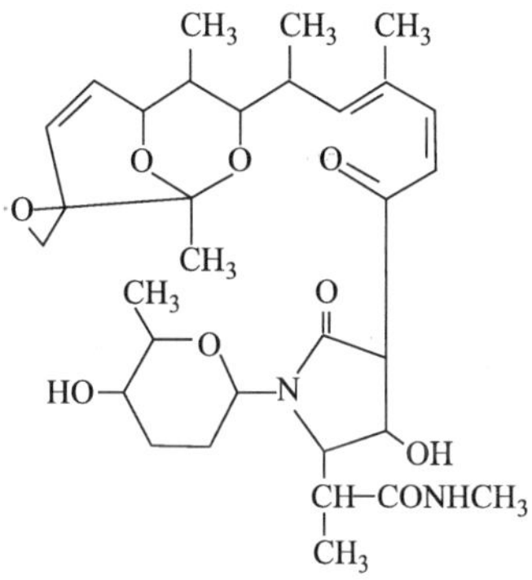

利链菌素

(3) α-鹅膏蕈碱:是真核生物 RNA polⅡ的抑制剂,对细菌 RNA pol 的抑制作用极为微弱。不同的抑制剂作用于不同的 RNA pol,其性质见表 6-6。

表 6-6　转录抑制剂及其作用

抑制剂	作用的酶	抑制剂作用
利福平	细菌全酶	结合于 β 亚基阻止起始
利链菌素	细菌核心酶	结合于 β 亚基阻止延伸
放线菌素 D	真核 RNA pol Ⅰ	结合于 DNA 并阻止延伸
α-鹅膏蕈碱	RNA polⅡ	结合于 RNA polⅡ

6.6　RNA 的降解

6.6.1　酶促降解

生物细胞中有大量的可降解 RNA 的酶,酶促降解是 RNA 降解的主要方式。

6.6.1.1　核酸酶

不同来源的核酸酶,其专一性、作用方式都有所不同。有些核酸酶既可以降解 RNA,也可以降解 DNA。而更多的是核糖核酸酶(RNase),即降解 RNA 的酶。根据核酸酶作用的位置不同,降解 RNA 的酶有的属于外切酶,这类酶根据作用的端点又分为 3′外切核酸酶和 5′外切核酸酶;还有的属于内切核酸酶。关于该方面的知识可参考有关书籍。

6.6.1.2 核酶

核酶(ribozyme)是指一类具有催化功能的 RNA 分子,通过催化靶位点 RNA 链中磷酸二酯键的断裂,特异性地剪切底物 RNA 分子,从而阻断基因的表达。由于核酶具有较稳定的空间结构,不易受到 RNA 酶的攻击,更重要的是,核酶在切断 mRNA 后,又可以从杂交链上解脱下来,重新结合和切割其他的 mRNA 分子。目前,已经有使用核酶在培养细胞上干预基因表达的报道。

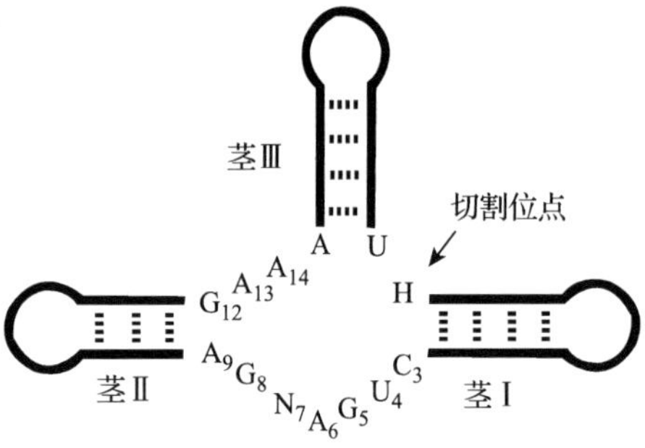

图 6-17 核酶的锤头结构(N 代表该位置上可以为任意碱基,箭头代表切割部位,H 代表除了 G 以外的核苷酸)(Scott et al.,1995)

核酶的催化功能与其空间结构有密切关系,目前已知有多种特殊结构的核酶,如 RNase P 的 RNA 亚基(M1 RNA)、锤头型、发夹型、丁型肝炎 δ 病毒 RNA、Ⅰ类内含子和Ⅱ类内含子等,具有自我剪切能力的 RNA 大多数都能形成锤头结构(hammerhead structure)(图 6-17)。该二级结构由三个茎(Ⅰ、Ⅱ、Ⅲ)构成,茎区是由互补碱基构成的局部双链结构,包围着一个由 11～13 个保守核苷酸构成的催化中心。核酶剪切通常发生在 H 位点。同一核酶分子由具有催化中心的核酶和含有剪切位点的底物部分共同组成锤头结构,底物部分是切割部位两端的核苷酸,它与核酶的茎Ⅰ和茎Ⅲ结合,在切割之后该底物被释放,由一个新的没有被切割的底物取代,使切割反应得以重复进行。

不同的核酶具有不同的催化功能,可以分为剪切型核酶和剪接型核酶两大类。

1) 剪切型核酶

剪切型核酶是只剪不接,能够催化自身 RNA 或不同的 RNA 分子,切下特异的核苷酸序列。M1 RNA 是最典型的例子,在高浓度 Mg^{2+} 存在时,它可特异性地剪切 tRNA 前体 5′端片段。此外,四膜虫 rRNA 前体的剪接产物 L19 也是一种剪切型核酶。

2) 剪接型核酶

该类核酶具有序列特异的内切核酸酶、RNA 连接酶等多种酶的活性,它既能切割 RNA 分子,也能通过转酯反应形成新的磷酸二酯键,连接切割后的 RNA 分子。前面介绍的Ⅰ类和Ⅱ类内含子就属于剪接型核酶。

锤头型核酶和发夹型核酶都能够催化产物的连接,但发夹型核酶催化连接反应的活性比催化切割反应的活性高约 10 倍,而锤头型核酶催化切割反应的活性比催化连接反应的活性高 100 倍。核酶的发现为基因治疗提供了新的策略。因为根据其自我剪切的特点,可以人工合成多种核酶以抑制、破坏病毒基因或癌基因等有害基因的功能。

6.6.2 其他方式

6.6.2.1 RNA 干扰

在动植物细胞中普遍存在微小的双链 RNA(dsRNA),大小为 21～23bp,可以与其有同源序列的 mRNA 互补结合，造成 mRNA 降解。这种现象称为RNA 干扰(RNA interference，RNAi)。RNA 干扰技术在基因功能研究和人类疾病治疗方面有广阔的应用前景。有关 RNAi 更多的内容请参阅本章第 9 章。

6.6.2.2　反义 RNA

通过体外合成反义 RNA 或构建能转录反义 RNA 的重组质粒，与生物细胞中 mRNA 特异结合而使 RNA 降解。

本章小结

以 DNA 为模板合成 RNA 的过程为转录。转录具有选择性，由 RNA pol 催化，以 DNA 双链中的一条链为模板，以四种核糖核苷酸(NTP) 为底物，不需要引物，沿 $5'\rightarrow3'$的方向催化合成新生 RNA 链。原核和真核生物的转录存在一定的差异，如参与反应的酶类、转录产物和产物的后加工等。转录过程大体分为四个阶段：识别启动子、转录的起始、延伸和终止。

真核生物转录比原核生物更复杂，涉及更多的酶和蛋白质因子。转录受到多种抑制剂的抑制，根据作用性质的不同分为三类：嘌呤和嘧啶类似物、DNA 模板功能的抑制剂、RNA pol 的抑制物。转录的直接产物往往需要经历一些后加工反应才有功能。加工反应有剪切、修饰、拼接等过程。原核生物的 mRNA，一般不需加工，一经转录，即可直接进行翻译。

真核生物 mRNA 原初转录物是分子质量很大的前体，在核内加工过程中形成分子大小不等的中间产物，它们被称为核内不均一 RNA(hnRNA)。hnRNA 的加工过程主要包括：$5'$端加帽、$3'$端加 polyA、mRNA 甲基化、拼接和编辑。

延伸阅读

胡维新. 2007. 医学分子生物学. 北京：科学出版社

刘卫群. 2009. 生物化学. 北京：中国农业出版社

马拉森斯基 G M.2005. 分子生物学精要.4 版. 魏群，胡丽娅，李欣，等译. 北京：化学工业出版社

杨荣武，郑伟娟，张敏跃.2007.分子生物学.南京：南京大学出版社

叶林柏，郜金荣. 2004. 基础分子生物学. 北京：科学出版社

赵亚华. 2004. 分子生物学教程. 北京：科学出版社

朱玉贤，李毅，等. 2007. 现代分子生物学.3 版. 北京：高等教育出版社

Blum B，Bakalara N，Simpson L. 1990. A model for RNA editing in kinetoplastid mitochondria："guide" RNA molecules transcribed from maxicircle DNA provide the edited information. Cell，60：189-198

Buratowski S. 2000. Snapshots of RNA polymerase Ⅱ transcription initiation.Curt Opin Cell Biol，12：320-325

Busby S，Ebright R H. 1994. Promoter structure，promoter recognition and transcription activation in prokaryotes. Cell，79：743-746

Conaway J W，Shilatifard K，Dvri A. 2000. Control of elongation by RNA polymerase Ⅱ.Trends Biochem Sci，25：375-380

Cook P R. 1999. The organization of replication and transcription. Science，284：1790-1795

George M M，David F. 2002. Essentials of Molecular Biology. 3rd ed. 北京：科学出版社

Hastings M L，Krainer A R. 2001. Pre-mRNA splicing in the new millennium. Current Opinion in Cell Biology，13：302-309

Hubscher U，Nasheuer H P，Swaoja J E. 2000. Eukaryotic DNA polymerase，a growing family. Trends Biochem Sci，25：143-147

Jensen T H，Dower K，Libri D. 2003. Early formation of mRNP：license for export or quality control. Mol

Cell, 11:1129-1138

Kable M I, Heidmann S, Stuart K D. 1997. RNA editing: getting U into RNA. Trends Biochem Sci, 22:162-166

Kent O A, MacMillan A M. 2002. Early organization of pre-mRNA during spliceosome assembly. Nature Structural Biology, 9:576-581

Lewin D. 2004. Gene Ⅷ. London:Prentice Hall

Nelson D L, Cox M M. 2005. Lehninger Principles of Biochemistry. 4th ed. New York: Worth Publishers

Scott W G, Finch J T, Klug A. 1995. The crystal structure of an all-RNA hammerhead ribozyme: a proposed mechanism for RNA catalytic cleavage. Cell, 81:991-1002

Watson J D, Baker T A, Bell S P, et al. 2005. Molecular Biology of the Gene. New York: Cold Spring Harbor Laboratory Press. Pearson Education Inc.

Wearer R F. 2001. Molecular Biology. New York:McGraw-Hill Companies Inc.

Woychik N A, Hampsey M. 2002. The RNA polymerase Ⅱ machinery: structure illuminates function. Cell, 108:453-463

Young B A, Gruber T M, Gross C A. 2002. View of transcription initiation. Cell, 109:417-420

思考题

1. 名词解释:转录、转录单位、模板链、编码链、启动子、核酶。
2. 简述转录的一般特点和基本过程。
3. 大肠杆菌 RNA pol 的组成、结构、催化特点及各亚基的功能。
4. 真核生物 RNA pol 是如何分类的?
5. 什么是 Pribnow box、−35 序列,它们的保守序列是什么?
6. 大肠杆菌的终止子有哪两大类,请分别介绍一下它们的结构特点。
7. 真核生物的原始转录产物必须经过哪些加工才能成为成熟 mRNA,以用作蛋白质合成的模板?
8. 什么是 RNA 的自我剪接? 自我剪接有哪些类型?
9. 核酶分为哪两类? 具有哪些结构特点? 其生物学意义是什么?
10. 什么是 RNA 编辑? RNA 编辑有什么重要的生物学意义?

7 翻　　译

蛋白质的生物合成是将DNA分子上所携带的遗传信息通过mRNA翻译成蛋白质多肽链中氨基酸序列的过程，包括氨基酸的活化、翻译的起始、肽链的延伸、终止和翻译后的加工修饰五个阶段。翻译过程在核糖体中进行，以DNA转录的mRNA为模板，由tRNA将活化的氨基酸根据反密码子和密码子的识别转运到肽链合成的指定位置。翻译合成的蛋白质必须经过非功能肽段的切除、侧链的修饰以及肽链正确折叠，并被分泌胞外或转运到机体的相应部位才具有生物学活性。

7.1　蛋白质生物合成概述

蛋白质是基因表达的最终产物，它的生物合成不是氨基酸之间肽键连接的简单生化反应，而是DNA上遗传信息通过mRNA翻译成蛋白质多肽链中氨基酸序列的过程。翻译过程十分复杂，除了20种蛋白质氨基酸和为蛋白质合成提供能量的ATP、GTP外，还涉及几乎细胞内所有种类的RNA和几十种蛋白质因子，可以说翻译过程是细胞内最复杂的生物合成系统。

原核细胞中，mRNA的转录与翻译同步进行。真核生物的转录与翻译在时空上分开，在细胞核内合成的mRNA只有被运送到细胞质部分才能被翻译成蛋白质。所谓翻译(translation)是指将mRNA链上的核苷酸从一个特定的起始位点开始，按每三个核苷酸代表一个氨基酸的原则，依次合成一条蛋白质多肽链的过程。尽管蛋白质合成过程十分复杂，但合成过程仍以高速率进行着，如一个大肠杆菌细胞(37℃)合成一条由100个氨基酸残基组成的多肽大约需要5s，而且每个细胞中成千上万种不同的蛋白质的合成都是有条不紊地协同进行的。

7.1.1　遗传密码

遗传密码(genetic code)是指mRNA链上的核苷酸与蛋白质链上的氨基酸的对应关系。研究证明遗传密码是三联体，即mRNA上三个连续的核苷酸编码一种氨基酸，所以密码子(codon)也叫三联体密码子(triplet codon)。

遗传密码的破译，即确定每种氨基酸的具体密码，在20世纪60年代初期是一项困难的任务。尽管如此，由于体外翻译系统的建立、人工合成多聚核苷酸技术和核糖体结合技术的发展，科学家们历经5年终于还是在1966年完全确定了编码20种氨基酸的密码子。共有64个密码子，其中61个是编码氨基酸的，其余3个用作翻译的终止信号。图7-1显示了全部的遗传密码。

遗传密码的基本特性有以下几点。

7.1.1.1　密码的方向性

遗传密码也像所有的核酸序列一样，都是按$5'\rightarrow 3'$方向阅读和编码的，与mRNA生物合成时链的延伸方向一致。

第二位

第一位(5′端)	U		C		A		G		第三位(3′端)
U	UUU	Phe	UCU	Ser	UAU	Tyr	UGU	Cys	U
	UUC		UCC		UAC		UGC		C
	UUA	Leu	UCA		UAA	终止	UGA	终止	A
	UUG		UCG		UAG		UGG	Trp	G
C	CUU	Leu	CCU	Pro	CAU	His	CGU	Arg	U
	CUC		CCC		CAC		CGC		C
	CUA		CCA		CAA	Gln	CGA		A
	CUG		CCG		CAG		CGG		G
A	AUU	Ile	ACU	Thr	AAU	Asn	AGU	Ser	U
	AUC		ACC		AAC		AGC		C
	AUA		ACA		AAA	Lys	AGA	Arg	A
	AUG	Met	ACG		AAG		AGG		G
G	GUU	Val	GCU	Ala	GAU	Asp	GGU	Gly	U
	GUC		GCC		GAC		GGC		C
	GUA		GCA		GAA	Glu	GGA		A
	GUG		GCG		GAG		GGG		G

图 7-1 遗传密码(特纳等,2008)

7.1.1.2 密码的连续性

在 mRNA 链上,从起始信号到终止信号,密码子的排列是连续的,密码子之间既没有重叠也不存在间隔,所以翻译时必须从起始密码子开始,按一定可读框(open reading frame,ORF)连续读下去,直至终止密码子为止。插入或删除一个核苷酸就会使这以后的读码发生错位,这称为移码突变(frame-shift mutation)。

7.1.1.3 有起始密码子和终止密码子

在绝大多数的生物体中使用 AUG 为起始密码子(initiation codon),也有极少数是使用 GUG 为起始密码子的。UAA、UAG 和 UGA 为终止密码子(termination codon),不编码任何一种氨基酸。其中 UAA 叫做赭石密码子(ochre codon),UAG 叫做琥珀密码子(amber codon),UGA 叫做蛋白石密码子(opal codon)。

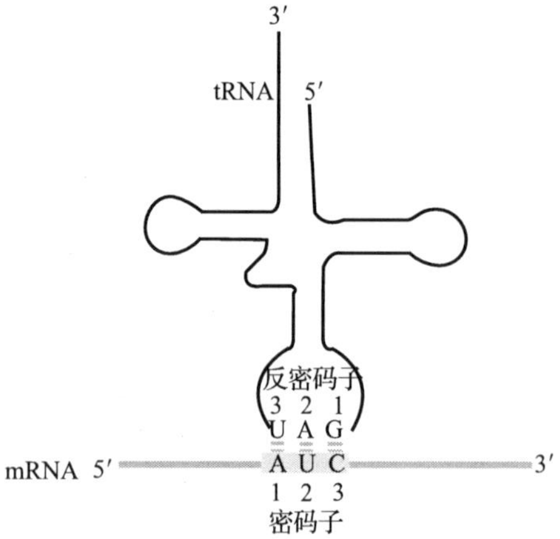

图 7-2 密码子与反密码子的配对关系
(Nelson et al., 2005)

7.1.1.4 密码的简并性

密码子共有 64 个,除 3 个终止密码子之外,其余 61 个密码子编码 20 种氨基酸,所以许多氨基酸有多个密码子。实际上除甲硫氨酸(AUG)和色氨酸(UGG)只有一个密码子外,其他氨基酸都有一个以上的密码子。同一种氨基酸具有两个或更多密码子的现象称为密码子的简并性(degeneracy)。对应于同一种氨基酸的不同密码子称为同义密码子(synonymous codon)。

7.1.1.5 密码的变偶性

tRNA 的反密码子与 mRNA 上的密码子相互识

别与作用如图 7-2 所示。1966 年，Crick 提出的变偶假说(wobble hypothesis) 认为，遗传密码的专一性主要取决于前两位碱基，第三位碱基有一定的自由度，可以有一定程度的“摆动”。

根据变偶假说，一个 tRNA 究竟能识别多少个密码子是由反密码子的第一位碱基的性质决定。反密码子第一位为 A 或 C 时只能识别一种密码子，为 G 或 U 时可以识别两种密码子，为 I(次黄嘌呤) 时可识别三种密码子，Crick 称这一现象为变偶性(wobble)(表 7-1)。

表 7-1 密码子识别中的变偶性

反密码子第一位是 A 或 C 时，只能识别一种密码子		
反密码子	(3′) X-Y-A(5′)	(3′) X-Y-C(5′)
密码子	(5′) Y-X-U(3′)	(5′) Y-X-G(3′)
反密码子第一位是 G 或 U 时，可分别识别两种密码子		
反密码子	(3′) X-Y-G(5′)	(3′) X-Y-U(5′)
密码子	(5′) Y-X-C/U(3′)	(5′) Y-X-A/G(3′)
反密码子第一位是 I 时，可识别三种密码子		
反密码子	(3′) X-Y-I(5′)	
密码子	(5′) Y-X-A/U/C(3′)	

注：X、Y 表示能按 Watson-Crick 法则碱基配对的互补碱基。

7.1.1.6 密码的通用性和变异性

遗传密码无论是病毒、细菌还是动物或植物，也无论从体内到体外，基本上是通用的，所以密码子具有通用性。但自 20 世纪 80 年代以来，对人、牛及酵母线粒体 DNA 序列和结构的研究发现密码子虽具有通用性，但也有例外(表 7-2)，如终止密码子 UGA 在线粒体中转变为色氨酸密码子，甲硫氨酸在线粒体中可由 AUA 编码等，体现了遗传密码的变异性。

表 7-2 线粒体与核 DNA 密码子使用情况的比较

生物	密码子	线粒体 DNA 编码的氨基酸	核 DNA 编码的氨基酸
所有	UGA	色氨酸	终止子
酵母	CUA	苏氨酸	亮氨酸
果蝇	AGA	丝氨酸	精氨酸
哺乳动物	AGA/G	终止子	精氨酸
	AUA	甲硫氨酸	异亮氨酸

7.1.2 蛋白质生物合成的五个阶段

蛋白质生物合成(protein biosynthesis)与 DNA 和 RNA 合成一样，也经历了起始、延伸、终止三个主要阶段，此外又包含了氨基酸在掺入到多肽链之前进行的活化及合成结束的翻译后加工修饰两个过程。这两个重要步骤确保了蛋白质合成的忠实性及其产物功能上的完整性。表 7-3 列出了在大肠杆菌中蛋白质合成不同阶段所需要的一些成分。在真核生物中，这些成分也十分相似，只是某些情况下这些成分更加多样化。

表 7-3 大肠杆菌中蛋白质合成五个阶段所需要的基本成分

阶段	基本成分
氨基酸活化	20 种氨基酸
	20 种氨酰-tRNA 合成酶
	20 种或更多的 tRNA
	ATP，Mg^{2+}
起始	mRNA
	N-甲酰甲硫氨酰-tRNA
	mRNA 上的起始密码子(AUG)
	核糖体小亚基
	核糖体大亚基
	起始因子(IF-1，IF-2，IF-3)
	GTP，Mg^{2+}
延伸	功能核糖体(起始复合物)
	氨酰-tRNA
	延伸因子(EF-Tu，EF-Ts，EF-G)
	GTP，Mg^{2+}
终止	mRNA 上的终止密码子
	释放因子(RF-1，RF-2，RF-3)
	GTP
翻译后加工修饰	参与起始氨基酸的切除、修饰等加工过程的酶

1）氨基酸活化

这一步骤在可溶性细胞质中完成，而不是在核糖体上进行。每一种氨基酸通过消耗 ATP 与特定的 tRNA 共价连接，催化这一反应的酶是氨酰-tRNA 合成酶。tRNA 与相应氨基酸的结合是蛋白质合成中的关键步骤，因为只要 tRNA 携带了正确的氨基酸，多肽合成的准确性就相对有了保障。

2）起始

mRNA 与核糖体的小亚基及起始氨酰-tRNA 结合，接着，核糖体的大亚基结合上去形成起始复合物。这一过程需要起始因子和 ATP 供能。

3）延伸

核糖体沿 mRNA 5′端向 3′端移动，开始了从 N 端向 C 端的多肽合成。这一过程需要延伸因子和 GTP 的水解提供能量。

4）终止

多肽合成的完成由 mRNA 上的终止密码子提供信号，随后新合成的多肽依靠释放因子的作用从核糖体上释放出来。

5）翻译后加工修饰

新生肽链要具有生物活性必须经过加工修饰，包括从 N 端切除一个或多个氨基酸、磷酸化、甲基化及肽链的折叠、剪切等。

7.2 蛋白质生物合成的分子基础

细胞内的 RNA 分子在蛋白质合成中起着非常重要的作用，主要是 mRNA、tRNA 和 rRNA。

7.2.1 mRNA 是蛋白质生物合成的模板

1961 年，Jacob 和 Monod 提出了 mRNA(messenger RNA)的概念，认为既然蛋白质是在细胞质中合成的，而编码蛋白质的信息载体 DNA 却在细胞核内，所以必定有某种中间物质用来传递 DNA 分子上的信息，而这种中间物质正是信使核糖核酸 mRNA。后来，Brenner、Jacob 和 Monod 等用噬菌体 T2 感染大肠杆菌所做的实验进一步证明了这一结果。以后，Spiegelman 又用分子杂交技术证明了新合成的 mRNA 是由 T2 噬菌体 DNA 编码的。

mRNA 以核苷酸序列的方式携带着遗传信息，并以三个连续的核苷酸编码一种氨基酸来指导合成多肽链中氨基酸的序列。mRNA 分子的 5′端序列对于起始密码子的选择有重要作用，这种作用对于原核生物和真核生物来说是有差别的。原核生物中，在 mRNA 分子起始密码子的上游含有一段特殊的核糖体结合位点(ribosome-binding site，RBS) 序列，富含嘌呤碱基,称为SD(序列 Shine-Dalgarno sequence),它可与核糖体小亚基的 16S rRNA 3′端富含嘧啶区互补(图 7-3)。原核生物的 mRNA 是多基因的,分子内的核糖体结合位点(RBS) 使得多个基因可独立地进行可读框(ORF)的翻译,合成不同的蛋白质。而对于真核生物而言,其 mRNA 通常只为一条多肽链编码,mRNA 5′端的帽子结构有助于吸引核糖体结合 mRNA,通过一种扫描机制向 3′端移动来寻找起始密码(图 7-4)。

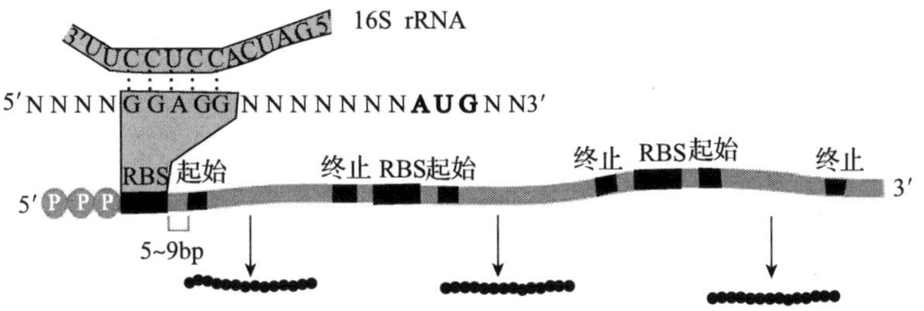

图 7-3 原核生物 mRNA 结构简图

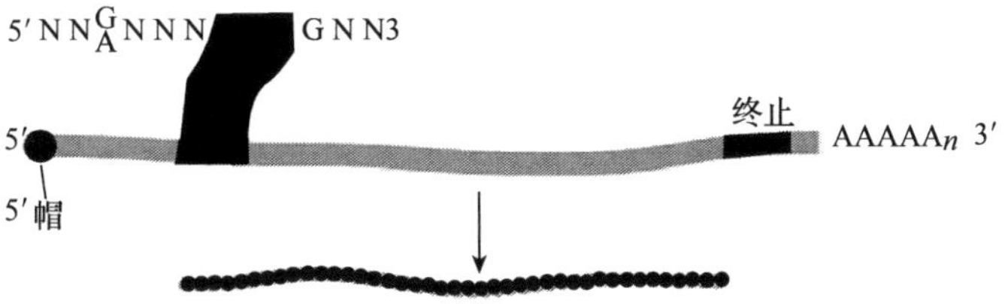

图 7-4 真核生物 mRNA 结构简图

7.2.2 tRNA 转运活化的氨基酸

tRNA(transfer RNA) 在蛋白质的合成中充当的是遗传密码翻译的角色,是将合成蛋白质组分的氨基酸转运到核糖体上,并解读 mRNA 上的信息。对于组成蛋白质的 20 种氨基酸来说,每一种至少有一种 tRNA 来负责转运。

7.2.2.1 tRNA 的结构特征

虽然 tRNA 分子各自的序列不同,但所有的 tRNA 都具有共同的特征:存在经过特殊修饰的碱基,3′端都以 CCA-OH 结束。tRNA 的单链通过碱基配对折叠成三叶草形二级结构。由于功能的需要,tRNA 的三叶草形结构可继续折叠成倒"L"形的三级结构(见图 2-21)。tRNA分子上与多肽合成有关的功能位点至少有四个,分别为 3′端 CCA 上的氨基酸结合位点、识别氨酰-tRNA 合成酶的位点、核糖体识别位点及反密码子位点。

由于密码子的简并性,绝大多数氨基酸需要一种以上的 tRNA 作为转运工具。通常将 tRNA 所转运的氨基酸标在右上角以示区别,如 $tRNA^{Phe}$表示转运苯丙氨酸的 tRNA。原核生物中有 30～45 种 tRNA,真核细胞中可能存在 50 种 tRNA。运输同一种氨基酸的不同 tRNA 称为同工 tRNA(cognate tRNA)。

7.2.2.2 氨基酸的活化

氨基酸的活化形式是氨酰-tRNA,是在细胞溶胶中由氨酰-tRNA 合成酶催化形成的。催化的反应如下：

$$\text{氨基酸} + \text{tRNA} + \text{ATP} \longrightarrow \text{氨酰-tRNA} + \text{AMP} + \text{PPi}$$

它实际上包括两步反应(图 7-5)：第一步，AMP 连接到氨基酸的羟基上，形成氨酰腺苷酸高能中间体，释放出的焦磷酸水解驱动反应继续进行；第二步，氨酰腺苷酸与适合的空载 tRNA 作用形成氨酰-tRNA 和 AMP。在氨酰-tRNA 中，氨基酸的羧基通过高能酯键连接在 tRNA 3′端 CCA 腺苷残基 3′-或 2′-羟基上。一旦酰基化后，氨酰基团可在 3′-或 2′-羟基之间进行交换，但在转肽时，只有在 3′-羟基上才有活力。

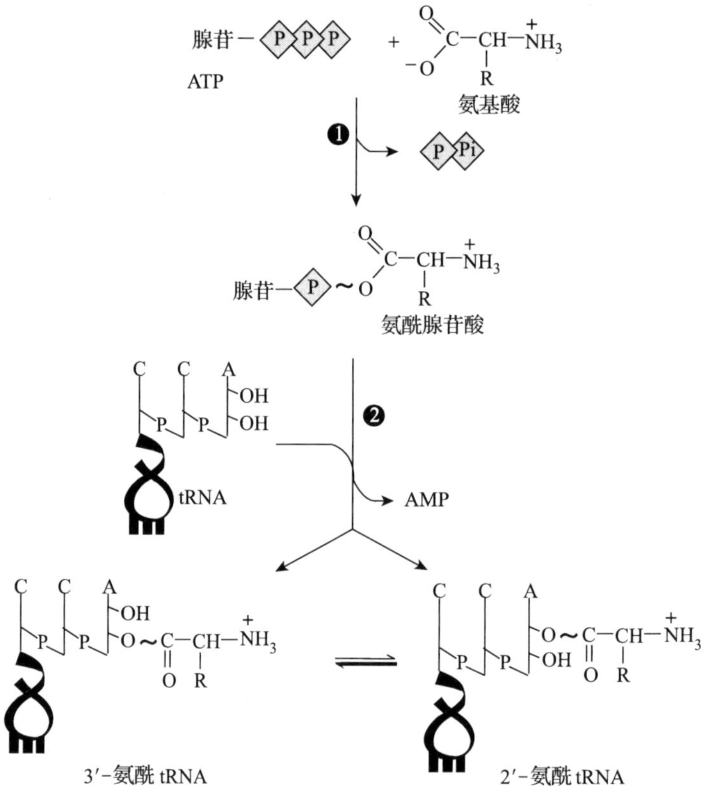

图 7-5　氨酰-tRNA 的形成(Nelson et al., 2005)

氨酰-tRNA 合成酶具有很高的专一性，每种氨基酸至少有一种对其专一的酶，这种酶既能识别相应的氨基酸，又能识别与此氨基酸相对应的一个或多个 tRNA。氨酰-tRNA 合成酶至少有三个活性部位，分别为氨基酸结合位点、tRNA 结合位点和 ATP 位点，反应中间物结合在酶分子的一个深沟里。氨酰-tRNA 合成酶还含有校正错误酰化的活性部位，能水解非正确结合的氨基酸和 tRNA 间形成的共价键。

氨基酸一旦与 tRNA 形成氨酰-tRNA 后，其进一步的去向便由 tRNA 决定。tRNA 的反密码子与 mRNA 上的密码子相识别，把所携带的氨基酸运送到多肽链的一定位置。

7.2.3　核糖体是蛋白质生物合成的部位

核糖体(ribosome)又称核蛋白体，由 rRNA(ribosomal RNA)和核糖体蛋白质组成，是细胞内进行蛋白质合成的场所。在原核细胞中，它可以游离形式存在，也可与 mRNA 结合成串珠状的多核糖体。平均每个细胞约有 20 000 个核糖体。真核细胞中的核糖体既可游离存在，也可与内质网结合形成粗糙内质网，每个真核细胞所含核糖体的数目要比原核细胞多得多，为 $10^6 \sim 10^7$ 个。线粒体、叶绿体及细胞核内也有自己的核糖体。

7.2.3.1 核糖体的组成与结构

不论何种来源的核糖体均由 rRNA 和一定数量的蛋白质组成,其共同特征是 rRNA 的含量比蛋白质高。原核生物核糖体由约 2/3 的 rRNA 及 1/3 的蛋白质组成,真核生物核糖体中 rRNA 占 3/5,蛋白质占 2/5。所有生物的核糖体都由大小两个亚基构成,表 7-4 总结了这些核糖体的一些特性。

表 7-4 原核生物核糖体与真核生物核糖体组成

成分	生物类型			
	原核生物		真核生物	
	沉降系数	相对分子质量($\times10^3$)	沉降系数	相对分子质量($\times10^3$)
核糖体	70S	2700	80S	4500
小亚基	30S	900	40S	1500
rRNA	16S	600	18S	700
蛋白质	21 种		30 种	
大亚基	50S	1800	60S	3000
	23S	1200	28S	1700
rRNA			5.8S	400
	5S	320	5S	320
蛋白质	31 种		50 种	

应用电镜及其他物理方法,人类已经揭示出大肠杆菌 30S、50S 及 70S 核糖体的结构模型(图 7-6)。30S 小亚基形似动物胚胎,由头部(head)、基部(base)和平台(platform)组成,平台与头部之间有一裂隙(cleft);50S 大亚基很像一个沙发,由一个茎(stalk)、一个中心隆起(central protuberance)、脊(ridge)和谷(valley)组成,中间凹下去的部位有一个很大的空穴。当 30S 亚基与 50S 亚基结合成 70S 核糖体时,30S 小亚基的平台伸入到 50S 大亚基的谷中而嵌合在一起。真核生物的核糖体结构还不太清楚。

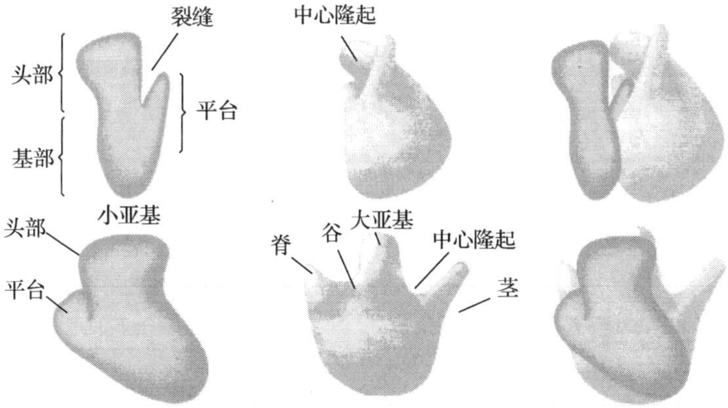

图 7-6 原核生物核糖体两个方向的结构模型(Nelson et al., 2005)

7.2.3.2 核糖体的功能

核糖体是细胞内进行蛋白质合成的场所。在蛋白质合成过程中,核糖体必须先与 mRNA 结合,并按 5′→3′方向沿 mRNA 移动,每次移动一个密码子。核糖体上有多个活性位点(图 7-7):mRNA 结合部位(小亚基的 16S rRNA 3′端富含嘧啶区),新掺入的氨酰-tRNA结合位点(amino acyl site,A 位),肽酰-tRNA 结合位点(peptidyl site,P 位),卸载 tRNA 排出位点

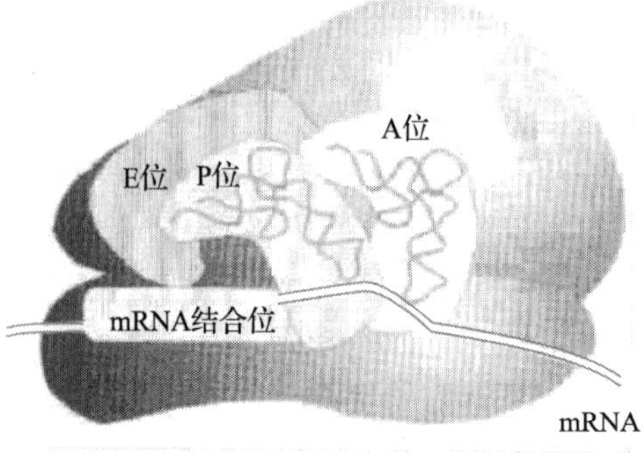

图 7-7　原核细胞核糖体的活性位点

(exit site,E 位),肽酰基转移部位及形成肽键的部位(肽酰基转移酶中心)。此外,还有与起始因子、延伸因子、释放因子等相结合的位点。

7.2.3.3　多聚核糖体

采用温和的条件小心地从细胞中分离核糖体时可以得到三或四个成串的甚至上百个成串的核糖体,后者称为多聚核糖体(polyribosome)。多聚核糖体是由一个 mRNA 分子与一定数目的单个核糖体结合而成的,呈念珠状。两个核糖体之间有一段裸露的mRNA。每个核糖体可以独立完成一条多肽链的合成(图 7-8),所以在多聚核糖体上可以同时进行多条肽链的合成,以提高翻译的效率。

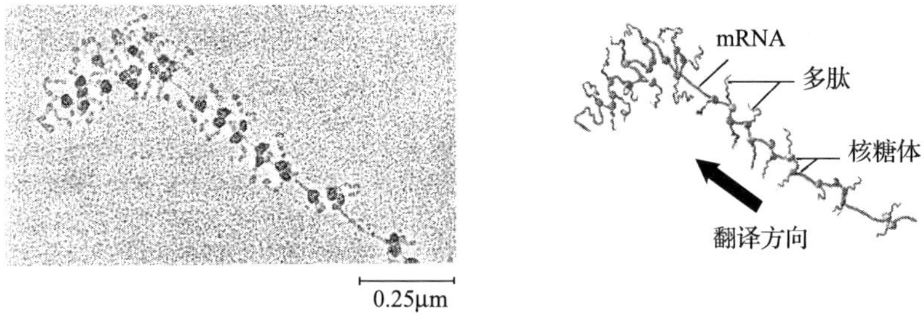

图 7-8　幼蚕丝腺体多聚核糖体的电子显微图与图解说明(Nelson et al., 2005)

7.3　翻译的过程

整个翻译过程包括肽链合成的起始(initiation)、延伸(elongation)和终止(termination)三个主要阶段。

7.3.1　原核生物的蛋白质合成

7.3.1.1　肽链合成的起始

肽链合成的起始涉及核糖体亚基和起始氨酰-tRNA在起始因子的参与下识别 mRNA 上的起始信号并组装成起始复合物。

1) 起始密码子的识别

翻译的起始首先在 mRNA 分子上选择合适位置的起始密码子 AUG。对起始密码子附近的核苷酸序列进行分析之后发现,在距起始密码子上游(5′端)约 10 个核苷酸处往往有一段富含嘌呤的序列——SD 序列,它可与核糖体小亚基的 16S rRNA 3′端富含嘧啶的序列互补(图 7-3)。正是 SD 序列与 16S rRNA 3′端的这种相互作用使得核糖体能区别起始信号 AUG 与编码肽链中甲硫氨酸的密码子 AUG,正确地定位于 mRNA 上起始信号的位置。

2) N-甲酰甲硫氨酰-$tRNA^{fMet}$的形成

在原核细胞中,起始密码子 AUG 编码甲酰甲硫氨酸(fMet)。一般细胞中只有两种tRNA可携带甲硫氨酸,其中 $tRNA^{fMet}$可携带甲酰甲硫氨酸,与起始密码子 AUG 结合,而$tRNA^{Met}$可携带游离甲硫氨酸，掺入到肽链合成中。这两种 tRNA 的识别由参与蛋白质合成的起始和延伸因子决定，起始因子识别 $tRNA^{fMet}$，而延伸因子识别 $tRNA^{Met}$。只有一种甲硫氨酰-tRNA 合成酶参与这两种甲硫氨酰-tRNA 的合成。

N-甲酰甲硫氨酰-$tRNA^{fMet}$由两步反应合成：

$$\text{Met}+\text{tRNA}^{\text{fMet}}+\text{ATP}\longrightarrow\text{Met-tRNA}^{\text{fMet}}+\text{AMP}+\text{PPi}$$

$$\text{Met-tRNA}^{\text{fMet}}+N^{10}\text{-甲酰四氢叶酸}\longrightarrow\text{fMet-tRNA}^{\text{fMet}}+\text{四氢叶酸}$$

3）起始因子

起始因子(initiation factor，IF)是一类非核糖体蛋白质，参与原核蛋白质合成的起始。起始因子主要有三种：IF-1、IF-2 和 IF-3。IF-1 无专门功能，促进 IF-2 和 IF-3 发挥作用。

4）起始复合物的组装

肽链合成的起始是个很复杂的过程，大致可以分为以下三个阶段。

(1) 三元复合物的形成。IF-1、IF-3 与游离的 30S 亚基结合，以阻止在与 mRNA 结合前 30S 亚基与 50S 亚基的结合，接着 IF-3-30S 与 mRNA 结合成 IF-3-30S-mRNA 三元复合物。

(2) 30S 起始复合物的形成。在 IF-2 和 GTP 的帮助下，fMet-$tRNA^{fMet}$与 mRNA 分子中的起始密码子结合，形成 30S 起始复合物，即 fMet-$tRNA^{fMet}$-IF-2-GTP-30S-mRNA。

(3) 70S 起始复合物的形成。30S 起始复合物与 50S 亚基结合，释放 IF-2，并把 GTP 水解成 GDP 和 Pi，同时结合在 30S 起始复合物上的 IF-1 和 IF-3 解离，最后形成由 30S 与 50S 组成的 70S 起始复合物。fMet-$tRNA^{fMet}$被定位在 P 位(图 7-9)。

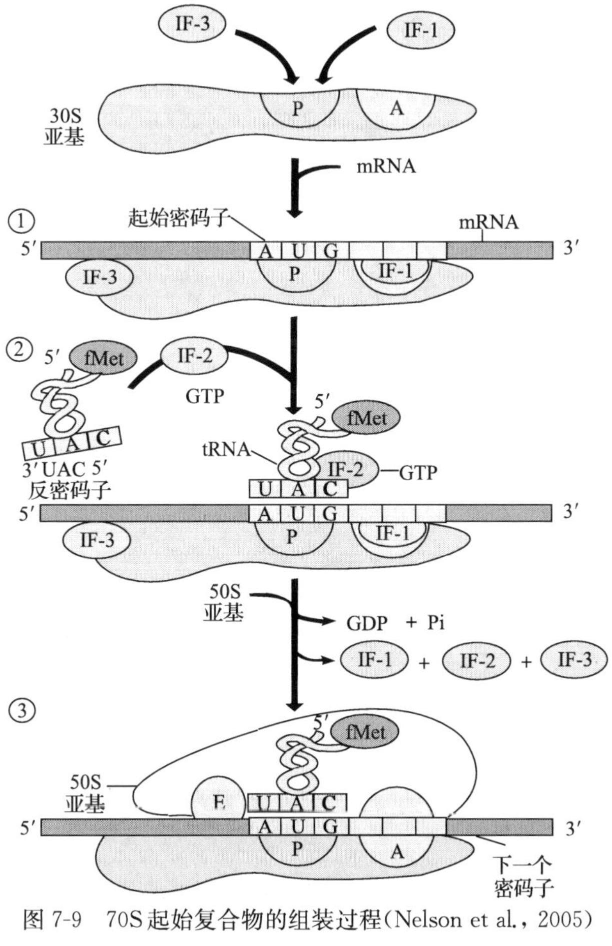

图 7-9　70S 起始复合物的组装过程(Nelson et al.，2005)

7.3.1.2 肽链的延伸

随着 70S 起始复合物的形成，延伸循环随即开始。延伸循环包括 3 步反应，每步都是在相应的延伸因子(elongation factor，EF)的参与下完成，同时还需要 GTP 和 Mg^{2+} 的参与。

1)进位反应

首先延伸因子 EF-Tu 结合 GTP 形成二元复合物 EF-Tu-GTP，然后该复合物与氨酰-tRNA结合形成三元复合物。三元复合物进入核糖体的 A 位，同时 GTP 水解成 GDP 和 Pi，导致 EF-Tu-GDP 游离出来，在另一个延伸因子 EF-Ts 催化下，GTP 取代 GDP 重新生成 EF-Tu-GTP，以便能够结合下一个氨酰-tRNA 分子(图 7-10)。

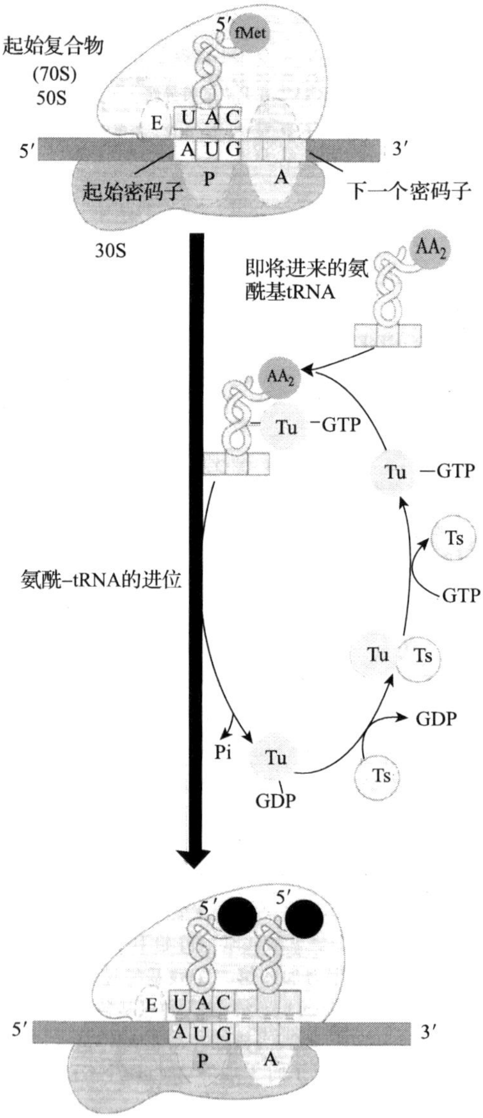

图 7-10 延伸阶段的进位过程(Nelson et al.，2005)

2) 转肽反应

当氨酰-tRNA 定位在 A 位后，在肽酰转移酶(peptidyl transferase) 催化下，A 位的氨酰-tRNA 上氨基酸的氨基对 P 位的肽酰-tRNA 酯的羰基碳进行亲核攻击，使其活化，从相应的

tRNA 上解离下来，转移到 A 位氨酰-tRNA 氨基酸的氨基上形成肽键，在 A 位上形成肽酰-tRNA，把无负载的 tRNA 留在 P 位(图 7-11)。

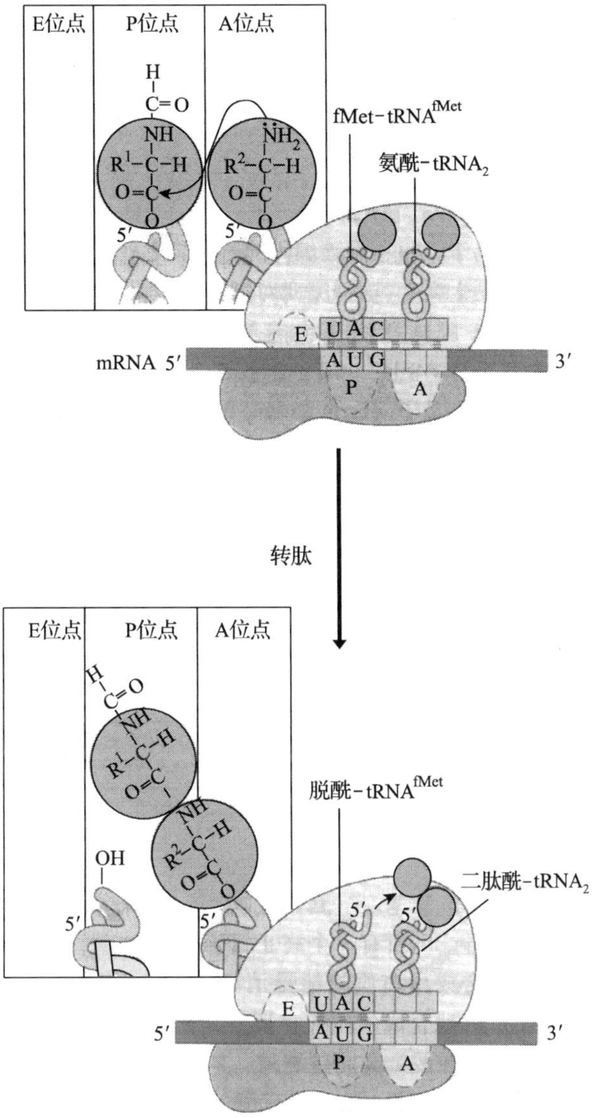

图 7-11　延伸阶段的转肽过程(Nelson et al.，2005)

实验证明，肽酰转移酶是核糖体 50S 亚基的组成成分。

3) 移位反应

在延伸因子 EF-G(移位酶)的作用下，核糖体沿 mRNA 5′→3′的方向移动，每次移动一个密码子，结果使肽酰-tRNA 从 A 位移到 P 位，空载的 tRNA 进入了 E 位点。EF-G 对 GTP 具有很强的亲和力，它催化的移位过程需要 GTP 水解提供能量。最后 GDP 和 EF-G 被从核糖体中释放出来，进入下一循环(图 7-12)。以后肽链上每增加一个氨基酸残基，就重复进位、转肽、移位这三个步骤，直至所需的长度。

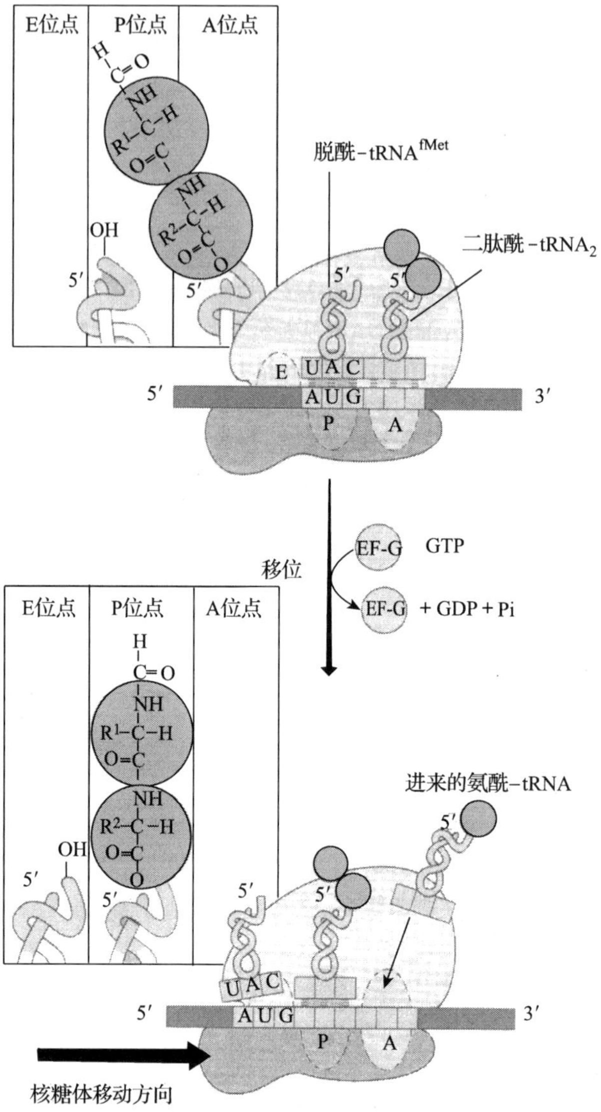

图 7-12　延伸阶段的移位过程(Nelson et al., 2005)

7.3.1.3　肽链的终止

当 mRNA 的终止密码子(UAA、UAG、UGA 中的任何一个)出现在核糖体 A 位时,没有相应的氨酰-tRNA 能与之结合,这时终止释放因子(release factor,RF)便会结合上去。从大肠杆菌中已分离出三种终止释放因子:RF-1、RF-2 和 RF-3。RF-1 可以与 UAA 和 UAG 结合,RF-2 能与 UAA 和 UGA 结合,而 RF-3 不识别终止密码子,它与 GTP 结合可激活 RF-1 或 RF-2。RF-1 或 RF-2 与终止密码子结合,不仅阻止了氨酰-tRNA 进入 A 位,同时也改变了肽酰转移酶的活性,使得该酶能够将肽酰-tRNA 水解为肽链和空载的 tRNA。然后整个 70S 复合物解离,释放出释放因子、tRNA 和 mRNA,为合成另一个多肽分子做准备(图 7-13)。

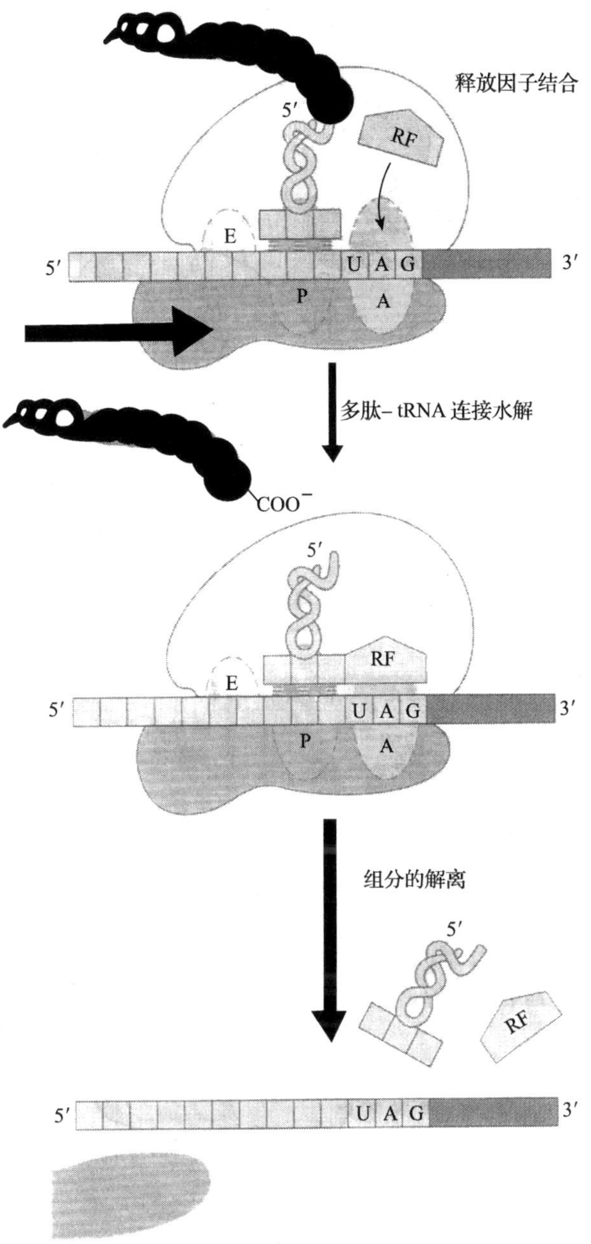

图 7-13　肽链的终止与释放(Nelson et al., 2005)

7.3.2　真核生物的蛋白质合成

真核生物的蛋白质合成过程基本类似于原核生物。除参与蛋白质合成的核糖体结构、大小、组成及 mRNA 结构等不同外,二者主要区别在翻译的起始阶段。

7.3.2.1　真核起始氨基酸

真核生物蛋白质合成起始于甲硫氨酸,而不是甲酰甲硫氨酸,起始 tRNA 携带非甲酰化的甲硫氨酸。

7.3.2.2 真核起始密码子的识别

真核生物 mRNA 的 5′端具有特征性的帽子结构，它是真核生物蛋白质合成起始的重要结构。由于真核生物 mRNA 上没有 SD 序列，所以选择起始密码子的机制与原核不同。Kozak 提出了扫描模型(scanning model)，认为已与起始 tRNA 结合的 40S 亚基附着到 mRNA的 5′端，并沿着 mRNA 移动，直至找到合适的 AUG 起始密码子。合适的 AUG 并不一定总是第一个 AUG，因为还需要有正确的上下游序列：5′-CCRCCAUGG-3′，其中 R 代表 A 或 G。

7.3.2.3 真核起始因子

与原核生物蛋白质合成一样，真核生物蛋白质合成起始也要求起始因子(eukaryotic initiation factor，eRF)的参与，但比原核生物复杂得多。在真核生物蛋白质合成中至少涉及 9 种已被鉴定的起始因子，这些因子在起始过程中的作用参见表 7-5。

表 7-5 参与真核生物蛋白质合成的起始因子

因子	功 能
eIF-2	促进起始 Met-tRNA^{Met}与核糖体 40S 小亚基结合
eIF-2B	能将 eIF-2 上的 GDP 替换成 GTP
eIF-3	能结合核糖体 40S 小亚基并防止它与 60S 亚基再结合
eIF-4A	具有 RNA 解旋酶活性，去除 mRNA 的二级结构并使之与 40S 小亚基结合，形成 eIF-4F 复合物
eIF-4B	与 mRNA 模板相结合，协助核糖体扫描模板序列至 AUG 定位
eIF-4E	与 mRNA 5′帽子结构相结合。形成 eIF-4F 复合物
eIF-4G	与 eIF-4E 结合，是 eIF-4E 与 eIF-3 之间的接头蛋白
eIF-5	替换 eIF-2 和 eIF-3，促进 60S 大亚基结合形成 80S 起始复合物
eIF-6	促进没有蛋白质合成活性的 80S 核糖体分解成 40S 和 60S 两个亚基

真核生物与原核生物蛋白质合成的延伸循环非常相似，需要两种延伸因子(eukaryotic elongation factor，eEF)：eEF-1 和 eEF-2，其中 eEF-1 执行原核生物 EF-Tu 和 EF-Ts 的功能，eEF-2 执行原核生物 EF-G 的功能。真核生物中仅有一个单一的释放因子(eukaryotic release factor，eRF)，可识别三个终止密码子，并执行原核生物 RF-1(或 RF-2) 和 RF-3 的功能。

7.4 蛋白质合成的抑制剂

蛋白质生物合成的抑制剂主要是一些抗生素，如嘌呤霉素、链霉素、四环素、氯霉素、红霉素等，此外，如 5-甲基色氨酸、环己亚胺、白喉霉素、干扰素、蓖麻蛋白和其他核糖体灭活蛋白等都能抑制蛋白质的合成。这些抑制剂不仅对于研究蛋白质的合成机制十分重要，也是临床上治疗细菌感染的重要药物。

嘌呤霉素的结构非常类似于氨酰-tRNA 的 3′端的结构，不需要延伸因子就可以结合在核糖体的 A 位上，肽酰转移酶催化新生成的多肽转移至嘌呤霉素的游离氨基上(图 7-14)。

由于肽酰-嘌呤霉素在A位处结合很弱，所以很快就从核糖体上解离，因此蛋白质的合成被终止。

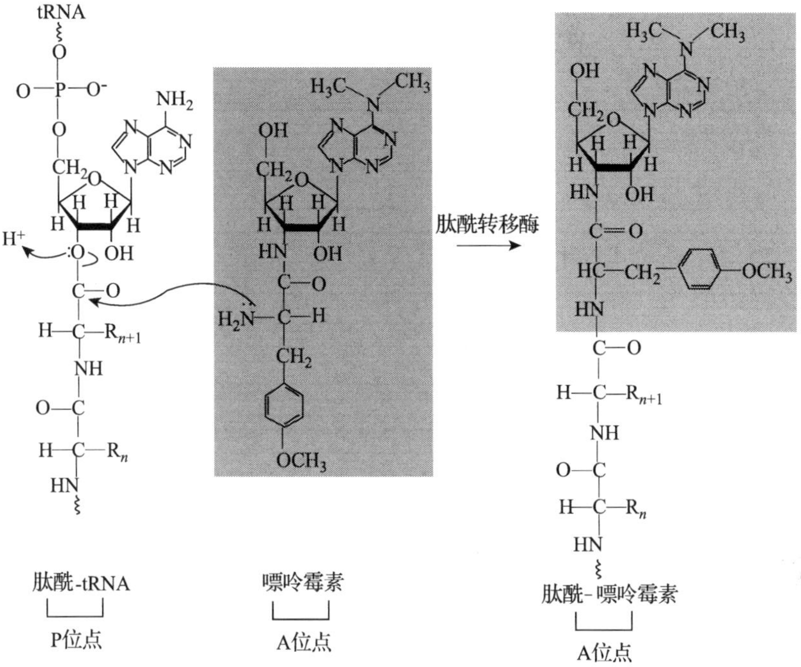

图 7-14 嘌呤霉素的作用机制(王希成，2006)

链霉素是一种碱性三糖，能干扰 fMet-tRNA 与核糖体的结合，从而阻止蛋白质合成的正确起始，也能引起肽链延伸阶段的 mRNA 错读。四环素可以和原核生物核糖体的 30S 亚基结合，封住 A 位点，阻止氨酰-tRNA 进入 A 位。氯霉素可以与 50S 亚基相互作用，抑制肽酰转移酶。图 7-15 是几种常见蛋白质合成抑制剂的化学结构式。

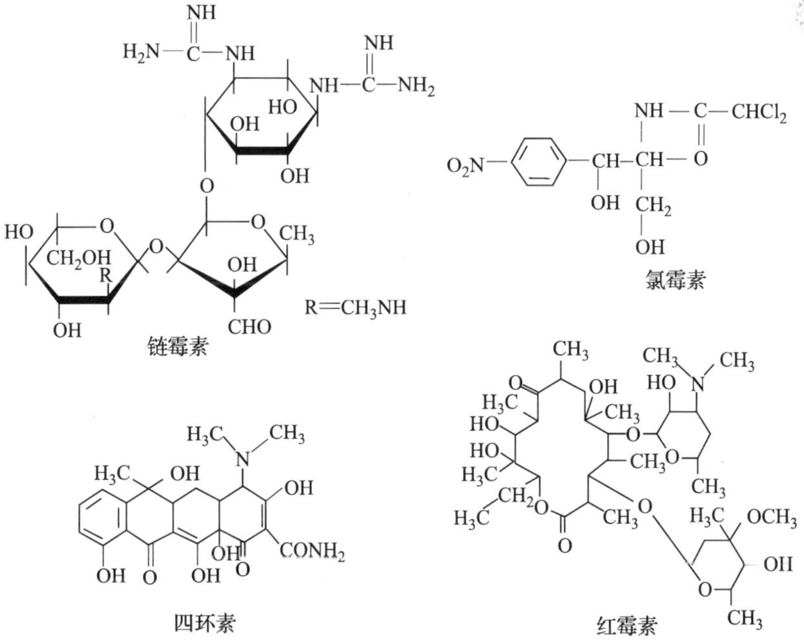

图 7-15 几种常见蛋白质合成抑制剂的化学结构式(特纳等，2008)

其中链霉素、四环素和红霉素只与原核细胞核糖体发生作用，从而阻止原核生物蛋白质的合成，抑制细菌生长，所以被广泛用作治疗细菌感染的药物。而氯霉素和嘌呤霉素既能与原核细胞核糖体结合，又能与真核生物核糖体结合，妨碍细胞内蛋白质合成，影响细胞生长，因此很少在医学上使用。氯霉素虽然有时也用于治病，但医生只在前几种抗生素均不见效时才使用，剂量和周期也控制得很严。

7.5 蛋白质合成后的加工及运输

7.5.1 蛋白质合成后的加工

从 mRNA 翻译得到的蛋白质多数是没有生物活性的初级产物，必须经过加工修饰才能转变为有活性的终产物。加工包括修饰和折叠两部分。

7.5.1.1 蛋白质前体的共价修饰

1）Met 的切除

真核生物 N 端的甲硫氨酸往往在多肽链合成完毕之前就被切除。有些动物病毒，如脊髓灰质炎病毒的 mRNA 可翻译成很长的多肽链，含多种病毒蛋白，经蛋白酶在特定位置上水解后得到几个有功能的蛋白质分子(图 7-16)。

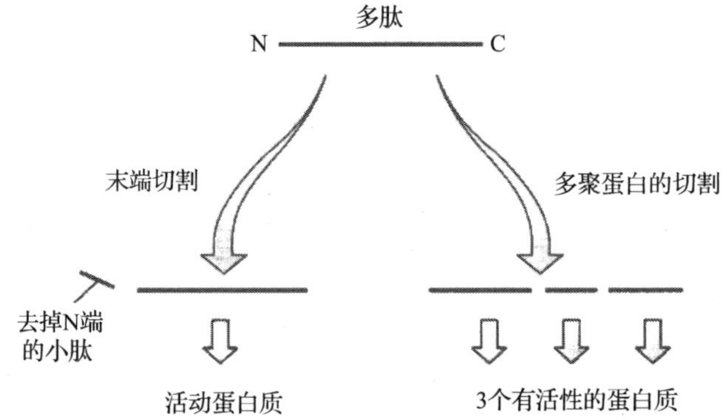

图 7-16 新生蛋白质经蛋白酶切后变成有功能的成熟蛋白质(朱玉贤等，2007)

左：新生蛋白质在去掉 N 端一部分残基后变成有功能的蛋白质；右：某些病毒或细菌可合成无活性的多聚蛋白质，经蛋白酶切割后成为有功能的成熟蛋白

2）二硫键的形成

mRNA 中没有胱氨酸的密码子，而不少蛋白质都含有二硫键，这是蛋白质合成后通过两个半胱氨酸的氧化作用生成的。二硫键的正确形成对稳定蛋白质的天然构象有重要的作用。

3）特定氨基酸侧链的修饰

氨基酸侧链的修饰作用包括磷酸化（如核糖体蛋白质）、糖基化（如各种糖蛋白）、甲基化（如组蛋白、肌肉蛋白质）、羟基化（如胶原蛋白）和羧基化等。生物体内最普通发生修饰作用的氨基酸残基及其修饰产物见图 7-17。表 7-6 列出了各种氨基酸常见的修饰。

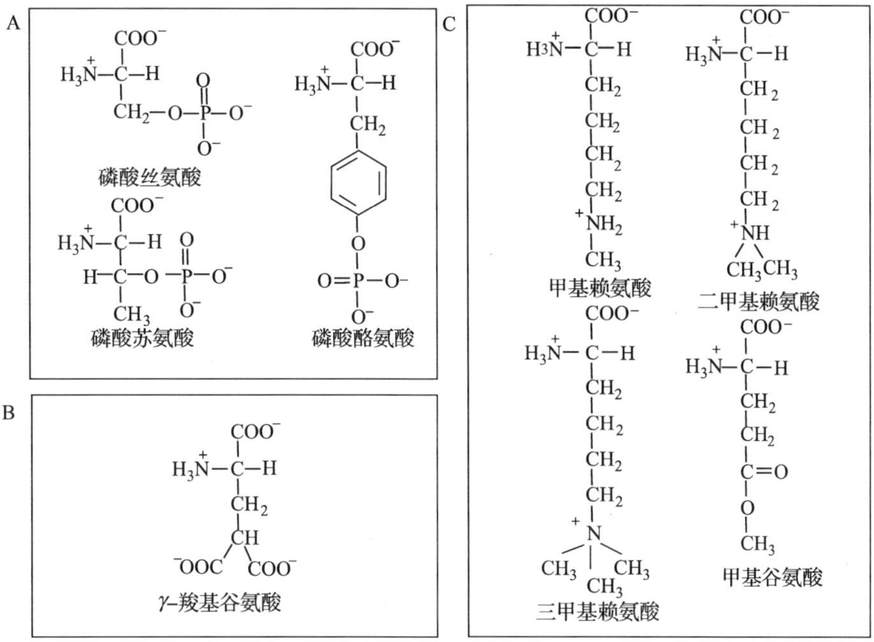

图 7-17 生物体内常见的被修饰的氨基酸及其修饰产物

表 7-6 蛋白质前体加工过程中氨基酸残基的修饰

氨基酸残基	修 饰
丙氨酸	氨基端甲基化
精氨酸	ADP-核糖基化;氨基端甲基化
天冬酰胺	ADP-核糖基化;糖基化;氨基端甲基化;羟基化
天冬氨酸	羟基化;羧基化
半胱氨酸	二硫键形成;脂肪酰化
谷氨酸	羟基化;甲基化
谷氨酰胺	氨基端甲基化
甘氨酸	氨基端的肉豆蔻酰化
组氨酸	形成白喉酰胺,以后 ADP-核糖基化;氨基端甲基化
赖氨酸	羟基化
甲硫氨酸	氨基端甲基化
苯丙氨酸	氨基端甲基化
脯氨酸	羟基化;氨基端甲基化
丝氨酸	磷酸化;糖基化;脂肪酰化
苏氨酸	磷酸化;糖基化;脂肪酰化
酪氨酸	磷酸化

(1) 磷酸化。酶、受体、调节因子等蛋白质的可逆磷酸化是普遍存在的修饰,在细胞生长和代谢调节中有重要功能。磷酸化主要由多种蛋白激酶催化,将磷酸基团连接在丝氨酸、苏氨酸和酪氨酸三种氨基酸的侧链上,在磷酸酯酶的作用下则发生脱磷酸作用。

（2）糖基化。糖基化是真核细胞蛋白质的特征之一。大多数糖基化是由内质网中的糖基化酶催化进行的。糖基化是多种多样的，可以在同一条肽链上的同一位点连接上不同的寡糖，也可以在不同位点上连接寡糖。这些糖可以连接在天冬酰胺上（*N*-连接寡糖）或连接在丝氨酸、苏氨酸或羟赖氨酸的羟基上（*O*-连接寡糖）。

（3）甲基化。蛋白质的甲基化是由 *N*-甲基转移酶催化的，该酶主要存在于细胞质内。甲基化包括发生在精氨酸、组氨酸和谷氨酰胺的侧基的 *N*-甲基化及发生在谷氨酸和天冬氨酸侧基的 *O*-甲基化。还有一些赖氨酸也可以被甲基化。

（4）羟基化。胶原蛋白在合成后，其中某些脯氨酸和赖氨酸残基发生羟基化。在 X-Pro-Gly（X 代表除 Gly 外的任何氨基酸）序列中的脯氨酸羟基化为 4-羟脯氨酸。脯氨酸的羟基化有助于胶原蛋白螺旋的稳定。有一些赖氨酸也羟基化为 5-羟赖氨酸，以后再进行糖基化。

（5）羧基化。有些蛋白质的谷氨酸和天冬氨酸可以发生羧基化作用，如血液凝固蛋白凝血酶原的谷氨酸可以羧基化形成 γ-羧基谷氨酸，后者可以与 Ca^{2+} 螯合。

（6）ADP-核糖基化。ADP-核糖基化是指一个或多个 ADP-核糖从 NAD^+ 上转移到受体蛋白质上，核糖与氨基酸残基以 *N*-或 *O*-糖苷键结合。例如，单个 ADP-核糖与精氨酸、天冬酰胺残基的 N 以 *N*-糖苷键结合。多 ADP-核糖基化主要在细胞核内进行，先将一个 ADP-核糖与谷氨酸残基的羧基链或与 C 端赖氨酸的羧基形成 *O*-糖苷连接，以后再连上多个 ADP-核糖，形成多聚 ADP-核糖侧链。

4）蛋白质前体的切割和成熟

如新合成的胰岛素前体是前胰岛素原，则必须先切去信号肽变成胰岛素原，再切去 C-肽，才变成有活性的胰岛素（图 7-18）。不少多肽类激素和酶的前体都要经过加工才能变为活性分子，如血纤维蛋白原和胰蛋白酶原经过加工切去部分肽段才能成为有活性的血纤维蛋白和胰蛋白酶。蜂毒素能溶解动物细胞，也能溶解蜜蜂自身的细胞，所以只能在细胞内合成没有活性的前毒素，分泌进入刺吸器后，其 N 端的 22 个氨基酸残基被蛋白酶水解，才能生成有毒性的功能蛋白质。一般说来，由多个肽链及其他辅助成分构成的蛋白质在多肽链合成后还需经过多肽链之间及多肽链与辅基之间的聚合过程才能成为有活性的蛋白质。

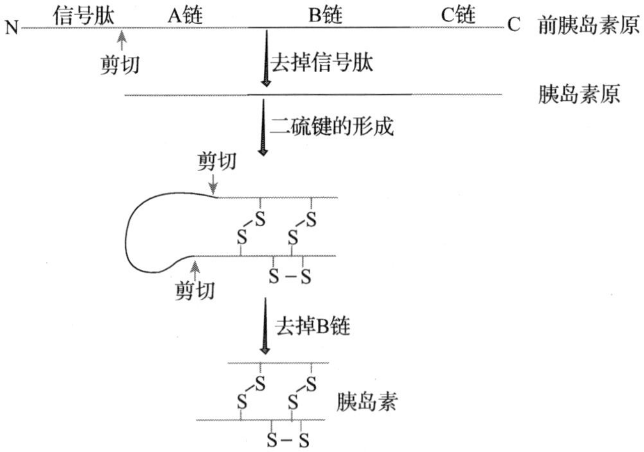

图 7-18　前胰岛素原蛋白翻译后成熟过程示意图（朱玉贤等，2007）

7.5.1.2　蛋白质的折叠

由核糖体合成的所有新生肽链必须通过正确的折叠才能形成动力学和热力学稳定的三维构象，从而表现出生物学活性或功能。因此，可以说蛋白质折叠是翻译后形成功能蛋白质的必经阶段。如果蛋白质折叠错误,其生物学功能就会受到影响或丧失,严重者甚至会引起疾病。新合成的蛋白质分子如何形成具有功能的空间结构及蛋白质的结构与功能的关系等问题已成为结构生物学研究的热点。

多肽链的折叠是一个复杂的过程,新生多肽一般首先折叠成二级结构,然后再进一步折叠盘绕成三级结构。对于单链多肽蛋白质来说,三级结构就已具有蛋白质的功能;对于寡聚蛋白质而言,一般需要进一步组装成更为复杂的四级结构才能表现出天然蛋白的活性或功能。

有些蛋白质只有在另一种蛋白质存在的情况下才能完成折叠过程,形成功能蛋白质。分子伴侣(molecular chaperone)是目前研究得比较多的能够在细胞内辅助新生肽链正确折叠的蛋白质。它在细胞内可识别正在合成的多肽或部分折叠的多肽并与多肽的某些部位相结合,从而帮助这些多肽进行正确的折叠、装配或转运,但本身并不参与最终产物的形成。目前认为细胞内至少有两类分子伴侣家族,即热激蛋白(heat shock protein)家族和伴侣素(chaperonin)家族。

1) 热激蛋白

热激蛋白是一类应激反应性蛋白,包括 HSP70、HSP40 和 GrpE 三个家族,广泛存在于原核及真核细胞中。三者协同作用,促使某些能自发折叠的蛋白质正确折叠形成天然空间构象。

2) 伴侣素

伴侣素包括 HSP60 和 HSP10(原核细胞中的同源物分别为 GroEL 和 GroES),它主要是为非自发性折叠蛋白质提供能折叠形成天然结构的微环境。伴侣分子在新生肽链折叠中主要通过防止或消除肽链的错误折叠,增加功能性蛋白质折叠产率来发挥作用,而并非加快折叠反应的速度。分子伴侣本身并不参与最终产物的形成。

7.5.1.3 蛋白质的乙酰化/去乙酰化

组蛋白是真核生物染色质的主要成分,组蛋白修饰在真核生物基因表达调控中发挥着重要的作用。组蛋白乙酰化/去乙酰化可通过改变染色质周围电荷或参与染色质构型重建而影响基因表达;更重要的是组蛋白乙酰化/去乙酰化可形成一种特殊的"密码",被其他的蛋白质识别,影响多种蛋白质因子的活动或与其相互作用,参与到基因表达调控的整个网络中。

乙酰化和去乙酰化是一个动态的可逆过程,两类重要的酶催化并调控这一过程:组蛋白乙酰转移酶(histone acetyltransferase, HAT)和组蛋白去乙酰化酶(histone deacetylase, HDAC)。HAT 的主要功能是将乙酰辅酶 A 的乙酰基转移到组蛋白的赖氨酸残基上。根据 HAT 的来源和功能将其分为两类:A 型位于细胞核内,主要乙酰化核小体组蛋白,也可使非组蛋白乙酰化;B 型存在于细胞质,可使新合成的组蛋白乙酰化,因而对基因表达调控起重要作用的主要是 A 型 HAT。研究发现,许多转录辅激活因子具有内源性的 A 型 HAT 活性。

正常情况下,机体细胞内组蛋白乙酰化/去乙酰化由 HAT 和 HDAC 催化发生,维持动态平衡并受到严格控制。这种平衡的打破将导致基因表达调控紊乱而引起疾病的发生。已发现多种疾病(特别是恶性肿瘤)的发生与组蛋白乙酰化/去乙酰化平衡失调有关,因此研究组蛋白乙酰化/去乙酰化对基因表达的调控不仅可以使人们更深入地了解人体生理和病理机制,也能为疾病的预防和治疗提供理论指导和新的思路。

7.5.2 蛋白质合成后的运输

在核糖体上新合成的多肽链一般都要被送往细胞的各个部位或分泌到胞外才具有功能活性。这个过程就称为蛋白质定位。新合成的蛋白质如何转运或定位到它在细胞内发挥功能的部位？这就涉及蛋白质的转运机制。一般来说，蛋白质的转运机制有以下几类。

7.5.2.1 翻译转运同步机制

翻译转运或共翻译转运(cotranslational transport)的蛋白质有分泌蛋白、溶酶体蛋白和某些膜蛋白等，这些蛋白质大部分都带有信号序列或信号肽(signal peptide)(图 7-19)，它是一类短的氨基酸序列。该序列常常位于蛋白质的 N 端，长度一般为 13～36 个氨基酸残基，但都有以下特征：①含有 10～15 个疏水氨基酸残基；②在靠近该序列 N 端通常有一个或数个带正电荷的氨基酸残基；③在其 C 端(靠近切割位点) 有数个极性氨基酸，离切割位点最近的那个氨基酸往往带有很短的侧链(丙氨酸或甘氨酸)。信号肽的功能是引导多肽链穿过内质网(endoplasmic reticulum，ER) 膜进入腔内，到达目的地后通常被切除。

断裂位点 ↓

人流流感病毒 A	Met Lys Ala Lys Leu Leu Val Leu Leu Tyr Ala Phe Val Ala Gly ↓ Asp Gln-
人类前胰岛素原	Met Ala Leu Trp Met Arg Leu Leu Pro Leu Leu Ala Leu Leu Ala Leu Trp Gly Pro Asp Pro Ala Ala Ala ↓ Phe Val-
牛生长激素	Met Met Ala Ala Gly Pro Arg Thr Ser Leu Leu Leu Ala Phe Ala Leu Leu Cys Len Pro Trp Thr Gln Val Val Gly ↓ Ala Phe-
蜜蜂蜂毒肽原	Met Lys Phe Leu Val Asn Val Ala Leu Val Phe Met Val Val Tyr Ile Ser Tyr Ile Tyr Ala ↓ Ala Pro-
果蝇黏着蛋白	Met Lys Leu Leu Val Val Ala Val Ile Ala Cys Met Leu Ile Gly Phe Ala Asp Pro Ala Ser Gly ↓ Cys Lys-

图 7-19 一些真核蛋白质的氨基端信号序列(Nelson et al.，2005)

定向转运开始于游离核糖体上的蛋白质合成起始阶段，信号序列在蛋白质合成过程中最早出现，因为它处在 N 端。当信号序列在核糖体中出现时，它便与该核糖体及大的信号识别颗粒(signal recognition partical，SRP) 结合。接着 SRP 与 GTP 结合，同时阻止该多肽的暂时合成(此时新生肽一般长约 70 个残基)，此时信号肽完全露出核糖体。结合着 GTP 的 SRP 引导核糖体(仍与 mRNA 结合) 和不完整多肽到达内质网上，与其上的受体结合。SRP 分离并重新参与循环，同时伴随着 GTP 在 SRP 及受体中水解。多肽合成恢复进行，新生肽链通过肽转移复合物跨膜进入内质网腔内，信号肽在腔内被信号肽酶切除。待蛋白质合成完成，核糖体亚基与 mRNA 分离并参与再循环(图 7-20)。在内质网腔中，蛋白质通过运输小泡从内质网运至高尔基体，再定向运至溶酶体、质膜或分泌到胞外(图 7-21)。

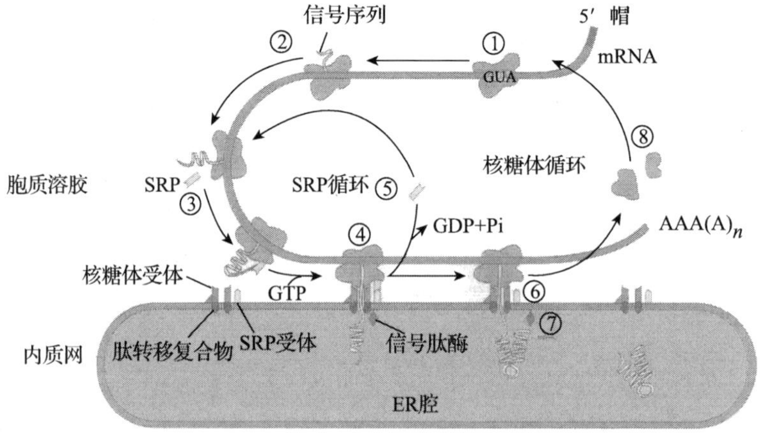

图 7-20 信号肽将新生蛋白质导向内质网的主要过程(Nelson et al.，2005)

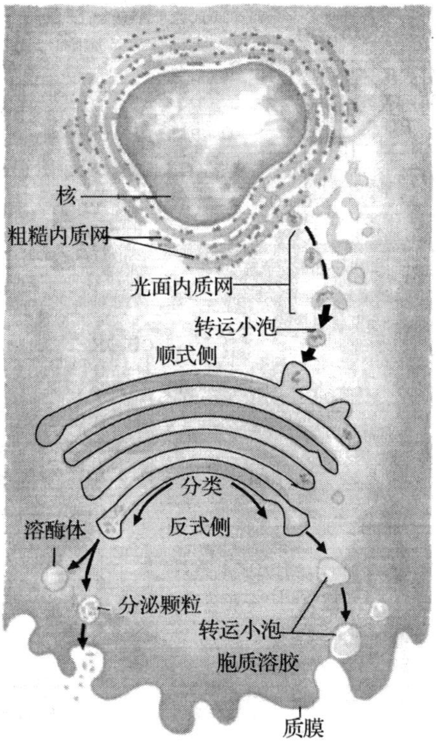

图 7-21 蛋白质定向转运至溶酶体、质膜或分泌到胞外的途径(Nelson et al., 2005)

7.5.2.2 翻译后转运机制

尽管线粒体和叶绿体都含有 DNA,但是它们的大多数蛋白质是由核 DNA 编码的,并在细胞质内游离核糖体上合成后定向转运至相应的细胞器。与蛋白质定向内质网不同,它们以翻译后转运(post-translation transport)机制进入细胞器内。

1) 线粒体蛋白质跨膜转运

通过线粒体膜的蛋白质在转运之前大多数以前体形式存在,它由成熟蛋白质和位于 N 端的一段特殊的信号序列——前导肽(leader peptide)共同组成。迄今已有 40 多种线粒体蛋白质前导肽的一级结构被阐明,它们含 20～80 个氨基酸残基,富含丝氨酸、苏氨酸和碱性氨基酸残基。前导肽主要起着信号肽的作用,能牵引蛋白质跨膜转运。

跨膜转运时,线粒体的蛋白质前体首先与细胞质中的热激蛋白 70(Hsp70) 及线粒体输入激活因子(MSF) 结合。Hsp70 和 MSF 都是分子伴侣,能稳定蛋白质前体的去折叠结构。然后由前导肽牵引着到达 Tom(for transport across the outer membrane,穿越外膜转运) 受体复合物,通过由 Tom 和 Tim(for transport across the inter membrane,穿越内膜转运) 组成的膜通道进入线粒体内腔(图 7-22A)。蛋白质前体转运时的能量来自于与线粒体 Hsp70 (mHsp70) 偶联的 ATP 水解和跨内膜电化学梯度。信号序列在线粒体基质中被除去,蛋白质折叠成功能构象。

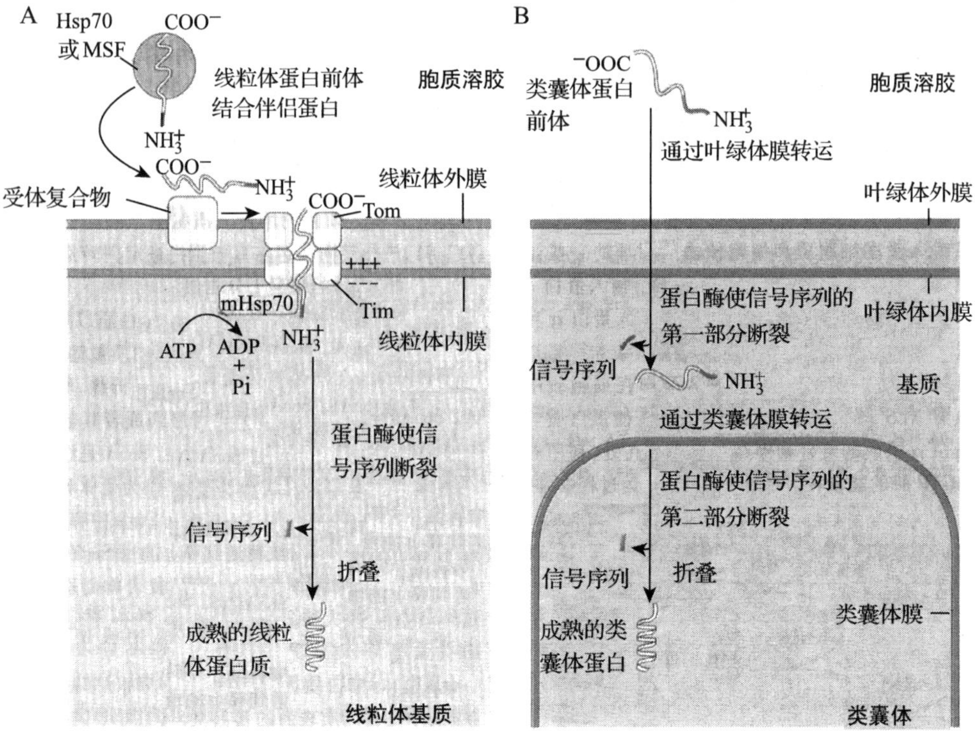

图 7-22 线粒体和叶绿体蛋白质的跨膜转运(Nelson et al., 2005)

2）叶绿体蛋白质跨膜转运

导向叶绿体的蛋白质前体遵循与线粒体蛋白质相似的方式进行转运。但不同之处是导向类囊体的蛋白质的转运过程(图 7-22B)。这些蛋白质有两段信号序列,第一段决定该蛋白质能否进入叶绿体基质,第二段决定该蛋白质能否进入类囊体。

7.5.2.3 核定位蛋白的转运机制

真核细胞的细胞核通过核孔与核外相通,因而核孔是进行双向转运的分子通道。在细胞质中合成的蛋白质一般通过核孔进入细胞核。在细胞质核糖体内合成的核糖体蛋白质进入细胞核,并在核内组合成 60S 和 40S 核糖体亚基,形成的亚基再向外返回细胞质。各种细胞核蛋白质(RNA 聚合酶、DNA 聚合酶、组蛋白、拓扑异构酶、调节基因表达的蛋白质等) 在细胞质内合成并输入细胞核。

在大部分多细胞真核生物中,细胞核膜在每次细胞分裂时破裂,一旦细胞分裂完成,核膜就又重新生成,分散的核蛋白质必须重新输入。为了使核输入能重复进行,引导蛋白质进入细胞核的信号序列——核定位序列(nuclear localization sequence,NLS)一般都不被除去。NLS 可以定位在细胞核蛋白质一级结构的任何位置,但不能出现在 N 端。

蛋白质的核定位是通过多个核转运因子共同作用来实现的(图 7-23)。这些核转运因子包括输入蛋白 α、β 和一个称为 Ran 的小 GTP 酶。α 和 β 组成的异源二聚体是核定位蛋白质的可溶性受体,而与核定位序列结合的是 α 亚基。由 α、β 和核定位蛋白质组成的复合物停靠在一个核孔处,利用需要 Ran GTP 酶水解 GTP 提供的能量进入细胞核,α 和 β 亚基解离,α 亚基与细胞核蛋白质解离,α 和 β 分别通过核孔复合物回到细胞质中,参与再循环。

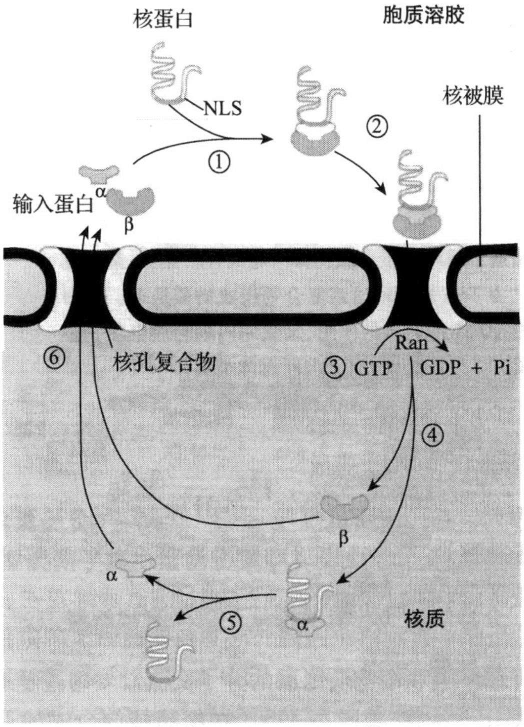

图 7-23 核定位蛋白质的跨膜转运过程(Nelson et al., 2005)

对于原核细胞来说,同样存在蛋白质转运的问题,如细菌能够定向转运蛋白质到内膜、外膜、膜的间隙或胞外介质。细菌利用蛋白质氨基端的信号序列(图 7-24)进行定向转运的情况与真核蛋白质被定向转运至内质网、线粒体和叶绿体十分相似。细菌中新合成的蛋白质与胞质中的分子伴侣 SecB 相结合后就被转运到细胞膜转运复合物 SecA-SecYEG 上。SecB 被释放,SecA 插入到膜中,迫使该蛋白质的 20 个氨基酸残基通过转运复合物输出到胞外,SecA 水解 ATP 提供能量。SecA 与另一个 ATP 结合,另一段的 20 个氨基酸残基通过转运复合物从膜中被推出,如此反复,直到整个蛋白质被转运到胞外。

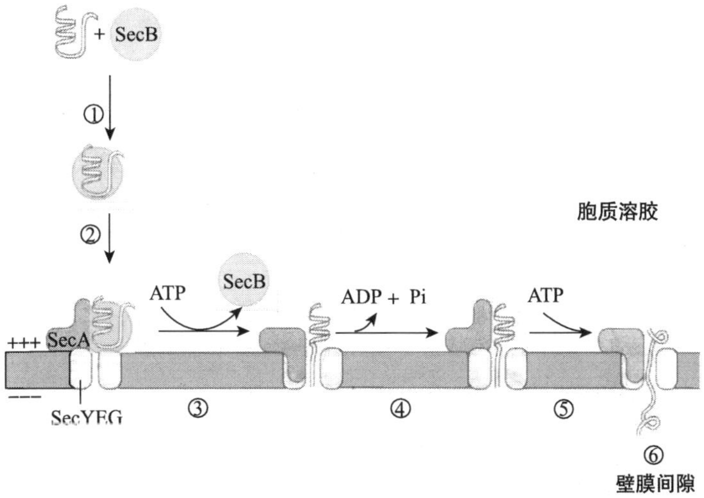

图 7-24 细菌中蛋白质的跨膜转运(Nelson et al., 2005)

本 章 小 结

蛋白质的合成需要有一定的分子基础，它是以 mRNA 为模板，tRNA 转运活化的氨基酸（氨酰-tRNA）通过反密码子与 mRNA 模板上的密码子进行相互识别，将所携带的氨基酸运送到合成多肽链的指定位置。核糖体是蛋白质合成的场所。细菌的核糖体为 70S，含有一个大亚基（50S）和一个小亚基（30S）。真核生物的核糖体为 80S，也含有一个大亚基（60S）和一个小亚基（40S）。整个翻译过程包括肽链合成的起始、延伸和终止三个主要阶段。翻译过程受到一些抗生素的抑制，如嘌呤霉素、链霉素、四环素、氯霉素、红霉素等。

从 mRNA 翻译得到的蛋白质多数是没有生物活性的初级产物，后者必须经过加工修饰才能转变为有活性的终产物。翻译后的加工修饰主要包括：肽链 N 端 fMet 或 Met 的切除、二硫键的形成、氨基酸侧链的修饰、非功能肽段的切除及多肽链的正确折叠。

在核糖体上新合成的多肽链一般都要被送往细胞的各个部位或分泌到胞外，以发挥其功能活性。不同功能的蛋白质的转运机制是不同的，如分泌蛋白、溶酶体蛋白和某些膜蛋白是通过翻译转运同步机制转运的，线粒体蛋白质、叶绿体蛋白质是通过翻译后转运机制转运的，核定位蛋白是通过核孔转入细胞核的。

延伸阅读

特纳 P C，麦克伦南 A G，贝茨 A D，等 . 2008. 分子生物学.2 版 . 刘进元，李文君，王薛林，等译 . 北京：科学出版社

王镜岩，朱圣庚，徐长法 . 2010. 生物化学（下册）.3 版.北京：高等教育出版社

王希成 . 2006. 生物化学.2 版 . 北京：清华大学出版社

朱玉贤，李毅，郑晓峰.2007.现代分子生物学.3 版.北京：高等教育出版社

Nelson D L，Cox M M. 2005. Lehinger 生物化学原理. 3 版 . 周海梦，昌增益，江凡，等译 . 北京：高等教育出版社

思考题

1. DNA 单链的序列为 5′-CTTAACACCCCTGACTTCGCGCCGTCG-3′

（1）从这条链上转录出的 mRNA 的碱基序列是什么？

（2）从 5′端开始，（1）中 mRNA 编码的氨基酸序列是什么？

（3）如果这条 DNA 的互补链被转录和翻译，得到的氨基酸序列与（2）中的一样吗？解释你的答案所包含的生物学意义。

2. 大多数氨基酸有不止一个密码子，而且与不止一个 tRNA 结合，甘氨酸有四种密码子：GGU、GGC、GGA 和 GGG，试写出它们所有可能的反密码子。

（1）从答案中看出，反密码子的哪些位置主要决定着甘氨酸密码子的专一性？

（2）哪些密码子与反密码子配对有不稳定的碱基对？

（3）有几个密码子与反密码子配对中三个位置都表现出强的 Watson-Crick 氢键？

3. 真核生物的蛋白质合成起始与原核生物的有哪些区别？
4. 简述原核细胞的延伸循环。
5. 简述在翻译过程中哪些环节保证了所合成的多肽链的正确性。
6. 根据高能磷酸键的消耗，计算生物合成血红蛋白 β 链（146 个氨基酸残基）的最小能量消耗（从需要的所有氨基酸、ATP 和 GTP 开始）。
7. 列表比较复制、转录和翻译过程中抑制剂的影响。

8 原核生物基因的表达调控

原核生物是单细胞生物，没有核膜，生活在多变的环境条件下，需要随时根据环境条件的变化调整自身基因的表达，以使代谢过程能够迅速适应环境的变化，从而能正常地生存和繁衍。基因表达是指携带遗传信息的基因(DNA) 经过转录(mRNA) 和翻译(蛋白质)后发挥生物学功能的整个过程，这个过程受到细胞内外因子的严格调控。这种基因表达的调控机制可使基因表达的过程、强度和速度等在时间和空间上处于有序状态，并能对环境条件的改变做出迅速适当的反应。原核生物基因表达的调控可以在 DNA 水平、转录水平、转录后加工水平、翻译水平和翻译后加工水平不同层次进行，其中转录水平的调控是最主要的方式。调控主要通过操纵子来实现，主要的操纵子有乳糖操纵子和色氨酸操纵子等。

8.1 原核生物基因表达调控概述

每一种生物的基因组都含有一定数目的基因，但这些基因在一个细胞里并不同时表达，基因表达的强度也不一定相同。例如，大肠杆菌基因组序列长约 4.60×10^6 bp，共有 4288 个可读框。在其生长繁衍过程中，并非所有的蛋白质分子都得到表达。有些蛋白质的数量比较恒定，而另一些蛋白质则变化很大。前者包括如 DNA 聚合酶、RNA 聚合酶等，都是代谢过程中必需的酶或蛋白质，其合成速率不受环境变化或代谢途径的影响，称为组成型蛋白质(constitutive protein)。维持细胞的基本代谢过程所必需的、在不同的细胞类型和细胞生长时期组成型表达的相关基因则称为组成型基因(constitutive gene) 或持家基因(housekeeping gene)，而那些合成速率明显受到环境影响而改变的蛋白质则称为适应型或可调节型蛋白质(adaptive or regulated protein)，如诱导酶。为细胞分化、生物的发育及生物适应环境所需要的相关基因称为可调节型基因(regulated gene) 或奢侈基因(luxury gene)，这类基因的表达表现出明显的时空调控特性。例如，在一般情况下，*E.coli* 细胞中只有 15 个分子的 β-半乳糖苷酶，但当把 *E.coli* 细胞培养在只含乳糖的培养基中时，每个细胞中该酶的量可高达几万个分子。其他的糖代谢酶、氨基酸、核苷酸合成系统中的酶类，其合成速度和总量都随培养条件的变化而变化。

细胞控制各种蛋白质在不同时期的表达水平可以有两条途径。第一条途径是细胞控制从其 DNA 模板上转录特异的 mRNA 的速度，即控制其是否转录和转录量的问题，可以避免从 mRNA 合成蛋白质的各种元件和材料的浪费，这是一种最经济的办法。这可能是生物在长期进化过程中自然选择的结果。这种控制通常被称为转录水平(transcriptional level)的调控。大多数基因表达都属于转录水平的调控。转录水平上的调控取决于 DNA 的结构、RNA 聚合酶的功能、蛋白质因子及其他小分子配体的相互作用。第二条途径是在 mRNA 合成后，控制从 mRNA 翻译成多肽链的速度，包含一些分子装置问题，如一些与翻译有关的酶及其复合体分子(如核糖体)的结合速度等。这种蛋白质合成或基因表达的控制称为翻译水平(translational level)的调控。这种调控是较少的。翻译的几个主要的步骤：起始、延伸和终止都出现了不同方式的调控，以达到某种产物的平衡，既满足细胞的需要，同时又不造成浪费。翻译水平的调控较为重要的是反义 RNA 的调控、二级结构对翻译的调控、蛋白质的自主调控和严紧反应。原核生物的转录和翻译过程几乎发生在同一时间和空间内，即翻译和转录相偶联，有时转录水平的调控还涉及翻译过程。

8.1.1 原核生物基因表达调控的几个概念

8.1.1.1 顺式作用元件和反式作用因子

在复杂的基因组中，在转录水平上既可通过对所需基因转录起始位点的选择产生不同的转录物，也可通过多种机制精细调节基因的表达水平，以保证生物体对环境的适应，通过顺式作用元件(*cis*-acting element)与反式作用因子(*trans*-acting factor)间严格而又灵活的相互作用以保证调控的有效性和多样性。

基因是编码可扩散产物的DNA序列，基因所编码的产物可以是蛋白质，也可以是RNA(tRNA和rRNA)。其最重要的特点是基因产物将从合成的场所扩散到其发挥作用的其他场所。游离基因产物扩散至其目标场所的过程称为反式作用(*trans*-acting)。反式作用因子指一些与基因表达调控有关的蛋白质因子。反式作用因子与顺式作用元件之间共同作用才能够达到对特定基因进行调控的目的。因此，反式作用因子的编码基因与其识别或结合的靶核苷酸序列不在同一个DNA分子上。原核生物中的反式作用因子主要分为特异因子、激活蛋白和阻遏蛋白，而真核生物中的反式作用因子通常称为转录因子。

顺式作用(*cis*-acting)的概念用于任一不转变为任何其他形式的DNA序列，它只在原位发挥DNA序列的作用，仅影响与其在物理上相连的DNA。顺式作用元件是指对基因表达有调节活性的DNA序列，其活性只影响与其自身同处在一个DNA分子上的基因；同时，这种DNA序列通常不编码蛋白质，多位于基因旁侧或内含子中。在原核生物中，大多数基因的表达通过操纵子模型进行调控，其顺式作用元件主要由启动基因、操纵基因和调节基因组成。在真核生物中，与基因表达调控有关的顺式作用元件主要有启动子(promoter)、增强子(enhancer)和沉默子(silencer)。

大多数调节蛋白在与DNA结合之前，需先通过蛋白质-蛋白质相互作用形成二聚体或多聚体，然后再通过识别特定的顺式作用元件与DNA分子结合。这种结合通常是非共价键结合。

8.1.1.2 结构基因和调节基因

为了区分调控过程中的调控成分和其调控的基因，有时用结构基因和调节基因的概念。结构基因(structural gene)是编码蛋白质或RNA的任何基因。结构基因编码着大量功能各异的蛋白质，所编码的蛋白质有组成细胞和组织基本成分的结构蛋白、催化活性的酶和调节蛋白等。调节基因(regulatory gene，*I*)是参与其他基因表达调控的RNA和蛋白质的编码基因。

调节基因编码的调节物通过与DNA上的特定位点结合控制转录是调控的关键。调节物与DNA特定位点的相互作用能以正调控的方式(启动或增强基因表达活性)调节靶基因，也能以负调控的方式(关闭或降低基因表达活性)调节靶基因。DNA位点通常位于受调节基因的上游，但有时也有例外。

8.1.1.3 启动子和终止子

位于转录单位开始和结束位置上的序列为启动子(promoter)和终止子(terminator)，两者都是典型的顺式作用位点。启动子位于基因转录起始点的上游，负责基因转录的起始。终止子能终止基因的转录。启动子和终止子是能受同一类反式作用因子识别的顺式作用元件，这一类反式作用因子就是RNA聚合酶。当然，两个位点也能各自结合一些特定的其他因子。此外，顺式作用调控位点通常和启动子并列或散布在其周围。原核生物的启动子可能具有一个或多个这种紧密相连的位点,即和起始位点紧密连接。真核生物的启动子可能具有更多的位点,它们相隔比较长的距离。

8.1.1.4 操纵基因和阻遏蛋白

细菌的传统控制机制是负调控,即由调节基因编码的阻遏蛋白(repressor)阻止基因的表达。在缺省的情况下(无阻遏蛋白时),RNA 聚合酶能够识别受调节基因的启动子,使这种基因得到表达。操纵基因(operator gene,*O*)是操纵子中的控制基因,在操纵子上一般与启动子相邻,通常处于开放状态,使 RNA 聚合酶通过并作用于启动子启动转录。操纵基因是阻遏蛋白的靶位点。阻遏蛋白与操纵基因结合就会阻止 RNA 聚合酶启动转录,基因的表达因而被关闭。阻遏蛋白可被诱导物变构失活,从而导致不可阻遏或去阻遏。

8.1.1.5 组成型蛋白和调节蛋白

如前所述,组成型蛋白的表达一般不受外界环境的影响,但在一定条件下,组成型蛋白的基因表达也可能被阻断,如热激和饥饿状态(如培养基中氨基酸耗尽或在缺少某些氨基酸的培养基中生长)。调节蛋白是一类特殊的蛋白质,可以影响一种或多种基因的表达。有两种类型的调节蛋白,一是与操纵子结合后能减弱或阻止结构基因转录的调控蛋白,称为阻遏蛋白即负调节蛋白(negative regulator protein),其介导的调控方式称为负调控(negative control);二是与操纵基因或位于启动子上游的控制因子(upstream control element,UCE)结合后增强或启动结构基因转录的调控蛋白,称为激活蛋白(activator protein)即正调节蛋白(positive regulator protein),其所介导的调控方式称为正调控(positive control)。

8.1.2 原核生物基因表达调控的两种机制——正调控和负调控

正调控和负调控是在无调节蛋白的情况下根据操纵子应答的结果来确定的。两种控制系统的特性有镜像关系。正调控与负调控并非互相排斥的两种机制,而是生物体适应环境的需要,有的系统既有正调控又有负调控;原核生物以负调控为主,真核生物以正调控为主;降解代谢途径中既有正调控又有负调控;合成代谢途径中一般以负调控来控制产物自身的合成。

负调控系统中,在没有调节蛋白或调节蛋白失活的情况下,基因正常表达。一旦存在调节蛋白或调节蛋白被激活,基因则不能表达。因此,负调控中的调节蛋白被称为阻遏蛋白。任何干扰基因表达的作用都是负调控,这种调控有一个共同点,即阻遏蛋白或与 DNA 结合阻止 RNA 聚合酶启动转录,或与 mRNA 结合阻止核糖体的启动翻译。在正调控系统中,在没有调节蛋白或调节蛋白失活的情况下,基因不表达或表达量不足。一旦有调节蛋白或调节蛋白被激活,基因就能表达。因此,正调控中的调节蛋白被称为激活蛋白。正调控与负调控不同,它不妨碍起始,而调节蛋白对正调控来说则必不可少。调节蛋白与 DNA 及 RNA 聚合酶相互作用,协助转录起始。正调节蛋白应答的小分子通常称为激活物(activator)。另一种正调控则进行全局性替换 σ 因子,改变启动子的选择性,或进行全局性替换抗终止因子,从而改变终止子的识别。显然负调控通过阻遏蛋白阻止基因的表达,正调控通过激活蛋白激活基因的表达。

无论是在正控制系统中还是在负控制系统中,操纵子的开启与关闭均受到环境因子的诱导,这种因子能与调节蛋白结合,改变调节蛋白的空间构象,从而改变其对基因转录的影响,因此也称这种因子为效应物(effector)。如果某种小分子效应物能够诱导操纵子开启,促使细菌产生酶将其自身分解,则这种小分子效应物就称为诱导物(inducer)。如果某种小分子效应物能够导致操纵子关闭,阻止细菌产生合成其自身的酶,则这种小分子效应物就称为辅阻遏物(corepressor)。只有在小分子诱导物存在时，诱导型操纵子才能发挥作用；只有在小分子辅阻遏物不存在时，阻遏型操纵子才能发挥作用。描述阻遏型系统中操纵子活性状态的术语是去阻遏(derepressed)，去阻遏与诱导有同样的含义。有时将不能去阻遏的突变操纵子称为超去阻遏(super-derepressed)，与不可诱导型完全对应。

根据应答调节其表达的小分子效应物的性质，操纵子分为诱导型(inducible)和阻遏型(repressible)两类。通过利用调节蛋白与小分子诱导剂或辅阻遏物适当的相互作用，无论是正调控还是负调控都能实现诱导或阻遏。因此，原核生物操纵子的调控方式可分为负控制的诱导模型(negative inducible model)、正控制的诱导模型(positive inducible model)、负控制的阻遏模型(negative repressible model)和正控制的阻遏模型(positive repressible model)。

如图 8-1 所示，在负控制的诱导模型中，I^+ 基因的产物是具有与 O 位点结合活性的阻遏蛋白，效应物(诱导物)能与阻遏蛋白结合，使其构型改变后失去与 O 位点结合的能力，从而诱导操纵子的开启。在负控制的阻遏模型中，I^+ 基因的产物是没有与 O 位点结合活性的失活阻遏蛋白，效应物(辅阻遏物)能与阻遏蛋白结合，使其构型改变后获得与 O 位点结合的能力，从而导致操纵子的关闭。在正控制的诱导模型中，I^+ 基因的产物是不具有与 UCE 位点结合的激活蛋白，效应物(诱导物)能与激活蛋白结合，使其构型改变后获得激活转录的活性，从而启动操纵子的转录。在正控制的阻遏模型中，I^+ 基因的产物是具有与 UCE 位点结合激活转录活性的激活蛋白，效应物(辅阻遏物)能与激活蛋白结合，使其构型改变后丧失与 UCE 位点结合的能力，失去激活转录活性，从而导致操纵子的关闭。

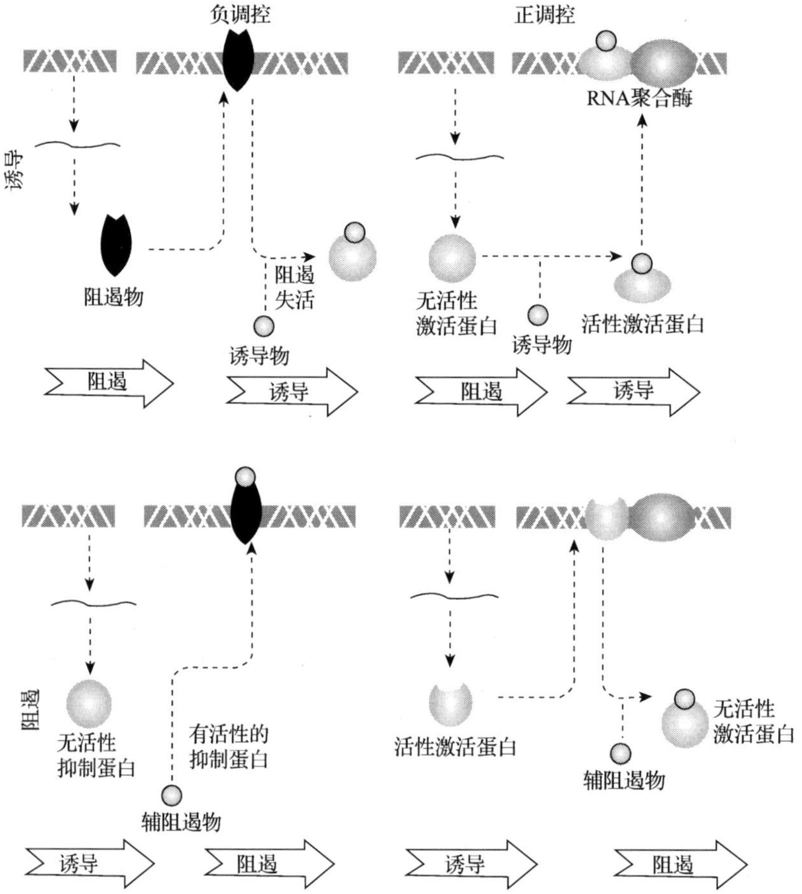

图 8-1 基因表达的操纵子调控的四种模式(Lewin，2004)

小分子效应物引起调节蛋白变构也可实现诱导和阻遏。控制调节蛋白的活性也能达到调控的目的。其中的例子是 OxyR，它是由过氧化氢诱导的一种基因转录激活剂。OxyR 蛋白直接被氧化所激活，因此它提供了一种敏感的氧化应激检测手段。另一个常见的调控信号是调节蛋白的磷酸化。

8.1.3 翻译水平上的调控

8.1.3.1 稀有密码子对翻译的影响

已知 dnaG 和 rpoD(编码 RNA 聚合酶亚基) 及 rpsU(30S 核糖体上的 S21б 蛋白) 属于大肠杆菌基因组上的同一个操纵子，而这三个基因产物在数量上却大不相同，每个细胞内仅有 dnaG 产物 50 拷贝，而 rpoD 为 2800 拷贝，rpsU 则高达 40 000 拷贝之多。细胞通过翻译调控解决了这个问题。

研究 dnaG 序列发现其中含有不少稀有密码子，也就是说这些密码子在其他基因中的利用频率很低，而在 dnaG 中却很高。许多调控蛋白，如 LacI、AraC、TrpR 等在细胞内含量也很低，编码这些蛋白质的基因中密码子的使用频率和 dnaG 相似，而明显不同于非调节蛋白。高频率使用这些密码子的基因翻译过程极容易受阻，影响了蛋白质合成的总量。

8.1.3.2 重叠基因对翻译的影响

重叠基因最早在大肠杆菌噬菌体 ΦX174 中发现，用不同的阅读方式得到不同的蛋白质，丝状 RNA 噬菌体、线粒体 DNA 和细菌染色体上都有重叠基因的存在。

Trp 操纵子由五个基因(*trpE*、*D*、*C*、*B*、*A*) 组成，在正常情况下，操纵子中五个基因产物是等量的，但 *trpE* 突变后，其邻近的 *trpD* 产量比下游的 *trpB*、*A* 产量要低得多。这种与ρ蛋白无关的表达调控已被证实是在翻译水平上的调控。

研究 *trpE* 和 *trpD* 以及 *trpB* 和 *trpA* 两对基因中核苷酸序列与翻译偶联的关系，发现 *trpE* 基因的终止密码子和 *trpD* 基因的起始密码子共用一个核苷酸(图 8-2)。由于 *trpE* 的终止密码子与 *trpD* 的起始密码重叠，*trpE* 翻译终止时核糖体立即处在起始环境中，这种重叠的密码保证了同一核糖体对两个连续基因进行翻译的机制。

```
trpE —苏氨酸— 苯丙氨酸 —终止
        ACU — UUC — UGA — UGG — CU
                        AUG — GCU
                  甲硫氨酸— 丙氨酸 — trpD
```

图 8-2 *trpE* 的终止密码子与 *trpD* 的起始密码子重叠

8.1.3.3 RNA 高级结构对翻译的影响

以 RNA 噬菌体 f2 的 RNA 作为模板，在大肠杆菌无细胞系统中进行蛋白质合成时，大部分合成外壳蛋白，RNA 聚合酶只占外壳蛋白的 1/3。用同位素标记分析 RNA 噬菌体几种蛋白质的起译过程，发现外壳蛋白起译频率比合成酶至少要高 3 倍。

研究发现 f2 外壳蛋白基因的琥珀突变也影响了 RNA 聚合酶合成的起始。但若该突变不是发生在外壳蛋白接近翻译起始区，而是在较靠后的位点，对 RNA 聚合酶的起译就没有影响。现在一般认为，聚合酶的翻译起始区被 RNA 的高级结构所掩盖，外壳蛋白的起始翻译破坏了 RNA 的立体构象，使核糖体有可能与翻译起始区结合，导致聚合酶的起译。用甲醛处理

RNA 可以增加聚合酶的产量，这说明 RNA 的高级结构对基因表达调控的可能性。

8.1.3.4　魔斑核苷酸水平对翻译的影响

科学上，把培养基中营养缺乏，蛋白质合成停止后，RNA 合成也趋于停止的这种应急反应称为严紧控制（*rel*＋）；反之则称为松散控制（*rel*－）。研究发现，在氨基酸缺乏时，*rel*＋菌株能合成四磷酸鸟苷（ppGpp）和五磷酸鸟苷（pppGpp），而*rel*－菌则不能。这两种化合物是在层析谱上检出的斑点，分别称为魔斑Ⅰ（magic spotⅠ）和魔斑Ⅱ（magic spotⅡ），合称为（p）ppGpp。

正常情况下，由延伸因子 EF-Tu 将氨基酰-tRNA 转运至核糖体 A 点上进行核糖体循环，但在应急情况下，由于缺乏相应的氨基酰-tRNA，空载 tRNA 占据这个空位，核糖体上的蛋白质合成被阻断，引发空转反应（idling reaction）。空载 tRNA 的进入引发了（p）ppGpp 分子的合成，而（p）ppGpp 又使空载 tRNA 再次释放，引发（p）ppGpp 的合成，直到有氨基酰-tRNA 存在时，核糖体才能继续进行肽链的合成，结束空转反应。在细菌细胞中，多数或大多数的基因转录延伸过程都可受到（p）ppGpp 的抑制。

野生型 *Rel*＋基因编码的蛋白称为严紧因子（stringent factor）。严紧因子 RelA 为（p）ppGpp 合成酶，它能在空载 tRNA 存在的条件下，以 ATP 作为焦磷酸基团的供体，将焦磷酸基团转移到 GTP 或 GDP 的 3 位 C 上形成 ppGpp 或 pppGpp（图 8-3）。

$$\text{GDP或GTP+ATP} \xrightarrow[\text{RelA mRNA}]{\text{空载的tRNA进入A位的核糖体}} \text{(p) ppGpp+AMP}$$

图 8-3　严紧因子与魔斑的形成

（p）ppGpp 的主要作用可能是影响 RNA 聚合酶与启动子结合的专一性，从而成为细胞内严紧控制的关键。细胞缺乏氨基酸时产生（p）ppGpp，可在很大范围内做出应急反应，如抑制核糖体和其他大分子的合成，活化某些氨基酸操纵子的转录表达，抑制与氨基酸运转无关的转运系统，活化蛋白水解酶等。

8.2　操纵子学说

操纵子学说（theory of operon）是关于原核生物基因结构及其表达调控的学说。原核生物的调控可发生在转录和翻译等不同阶段，但以转录水平的调控为主。在进行转录调控时，原核生物的基因多数以操纵子（operon）的形式组成表达调控的单元。法国巴斯德研究院的 Francois Jacob 与 Jacques Monod 使用一系列乳糖利用异常的 *E.coli* 突变体，研究这些突变体与乳糖分解代谢有关的三个酶基因表达之间的关系，于 1961 年提出存在于原核生物中的一种控制细胞基因表达的模型，即操纵子调控模型，此模型的提出使得基因概念又向前迈进了一大步，并开创了从分子水平认识基因表达调控机制的新领域。由于这项重大贡献，他们获得了 1965 年的诺贝尔奖。

操纵子主要可分为三大类型，第一种类型是调节分解代谢的操纵子，一般控制与分解代谢有关酶的基因表达，它们都属于诱导型，并同时受到 cAMP-CAP 的调节。分解代谢的底物通常为小分子诱导物，不具衰减作用，如乳糖操纵子和麦芽糖操纵子。第二种类型是调节合成代谢的操纵子，属于阻遏型，不受 cAMP-CAP 的影响。第三种类型是具有衰减子的操纵子，如 *Trp*、*His*、

Phe、*Leu*、*Thr* 和 *Ile* 操纵子，其所调控的代谢途径的最终产物为辅阻遏物。

8.3 乳糖操纵子学说

8.3.1 组成与结构

大肠杆菌的乳糖操纵子(lactose operon，*lac*)是目前对操纵子研究最详尽的例子，转录水平调控的许多一般规律都源于对乳糖操纵子的研究。乳糖操纵子除了三个与乳糖分解代谢相关的成簇排列的结构基因(*lacZ*、*lacY*、*lacA*)外，还含有一个启动子(P_{lac})位点、一个操纵基因(*lacO*)位点、一个与分解代谢活性蛋白(CAP)相互作用的位点和一个合成阻遏物蛋白质的调节基因(*lacI*)(图 8-4)。这些基因出现在 122 个核苷酸组成的区域内。*lacI* 位于 P_{lac} 附近，有其自身的启动子和终止子，形成独立的转录单位，*lacZ*、*lacY* 和 *lacA* 基因的转录是由 *lacI* 编码的 347 个氨基酸组成的阻遏蛋白所控制的；*lacO* 位于 P_{lac} 和 *lacZ* 基因之间，为阻遏蛋白的结合位点；当阻遏蛋白结合在位于结构基因上游的 *lacO* 上时，阻止启动子的转录起始，对操纵子形成负调控。

启动区	*lacI*	操纵区	*lacZ*	*lacY*	*lacA*
DNA mRNA/bp	1040	82	3150	780	825
多肽/Da	3.8×10^4		1.25×10^5	3.0×10^4	3.0×10^4
蛋白质/Da	三聚体 1.14×10^5		四聚体 5.0×10^5	3.0×10^4	6.0×10^4
功能	阻遏子		β-半乳糖苷酶	透过酶	乙酰基 转移酶

图 8-4 乳糖操纵子约 6000bp 的 DNA 结构(仿 Waston et al.,1987)

三个结构基因的功能如下：*lacZ* 编码β-半乳糖苷酶，β-半乳糖苷酶是分子质量约 500kDa 的四聚体，能催化β-半乳糖苷的水解，它能将乳糖水解为葡萄糖和半乳糖。*lacY* 编码β-半乳糖苷透性酶，β-半乳糖苷透性酶是分子质量为 30kDa 的膜结合蛋白，是β-半乳糖苷转运系统的组成成分，作用是使外界的β-半乳糖苷(如乳糖)能透过大肠杆菌细胞壁和原生质膜进入细胞内。*lacA* 编码大小为 32kDa 的β-半乳糖苷转乙酰基酶，β-半乳糖苷转乙酰基酶催化将乙酰基团从乙酰辅酶 A 转移到β-半乳糖苷上，形成乙酰半乳糖。

转录时，RNA 聚合酶首先与启动区(promoter，P)结合，通过操纵区(operator，O)向右转录。转录从 O 区的中间开始，按 Z→Y→A 方向进行，每次转录出来的一条 mRNA 上都带有这三个基因。转录的调控是在启动区和操纵区进行的。

在一个完全被诱导的细胞中，β-半乳糖苷酶、透过酶及乙酰基转移酶的拷贝数比例为 1∶0.5∶0.2，这个比例在一定程度上反映了以β-半乳糖苷作为唯一碳源时细胞的需要。不同的酶在数量上的差异是由于在翻译水平上受到的调节所致。

8.3.2 乳糖操纵子的负调控诱导模型

在不含乳糖及β-半乳糖苷的培养基中，每个大肠杆菌细胞内只有 1 或 2 个代谢乳糖的酶分子，如果在培养基中加入乳糖，则代谢乳糖的酶量很快就达到细胞总蛋白量的 6%或 7%，每

个细胞中可有超过 10^5 个酶分子，即细菌在短时间内合成了能够利用乳糖的一系列酶，具备了利用乳糖作为碳源的能力，从而能在这种培养基中生活下来。

把大肠杆菌细胞放在加有放射性 ^{35}S 标记的氨基酸但没有任何半乳糖的培养基中繁殖几代，然后再将这些带有放射活性的细菌转移到不含 ^{35}S、无放射性的培养基中，随着培养基中乳糖的加入，β-半乳糖苷酶便开始合成。分离 β-半乳糖苷酶，发现这种酶无 ^{35}S 标记。说明酶的合成不是由前体转化而来的，而是加入乳糖后新合成的。乳糖等引入培养基中专一性地增加某些酶数量的物质称为诱导物，这种酶称为诱导酶(inducer enzyme)。这类基因称为可诱导基因，这种由于某种酶的底物存在，导致作用于该底物的相应酶合成的现象，称为酶合成的诱导。在生物合成中所包含的酶类却有与此相反的反应。例如，生长在不含任何氨基酸的培养基中的大肠杆菌的细胞中含有合成 20 种氨基酸所需要的全部酶类。而当培养基中含有某种氨基酸时，则该种氨基酸生物合成的酶类几乎完全缺失。这种效应就是所谓的阻遏作用(repression)，生物合成的酶类受其最终产物的抑制(某种代谢途径的产物过多导致该途径中与该产物合成相关的某个或某些酶停止合成)，称酶合成的阻遏，它使细菌避免采用自身的资源进行不必要的合成，如色氨酸为色氨酸生物合成酶类的终产物，该酶称为阻遏酶(repressive enzyme)。而那些导致某种阻遏酶数量降低的终产物则称为辅阻遏物。诱导与阻遏效应对细菌来说是同等重要的。当需要某种酶转化一种特异的食物分子或者合成一种所需的细胞组分时，它们即存在，而不需要它们时，它们则不存在。

乳糖操纵子负调控机制：在没有乳糖的环境中，大肠杆菌的乳糖操纵子处于阻遏状态。此时调节基因在其自身的启动子 P_i 的控制下，低水平、组成型表达，每个细胞中仅维持 10 个分子的阻遏蛋白。阻遏蛋白以活性四聚体的形式特异地与操纵基因紧密结合，阻碍了 RNA 聚合酶与启动子 P_{lac} 的结合，从而阻止了三个结构基因的转录(图 8-5A)。但是，阻遏蛋白的阻遏作用不是绝对的，阻遏蛋白与操纵基因偶尔解离，使细胞中还有极低水平的 β-半乳糖苷酶及 β-半乳糖苷透性酶的合成——本底水平永久型合成。当环境中有乳糖时，乳糖在痕量的 β-半乳糖苷透性酶的帮助下进入细胞内，受 β-半乳糖苷酶作用转变为别乳糖，别乳糖与阻遏蛋白结合后，使阻遏蛋白的构象发生变化，四聚体解聚成无活性的单体，不能结合到操纵基因上，从而解除了阻遏蛋白的作用，使 RNA 聚合酶能够正常地催化结构基因的转录，利用乳糖的酶得以合成，即操纵子被诱导表达(图 8-5B)。

上述过程中，别乳糖就是天然的诱导物，与阻遏蛋白结合后诱导了利用乳糖的基因转录，起到去阻遏作用。β-半乳糖苷酶的一些人工合成诱导物与天然诱导物相似，但不能被酶分解。例如，异丙基硫代-β-D-半乳糖苷 (isopropylthio-β-D-galactoside，IPTG)尽管不能被 β-半乳糖苷酶识别，但能与阻遏蛋白特异性结合，并诱导阻遏蛋白构象发生变化，导致乳糖操纵子的开放。

乳糖操纵子的诱导是一种协同调节(coordinate regulation)，这种调节中所有受调节的基因作为整体表达或不表达。mRNA 从 5′端依次翻译，这就解释了为什么诱导总是引起 β-半乳糖苷酶、β-半乳糖苷酶透性酶和半乳糖苷转乙酰基酶依次出现，共用一条 mRNA 链作为翻译模板解释了为什么在不同的诱导条件下三种酶的相对量总是保持不变。诱导是基因表达的开关，虽然不同的诱导物诱导效率不同，但这些因子只影响转录和翻译的水平，并不影响三种基因的相互关系。

8.3.3 分解代谢产物阻遏启动子的正调控系统

当乳糖和葡萄糖同时存在时，大肠杆菌出现葡萄糖效应，即在有葡萄糖存在时，细菌优先利用环境中的葡萄糖，即使有诱导物乳糖存在乳糖操纵子也处于被抑制的状态，直到葡萄糖被消耗完后才能解除抑制，这时细菌才能开始利用乳糖进行生长。也就是说乳糖操纵子结构基因的转录除了受阻遏蛋白的负调控外，还受一种称为cAMP 受体蛋白(cAMP receptor protein，CRP)的激

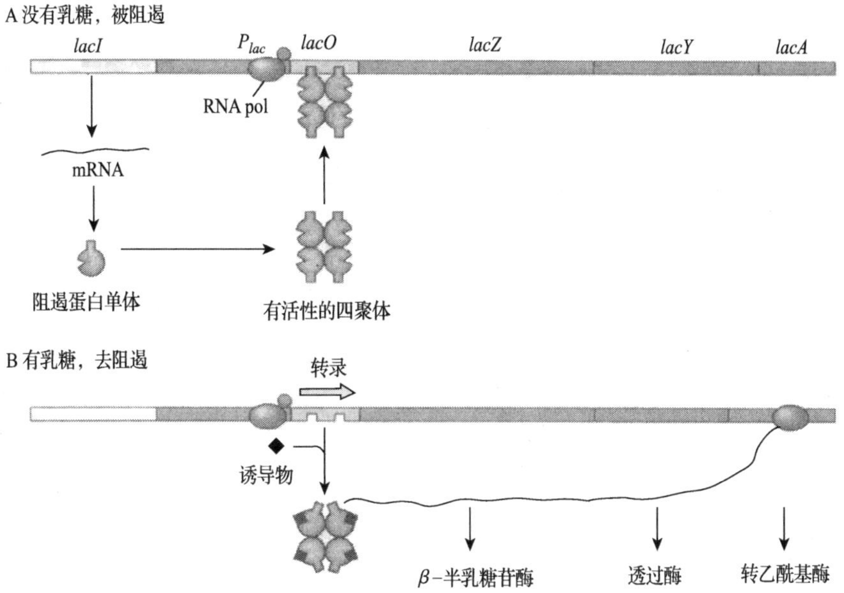

图 8-5　乳糖操纵子的负调控(Weaver,2004)

活蛋白的正调控。CRP 也称为分解代谢物激活蛋白(catabolite activator protein,CAP),这是因为它也是很多其他与分解有关的操纵子的激活蛋白,包括乳糖操纵子、阿拉伯糖操纵子、半乳糖操纵子和麦芽糖操纵子等近 100 个启动子受到它的激活。

第一个正调控蛋白是对大肠杆菌在既有葡萄糖又有乳糖的培养基里的"二度生长"现象所发现的。而且葡萄糖能阻遏较多糖代谢的操纵子。例如,半乳糖操纵子和阿拉伯操纵子等均为葡萄糖敏感操纵子。这些操纵子各自都控制一种糖的降解,但它们对特定糖的降解却因葡萄糖的存在而被阻抑。研究表明,葡萄糖对乳糖操纵子表达的抑制作用是间接的,因为存在一种大肠杆菌突变株,它正常的糖酵解过程受阻,葡萄糖-6-磷酸不能转化为下一步代谢中间物,该菌株能在有葡萄糖存在的情况下被诱导合成 lac mRNA。所以把这种调节方式称为葡萄糖效应或称为分解代谢物抑制作用(catabolite repression)。这可能是长期自然选择的结果,因为自然界中葡萄糖比其他糖存在广泛,如果环境中有葡萄糖,细菌就可以利用葡萄糖作为能源。因此细菌不产生分解其他糖类的相应酶类,这也是通过自然选择而形成的极其合理和巧妙的调控机制。它代表了一个总的协同系统(coordinating system),通过选择性抑制编码代谢途径中其他酶的操纵子来实现对葡萄糖的优先利用。

大多数细胞和较低等真核生物都具有分解代谢产物抑制系统,属于葡萄糖降低细胞内 cAMP 水平的调控。cAMP 由腺苷酸环化酶(adenylate cyclase)催化合成。腺苷酸环化酶以 ATP 为底物,将核糖环上 3′和 5′两个碳原子通过磷酸二酯键连接起来(图 8-6)。编码腺苷酸环化酶基因的突变(*cya*$^-$)不能应答葡萄糖水平的变化。cAMP 通过与 CAP 结合,使分解代谢物调控的操纵子的表达水平与 cAMP 水平成正比。

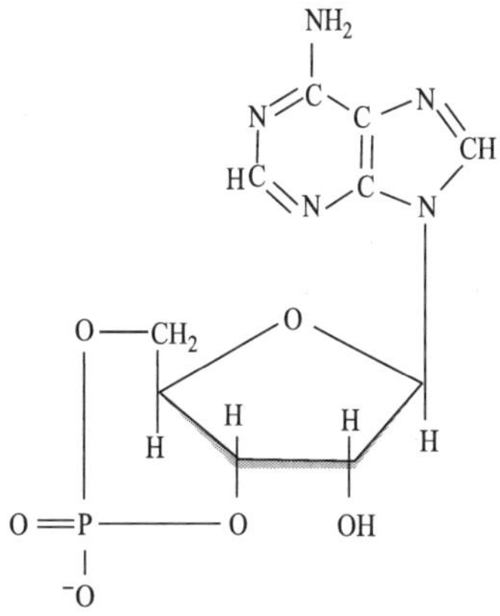

图 8-6　cAMP 结构

葡萄糖控制乳糖操纵子转录的模型如图 8-7 所示。CAP 是一正调控因子,在依赖 CAP 的启动子上起始转录必须有 CAP 参与。只有 cAMP 存在时,CAP 才有活性,cAMP 起到了传统的小分子诱导物的作用。葡萄糖的存在可抑制细菌细胞中的腺苷酸环化酶,减少 cAMP 的合成,与它结合的受体蛋白质 CAP 因找不到配体而不能形成 cAMP-CAP 复合物，因而不能与操纵子启动子区的 CAP 结合位点(CAP binding site) 结合，RNA 聚合酶就不能启动转录。因此，葡萄糖降低 cAMP 水平的作用实际上是使相关操纵子表达所需的调控因子失活，使操纵子不能被表达。如果培养基中葡萄糖的含量下降，则腺苷酸环化酶活力就会相应提高，cAMP 合成增加，cAMP 与 CAP 形成复合物并与启动子区结合，促进乳糖操纵子的表达。

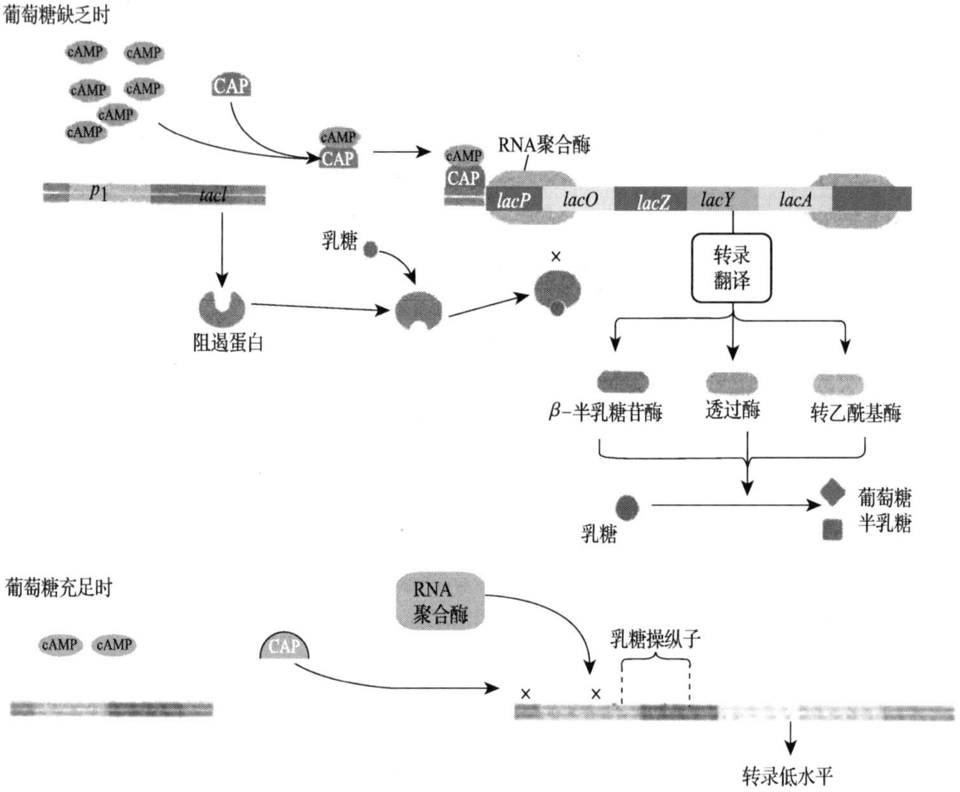

图 8-7 乳糖操纵子 CAP-cAMP 正调控模式(Waston et al.，2004)

当葡萄糖充足时，乳糖操纵子关闭；当葡萄糖缺乏时，乳糖操纵子受 CAP-cAMP 激活而开放转录，合成乳糖代谢相关酶类

CAP 因子可与 DNA 结合，从每个正常发挥作用的启动子上都能分离到 cAMP-CAP-DNA 复合物。CAP 因子是由两个相同亚基构成的二聚体，每个亚基都含螺旋-转折-螺旋基序，分子质量为 22 500Da，能被单个分子 cAMP 激活。一个 CAP 亚基含有一个 DNA 结合区和一个转录激活区。

AANTGTGANNTNNNTCANAT TNN
TTNACACTNNANNNAGTNTAANN

图 8-8 与 CAP 结合的 DNA 保守序列

CAP 二聚体与其效应的启动子结合位点长约 22bp(图 8-8)。使 CAP 失去作用的突变通常位于保守的五碱基单位 TGTGA/ACACT 内，这些碱基是识别的基本元件。因为 CAP 二聚体的两个亚基有效地与 DNA 结合，所以与 CAP 结合最强的位点含两个反向重复的五碱基单位。然而很多结合位点缺乏第二个五碱基单位，因此，在这些结合位点上第二个亚基必须与不同的序列结合(如果与 DNA 结合的话)。与 CAP 结合亲和力的差异阐明了为什么在体内不同的基因受 cAMP 激活的水平不同。

不同操纵子的 CAP 结合位点与转录起始点的相对位置不同，甚至 TGTGA 五碱基单位可处在启动子的不同方向上，有的在上游，有的在下游，有的在中间。以下是 CAP 结合位点的三种情况：① CAP 结合位点位于启动子内。例如，gal 基因座，CAP 位点位于－50～－23bp 处，中心在

－41bp 处。由于 CAP 结合位点正好位于通常被 RNA 聚合酶保护的区域内，所以很可能仅有一个 CAP 结合，且与 RNA 聚合酶有很紧密的接触。② CAP 结合位点与启动子相邻，如乳糖操纵子。在乳糖操纵子中，受 CAP 保护的 DNA 区域位于－72～－52bp 处，中心在－61bp 处。很可能有两个 CAP 与其结合。其结合模式为 CAP 主要结合在 DNA 的一个面上，RNA 聚合酶也正好结合在此面上，CAP 与 RNA 聚合酶正好相互挨着。③ 其他操纵子 CAP 结合位点位于启动子上游，如阿拉伯糖操纵子（*ara*）其 CAP 结合位点与一个 CAP 结合，距转录起始点远，位于－107～－78bp。因 CAP 和 RNA 聚合酶间有另一调控蛋白结合，故 CAP 不能与 RNA 聚合酶接触。

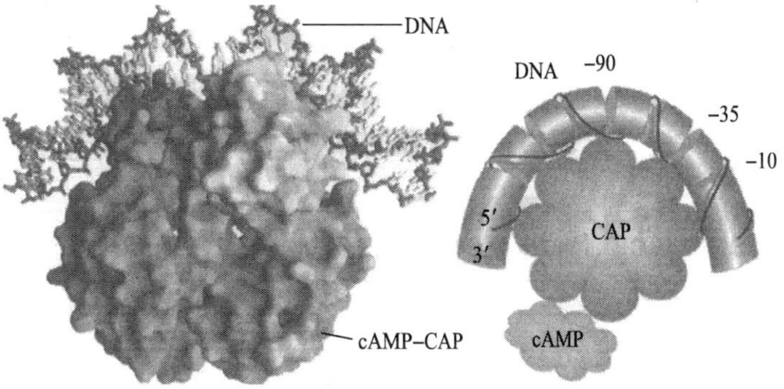

图 8-9 cAMP-CAP 使 DNA 弯曲（Waston et al.，2004）

cAMP-CAP 与 DNA 结合时，将 DNA 双螺旋变弯。弯曲的机制是 TGTGA 保守序列内产生一个尖纽结，每个拷贝中的两个纽结呈回文结构，引起超过 90°的弯曲（图 8-9）。DNA 的弯曲能增强 RNA 聚合酶与 DNA 的结合能力，并协助 DNA 双螺旋解链，使 RNA 聚合酶的转录活性提高 20～50 倍。cAMP-CAP 激活基因表达是通过招募 RNA 聚合酶，使之能与弱启动子更好地结合。当 cAMP-CAP 与 DNA 结合后，CAP 被聚合酶 α 亚基的 C 端结构域识别，进而将聚合酶招募到启动子上。

8.4 色氨酸操纵子学说

色氨酸操纵子（tryptophane operon，*trp*）属于可阻遏型，作为辅阻遏物的是色氨酸。当环境中有足够的色氨酸时，这个操纵子自动关闭，减少或停止合成色氨酸，以节省能量；缺乏色氨酸时操纵子被打开，*trp* 基因表达，合成色氨酸。由于 Trp 体系参与生物合成而不是降解，故它不受葡萄糖或 cAMP-CAP 的调控。

色氨酸操纵子由一个启动子、一个操纵基因、一个前导肽编码基因（*trpL*）、一个调节基因（*trpR*）和五个结构基因（*trpE*、*trpD*、*trpC*、*trpB*、*trpA*）组成（图 8-10）。色氨酸的合成分五步完成。每个环节需要一种酶，编码这五种酶的基因紧密连锁在一起，被转录在一条多顺反子 mRNA 上，编码了邻氨基苯甲酸合成酶、邻氨基苯甲酸焦磷酸转移酶、邻氨基苯甲酸异构酶、色氨酸合成酶和吲哚甘油-3-磷酶合成酶。

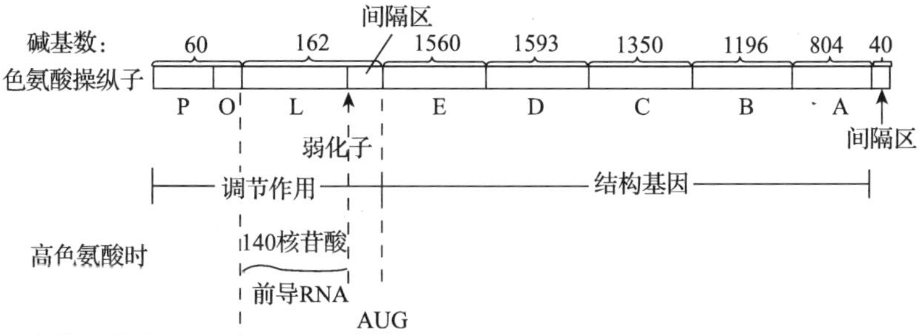

图 8-10 大肠杆菌色氨酸操纵子的结构示意图（Waston et al.，1987）

色氨酸操纵子的结构特点是：① 阻遏物基因 *trpR* 和五个结构基因 *trpABCDE* 不紧密连锁；②操纵基因在启动子区域内；③有衰减子(attenuator)/弱化子结构。在色氨酸操纵子的前导区内，存在着类似终止子结构的一段 DNA 序列，称为衰减子，该序列可以辅助阻遏作用进行转录调控。④启动子和结构基因不直接相连，二者被前导序列所隔开。

8.4.1　色氨酸操纵子的负控制阻遏模型

色氨酸操纵子中编码阻遏蛋白的基因 *trpR* 距 *trp* 基因簇较远，编码合成一个相对分子质量为 5800 的阻遏蛋白。这个阻遏蛋白以游离形式存在时，不能结合到操纵基因上，操纵子能够转录和表达，使细菌细胞合成色氨酸。但当环境中色氨酸过量时，阻遏蛋白与色氨酸相结合形成有活性的阻遏物，与操纵区结合并阻止结构基因的转录。这种以代谢产物阻止基因转录的机制称为反馈阻遏。

色氨酸操纵子的启动子与操纵区域有很大程度的重叠，使色氨酸-阻遏蛋白复合物和 RNA 聚合酶结合 DNA 分子具有竞争性。体外实验表明，如果先加入色氨酸-阻遏蛋白复合物，RNA 聚合酶就不能与启动子结合，反之亦成立。

阻遏-操纵机制对色氨酸来说是一个一级开关，主管转录是否启动，相当于粗调开关。*trp* 操纵子中对应于色氨酸生物合成的还有另一个系统进行细调控，指示已经启动的转录是否继续下去。这个细微的调控是通过转录达到第一个结构基因之前的过早终止来实现的，由色氨酸的浓度来调节这种过早终止的频率。

8.4.2　色氨酸操纵子的弱化系统

8.4.2.1　弱化子与前导肽

实验观察表明，当色氨酸达到一定浓度，但还没有高到能够活化阻遏蛋白使其起阻遏作用的程度时，产生色氨酸合成酶类的量已经明显降低，而且产生的酶量与色氨酸浓度呈负相关。研究发现这种调控现象与色氨酸操纵子特殊的结构有关。

Yanofsky 于 1978 年分离了色氨酸操纵子的多顺反子 mRNA 并进行了测序，发现了色氨酸生物合成途径的第二水平调控。在色氨酸 mRNA 5′端 *trpE* 基因的起始密码子前有一段长 162bp 的 mRNA 片段和核糖体结合位点，被称为前导序列(leader sequence)。当此序列发生缺失突变时(123～150 位碱基序列缺失)，色氨酸操纵子基因表达量可提高 6 倍。当 mRNA 转录起始后，如果培养基中存在一定水平的色氨酸，则转录能够被启动，但到达这个区域就终止；如果没有色氨酸存在，则转录继续进行，合成 *trp* mRNA。所以推测这段序列参与了色氨酸操纵子基因表达的调节。研究发现，当 mRNA 合成起始以后，除非培养基中完全没有色氨酸，否则转录总是在这个区域终止，产生一个仅有 140 个核苷酸的 RNA 分子，终止 *trp* 基因的转录。因为转录终止发生在这一区域，并且这种终止是被调节的，这个区域就被称为弱化子或衰减子。对引起终止的 mRNA 碱基序列的研究发现，这一区域的 mRNA 碱基序列可通过自我配对形成茎环结构，可以导致转录终止，具有典型的终止子结构特点(图 8-11)。

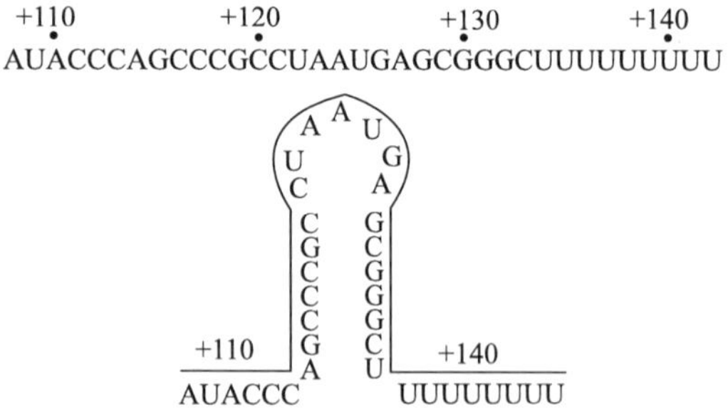

图 8-11　Trp 弱化子 mRNA 的终止区
(Charles Yanofsky，2006)

各种实验表明，弱化需要负载 *Trp* 的 tRNA ($tRNA^{Trp}$)存在，由这点推测前导序列的某一部分在转录的同时也被翻译了。对前导序列的分析发现它包括起始密码子 AUG 和终止密码子 UGA，如果翻译从编码了 AUG 密码子开始，则一个 14 个氨基酸的多肽应该被合成，称为前导肽(leader peptide)。有些证据表明这个 14 肽可能是被合成的，前导区内有 SD 序列，这个 SD 序列正好位于 AUG 的 5′端。另外，前导肽编码区与 *trpE* 端融合，产生了一个具有前导肽所有的相同 N 端的融合蛋白。该多肽有一个特征，即其第 10 位和 11 位有相邻的两个色氨酸密码子。正是这两个相连的色氨酸密码子(组氨酸、苯丙氨酸操纵子中都有这种现象）调控了蛋白质的合成。

8.4.2.2　mRNA 的前导区全序列分析

色氨酸操纵子前导区的碱基序列已经全部测定，发现完整的前导序列可分为 1、2、3、4 四个区域，这四个区域的片段能以两种不同的方式进行碱基配对(图 8-12A)，有时以 1-2 和 3-4 配对，3-4 配对区茎环后边紧接着 8 个 U；有时只以 2-3 的方式互补配对。核糖体经过前导区继续翻译的能力控制着这两种结构的转换，决定着 mRNA 是否能形成终止子所需的结构条件。前导序列的终止区具有潜在的茎环构象和成串的 U，表现出一般转录终止位点的特征。通过 RNase T1 降解实验(该酶不水解配对的 RNA)表明，在纯化的 trpRNA 中只存在 1-2 和 3-4 配对方式，而 3-4 配对正好位于终止密码子识别区，在该区的几种突变都能在体内阻止合成终止。

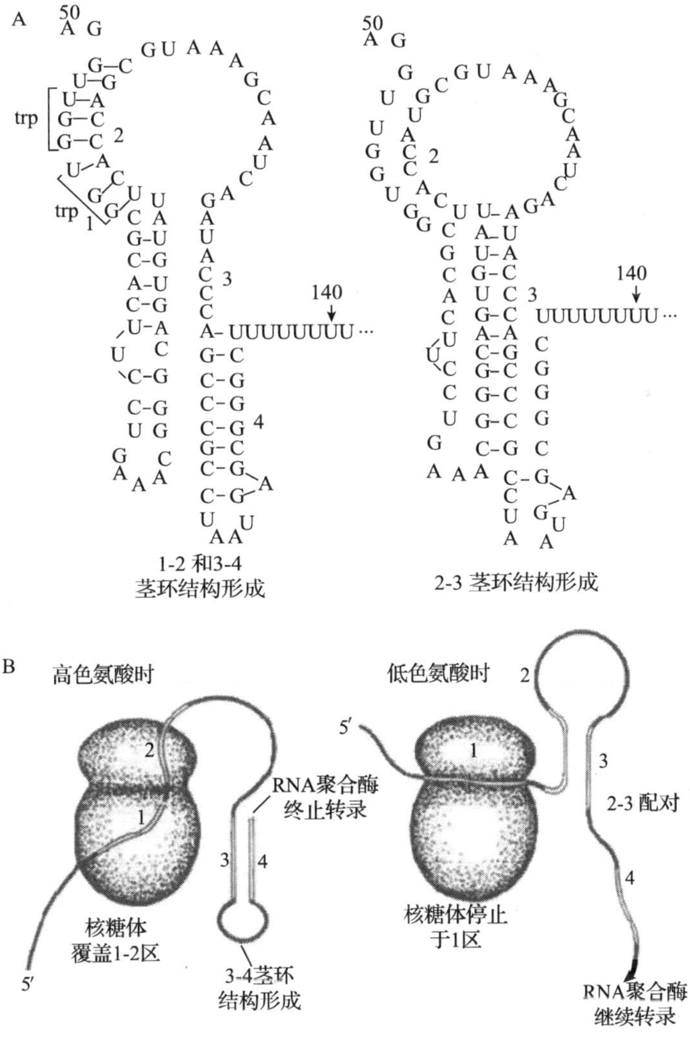

图 8-12　色氨酸操纵子的转录与翻译调控(赵亚兰，2004)

8.4.2.3 弱化的机制

前导区编码了前导肽，当有高浓度的 Trp 存在时，由于弱化子的作用，转录迅速减弱停止，生成 140 个核苷酸的前导 RNA；当 Trp 浓度较低时，弱化子不起作用，转录得以正常进行，生成长约 7kb 的 mRNA。操纵子中第一个结构基因的起始密码子 AUG 在 +162 处。

当培养基中色氨酸的浓度很低时，负载有色氨酸的 $tRNA^{Trp}$ 也就少，这样翻译通过两个相邻色氨酸密码子的速度就会很慢，当 4 区被转录完成时，核糖体才进行到 1 区（或停留在两个相邻的 trp 密码子处），这时的前导区结构是 2-3 配对，不形成 3-4 配对的终止结构，所以转录可继续进行，直到将色氨酸操纵子中的结构基因全部转录完（图 8-12B）。所以，2-3 区配对所形成的结构也称为抗终止子（antiterminator）。

当培养基中色氨酸浓度较高时，核糖体可顺利地通过两个相邻的色氨酸密码子，在 4 区被转录之前就到达 2 区，使 2-3 区不能配对，3-4 区自由配对形成茎-环终止子结构，转录被终止，色氨酸操纵子被关闭（图 8-12B）。

除色氨酸外，苯丙氨酸、苏氨酸、亮氨酸、异亮氨酸、缬氨酸和组氨酸的有关基因组中都存在衰减子的调节位点，其 mRNA 前端有一段前导 RNA，可编码一小肽，能在翻译水平上抑制相应基因的转录，对遗传信息的表达起着阻止或衰减的作用（表 8-1）。为了提高控制效率，前导 RNA 链中往往存在重复的调节密码子，这一现象在苯丙氨酸和组氨酸的前导序列中尤为明显，前者在 15 个氨基酸中有 7 个为苯丙氨酸的遗传信号，后者在 16 个氨基酸中有 7 个为组氨酸的遗传信号。表 8-1 给出了几种氨基酸合成操纵子的前导肽序列。这些氨基酸合成系统的操纵子，利用翻译机制来监测其操纵子所合成的氨基酸的浓度，即具有根据氨基酸浓度而确定 mRNA 是否继续合成的机制。

表 8-1 氨基酸合成酶操纵子的前导肽序列和所调节的氨基酸

操纵子	前导肽的氨基酸序列	调节的氨基酸
trp	Met－Lys－Ala－Ile－Phe－Val－Leu－Lys－Gly－Trp－Trp－Arg－Thr－Ser	Trp
thr	Met－Lys－Arg－Ile－Ser－Thr－Thr－Ile－Thr－Thr－Thr－Ile－Thr－Ile－Thr－Thr－Gly－Asn－Gly－Ala－Gly	Thr、Ile
his	Met－Thr－Arg－Val－Gln－Phe－Lys－His－His－His－His－His－His－His－Pro－Asn－	His
ile-val	Met－Thr－Ala－Leu－Leu－Arg－Val－Ile－Ser－Leu－Val－Val－Ile－Ser＝Val－Val－Val－Ile－Ile－Ile－Pro－Pro－Cys－Gly－Ala－Ala－Leu－Gly－Arg－Gly－Lys－Ala	Leu、Val、Ile
leu	Met－Ser－His－Ile－Val－Arg－Phe－Thr－Gly－Leu－Leu－Leu－Leu－Asn－Ala－Phe－Ile－Vel－Arg－Gly－Arg－Pro－Val－Gly－Ile－Gln－His	Leu
phe	Met－Lys－His－Ile－Pro－Phe－Phe－Phe－Ala－Phe－Phe－Phe－Thr－Phe－Pro	Phe

8.4.3 阻遏与弱化作用的协调

有实验证明，在不加色氨酸的培养基中，*trp* mRNA 的合成仍然受到部分阻遏，现在一般认为，野生型细胞中同时存在着有活性和无活性的阻遏物。培养基中色氨酸浓度的变化能够使这两种阻遏物间的平衡发生倾斜，最终做出关闭或启动色氨酸操纵子的决定，从而维持一定的色氨酸含量。

从衰减机制的分析来看，它不仅能够把几种水平，如 DNA 和 RNA 的构象变化、mRNA

上内部终止(衰减)子的重建及核糖体上 tRNA 对终止密码的识别等统一起来,严格控制表达,而且衰减子还可依细胞内某一氨基酸水平的高低而行止。所以它是一种应答灵敏、调节灵活的多重调控方式。从这些方面来看,衰减作用有一定的生物学意义。

8.5 阿拉伯糖操纵子

8.5.1 阿拉伯糖操纵子结构和功能

阿拉伯糖操纵子(arabinose operon,*ara*)是利用同一调节蛋白的不同结构形式,活化和抑制操纵基因的调控单位。阿拉伯糖是另一个可以为细菌细胞代谢提供碳源的五碳糖。在大肠杆菌中阿拉伯糖的降解需要三个基因:*araB*、*araA* 和 *araD*,在操纵子上形成基因簇(*ara BAD*),分别编码三种酶:核酮糖激酶、L-阿拉伯糖异构酶和 L-核酮糖-5-磷酸差向异构酶。大肠杆菌细胞能把阿拉伯糖转变成 5 -磷酸木酮糖这个磷酸戊糖代谢途径的中间体,因而可作为碳源利用。与 *araBAD* 相邻的是一个复合的启动子区域 P_{BAD} 和一个调节基因 *araC*,以及离这个基因簇较远的两个负责将阿拉伯糖运入细胞的蛋白基因 *araE* 和 *araF*,分别编码一个膜蛋白和一个位于细胞间质的阿拉伯糖结合蛋白。*araE* 和 *araF* 属于另一个操纵子,由同一个启动子起始转录。

激活区 *araI* 位于 P_{BAD}启动子的上游。*araBAD* 和 *araC* 基因的转录是分别在两条链上以相反的方向进行的。在标准的遗传学图谱上,*araBAD* 基因簇从启动子 P_{BAD}开始向左进行转录,而 *araC* 基因则是从 *Pc* 向右转录。AraC 蛋白同时显示正、负调节因子的功能。一个 CAP 蛋白的结合位点紧挨阿拉伯糖操纵子的启动子,如乳糖操纵子一样,阿拉伯糖操纵子的转录也受到 CAP-cAMP 的调节(图 8-13)。

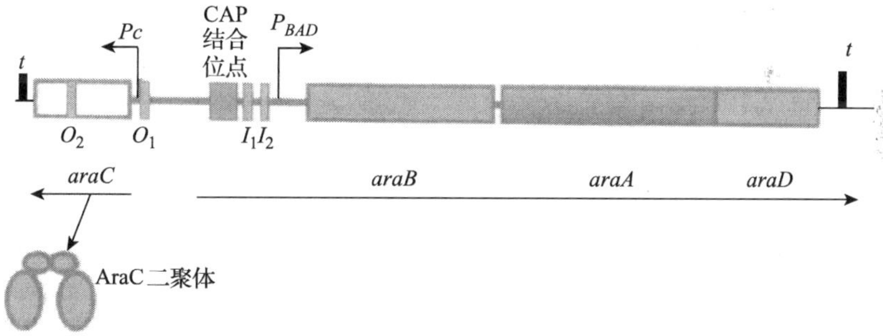

图 8-13 阿拉伯糖操纵子结构(Weaver,2004)

8.5.2 AraC 蛋白的正、负调节作用

调节基因 *araC* 编码的 AraC 蛋白既是阻遏蛋白又是激活蛋白,既发挥负调控作用,又有正调控作用;AraC 蛋白也是自身基因表达的调节因子,可以通过抑制自身基因的转录来调节自身的合成[自调节作用(autoregulation)]。Ara 调节蛋白的 DNA 结合位点互相之间相距很远,靠 DNA 的环化机制才能互相作用。远距离的 DNA 顺序可以通过 DNA 环化(DNA looping)而靠近启动子,这种环化是通过蛋白质和蛋白质的互相作用及蛋白质和 DNA 的相互作用实现的。

AraC 蛋白作为 P_{BAD}活性正、负调节因子的双重功能是通过该蛋白的两种异构体来实现的。Pr 是起阻遏作用的形式,可以与现在尚未鉴定的类操纵区位点相结合,而 Pi 是起诱导作用的形式,它通过与 P_{BAD}启动子结合进行调节。在没有阿拉伯糖时,Pr 形式占优势;一旦有阿拉伯糖存在，它就能够与 AraC 蛋白结合，使平衡趋向于 Pi 形式。这样，阿拉伯糖的诱导作用就可以解释为阿拉伯糖与 Pr 的结合，使 Pr 离开它的结合位点，然后产生大量的 Pi，并与启动子结合。

阿拉伯糖操纵子是个复杂的调节系统，它能对环境的改变做出迅速的可逆反应。阿拉伯糖操纵子中有四个重要的调控位点：$araO_1$、$araO_2$、*araI* 和 CAP 结合位点。在这个系统中 AraC 蛋白的作用是复杂的(图 8-14)。第一，它调节它自己的生物合成。当细胞中 AraC 蛋白浓度较低时(如细胞分裂后)，*araC* 可以表达，直到有足够的 AraC 蛋白(超过 40 拷贝 AraC 时)，它结合于 $araO_1$ 阻遏自己的 mRNA 的转录，见图 8-14B。第二，它对 *araBAD* 来说既是负的调节子也是正的调节子，它能同时结合于 $araO_2$ 和 *araI* 位点。它的调节作用可以归纳成四种情况。

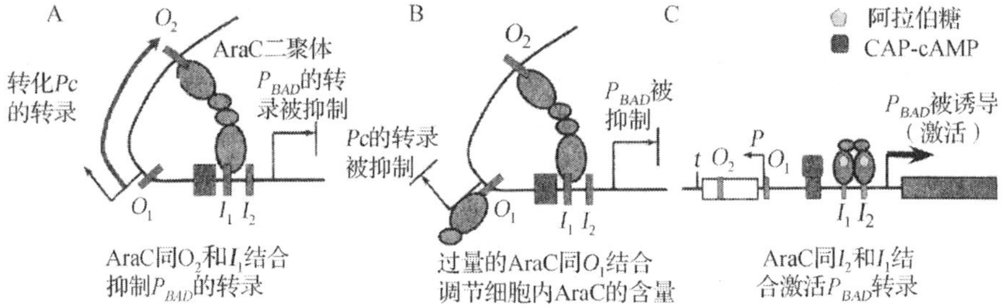

图 8-14 阿拉伯糖操纵子的调控(Weaver，2004)

(1) 葡萄糖很丰富且没有阿拉伯糖的情况下，AraC 蛋白以二聚体形式同时与 $araO_2$ 和 *araI* 结合，导致 DNA 环化，形成一个约 210 bp 的一个环，在这种结构下启动子 P_{BAD} 的转录被抑制，阻遏结构基因 *araBAD* 的表达，见图 8-14A。

(2) 阿拉伯糖和葡萄糖的浓度都很低时，虽然细胞内有 CAP-cAMP 复合物存在，但是 AraC 蛋白仍以 Pr 形式为主，*araBAD* 的表达被抑制。因为单有 CAP-cAMP 与 CAP 结合位点的结合并不能直接促进 P_{BAD} 的转录。此时 AraC 以二聚体形式与 $araO_2$ 和 *araI* 同时结合，作为阻遏蛋白起作用，见图 8-14B。

(3) 当葡萄糖不存在时(或在低水平时)而阿拉伯糖存在时，CAP-cAMP 很丰富，它们结合于 *araI* 附近，而阿拉伯糖与 AraC 蛋白的 Pr 构象形式结合，使 Pr 构象形式改变，离开操纵基因位点，之后转变为 Pi 构象形式，此时 DNA 环被打开，结合于 *araI* 位点的 AraC 蛋白成为激活蛋白，与 CAP-cAMP 协同诱导 *araBAD* 基因的转录，操纵子充分激活，见图 8-14C。

(4) 阿拉伯糖和葡萄糖都很丰富时，*araBAD* 的表达也被抑制。此时 AraC 与阿拉伯糖结合而发生构象的变化，以 Pi 形式存在，不再与 $araO_2$ 结合，但因为没有 CAP-cAMP 与 CAP 结合位点结合，故不能启动 P_{BAD} 的转录。虽然其机制尚未完全阐明，但至少可以明确，*araBAD* 基因的转录同时依赖于 AraC 和 CAP-cAMP 复合物。

研究结果也显示，当 *araC* 基因内发生点突变或缺失突变时，将产生不能合成 *AraBAD* mRNA 的 *araC* 突变株。当反应体系只含有 *ara* 操纵子 DNA 和 RNA 聚合酶，并加上 AraC 蛋白和 CAP-cAMP 复合物中的一种时，*AraBAD* 的转录不能起始。这说明只有 AraC 蛋白和 CAP-cAMP 协同作用才能起始 *AraBAD* 的转录。通过电镜也能直接观测到 *ara* 操纵子的 DNA 分子与 AraC 蛋白和 CAP-cAMP 一级 RNA 聚合酶之间的结合情况。除非 AraC 蛋白和 CAP-cAMP 同时存在，否则 RNA 聚合酶不能与 *ara* 操纵子 DNA 相结合。

8.6 组氨酸操纵子

8.6.1 组氨酸合成代谢操纵子

组氨酸合成代谢操纵子(histidine operon, His)是控制组氨酸合成的操纵子。组氨酸操纵子由启动子、操纵基因、前导序列、衰减子、结构基因、终止子等构成。鼠伤寒沙门氏菌组氨酸合成代谢中的九个结构基因组成一个操纵子，在上游有五个调节基因控制。在没有外源组氨酸时，它表达出组氨酸进行蛋白质的合成；在有外源组氨酸时，组氨酸合成酶系的活性和酶的合成都受到阻遏。一方面组氨酸对已有的酸起反馈抑制(feed back inhibition)作用；另一方面组氨酸作为酶阻遏物激活无活性的阻遏物蛋白，从而结合到操纵基因上，再加上衰减子所起到的衰弱作用，组氨酸的合成可大大减弱，从而达到节约的目的。

8.6.2 组氨酸利用操纵子

许多氨基酸除了能被用来合成蛋白质以外，还可以在碳源或氮源不足时作为能源维持细胞的生长。由于这种双重作用，氨基酸的降解受到严格的调控。在产气克氏菌和沙门氏杆菌中，组氨酸能被降解成氨、谷氨酸和甲酰胺，参与基础能量的代谢，与 His 降解代谢有关的两组酶类被称为 Hut 酶(histidine utilizing enzyme)，控制这些酶合成的是组氨酸利用操纵子(histidine utilizing operon, *hut*)。

组氨酸利用操纵子共编码四种酶和一个阻遏物。四种酶分别由 *hut*G、*hutH*、*hutI* 及 *hutU* 基因编码，阻遏物则由 *hutC* 基因编码。在产气克氏菌中，以上基因构成两个转录单位，*hutI*、*hutG*、*hutC* 和 *hutU*、*hutH* 分别被转录合成两条 mRNA 链，这两个转录单位各自都有一个启动子(分别是 P_i 和 P_u)和一个操纵区，转录过程都是从左向右进行(图 8-15)。hutC 阻遏物能与每个操纵区相结合。组氨酸利用操纵子的诱导物是组氨酸，在 *hutH* 基因产物作用下生成尿氨酸，但是诱导过程的完成要加入组氨酸。尿苷酸与阻遏物结合并使其失去活性，从而保证每个转录单位上游的启动子区处于自由状态。如乳糖操纵子那样，组氨酸利用操纵子的全面激活也需要一个正调节因子。组氨酸利用操纵子有两个不同的正调节因子，其中任何一个都可促进 RNA 聚合酶与启动子区的结合从而启动转录。

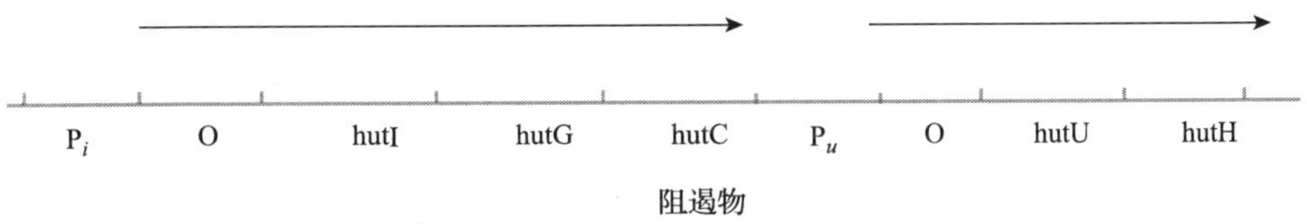

图 8-15 组氨酸利用操纵子遗传学图谱(箭头表示两个不同的 RNA 分子)

当细胞生长环境中碳、氮来源受到限制时，组氨酸利用操纵子负责提供给细胞碳和氮。无论组氨酸作为的是唯一的碳源还是唯一的氮源，组氨酸利用操纵子都会处于活性状态。组氨酸利用操纵子的每一个启动子上都有 cAMP-CRP 结合位点，当碳供应匮乏时，ATP 转化为 cAMP，形成 cAMP-CRP 复合物，并与操纵区上的相应位点结合，诱发基因转录。当氮源不足时，氮源缺乏信号诱导活化的谷氨酰胺合成酶(glutamine synthetase, GS)大量积累，进而作为正控制调节因子启动组氨酸利用操纵子的开启与基因的转录。

表 8-2 总结了四种类型操纵子的重要调控特点。虽然从调控机制上可以将操纵子分为

正/负系统及诱导/阻遏类型，但启动一个操纵子的表达往往同时受到多种类型的调控。

表 8-2　操纵子调控类型及其特征

调控类型	正常转录	调节蛋白	调节蛋白效应	效应物的作用
负控制的诱导系统	关闭	活性的阻遏蛋白	抑制转录	失活阻遏蛋白
负控制的阻遏系统	开放	失活的阻遏蛋白	抑制转录	激活阻遏蛋白
正控制的诱导系统	关闭	失活的激活蛋白	激活转录	激活激活蛋白
正控制的阻遏系统	开放	活性的激活蛋白	激活转录	失活激活蛋白

本 章 小 结

基因表达的调控可以在DNA水平、转录水平、转录后加工水平、翻译水平和翻译后加工水平进行。调控的手段有正调控和负调控。原核生物的基因表达调控主要在转录水平进行负调控。

操纵子是原核生物基因表达调控最重要的形式。组成操纵子的基本元件包括调节基因、启动子、操纵基因及相邻的若干结构基因。

大肠杆菌的乳糖操纵子是第一个被发现的操纵子，它属于诱导型操纵子，既受到负调控，又受到正调控。在没有乳糖的环境中，阻遏蛋白同乳糖操纵子的操作基因结合，阻止转录的进行，乳糖操纵子处于阻遏状态；在有乳糖的环境中，乳糖作为诱导物与阻遏蛋白结合，使其不能再与操作基因结合，这时结构基因开始转录。此外，还有色氨酸操纵子（依赖阻遏系统和弱化系统调控）、阿拉伯糖操纵子（包括正负调控两种方式）和组氨酸操纵子（正控制的诱导类型操纵子）等。

延伸阅读

杨荣武，郑伟娟，张敏跃. 2007.分子生物学.南京：南京大学出版社

张玉静. 2000.分子遗传学. 北京：科学出版社

赵亚华.2004.分子生物学教程.北京：科学出版社

郑用琏.2007.基础分子生物学. 北京：高等教育出版社

朱玉贤，李毅，郑晓峰.2009.现代分子生物学.北京：高等教育出版社

Lewin B. 2004. Genes Ⅷ. Oxford：Oxford University Press

Stryer L. 1995. Biochemistry.4th ed. New York：W. H. Freeman and Company

Turner P C, Bates A D, Mclennan A G, et al. 1999. 分子生物学.北京：科学出版社

Weaver R F. 2004. Molecular Biology. 3rd ed.New York：McGraw-Hill Companies Inc.

Wilson C J, Zhan H, Swint K L, et al.2007. The lactose repressor system：paradigms for regulation, allosteric behavior and protein folding.Cell Mol Life Sci, 64：3-16

Watson J D, Hopkins N H, Roberts J W, et al.1987.Molecular Biology of the Gene. Vol. Ⅰ.4th ed. Redwood city：Benjamin/Cummings, Menlo Park

思考题

1. 解释名词：结构基因、调节基因、操纵基因、操纵子、组成型蛋白、调节型蛋白、衰减子。
2. 试述大肠杆菌细胞葡萄糖较乳糖优先利用的机制。
3. 举例说明什么是正调控系统？什么是负调控系统？
4. 简述阿拉伯糖的正负调控机制。
5. 区别可诱导和可阻遏的基因调控。
6. 衰减作用如何调控 *E. coli* 中色氨酸操纵子的表达？

9 真核生物基因的表达调控

真核生物基因组庞大、结构复杂、重复序列多、非编码序列多，DNA 和蛋白质组成染色质结构，个体的发育和分化过程也十分复杂，因此真核生物基因的表达和调控比原核生物要复杂得多。可以在 DNA 复制、扩增、基因激活、转录、转录后、翻译和翻译后等多级水平上进行调控，其中转录水平的调控是最重要的环节，主要包括启动子、增强子、应答元件等顺式作用元件和转录因子等反式作用因子及其之间复杂的相互作用，转录后水平的调控主要包括 mRNA 的加工、剪接、编辑和修饰，翻译水平的调控包括 mRNA 的特殊结构与蛋白质合成效率和稳定性，翻译后水平的调控包括蛋白质前体的加工、折叠和修饰等。

9.1 真核生物基因表达调控的概述

基因表达是基因经过一系列步骤表现出其生物功能的整个过程，是受着严密精确调控的。基因组含有生物体生存、发育、活动和繁殖所需要的全部遗传信息，但这些遗传信息并不同时表达出来。不同的组织细胞、细胞分化发育的不同时期，基因表达的种类和强度各不相同，决定着细胞的形态和功能；生物体能适应环境变化，改变自身的基因表达以利于生存，因而基因表达调控也是生命本质之所在。某些基因表达不大受环境影响，称为组成性表达(constitutive expression)；其中某些基因表达产物是细胞或生物体整个生命过程中都持续需要而必不可少的，这类基因称为持家基因(housekeeping gene)；另一类基因表达易随环境信号而变化，称为适应性表达(adaptive expression)。研究基因调控主要应回答三个问题：① 什么是诱发基因转录的信号？② 基因调控主要是在哪一步(模板 DNA 的转录、mRNA 的成熟或蛋白质合成）实现的？③ 不同水平基因调控的分子机制是什么？

基因表达调控可以在复制、扩增、基因激活、转录、转录后、翻译和翻译后等多级水平上进行，但 mRNA 转录起始是基因表达调控的基本控制点。转录起始调控的实质是 DNA-蛋白质/蛋白质-蛋白质间的相互作用对 RNA 聚合酶活性的影响。调控结果使基因表达水平提高的称为正调控(上调)，使基因表达水平降低者为负调控(下调)。在同一条核酸链上起调控基因表达作用的核酸序列称为顺式作用元件；能对不同核酸链上的基因表达起调控作用的蛋白质称为反式作用因子或转录因子。核酸链上的顺式作用元件与反式作用因子相互作用而调控基因表达。

真核基因组比原核大得多，结构更复杂，含有许多重复序列，基因组的大部分序列不是为蛋白质编码的，而为蛋白质编码的基因绝大多数是不连续的。真核生物基本上采取的是逐个基因调控表达的形式。真核基因表达调控的环节更多，转录前可以有基因的扩增或重排，并涉及染色质结构的改变、基因激活过程。转录后调控的方式也很多，但仍以转录起始调控为主。正调控是真核基因调控的主导方面，RNA 聚合酶的转录活性依赖于基本转录因子，在转录前先形成转录复合体，其转录效率受许多蛋白质因子的影响，协调表达更为复杂。

真核生物基因表达的调控要比原核生物复杂得多。这两类生物在基因表达调控上的巨大差别是由两者基本生活方式不同所决定的。原核生物一般为自由生活的单细胞，只要环境条件合适，养料供应充分，它们就能无限生长、分裂，因此，它们的调控系统就是要在一个特定的环境中为细胞创造高速生长的基础，或使细胞在受到损伤时尽快得到修复。它们主要是通过转录调控，以开启或关闭某些基因的表达来适应环境条件（主要是营养水平的变化）。环境因子往往是调控的诱导物，群体中每个细胞对环境变化的反应都是直接和基本一致的。多数真核生物不仅由多细胞构成，而且具有组织和器官的分化。细胞中由核膜将核和细胞质分隔开，转录和翻译并不偶联，而是分别在核和细胞质中进行。真核生物基因组不再是环状或线状近于裸露的 DNA，而是由多条染色体组成，染色体本身结构也是以核小体为单位形成的多级结构。真核生物的个体还存在着复杂的个体发育和分化，因此真核生物的基因调控是从 DNA 到染色体多层次的。真核生物基因表达的调控理论上包括以下七个层次：① DNA 及染色体水平；② 转录水平；③ 转录后加工水平；④ 运输过程水平；⑤ 翻译水平；⑥ 翻译后修饰加工水平；⑦ 蛋白质活性水平，但转录依然是真核生物基因表达调控的主要环节（图 9-1），其次为转录后水平、DNA 及染色体水平、翻译及翻译后水平等。

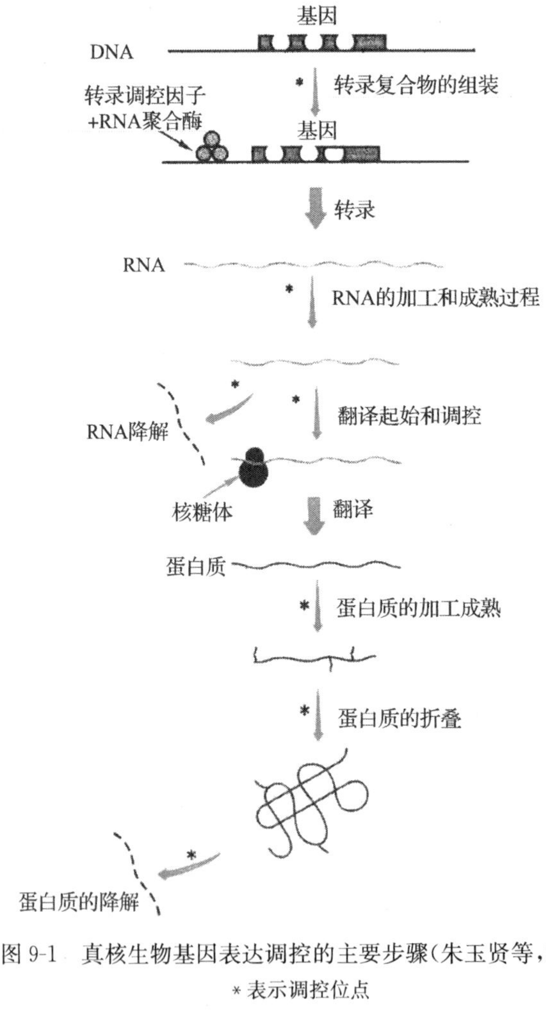

图 9-1 真核生物基因表达调控的主要步骤（朱玉贤等，2007）

* 表示调控位点

9.2 DNA 及染色体水平的调控

真核细胞中 DNA 与蛋白质结合形成染色质和染色体是生物进化的必然结果。核小体是染色质的基本结构单位。由于染色质是真核细胞遗传信息的载体，因此真核基因的表达调控一定与染色质密切相关。分子生物学的最新研究表明，在个体发育过程中，用来合成 RNA 的 DNA 模板也会发生规律性的变化，从而控制基因的表达和生物体的发育。因此，研究 DNA-染色质的结构及其在基因表达调控中的作用对于揭示真核生物基因表达调控的机制有重要意义。真核生物在 DNA 和染色质水平上发生的改变包括染色质丢失、基因扩增、基因重排和移位、染色体 DNA 的修饰、异染色质化等。

9.2.1　真核基因的转录与染色质的结构变化相关

真核基因组 DNA 绝大部分都在细胞核内与组蛋白等结合成染色质，染色质的结构、染色质中 DNA 和组蛋白的结构状态都影响转录。

9.2.1.1　染色质结构对基因转录的影响

细胞分裂时染色体的大部分到间期时就松散地分布在核内，称为常染色质(euchromatin)，松散的染色质中的基因可以转录。染色体中的某些区段到分裂期后不像其他部分解旋松开，仍保持紧凑折叠的结构，在间期核中可以看到其浓集的斑块，称为异染色质(heterochromatin)，其中从未见有基因转录表达；原本在常染色质中表达的基因如移到异染色质内也会停止表达。哺乳类雌体细胞两条 X 染色体，到间期一条变成异染色质，这条 X 染色体上的基因就全部失活。可见紧密的染色质结构阻止基因表达。

真核基因的活跃转录是在常染色质上进行的。转录发生之前，染色质常常会在特定的区域被解旋松弛，形成自由 DNA。这种变化可能包括核小体结构的消除或改变、DNA 本身局部结构的变化、从右旋型变为左旋型(Z-DNA) 等，这些变化可导致结构基因暴露，促进转录因子与启动区 DNA 的结合，诱发基因转录。这是现代分子生物学对上述现象的进一步解释，并得到多种实验结果的支持。如用 DNA 酶 Ⅰ 处理各种组织的染色质时，发现处于活跃状态的基因比非活跃状态的 DNA 更容易被降解。那么，为什么活跃状态的 DNA 更易于受核酸酶的攻击而降解呢？研究发现，活跃表达基因所在染色质上一般含有一个或数个 DNA 酶超敏感位点(hypersensitive site)，它们大多位于基因 5′端启动区，少数在其他位置。非活跃态基因的 5′端相应位点却不表现对 DNA 酶 Ⅰ 的超敏感性。超敏感位点的产生可能是染色质结构规律性变化的结果。正是这种变化使 DNA 容易与 RNA 聚合酶和其他转录调控因子相结合，从而启动基因的表达，同时也更易于被核酸酶所降解。

9.2.1.2　组蛋白、核小体结构对基因转录的影响

早期体外实验观察到组蛋白与 DNA 结合阻止 DNA 上基因的转录，去除组蛋白基因又能够转录的现象。组蛋白是碱性蛋白质，带正电荷，可与 DNA 链上带负电荷的磷酸基相结合，从而遮蔽了 DNA 分子，妨碍了转录，可能扮演了非特异性阻遏蛋白的作用；染色质中的非组蛋白成分具有组织细胞特异性，可能消除组蛋白的阻遏，起到特异性的去阻遏促转录作用。

发现核小体后，进一步观察核小体结构与基因转录的关系，发现基因转录活跃的染色质区段常有富含赖氨酸的组蛋白(H1 组蛋白) 水平降低、H2A、H2B 组蛋白二聚体不稳定性增加、组蛋白乙酰化(acetylation) 和泛素化(ubiquitination) 及 H3 组蛋白巯基化等现象，这些都是核小体不稳定或解体的因素或指征。组蛋白乙酰化减弱了染色质对 DNA 的限制，使核小体的构象发生变化，转录因子接近核小体的机会增加，因而对基因的转录是有利的。当组蛋白的乙酰化去除后，伴随着转录的关闭，表明核小体结构影响基因转录。

对小鼠细胞非活化染色质的研究发现，核小体核心组蛋白 H3 第 110 位的巯基处于封闭

状态。当该基因活跃表达时，核小体转变为伸展状态，H3 上可检测到巯基活性。研究原癌基因 *c-fos* 和 *c-myc* 的诱导表达时也发现，在基因活跃转录的数十分钟或数小时内，这些基因绝大部分都分布在伸展状态(活性) 染色质中，而一旦转录终止，这些基因又重新分布到非活化的压缩状态中，表明转录时核小体伸展或压缩状态的转换是可逆的。

9.2.1.3 DNA 拓扑结构对基因转录的影响

天然双链 DNA 的构象大多是负性超螺旋。当基因活跃转录时，RNA 聚合酶转录方向前方 DNA 的构象是正性超螺旋，其后面的 DNA 为负性超螺旋。正性超螺旋会拆散核小体，有利于 RNA 聚合酶向前移动转录；负性超螺旋则有利于核小体的再形成。

9.2.1.4 DNA 碱基修饰对基因转录的影响

DNA 甲基化是最早发现的修饰途径之一，这一修饰途径可能存在于所有高等生物中并与基因表达调控密切相关。大量研究表明，DNA 甲基化能关闭某些基因的活性，去甲基化则诱导该基因的重新活化和表达。DNA 甲基化能引起染色质结构、DNA 构象、DAN 稳定性及 DNA 与蛋白质相互作用方式的改变，从而控制基因表达。真核 DNA 中的胞嘧啶约 5%被甲基化为 5-甲基胞嘧啶(5-methylcytidine，mC)，而活跃转录的 DNA 片段中胞嘧啶甲基化程度常较低。这种甲基化最常发生在某些 5′侧区的 CpG 序列中。实验表明，这段序列甲基化可使其后的基因不能转录，甲基化可能阻碍转录因子与 DNA 特定部位的结合从而影响转录。如果用基因打靶的方法除去主要的 DNA 甲基化酶，则小鼠的胚胎就不能正常发育而死亡，可见 DNA 的甲基化对基因表达调控是重要的。

真核生物细胞内存在两种甲基化酶：一种被称为日常型甲基转移酶；另一种是从头合成型甲基转移酶。前者主要在甲基化母链(模板链) 的指导下，使处于半甲基化的 DNA 双链分子上与甲基胞嘧啶相对应的胞嘧啶甲基化。该酶催化特异性极强，对半甲基化的 DNA 有较高的亲和力，使新生的半甲基化 DNA 迅速甲基化，从而保证了 DNA 复制及细胞分裂后甲基化模式的不变。后者催化未甲基化的 CpG 成为 mCpG，它不需要母链指导，但速度很慢。

研究表明，当组蛋白 H1 与含 CCGG 序列的甲基化或非甲基化 DNA 分别形成复合体时，DNA 的构型会发生从常规的 B-DNA 向 Z-DNA 的过渡。Z-DNA 结构收缩，螺旋加深，使许多蛋白质因子赖以结合的元件缩入大沟而不利于基因转录的起始。

9.2.2 基因扩增

基因扩增(gene amplification)是指某些基因的拷贝数专一性大量增加的现象，它使细胞在短期内产生大量的基因产物以满足生长发育的需要，是基因活性调控的一种方式。例如，非洲爪蟾的卵母细胞中原有 rRNA 基因(rDNA) 约 500 拷贝，在减数分裂 I 的粗线期，这个基因开始迅速复制，到双线期它的拷贝数约为 200 万，扩增近 4000 倍，可用于合成 10^{12} 个核糖体，以满足卵裂期和胚胎期合成大量蛋白质的需要。

果蝇中也发现了基因扩增现象。在卵巢成熟之前，卵巢颗粒细胞中产生卵壳蛋白的基因被扩增。果蝇中的卵原细胞，经 4 次分裂产生 16 个细胞，其中一个是卵母细胞，将发育成为卵细胞。其他 15 个是营养细胞，它们为卵细胞的形成提供大量的蛋白质及其他大分子物质。营养细胞之所以能够产生大量的营养物质，是因为在它们的形成过程中发生了多次特殊的 DNA 复制，卵壳蛋白等基因拷贝数目显著增加。营养细胞与卵细胞通过胞质桥相连，使基因产物顺利进入正在增大的卵细胞。因此，在卵发生后期，营养细胞能合成大量的卵壳蛋白，把卵母细胞包裹在卵壳内。

基因的扩增无疑能够大幅度地提高基因表达产物的量，但这种调控机制至今还不清楚。

9.2.3 基因重排与变换

将一个基因从远离启动子的地方移到距它很近的位点从而启动转录，这种方式被称为基因重排(gene rearrangement)。通过基因重排调节基因活性的典型例子是免疫球蛋白结构基因和T-细胞受体基因的表达，前者是由B-淋巴细胞合成的，而后者则由T-淋巴细胞合成。免疫球蛋白的肽链主要由可变区(V区)、恒定区(C区)及两者之间的连接区(J区)组成(表9-1)，*V*、*C*和*J*基因片段在胚胎细胞中相隔较远。编码产生免疫球蛋白的细胞发育分化时，通过染色体内DNA重组把四个相隔较远的基因片段连接在一起，从而产生了具有表达活性的免疫球蛋白基因(图9-2)。

表9-1 人类基因组中免疫球蛋白基因主要片段的数量比较

成分	基因位点	染色体	基因片段数量			
			V	*D*	*J*	*C*
重链	IGH	14	86	30	9	11
轻链(κ链)	IGK	2	76	0	5	1
轻链(λ链)	IGL	22	52	0	7	7

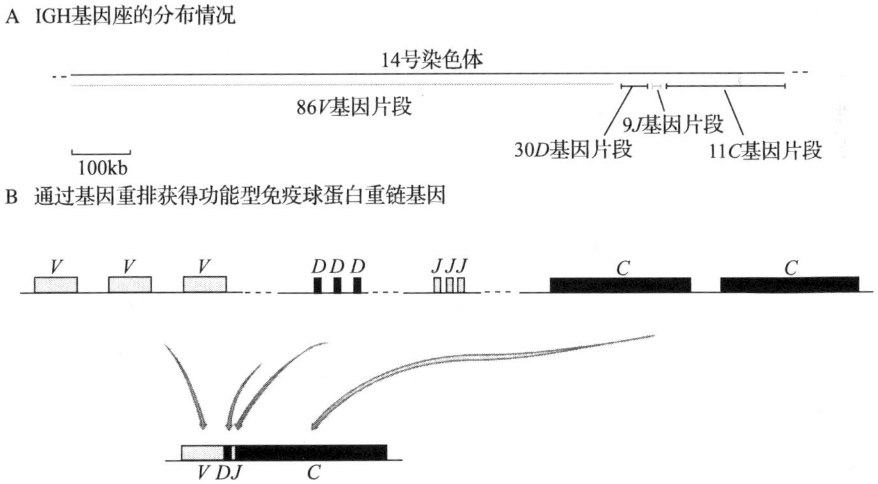

图9-2 免疫球蛋白重链基因片段重排与组织特异性表达(朱玉贤等，2007)

酵母有两种交配型，*MATa*和*MATα*，相当于高等真核生物中的雌性和雄性。由于酵母主要通过无性的细胞分裂方式来增殖，故整个群体很容易变成一种交配型，从而失去通过有性繁殖得到下一代的机会。这种现象在遗传学上是有风险的，因为无性生殖得到的群体中遗传性状往往较为单一。为了避免这种情况，酵母细胞能通过一种被称为“交配型转换”的过程改变自己的性别。这个过程有时也被称为基因转换。

研究酵母染色体上交配型基因位点发现，每个单倍体酵母细胞都分别带有*MATa*或

MATα 基因，在这个基因位点的两侧分别存在着两个 *MAT* 样基因，*HMLα* 和 *HMRa*，其序列分别与 *MATα* 和 *MATa* 完全相同，只不过这两个基因一般情况下都不能表达，在它们的上游调控区有"沉默子"阻遏基因表达。所以，*HMLα* 和 *HMRa* 又被称为"沉默交配型盒"。交配型转换的第一步是内切核酸酶 HO 在 *MATa* 基因内部一个 24bp 序列处切开双链 DNA，自由的 3′端又在 DNA 聚合酶的作用下以上游(或下游) *HMLα* 基因为模板合成双链 DNA，直到完全置换掉原有的 *MATa* 基因，完成性别变换(图 9-3)。

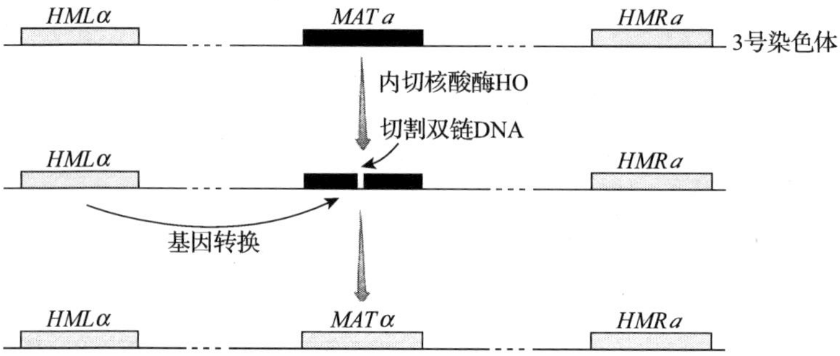

图 9-3 酵母基因重排与交配型转换(朱玉贤等，2007)

9.3 转录水平的调控

真核生物在生长、分化和发育过程中需要整合不同组织的、发育的、环境的信号调节基因表达。转录调控是真核基因表达调控的最重要的途径，大多是通过顺式作用元件和反式作用因子复杂的相互作用而实现的。

9.3.1 顺式作用元件

顺式作用元件(*cis*-acting element)是同一 DNA 分子中具有特殊功能的转录因子 DNA 结合位点和其他调控基序(motif)，在基因转录起始调控中起重要作用，按功能特性分为通用调节元件(如启动子、增强子、沉默子) 及专一性元件(如激素反应元件、cAMP 反应元件)。顺式作用元件的作用是参与基因表达的调控，本身不编码任何蛋白质，仅仅提供一个作用位点，要与反式作用因子相互作用而起作用。

9.3.1.1 *启动子*

启动子(promoter)是基因的一个组成部分，控制基因表达(转录)的起始时间和表达的程度。启动子就像"开关"，决定基因的活动。但启动子本身并不控制基因活动，而要通过与转录因子结合而控制基因活动。转录因子就像一面"旗子"，指挥着酶(RNA 聚合酶) 的活动，这种酶指导着 RNA 的复制。基因的启动子部分发生改变(突变) 会导致基因表达的调节障碍。

真核基因启动子是原核启动序列的同义语。真核基因启动子是指 RNA 聚合酶Ⅱ及转录起始点周围的一组转录控制组件。每个启动子包括至少一个转录起始点及一个以上的功能组件，转录调节因子即通过这些机能组件对转录起始发挥作用。真核基因启动子位于基因转录起始位点(+1) 及其 5′上游 100～200bp 以内，每个元件长度为 7～20bp，是决定 RNA 聚合酶Ⅱ转录起始点和转录频率的关键元件，由核心启动子(core promoter) 和上游启动子元件(up-stream promoter element，UPE) 两个部分组成。

核心启动子是指保证RNA聚合酶Ⅱ转录正常起始所必需的、最少的DNA序列，包括转录起始位点及转录起始位点上游−30～−25bp处的TATAAAAG，也称TATA框(TATA box)。TATA框的主要作用是使转录精确地起始，是RNA聚合酶Ⅱ的结合部位。核心启动子单独起作用时，只能确定转录起始位点并产生基础水平的转录。TATA框上游的保守序列称为上游启动子元件或上游激活序列(upstream activating sequence，UAS)。上游启动子元件包括位于−70bp附近的CAAT框(CCAAT)和GC框(GGGCGG)等。CAAT框的主要作用是控制转录起始的频率，如在TATA 框和相邻的UPE之间插入核苷酸会影响转录，使之减弱。

9.3.1.2 增强子

增强子(enhancer)最早是在SV40病毒中发现的长约200bp的一段DNA，可使旁侧的基因转录效率提高100倍，其后在多种真核生物，甚至在原核生物中都发现了增强子。

增强子是远离转录起始点，决定基因的时间、空间特异性表达，增强启动子转录活性的DNA序列。增强子的长度通常为100～200bp，和启动子一样由若干组件构成，基本核心组件常为8～12bp，可以单拷贝或多拷贝串联的形式存在。

1）增强子作用的特点

(1) 增强子可提高同一条DNA链上基因的转录效率且与距离无关。通常距离1～4kb，个别情况下离开所调控的基因30kb仍能发挥作用。而且，增强子在基因转录起始点的上游或下游都能起作用。

(2) 增强子作用与其序列的正反方向无关，将增强子方向倒置依然能起作用。而将启动子倒置就不能起作用，可见增强子与启动子是很不相同的。

(3) 增强子要有启动子才能发挥作用，没有启动子的存在，增强子不能表现其活性；没有增强子的存在，启动子通常不能表现活性。但增强子对启动子没有严格的专一性，同一增强子可以影响不同类型启动子的转录。增强子和启动子有时分隔很远，有时连续或交错覆盖。

(4) 增强子必须与特定的蛋白质因子结合后才能发挥增强转录的作用。增强子一般具有组织或细胞特异性，许多增强子只在某些细胞或组织中表现活性，这是由这些细胞或组织中具有的特异性蛋白质因子所决定的。

(5) 增强子大多为重复序列，一般长约50bp，适合与某些蛋白质因子结合。其内部常含有一个核心序列，即(G) TGGA/TA/TA/T(G)，这是产生增强效应时所必需的。

(6) 增强子的增强效应十分明显，一般能使基因转录频率增加10～200倍。经人巨大细胞病毒增强子增强后的珠蛋白基因表达频率比该基因正常转录频率高600～1000倍。

(7) 许多增强子受外部信号的调控，如金属硫蛋白的基因启动区上游所带的增强子就可以对环境中的锌、镉浓度做出反应。

(8) 增强子的功能是可以累加的。SV40增强子序列可以被分为两半，每一半序列本身作为增强子功能很弱，但合在一起，即使其中间插入一些别的序列，仍然是一个有效的增强子。因此，要使一个增强子失活必须在多个位点上造成突变。对SV40增强子而言，没有任何单个的突变可以使其活力降低到原来的1/10。

2）增强子的作用机制

关于增强子的作用机制，一种观点认为增强子为转录因子提供进入启动子区的位点；另一种观点认为增强子能改变染色质的构象。因为增强子区域容易发生从B-DNA到Z-DNA的构象变化。

增强子在转录起始点远端起作用可能有三种方式：① 增强子可以影响模板附近的DNA

双螺旋结构,如导致 DNA 双螺旋弯折,或在反式因子的参与下,以蛋白质之间的相互作用为媒介形成增强子与启动子之间“成环”连接的模式活化转录;② 将模板固定在细胞核内特定位置,如连接在核基质上,有利于 DNA 拓扑异构酶改变 DNA 双螺旋结构的张力,促进 RNA 聚合酶Ⅱ在 DNA 链上的结合和滑动;③ 增强子区可以作为反式作用因子或 RNA 聚合酶Ⅱ进入染色质结构的“入口”。

9.3.1.3 应答元件

应答元件(response element)是位于基因上游能被转录因子识别和结合,从而调控基因专一性表达的 DNA 序列,如热激应答元件(heat shock response element,HSE)、金属应答元件(metal response element,MRE)、糖皮质激素应答元件(glucor-ticoid response element,GRE)和血清应答元件(serum response element,SRE)等。

应答元件含有短重复序列,不同基因中应答元件的拷贝数相近但不相等。蛋白质因子结合在应答元件的保守序列上,通常位于转录起点上游 200bp 内。应答元件也可位于启动子或增强子内,如 HSE 位于启动子内,GRE 则在增强子内。各种应答元件的作用原理是相同的,即特定的蛋白质因子识别应答元件并与其结合,从而调控基因的表达。

热激应答是多个基因受单一转录因子调控的应答,温度升高,在关闭一些基因转录的同时,打开热激基因(heat shock gene)的转录。无论是细菌还是高等真核生物,热激基因散布在不同染色体上或同一染色体的不同部位,即生物处在最适温度范围以上时,受到热的诱导,就会使许多热激基因转录,合成一系列热激蛋白。热激蛋白是一种分子伴侣(molecular chaperon),可以使因温度升高而构型发生改变的蛋白质恢复其原有的三维构象,不致丧失功能而使机体得以存活。金属硫蛋白(metallothionein)基因则是单一基因受多种不同的调控机制调控的应答。

9.3.2 反式作用因子

转录水平的调控主要是通过与多种 DNA 元件结合的蛋白质因子来实现。反式作用因子(*trans* acting factor)是指能直接或间接地识别或结合在各类顺式作用元件核心序列上参与调控靶基因转录效率的蛋白质。大多数真核转录调节因子由某一基因表达后,可通过与另一基因的特异的顺式作用元件相互作用,从而激活另一基因的转录,这种调节蛋白称反式作用因子,如激活因子和阻遏因子,它们与顺式作用元件中的上游激活序列特异性结合,对真核生物基因的转录分别起促进和阻遏作用。

调节和控制转录活性的反式作用因子有三类,即通用或基本转录因子、上游因子和可诱导因子。基本转录因子结合在 TATA 框和转录起点,与 RNA 聚合酶一起形成转录起始复合物;上游因子结合在启动子和增强子的上游控制位点;可诱导因子与应答元件相互作用。编码反式作用因子的基因与被反式作用因子调控的靶序列(基因)不在同一染色体上。反式作用因子可被诱导合成,其活性也受多种因素的调节。同一类序列特异性的反式作用因子由多基因家族所编码。

反式作用因子通过以下不同的途径发挥调控作用:蛋白质和 DNA 相互作用;蛋白质和配基结合;蛋白质之间的相互作用以及蛋白质的修饰。反式作用因子有两个重要的功能结构域:DNA 结合结构域和转录活化结构域,它们是其发挥转录调控功能的必需结构。

9.3.2.1 DNA 结合结构域

利用与 DNA 结合的特殊基序,已经了解了几类调控转录的蛋白质的详细信息,这些 DNA 结合结构域都有相对的保守性(表 9-2)。目前研究比较清楚的有四类 DNA 结合结构域(或 DNA 结合蛋白)(图 9-4)。

表 9-2 部分球蛋白基因 5′调控区序列的保守性比较

基因	−80 区	−30 区
小鼠 β^{min}	GGCC*AAT*CTGCTC	GGT*ATA*TAAA
小鼠 β^{maj}	GGCC*AAT*CTGCTC	AGC*ATA*TAAG
兔 β	GGCC*AAT*CTACC-	GGC*ATA*AAAG
山羊 β^{A}	AGCC*AAT*CTGCTC	GGC*ATA*AAAG
山羊 β^{C}	AGCC*AAT*CTGCTC	GGC*ATA*AAAG
人 β	GGCC*AAT*CTACTC	GGC*ATA*AAAG
人 δ	AACC*AAT*CTGCTC	-GC*ATA*AAAG
人 A^{γ}	GACC*AAT*AGCCTT	GGC*ATA*AAAG
人 G^{γ}	GACC*AAT*AGCCTT	GGC*ATA*AAAG
人 α	GACC*AAT*GACTTT	GGC*ATA*AAAG

注:斜体表示高度保守的序列。

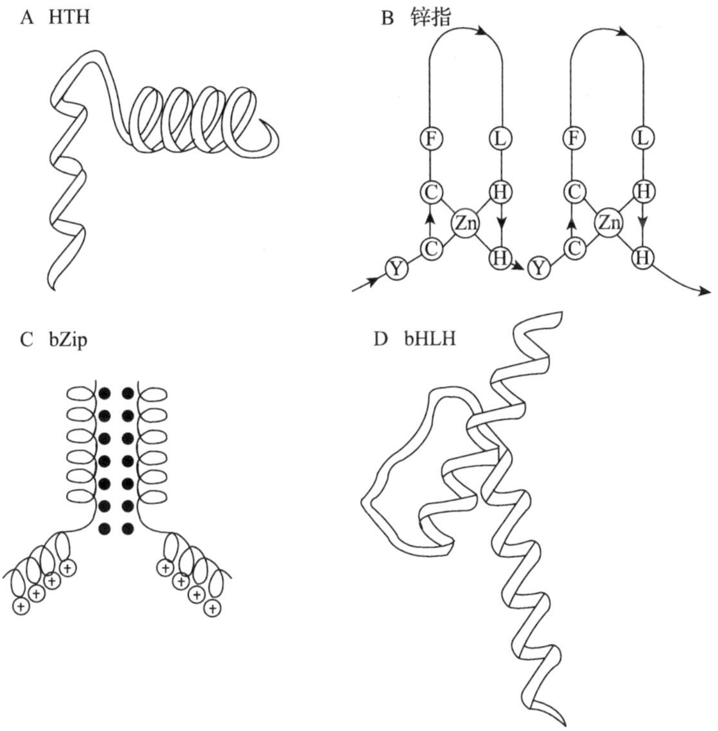

图 9-4 DNA 结合蛋白的几种常见结构(阎隆飞,2001)

1) 螺旋-转角-螺旋

螺旋-转角-螺旋(helix-turn-helix, HTH)的基本组成是两个 α 螺旋被一个 β 转角隔开。这种结构本身通常不稳定,但它是较大的结合 DNA 的结构域的活性部分。两个 α 螺旋之一是起识别作用的螺旋,因为它通常含有多个与 DNA 相互作用的氨基酸残基,并且位于大沟中,如控制酵母交配型 MAT 基因座及果蝇体节发育的调节基因(*antp*、*ftz*、*ubx*)等同源基因所编码的蛋白质都具有螺旋-转角-螺旋结构(图 9-5)。

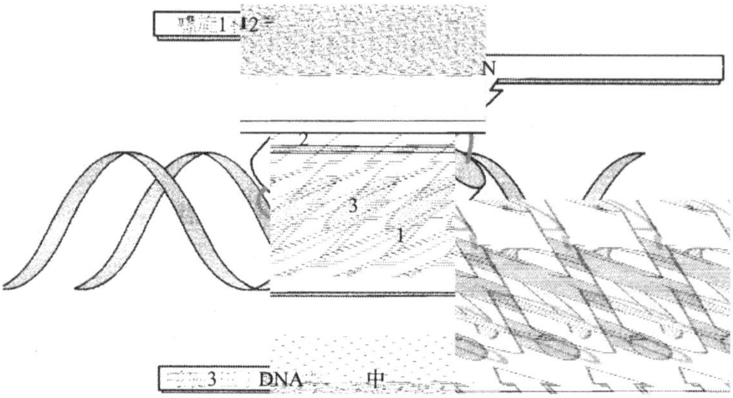

图 9-5　同源域蛋白通过其第三个螺旋与双链 DNA 的大沟相结合，其 N 端的延伸部分则与 DNA 的小沟相结合，提高了稳定性(Lewin，2007)

2）锌指结构

锌指(zinc finger)由一小组保守的氨基酸和锌离子结合，在蛋白质中形成了相对独立的功能域，像一根根手指伸向 DNA 的大沟一样(图 9-6)。两种类型的 DNA 结合蛋白具有这种结构：一类是锌指蛋白，另一类是甾类受体。

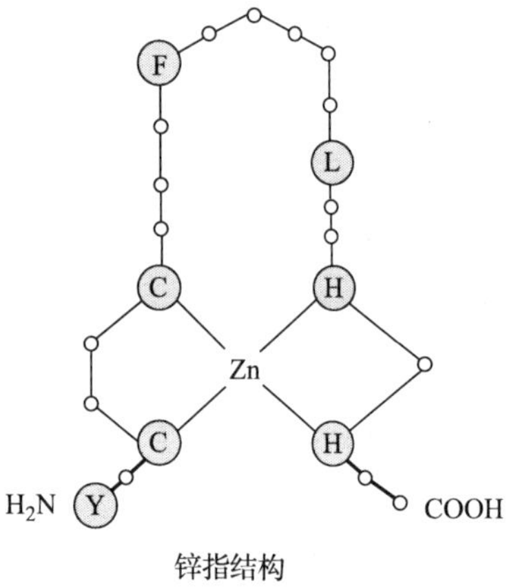

图 9-6　典型锌指示意图(Lewin，2007)

锌指蛋白因其包含的特殊的指状结构使得其在对 DNA、蛋白质和 RNA 的识别和结合中起重要作用。锌指蛋白在真核生物中表达广泛，参与细胞的分化、增殖和凋亡等多种重要生命过程。

典型的“锌指蛋白”Zn 位于保守的 Cys 和 His 残基所组成的四面体内，称为 Cys2/His2 锌指。不同的锌指蛋白可包含一到多个锌指结构。

甾类激素受体，如糖皮质激素和雌激素受体含有另一种类型的锌指，Zn 位于半胱氨酸所组成的四面体中心，被称为 Cys2/Cys2 锌指。两个形成 α 螺旋的锌指常折叠成一个大的球形域，α 螺旋的芳香残基形成疏水中心。两个 α 螺旋通过 β 折叠连在一起(图 9-7)。

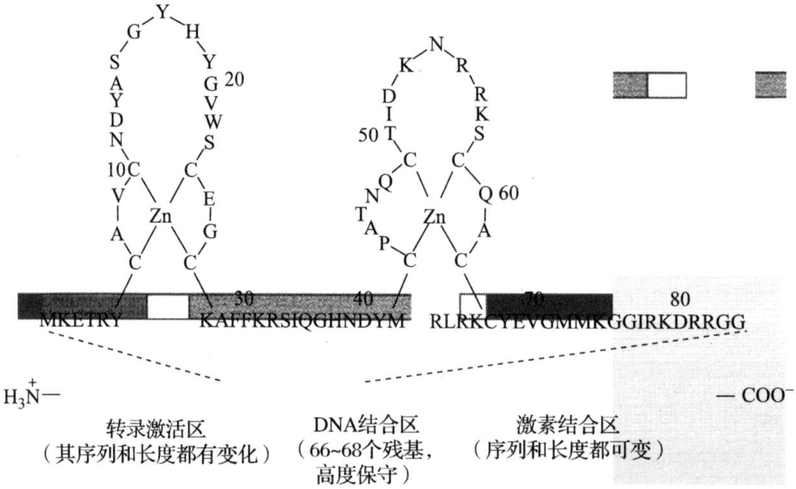

图 9-7　典型的甾体激素受体结构示意图(Lewin，2007)

3）碱性-亮氨酸拉链结构

碱性-亮氨酸拉链结构(basic-leucine zipper，bZip)的特点是蛋白质分子的肽链上每隔六个氨基酸就有一个亮氨酸残基，结果导致这些亮氨酸残基都在螺旋的同一个方向出现。两个相同结构的两排亮氨酸残基就能以疏水键结合成二聚体。该二聚体的另一端的肽段富含碱性氨基酸残基，借其正电荷与DNA双螺旋链上带负电荷的磷酸基团结合。若不形成二聚体则对DNA的亲和结合力明显降低。在肝脏、小肠上皮、脂肪细胞和某些脑细胞中有称为C/EBP家族的一大类蛋白质，它们能够与CAAT框和病毒增强子结合。其特征就是能形成bZip二聚体结构(图9-8)。

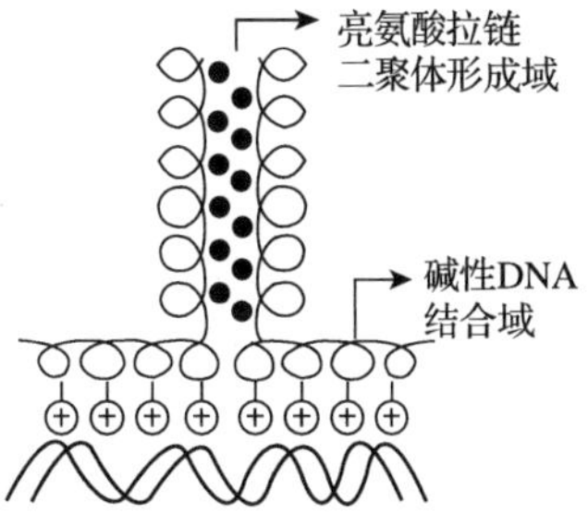

图9-8 碱性亮氨酸拉链结构及其与DNA的结合

4）碱性-螺旋-环-螺旋结构

碱性-螺旋-环-螺旋结构(basic-helix-loop-helix，bHLH)由40～50个氨基酸组成，含有两个双性的α螺旋，被非螺旋的环状结构隔开。通过两条螺旋对应位置上的疏水性氨基酸残基之间的相互作用可以生成同源二聚体或异源二聚体。每个螺旋区长15个或16个氨基酸，其中有几个氨基酸残基是保守的。两个螺旋区之间的环使两个螺旋区可以彼此独立地相互作用。大部分HLH蛋白的HLH基序旁边都有一段高度碱性的氨基酸序列，这是同DNA结合所必需的。在15个氨基酸组成的序列中有六个保守的氨基酸残基，含有这一段氨基酸序列的HLH蛋白质称为bHLH蛋白质。bHLH蛋白质可分为两类：一类遍布于各种组织，如哺乳动物的E12/E47和果蝇的da；另一类只存在于某种组织，包括哺乳动物的MYOD和果蝇的AC-S。

9.3.2.2 转录活化结构域

在真核生物中，反式作用因子的功能由于受蛋白质-蛋白质之间相互作用的调节变得精密、复杂，完整的转录调控功能通常以复合物的方式来完成。这就意味着并非每个转录因子都直接与DNA结合。因此，是否具有转录活化域就成为反式作用因子中唯一的结构基础。反式作用因子的功能具有多样性，其转录活化域也有多种，通常依赖于DNA结合结构域以外的30～100个氨基酸残基。

不同的转录活化域大体上有下列几个特征性结构：① 带负电荷的螺旋结构，如哺乳动物细胞中糖皮质激素受体的两个转录活化域。② 富含谷氨酰胺的结构，如哺乳动物细胞中的血清应答因子（SRF）等都有相同的富含谷氨酰胺的结构域。③ 富含脯氨酸的结构，如CTF-NF1因子的羧基端富含脯氨酸达20%～30%。

9.4 转录后水平的调控

初始转录物通过5′端加帽、3′端多腺苷化以及内含子从割裂基因的转录产物中去除才能转变为成熟mRNA，而成熟RNA必须从核内运输到胞质中才能翻译成蛋白质。在这一系列过程中可变剪接调控蛋白质产物的类型。

9.4.1 mRNA前体加工的分子机制

高等真核生物中，核基因与其产物间在长度上存在差异，而这种差异的本质是由核RNA的性质决定的。核RNA的平均长度比mRNA长，非常不稳定，序列的复杂程度也非常高，包括前体 mRNA(pre-mRNA) 和其他的转录物(那些最终没有形成 mRNA 的部分)。

在细胞核内对原始转录产物——核不均一 RNA(heterogeneous nuclear RNA，hnRNA，mRNA 前体) 进行各种修饰、剪接和编辑，编码蛋白质的外显子部分就连接成为一个连续的可读框的过程称为转录后加工。通过核孔进入细胞质，就能作为蛋白质合成的模板了。表 9-3 和图 9-9 分别总结了原始 RNA 成熟期间的主要加工过程。

表 9-3 RNA 加工过程及其生理功能

加工过程	推测的生理功能
加帽反应	mRNA 从细胞核向细胞质转运，翻译起始
加 polyA 反应	转录终止，翻译起始和 mRNA 降解
RNA 的剪接	从 mRNA、tRNA 和 rRNA 分子中切除内含子
RNA 的切割	从前体 RNA 中释放成熟 tRNA 和 rRNA 分子

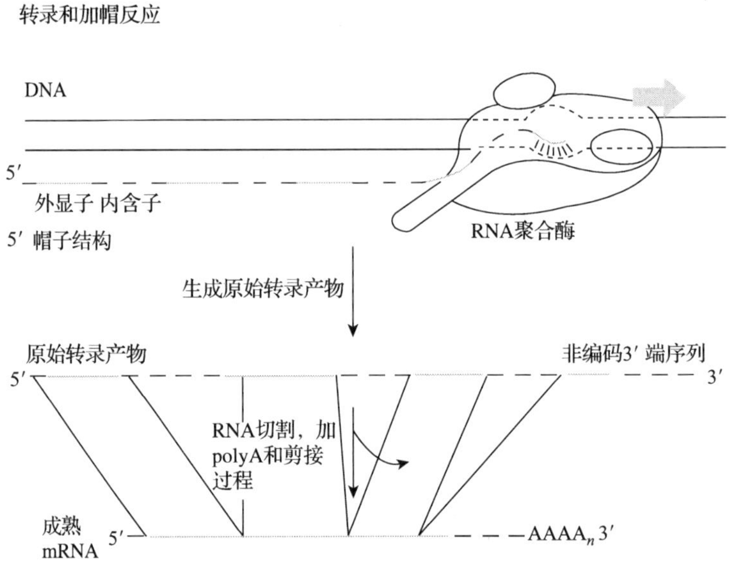

图 9-9 原始转录产物的生成及其主要加工剪接过程图示(朱玉贤等，2007)

hnRNA 的物理结构是一个核糖核蛋白颗粒(hnRNP)，颗粒中蛋白质包围着 hnRNA。体外研究表明，hnRNA 的形状是一个球体和一个与之相连的纤维状结构(图 9-10)。颗粒中绝大多数为核心蛋白质，但也有其他蛋白质少量存在，蛋白质的种类在 20 种左右。每个核中，与 10^6 个分子的 hnRNP 相比，这些蛋白质的拷贝数约为 10^8。目前，关于 hnRNA 是 mRNA 前体的证据主要有以下几方面。

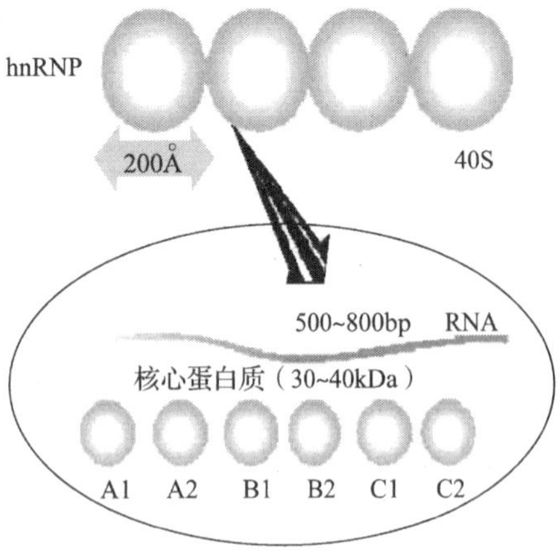

图 9-10 hnRNA 是由许多小珠状结构形成的核蛋白颗粒(Lewin，2007)

(1) 在真核生物细胞核中发现存在代谢十分活跃、平均相对分子质量为 2×10^7，长度不均一的 RNA，而细胞质中 mRNA 的平均相对分子质量仅为 1.5×10^6，说明在 mRNA 的加工成熟过程中有相当一部分核苷酸被删除。

(2) hnRNA 很不稳定，半衰期只有 5～15min，

而 mRNA 的半衰期一般都比较长，这说明 hnRNA 不可能是转录的最终产物，而只能是中间产物。

(3) 用放射性核素作脉冲标记证明，75%被标记的 RNA 是 hnRNA。这些标记的 RNA 大部分位于细胞核内，只有 10%进入细胞质。

(4) hnRNA 占细胞全部 RNA 的 3%，说明它一经诞生就立即加工变化，不会长久地积累下来。

(5) hnRNA 3′端也带有 polyA。用^{3}H-AR(放射性核素氚标记的腺嘌呤核苷) 做脉冲标记实验，45s 后发现，90%的 polyA RNA 位于细胞核内；标记 150min 后，有 20%的 polyA RNA 进入细胞质，说明带有 polyA 的 RNA 是由细胞核转运入细胞质的。

(6) 加入 dAR(脱氧腺嘌呤核苷) 抑制 polyA 的生物合成，hnRNA 和 mRNA 的合成都受到抑制。

因此认为 hnRNA 是 mRNA 的前体，成熟 mRNA 是由 hnRNA 经剪接加工后得到的。

9.4.2 转录后加工水平上的调控

真核生物转录后的几个阶段的调控都可以称为转录后的调控，包括 5′端加帽、3′端加尾、RNA 的剪接和 RNA 编辑等。这些步骤都可调控，但目前了解最多的是在剪接阶段。

9.4.2.1 5′端加帽

在真核生物中，几乎所有的成熟 mRNA 都有 5′端帽子(cap) 结构，多数还有 3′端polyA尾结构。这些结构都是在转录后经过修饰的结果。

成熟真核生物的 mRNA 并没有游离的 5′端，而是一种被称为帽子的结构。不同真核生物的 mRNA 可有不同的帽子结构，同一种真核生物的 mRNA 也常有不同的帽子结构，目前尚不清楚其原因。真核生物的帽子结构可归纳为三种(表 9-4)：m^7GpppX 为帽子 0、m^7GpppXm 为帽子 1、m^7GpppXmYm 为帽子 2。

表 9-4 真核生物 mRNA 的帽子结构

种类	结构	mRNA
0 型	$m^7Gppp^A/GpNp$-	酵母、黏菌
1 型	$m^7GpppA_{mp}GmpNp$	海胆胚、卤虫
2 型	$m^7GpppN_{1mp}N_{2p}$	哺乳动物
	$m^7GpppN_{1mp}N_{2mp}$	哺乳动物

帽子结构的作用还不十分清楚，但可以肯定具有重要的功能。目前认为它有下列作用：① 为核糖体识别 mRNA 提供信号；② 增加 mRNA 的稳定性；③ 与某些 RNA 病毒的正链 RNA 的合成有关。

9.4.2.2 3′端加尾

多数真核生物(酵母除外) 的 mRNA 3′端具有约为 200bp 长的 polyA 尾巴。polyA 尾巴不是由 DNA 所编码，而是在转录后由 RNA 末端腺苷酸转移酶催化下，以 ATP 为前体，添加到 mRNA 的 3′端的。核 RNA 也具有 polyA 结构。无论是 mRNA 还是核 RNA，polyA 与 polyA 结合蛋白(polyA-binding protein, PABP) 结合。PABP 的单体分子质量为 70kDa，可与 polyA 序列中的 10～30 个碱基结合。RNA 末端腺苷酸转移酶又称为 polyA 聚合酶。polyA 的添加位点并不在 RNA 转录终止的 3′端，而是首先由内切酶和其他因子识别切点上游 13～20 个碱基的 AAUAAA 和下游的 GUGUGUG(有些情况例外)，然后切除一段序列，在此基础上，由 RNA 末端腺苷酸转移酶催化添加 polyA。AAUAAA 保守性很强，只有少数情况下有一个碱基的差异，这段序列的突变可阻止 polyA 的形成。

有些 mRNA 的 3′端无 polyA 尾，如组蛋白的 mRNA。其 3′端的正确形成依赖于 RNA 本身形成的茎环结构，即转录终止于此处。mRNA 成熟 3′端的形成也需要剪切过程。例如，组蛋白 H3 hnRNA，转录原始产物要经切除一段序列才能成为成熟的 mRNA。有三种成分参与了该过程，第一种是热敏因子，功能不详；第二种因子识别剪切位点上游的发夹结构；第三种是 U7 snRNA，长 56bp，其 5′端一保守序列能与 mRNA 的剪切点下游的 GAAAGA 互补(图 9-11)。U7 snRNA 的序列和结构在人类和海胆中有很高的保守性。

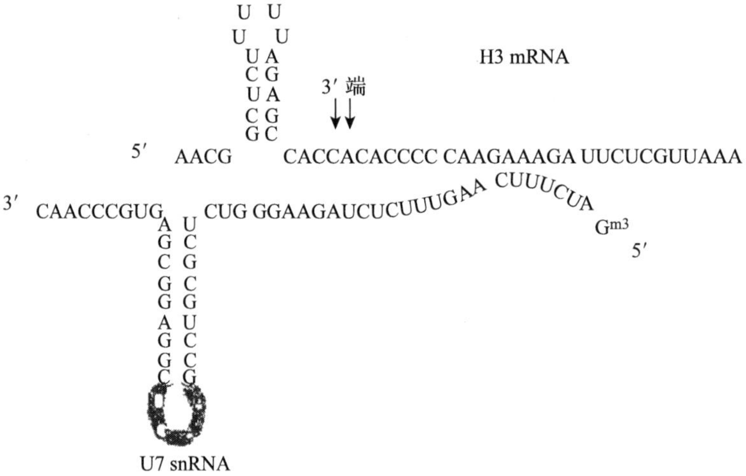

图 9-11　组蛋白 mRNA 3′成熟末端的形成(张玉静，2000)

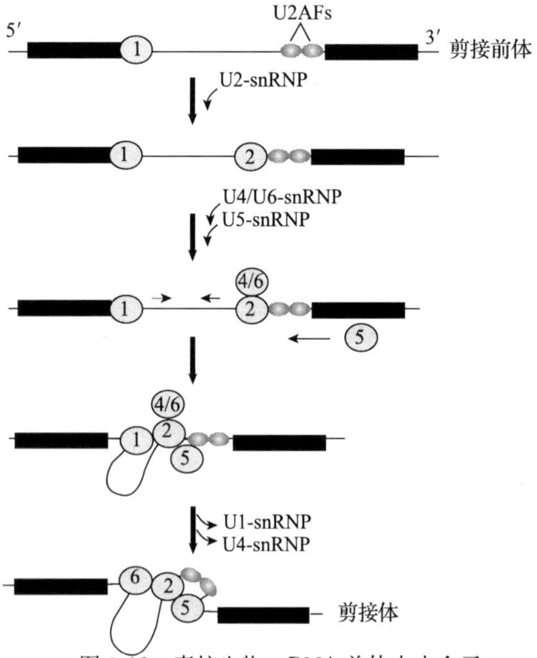

图 9-12　真核生物 mRNA 前体中内含子剪接过程示意图(朱玉贤等，2007)

关于 polyA 的功能，目前认为与 mRNA 的寿命有关，如去掉 polyA 的 mRNA 易被降解，但没有发现 polyA 的长度与其寿命间有相关性。polyA 与 polyA 结合蛋白的缺乏能阻止酶的水解。polyA 的缺失可抑制体外翻译的起始。PABP 的缺乏能抑制酵母的翻译。

9.4.2.3　mRNA 的剪接

RNA 的剪接(RNA splicing) 是指从 mRNA 前体分子中切除内含子，并将外显子连接形成成熟 mRNA 的过程。根据体外反应时需要的条件和形成的中间体可以把剪接反应分为四类，包括真核生物核内内含子、Ⅰ类内含子、Ⅱ 类内含子和 tRNA 内含子四种剪接系统。每一种剪接都是在一个 RNA 分子上结构的变化，因此叫做顺式剪接反应。研究表明，许多分子质量较小(106～185bp)

的核内RNA(如U1、U2、U4、U5和U6)及与这些RNA相结合的核蛋白(small nuclear ribonucleo-protein particle, snRNP)参与了RNA的剪接;mRNA链上每个内含子的5′端和3′端分别与不同的snRNP结合,形成RNA和RNP复合物(图9-12)。

剪接发生在核内,与其他一些修饰同时进行,以产生新合成的RNA。一个割裂基因的表达过程如图9-13所示,转录物在完成5′端加帽,内含子去除,3′端加多聚腺嘌呤尾巴后,通过核孔进入胞质进行翻译。

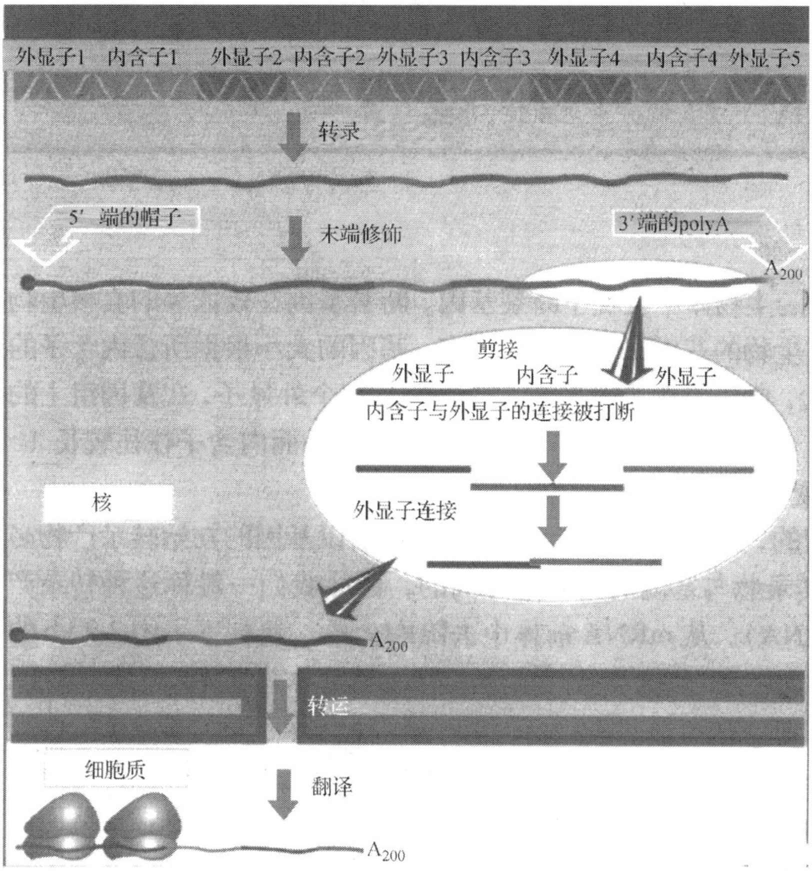

图9-13 在细胞核中,RNA的加工包括3′端和5′端的修饰以及内含子的去除等(Lewin,2007)
剪接需要在内含子与外显子结合处产生断裂,然后将外显子末端相连。成熟的mRNA
通过核孔被运到胞质中去,在细胞质中完成翻译

大部分割裂基因转录成一种RNA,剪接后这种RNA产生单一类型的mRNA。在这些情况下,参与的外显子和内含子没有变化。但是有些基因的RNA能进行可变或选择性剪接(alternative splicing),即一种基因能产生多种mRNA。

现在已知许多基因有两个或多个启动子,因而有两个或更多个转录起始位点。当用不同的启动子进行转录时产生的初始转录物是不同的。目前尚不清楚一个基因有多个启动子的意义如何,但估计可能与基因的表达调控有关。现在还发现有许多基因的初始转录物有不止一个加尾位点,选用不同的加尾位点可以产生不同的蛋白质(如免疫球蛋白)。

图9-14是一个剪接位点保持不变而另一个位点变化的例子。SV40 T/t抗原和腺病毒E1A都是通过可变剪接形成的。T/t抗原中,T抗原使用的5′剪接点是由于t抗原中

一个终止密码子被除去而产生的，所以 T 抗原比 t 抗原大。在 E1A 的转录中，剪接点以不同的可读框与最后一个外显子相连，从而造成蛋白质 C 端信号的改变。在以上的例子中，每个细胞中都有相关剪接的发生，所以能产生各种不同的蛋白质。

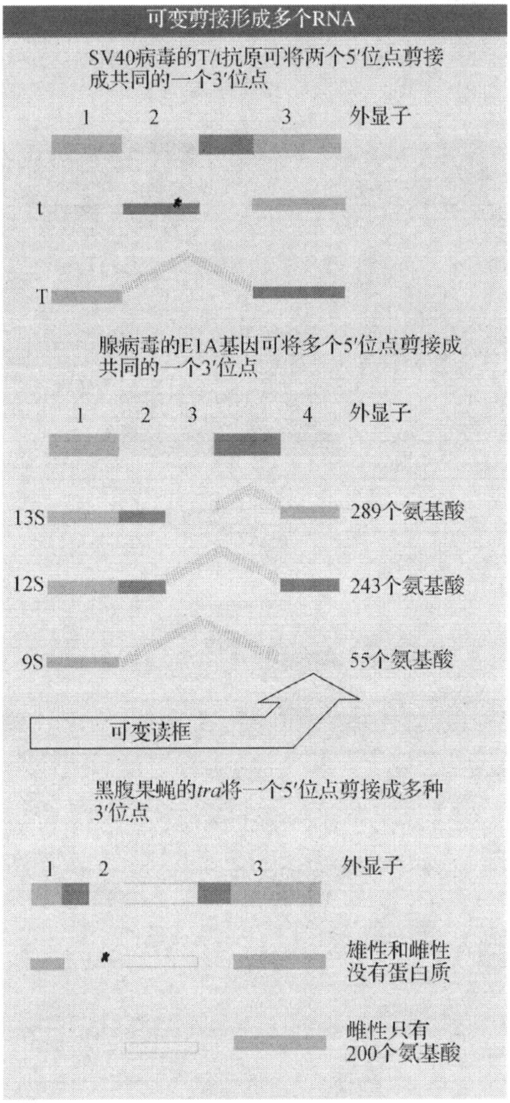

图 9-14 通过选择性剪接，同一个基因可以有数个蛋白质产物。变换剪接位点可能产生终止密码，或改变可读框（Lewin，2007）

果蝇的性别决定涉及了一系列基因的相互作用，并且是可变剪接产生了雌雄。图 9-15 中说明了其性别决定的过程，X 染色体与常染色体的比例决定了 *sxl* 基因的表达。性别决定起始于 *sxl* 基因的性别专一性剪接。*sxl* 基因中的外显子 3 中含有一个终止密码子，它阻止了功能蛋白质的合成。在雄蝇中的 mRNA 产物中含有外显子 3，但雌蝇中无此外显子，因此只有雌蝇产生 Sxl 蛋白。此蛋白质的基本氨基酸浓度类似于其他 RNA 结合蛋白。

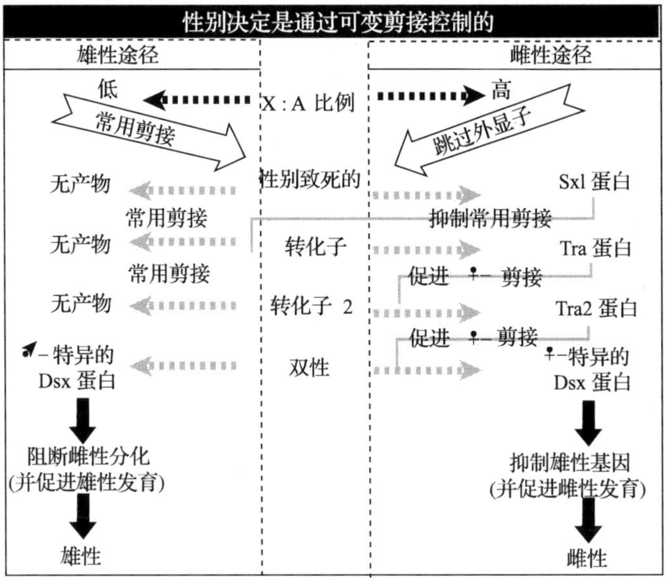

图 9-15 果蝇的性别决定过程中,有一个包含不同剪接行为的路径。阻断了此路径的任何一步都将导致向雄果蝇方向发育(Lewin,2007)

Sxl 蛋白的存在改变了 *tra* 基因的剪接过程。图 9-14 中说的是同一个 5′剪接位点与多个 3′剪接点之间的剪接。在雌性和雄性中都使用这一种剪接方式,并且产生了一个含早期终止密码子的 RNA。Sxl 蛋白的存在阻止了正常 3′剪接点的使用,跳过此位点,使用下一个 3′剪接点从而忽略了一个完整的外显子。这样产生了一个编码蛋白质的雌性专一性 mRNA。

因此果蝇的性别决定有令人惊奇的协调性:性别决定起始于含终止密码子的一个外显子的雌性专一性剪接,终止于产生一个含终止密码子的外显子的剪接。

9.4.2.4 mRNA 的编辑

RNA 的编辑(RNA editing)是某些 RNA 特别是 mRNA 前体的一种加工方式,如插入、删除或取代一些核苷酸残基,导致 DNA 所编码的遗传信息的改变,因为经过编辑的 mRNA 序列发生了不同于模板 DNA 的变化。介导 RNA 编辑的机制有两种:位点特异性脱氨基作用和引导 RNA 指导的尿嘧啶插入或删除。

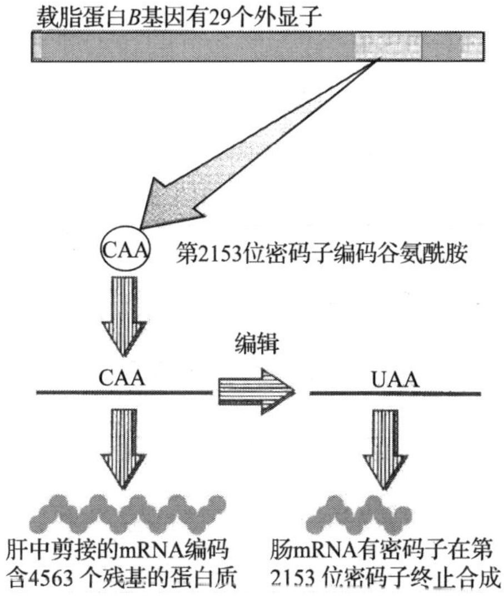

图 9-16 哺乳动物载脂蛋白基因转录产物的编辑(Lewin,2007)

哺乳动物载脂蛋白 mRNA 的编辑是广泛研究的典型例子,图 9-16 分别是该基因的 DNA 序列以及在哺乳动物肝脏和肠组织中分离到的 mRNA 序列。载脂蛋白基因编码区共有 4563 个密码子,在所有组织中的 DNA 序列都相同。在肝脏中,该基因转录产生完整的 mRNA 并被翻译成有 4563 个氨基酸的全长蛋白质,相对分子质量为 5×10^5。在肠中合成的却是只包含有 2153 个密码子的 mRNA,翻译产生相对分子质量为 2.5×10^5 的蛋白质。研究发现,该蛋白其实是全长载脂蛋白的 N 端，它是由一个在序列上除了 2153 位密码子从 CAA 突变为 UAA 之外完全与肝脏 mRNA 相同的核酸分子所编码的，C→U 突变使编码谷氨酰胺的密码子变成了终止密码子。

RNA 的编辑虽然不是很普遍，但在真核生物中也时有发生(表 9-5)。大鼠脑中谷氨酸受体蛋白 mRNA 经编辑后，分子中有多个编码谷氨酸的密码子变成了在控制通过神经递质的离子流过程中有重要影响的精氨酸，这表明 RNA 的编辑可能是充分发挥生理功能所必需的。

表 9-5 哺乳动物中 RNA 编辑的实例

组织	目标 RNA	碱基改变	结果
肝脏，肠	载脂蛋白 B	C→U	谷氨酰胺密码子→终止子
肌肉	半乳糖苷酶	U→A	苯丙氨酸密码子→酪氨酸
睾丸，肿瘤等	Wilms 肿瘤基因-1	U→C	亮氨酸密码子→脯氨酸
肿瘤	神经纤维瘤基因-1	C→U	精氨酸密码子→终止子
脑	谷氨酸受体蛋白	A→I	多个谷氨酸密码子→精氨酸

除单碱基突变之外，RNA 编辑的另一种形式是尿苷酸的缺失和添加。研究发现，利什曼原虫属细胞色素 b mRNA 中含有许多独立于核基因的尿嘧啶残基，而特异性插入这些残基的信息来自指导 RNA(guide RNA)，因为它含有与编辑后细胞色素 b mRNA 相互补的核苷酸序列。指导 RNA 与被编辑区及其周围部分核酸序列虽然有相当程度的互补性，但该 RNA 上存在一些未能配对的腺嘌呤，形成缺口，为插入尿嘧啶提供了模板(图 9-17)。反应完成后，指导 RNA 从 mRNA 上解离下来，而 mRNA 则被用作翻译的模板。

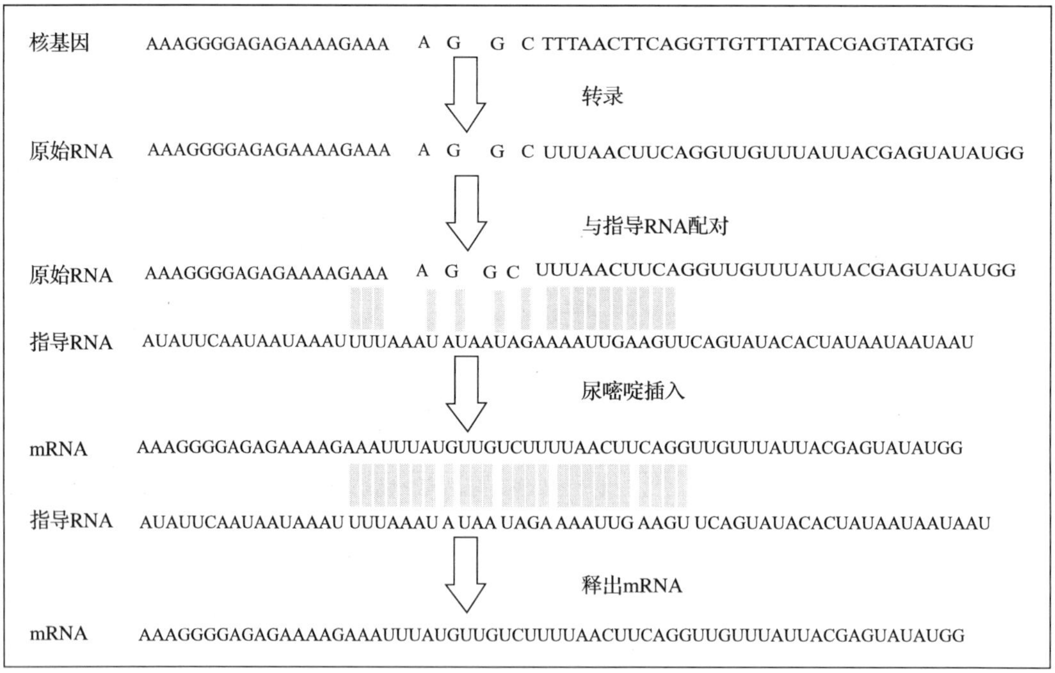

图 9-17 指导 RNA 和 RNA 的编辑机制(Lewin，2007)

9.4.2.5 转录后加工的多样性

真核基因根据转录方式可以分为两大类：简单转录单位和复杂转录单位。虽然两种转录方式最终都产生蛋白质，但它们的转录后加工方式不同。

1）简单转录单位

含简单转录单位的基因只编码产生一个多肽，其原始转录产物有时需要加工，有时则不需要加工。这类基因转录后加工有三种不同形式（图 9-18）。

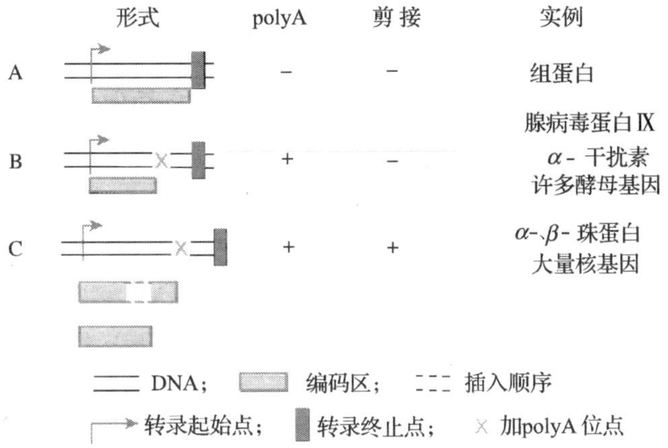

图 9-18 真核生物基因转录后加工的三种主要方式（朱玉贤等，2007）

第一种简单转录单位，如组蛋白基因，它们没有内含子，因此不存在转录后加工的问题，其 mRNA 3′端没有 polyA，但有一个保守的回文序列作为转录终止信号。第二种简单转录单位，如腺病毒蛋白Ⅸ、α-干扰素和许多酵母蛋白基因，它们没有内含子，所编码的 mRNA 也不需要剪接，但 3′端需要加 polyA。第三种简单转录单位，如 α-和 β-珠蛋白基因和许多细胞蛋白基因，这些基因虽然都有内含子，需要进行转录后加工剪接，还要加 polyA，但它们只产生一个有功能的 mRNA，所以仍然是简单转录单位。

2）复杂转录单位

含有复杂转录单位的主要是一些编码组织和发育特异性蛋白质的基因，它们除了含有数量不等的内含子以外，其原始转录物还能通过多种不同方式加工成两个或两个以上的 mRNA。

小鼠和鸡的肌球蛋白轻链基因、果蝇 *EH8* 基因、脱氢酶基因、小鼠唾液与肝脏 α-淀粉酶基因等基因的剪接方式是利用多个 5′端转录起始位点或剪接位点产生不同的蛋白质，如肌球蛋白碱性轻链基因选用了不同的 5′端转录起始位点及剪接不同外显子产生蛋白质异构体 LC_1 和 LC_3（图 9-19）。

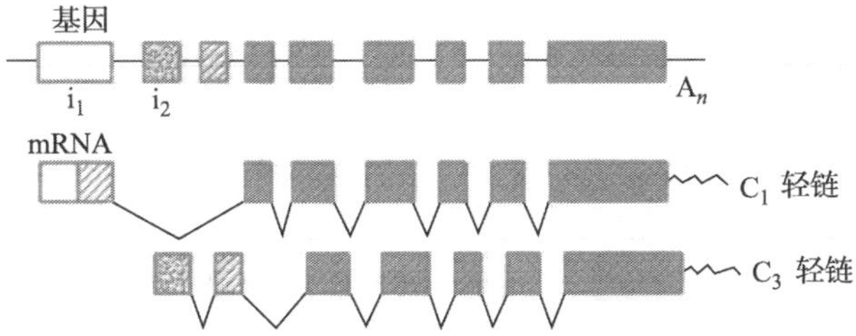

图 9-19 肌球蛋白碱性轻链基因剪接的多样性（朱玉贤等，2007）

大鼠降钙素基因、牛前激肽原基因、果蝇肌球蛋白 H 链基因和人血纤维蛋白原基因等基因的剪接方式是利用多个加 polyA 位点和不同的剪接方式产生不同的蛋白质，如大鼠降钙素基因编码与血钙代谢有关的蛋白质。该基因有一个转录起始位点和六个外显子，两个加 polyA 位点。如果初级转录产物以 0-1-2-3-4 号外显子连接在一起，并利用外显子 4 后面的 polyA 位点，就产生降钙素

mRNA。但当初级转录产物以 0-1-2-3-5-6 号外显子连接在一起，并利用外显子 6 以后的加 polyA 位点时，就产生了编码与降钙素基因表达有关的多肽 CGRP 的 mRNA(图 9-20)。

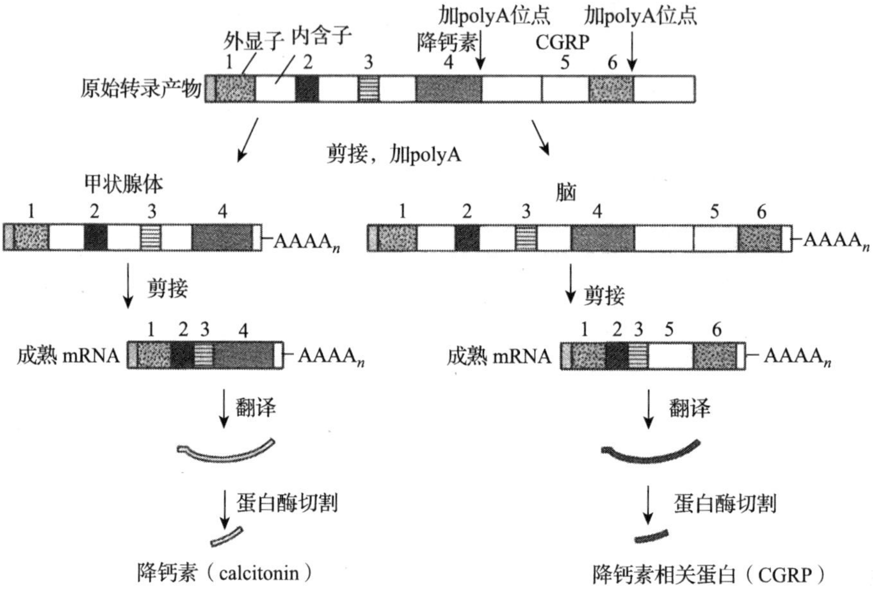

图 9-20 前体 mRNA 不同的剪接方式造成了不同组织中不同的降钙素样蛋白(Lewin，2007)

有些基因虽然不经过剪接，但它们有多个转录起始位点或加 polyA 位点，如二氢叶酸还原酶基因和酵母乙醇脱氢酶基因都具有不同的 5′端和 polyA 位点。鸡波形蛋白基因、*X* 基因和人 *N-ras* 基因均含有多个 polyA 位点，而鸡溶菌酶基因和酵母蔗糖酶基因则有多个 5′端。它们在表达时，会产生出不同 5′端的 mRNA。

9.4.3 RNAi

近年来的研究表明，一些小的双链 RNA(dsRNA) 可以高效、特异地阻断体内特定基因表达，促使 mRNA 的降解，诱使细胞表现出特定基因缺失的表型，即称为 RNA 干扰(RNA interference, RNAi，也称 RNA 干涉)。其实，它是生物体内抵御外在感染的一种重要保护机制。

9.4.3.1 RNAi 的发现

1990 年，Jorgensen 和同事将一个能产生色素的基因置于一个强启动子后，导入矮牵牛中，试图加深花朵的紫颜色，结果没看到期待的深紫色花朵，多数花成了花斑色的甚至白色的。因为导入的基因和其相似的内源基因同时都被抑制，Jorgensen 将这种现象命名为协同抑制(cosuppression)。1995 年，康奈尔大学的 Su Guo 博士和 Kemphues 在试图阻断秀丽新小杆线虫(*C. elegans*) 中的 *par*-1 基因时，发现了一个意想不到的现象。她们本是利用反义 RNA 技术特异性地阻断上述基因的表达，而同时在对照实验中给线虫注射正义 RNA(sense RNA) 以期观察到基因表达的增强。但得到的结果是二者都同样地切断了 *par*-1 基因的表达途径。这与传统上对反义 RNA 技术的解释正好相反。该研究小组一直没能给这个意外以合理解释。1998 年 2 月，华盛顿卡耐基研究院的 Andrew Fire 和马萨诸塞大学癌症中心的 Craig Mello 首次揭开这个悬疑之谜。通过大量艰苦的工作，他们证实，Su Guo 博士遇到的正义 RNA 抑制基因表达的现象，以及过去的反义 RNA 技术对基因表达的阻断，都是由于体外转录所得 RNA 中污染了微量双链 RNA 而引起的。当他们将体外转录得到的单链 RNA 纯化后注射线虫时发现，基因抑制效应变得十分微弱，而经过纯化的双链 RNA 却正好相反，能够高效特异性地阻断相应基因的表达。实际上每个细胞只要很少几个分子的双链 RNA 就已经足够完全阻断同源基因的表达。后来的实验表明在线虫中注入双链 RNA 不单可以阻断整个线虫的同源基因的表达，还会导致其第一代子代的同源基因沉默，该小组将这一现象称为 RNA 干扰(RNAi)，并因此获得了 2006 年度诺贝尔生理学或医学奖。

由于可以作为一种简单、有效的代替基因敲除的遗传工具，自 1998 年被发现以来，RNAi 在其作用机制研究、应用于生物基因组中特定基因功能的研究、封闭和阻断病原体基因表达等方面，取得了重要进展，显示出良好的应用前景。

9.4.3.2 RNAi 的作用机制

当病毒基因、人工转入基因、转座子等外源性基因随机整合到宿主细胞基因组内并利用宿主细胞进行转录时，常产生一些 dsRNA。宿主细胞对这些 dsRNA 迅即产生反应，其胞质中的内切核酸酶 Dicer 将 dsRNA 切割成多个具有特定长度和结构的小片段干扰性 RNA (21～23bp)，即 siRNA(small interfering RNA)。siRNA 在细胞内 RNA 解旋酶的作用下解链成正义链和反义链，继之由反义 siRNA 再与体内一些酶(包括内切酶、外切酶、解旋酶等)结合形成 RNA 诱导的沉默复合物(RNA-induced silencing complex，RISC)。RISC 与外源性基因表达的 mRNA 的同源区进行特异性的结合。RISC 具有核酸酶的功能，在结合部位切割 mRNA，切割位点即是与 siRNA 中反义链互补结合的两端。被切割后的断裂 mRNA 随即降解，从而诱发宿主细胞针对这些 mRNA 的降解反应(图 9-21)。siRNA 不仅能引导 RISC 切割同源单链 mRNA，而且可作为引物与靶 RNA 结合并在 RNA 聚合酶(RNA-dependent RNA polymerase，RdRP) 作用下合成更多新的 dsRNA，新合成的 dsRNA 再由 Dicer 切割产生大量的次级 siRNA，从而使 RNAi 的作用进一步放大，最终将靶 mRNA 完全降解。

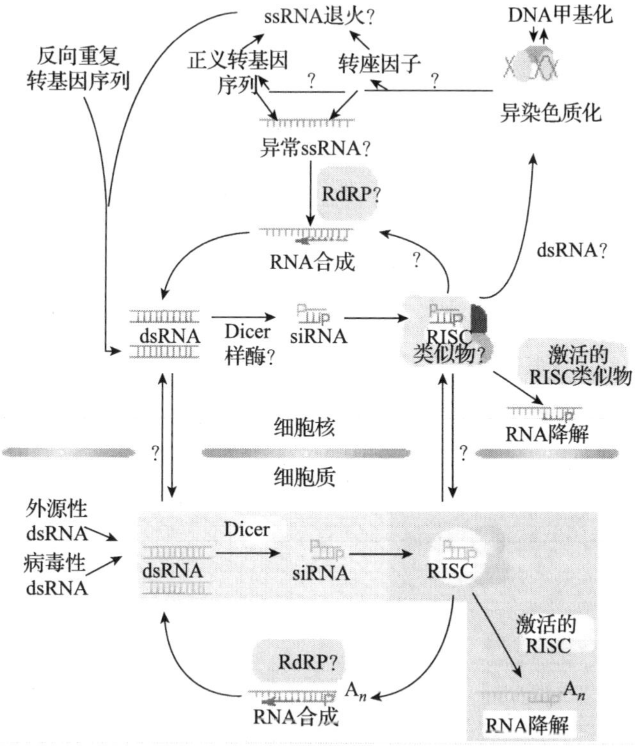

图 9-21 RNAi 作用机制示意图
(http://www.51protocot.com/RNA/RNAi/20070816/35480.html)

RNAi 发生于除原核生物以外的所有真核生物细胞内。需要说明的是，由于 dsRNA 抑制基因表达具有潜在高效性，任何导致正常机体 dsRNA 形成的情况都会引起不需要的相应基因沉默，所以正常机体内各种基因的有效表达有一套严密防止 dsRNA 形成的机制。

RNAi 干扰现象具有以下几个重要的特征：① RNAi 是转录后水平的基因沉默机制。② RNAi具有很高的特异性，只降解与之序列相应的单个内源基因的 mRNA。③ RNAi 抑制基因表达具有很高的效率，表型可以达到缺失突变体表型的程度，而且相对很少量的 dsRNA 分子（数量远远少于内源 mRNA 的数量）就能完全抑制相应基因的表达，是以催化放大的方式进行的。④ RNAi 抑制基因表达的效应可以穿过细胞界限，在不同细胞间长距离传递和维持信号甚至传播至整个有机体以及具有可遗传性等特点。⑤ dsRNA 不得短于 21 个碱基，并且长链 dsRNA 也在细胞内被 Dicer 酶切割为 23bp 左右的 siRNA，并由 siRNA 来介导 mRNA 切割。而且大于 30bp 的 dsRNA 不能在哺乳动物中诱导特异的 RNA 干扰，而是细胞非特异性和全面的基因表达受抑和凋亡。⑥ ATP 依赖性：在去除 ATP 的样品中 RNA 干扰现象降低或消失显示 RNA 干扰是一个 ATP 依赖的过程。可能是 Dicer 和 RISC 的酶切反应必须由 ATP 提供能量。

9.4.3.3 RNAi 的应用研究

功能基因组研究需要对特定基因进行功能丧失或降低突变，以确定其功能。由于 RNAi 具有高度的序列专一性，可以特异地使特定基因沉默，获得功能丧失或降低的突变，因此 RNAi 可以作为一种强有力的研究工具用于功能基因组的研究。RNAi 技术高效、特异、低毒性、周期短、操作简单等优势是传统的基因敲除技术和反义技术所无法比拟的。可以用于大规模的基因组筛选。产生各种基因功能失活表型库，并得到相应的 mRNA-表型对应关系，联合应用 DNA 芯片技术还可能得到各个基因间相互影响的网络关系，建立基因功能敲除动物模型代替繁琐的传统基因敲除。尤其是 RNAi 可以直接用于疾病相关基因的抑制，从而达到疾病治疗或预防的目的。例如，在抗肿瘤治疗中，RNAi 可用于抑制癌基因的表达；或者利用 RNAi 的高度特异性敲除点突变激活的癌基因；也可用于抑制基因扩增或抑制融合基因表达；还可用于抑制其他与肿瘤发生发展相关基因[如血管内皮生长因子（VEGF）或多药耐药基因（MDR）]的表达。在治疗病毒性疾病的研究中，可以设计针对病毒基因组 RNA 的 siRNA 或针对宿主细胞病毒受体的 siRNA 来抗病毒，目前针对乙型肝炎病毒（HBV）、丙型肝炎病毒（HCV）、呼吸道合胞病毒（RSV）、流感病毒（influenza virus）、脊髓灰质炎病毒（poliovirus）、HIV-1、SARS 等均取得了令人欣喜的体外病毒抑制效果。但是目前基因治疗普遍存在缺少高效低毒的转运载体的问题限制了 RNAi 在体内的应用。

9.5 翻译水平的调控

在蛋白质生物合成的过程中，特别是在起始反应，mRNA 的“可翻译性”是起决定作用的，其 5′端的帽子结构、二级结构、与 rRNA 的互补性及起始密码附近的核苷酸序列都是蛋白质生物合成的信号系统。蛋白质生物合成的调控就是通过 mRNA 本身所固有的信号与可溶性蛋白质因子或者与核糖体之间的相互作用而实现的。

在细胞内，蛋白质水平和 mRNA 水平是不一致的。在已完成的人类基因组草图中，人们发现人类基因比蛋白质数量要少得多，只有 3 万～4 万个基因，而每个基因都可以编码 1～8 个蛋白质。酵母及哺乳动物细胞分析表明，基因转录的 mRNA 水平并不能完全、可靠地代表其相应蛋白质的丰度。一种基因的 mRNA 丰度与相应翻译的蛋白质的水平可相差 30 倍之多，而且在低丰度蛋白质中更加明显。这种 mRNA 水平和蛋白质丰度之间的差别揭示：除了在转录过程中，在蛋白质合成的其他阶段也存在调控机制。

近年来，人们对控制 mRNA 翻译机理的研究逐渐增多，发现翻译调控作用十分广泛，而且 mRNA 翻译起始是控制翻译效率的限速步骤。这涉及集体的 mRNA 结构的变化、翻译各组成成分的修饰，以及与其他蛋白质相互作用等。例如，T 细胞激活后也有 20%基因表达的改变是在翻译水平实现的，这使人们认识到，若将翻译水平的调控基因也弄清，便可极大程度地改善基因转录的 mRNA 丰度和分布图谱的准确性。

9.5.1 真核生物 mRNA 的“扫描模式”与蛋白质合成的起始

大量的实验证明，在真核生物起始蛋白质合成时，40S 核糖体亚基及有关合成起始因子首先与 mRNA 模板靠近 5′端处结合，然后向 3′方向滑行，发现 AUG 起始密码子时，与 60S 大亚基结合形成 80S 起始复合物。这就是 Kozak 提出的真核生物蛋白质合成起始的“扫描模式”。

那么，为什么核糖体滑行到 mRNA 的第一个 AUG，即在离 5′端最近的起始密码位点就停下来并起始翻译呢？现在认为，这是由 AUG 的前(5′方向) 和后(3′方向) 序列所决定的。调查了 200 多种真核生物 mRNA 中 5′端第一个 AUG 前后序列发现，除少数例外，绝大部分都是 A/G NNAUGG，说明这样的序列对翻译起始来说是最为合适的。所以，“扫描模式”合理地说明了许多真核生物 mRNA 的单一顺反子性质，也合理地解释了为什么将 mRNA 水解之后，它内部的起始密码会被活化：因为 mRNA 的水解产生出了新的 5′端，所以它又可以成为 40S 起始复合物的进入位点。

此外，绝大多数真核生物 mRNA 5′端都带有帽子结构，核糖体起始蛋白质的合成首先面临的问题是如何识别这顶“帽子”。

9.5.2 mRNA 的稳定性与基因表达调控

在高等真核生物中转铁蛋白受体(TfR) 和铁蛋白负责铁吸收和铁解毒。这两个 mRNA 上存在相似的顺式作用元件，称为铁应答元件(iron responsive element，IRE)，IRE 与 IRE 结合蛋白(IRP) 相互作用控制了这两个 mRNA 的翻译效率：细胞处于缺铁或高铁水平时能产生两个数量级的蛋白水平的差异，却没有在 mRNA 水平上发现存在显著差异。研究表明，位于 5′非翻译区的 IRE 控制了铁蛋白 mRNA 的翻译效率，去掉这个非翻译区 IRE 可造成铁蛋白的永久性高水平翻译。当细胞缺铁时，IRP 与 IRE 具有高亲和力，两者的结合有效地阻止了 TfR 的降解，促进了 TfR 蛋白的合成(图 9-22)。此外，催乳素能明显地延缓酪蛋白 mRNA 的降解。不加入催乳素时，体系中的酪蛋白 mRNA 在 1h 内降解 50%，而加入催乳素后 40h，酪蛋白 mRNA 才降解 50%。

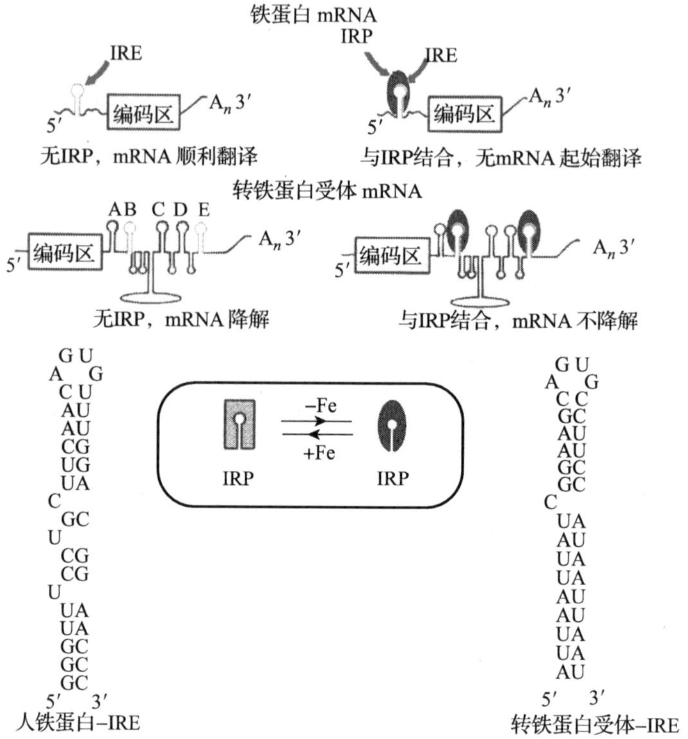

图 9-22 人铁蛋白及转铁蛋白受体 mRNA 的翻译调控机制（朱玉贤等，2007）

9.5.3 可溶性蛋白质因子的修饰与翻译起始调控

许多可溶性蛋白质因子，即起始因子，对蛋白质合成的起始有着重要的作用，对这些因子的修饰也会影响翻译的起始。

9.5.3.1 eIF-2 磷酸化对翻译起始的影响

用兔网织红细胞粗抽提液研究蛋白质合成时发现，如果不向这一体系中添加氯高铁血红素，几分钟之内蛋白质合成活性就急剧下降，直到完全消失。这就是说，当没有氯高铁血红素存在时，网织红细胞粗抽提液中的蛋白质合成抑制剂就被活化，从而抑制蛋白质的合成。现已查明，该抑制剂 HCl 是受氯高铁血红素调节的，它其实是 eIF-2 的激酶，可以使 eIF-2 的 α 亚基磷酸化，并由活性型变成非活性型。没有生物活性的 HCl 也可以通过自身的磷酸化变成活性型，这个过程可能是自我催化的，并与一个被称为 HS 因子的热稳定蛋白有关。氯高铁血红素能够阻断 HCl 的活化过程如图 9-23 所示。

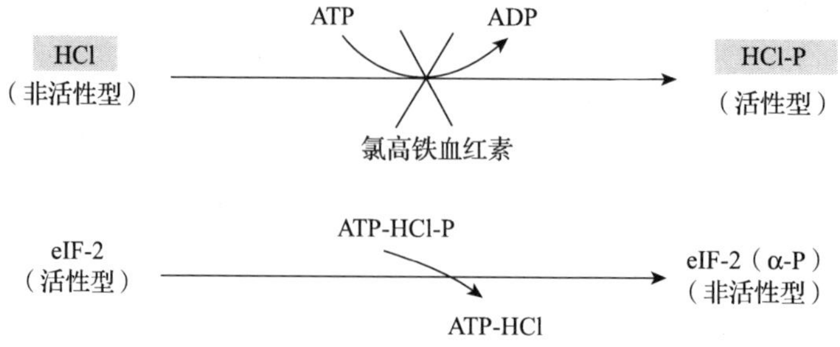

图 9-23 eIF-2、HCl 及氯高铁血红素的相互关系（朱玉贤等，2007）

实验表明，eIF-2 的 α 亚基磷酸化以后，eIF-2 与 eIF-2B 紧密结合，直接影响了 eIF-2 的再利用，从而抑制翻译，影响蛋白质合成起始复合物的生成。eIF-2 磷酸化阻碍蛋白质生物合成这一现象同样可由添加氧化型谷胱甘肽或双链 RNA 等引发。

9.5.3.2 CBPⅡ活性与翻译的起始

在脊髓灰质病毒感染的 HeLa 细胞中，有帽子结构的宿主 mRNA 的翻译受阻，宿主蛋白质合成停止，但没有帽子结构的脊髓灰质炎病毒 mRNA 的翻译却不受影响。研究表明，宿主细胞 CBPⅡ的失活是导致这种 mRNA 选择性翻译的根本原因。如果在这种感染细胞抽提液的蛋白质合成体系中加入由兔网织红细胞中提取的 CBPⅡ就能恢复有帽子 mRNA 的翻译活性。添加 CBPⅡ对脊髓灰质炎病毒 RNA 的翻译没有影响。

9.5.4 翻译后调控

新生的多肽链大多数是没有功能的，需要经过加工、折叠才能成为有活性的蛋白质。加工过程包括：切除起始氨基酸、共价修饰、蛋白质拼接、多肽链折叠等。

翻译后调控，即蛋白质合成后加工的详细内容已在第 7 章 7.5 节“蛋白质合成后的加工及运输”中论述，请参考。

本章小结

真核生物由多条染色体组成，有更复杂的细胞形态和庞大的基因组。真核生物还存在着复杂的个体发育和分化，因此真核生物基因表达的调控是从 DNA 到染色体多层次的，可以在复制、扩增、基因激活、转录、转录后、翻译和翻译后等多级水平上进行。

在 DNA、染色体水平上的调控与染色质的结构变化相关。组蛋白、核小体结构上的变化直接影响转录效率，同时 DNA 片段或部分染色体的丢失、基因的选择性扩增、基因重排和移位、染色体 DNA 的修饰、异染色质化等都在 DNA 水平上调控真核生物基因的表达。转录水平调控是真核基因表达调控最重要的途径，是通过启动子、增强子、各种应答元件等顺式作用元件和转录因子等反式作用因子复杂的相互作用而实现的。转录后加工水平上的调控主要指真核生物 mRNA 前体经过 5′端加帽、3′端加尾、mRNA 剪接、RNA 编辑加工成成熟 mRNA 并转运的调控过程。翻译水平上的调控主要通过 mRNA 本身固有的信号与可溶性蛋白质因子或者与核糖体之间的相互作用而实现的。翻译后修饰加工水平上的调控主要是控制多肽链的加工与折叠，且通过不同方式的加工而产生不同的活性多肽。

延伸阅读

阎隆飞，张玉麟. 2001. 分子生物学. 2 版. 北京：中国农业大学出版社
杨荣武，郑伟娟，张敏跃. 2007. 分子生物学. 南京：南京大学出版社
张玉静. 2002. 分子遗传学. 北京:科学出版社
朱军. 2002. 遗传学.3 版. 北京:中国农业大学出版社
朱玉贤，李毅，郑晓峰，等. 2007. 现代分子生物学. 3 版. 北京:高等教育出版社
Lewin B. 2007. Genes Ⅸ. Sudbury：Jones and Bartlett Publishers
Nelson D L，Cox M M. 2005. Lehninger Principles of Biochemistry. 4th ed. New York:W. H. Freeman
Turner P，Mclennan A，Bates A. et al. 2009. Molecular Biology. 3rd ed. 北京：科学出版社

思考题

1. 说明真核生物基因表达调控的主要阶段。
2. 简述真核生物基因表达调控的特点。

3. 简述真核生物基因转录的顺式调控。
4. 简述增强子的特点和作用机制。
5. 反式作用因子的种类和作用机制。
6. RNAi 的特征及其应用有哪些。
7. 简述真核生物基因转录后加工的主要形式。
8. 举例说明真核生物基因翻译水平的调控。

10 基因重组

基因重组是指DNA分子内或分子之间的遗传信息进行重新组合的过程，也称之为DNA重组。DNA作为遗传物质除具有高度的保守性之外，还具有一定的变异性和流动性。自然界不同物种或个体之间的DNA重组和基因转移是引起基因变异和物种演变的基础，也是生物进化的推动力。人工DNA重组是研究和利用基因功能的重要手段。基因重组的类型主要有同源重组、位点特异重组、转座重组和异常重组。其中同源重组是最主要的重组类型。细菌的同源重组有接合、转化、转导和细胞融合四种机制。通过DNA重组，可以产生新基因或新基因组合，增加群体的遗传多样性，使生物群体对环境有更强的适应能力。

10.1 基因重组概述

生物的基因并不是一成不变的，除了各种突变以外，基因重组也为生物的变异增添了新的内容。基因重组不是偶然的，而是一个必要的细胞过程，它广泛存在于各类生物，从原始生物到高等动植物都有发生。

在真核生物的性母细胞中，有两套染色体，分别来自于母本和父本，其中大小、形状相同的染色体称为同源染色体(homologous chromosome)。每条同源染色体都有两条姐妹染色单体，称为二联体(dyad)。带有两套染色体的细胞就称为二倍体(diploid)，以 $2n$ 表示。只带有一套染色体的细胞就称为单倍体(haploid)。在大部分高等生物中，如人类和显花植物的细胞都是二倍体，其染色体内的基因是成对存在的，称之为等位基因，性母细胞通过减数分裂的形式进行细胞分裂。在减数分裂时，通过同源染色体的交换和非同源染色体的独立分配，使子代细胞的遗传信息产生了重新组合；细菌及噬菌体的基因组为单倍体，来自不同亲代的两组DNA之间可通过多种形式进行基因重组。这种DNA分子内或分子之间发生遗传信息重新组合的现象，称为DNA重组，也叫基因重组或基因重排，其重组产物称为重组体DNA(recombination DNA)。

基因重组是使生物产生变异的原因之一，能迅速增加群体的遗传多样性，使突变通过优化组合积累有意义的遗传信息，对生物进化起着关键的作用。此外，DNA重组还参与许多重要的生物学过程，它为DNA损伤或复制障碍提供了修复机制；某些生物的基因表达受到DNA重组的调节。

基因重组有广义和狭义之分。广义的基因重组指：任何产生新的基因组合，从而造成基因型变化的过程都称为基因重组，包括独立分配和交换，如上述减数分裂过程中所发生的基因重组。狭义的基因重组仅指涉及DNA分子内的断裂并重新连接而致基因重新组合的过程，即基因交换。根据重组过程中对DNA序列和所需蛋白质因子的要求不同，可将重组分为四类：同源重组(homologous recombination)、位点特异性重组(site-specific recombination)、转座重组(transposition recombination)和异常重组(illegitimate recombination)。同源重组的重组对之间需要有同源性，调节这一过程的蛋白质不是序列专一性的，而是同源依赖性的；位点特异性重组的重组对之间不需要同源性，调节这一过程的蛋白质在供体和受体分子中识别短的特异DNA序列，供体和受体位点之间经常存在同源性。转座重组过程不需要同源性，调节这一过程的蛋白质识别重组分子中的转座因子，受体位点一般在序列上是相对非特异的，重组可将转座因子整合到宿主DNA中；异常重组的重组对之间不需要同源性，或少量同源性，是不正常细胞加工的结果，在此章不赘述。

10.2 同源重组

同源重组是最基本的 DNA 重组方式，是发生在同源序列间的重组，它通过同源区 DNA 链的配对、断裂和再连接，在两个 DNA 分子同源序列间进行单链或双链片段的交换，又称基本重组(general recombination)。在同源重组中只要两条 DNA 序列相同或接近相同，就可以在序列的任何一点发生同源重组。对负责 DNA 配对和重组的蛋白质因子无碱基序列特异性要求，如真核生物中姐妹染色单体的交换、非姐妹染色单体的交换、细菌及某些低等真核生物的接合、转化、噬菌体的转导等都属于这一类型的重组。

10.2.1 同源重组的分子机制

目前被广泛接受的同源重组分子机制是 1964 年美国科学家 Robin Holliday 提出的 Holliday 模型。该模型很好地解释了高等真核生物的重组和真菌中发现的基因转变的现象。Holliday 模型对同源重组的解释可分为以下几个步骤(图 10-1)。

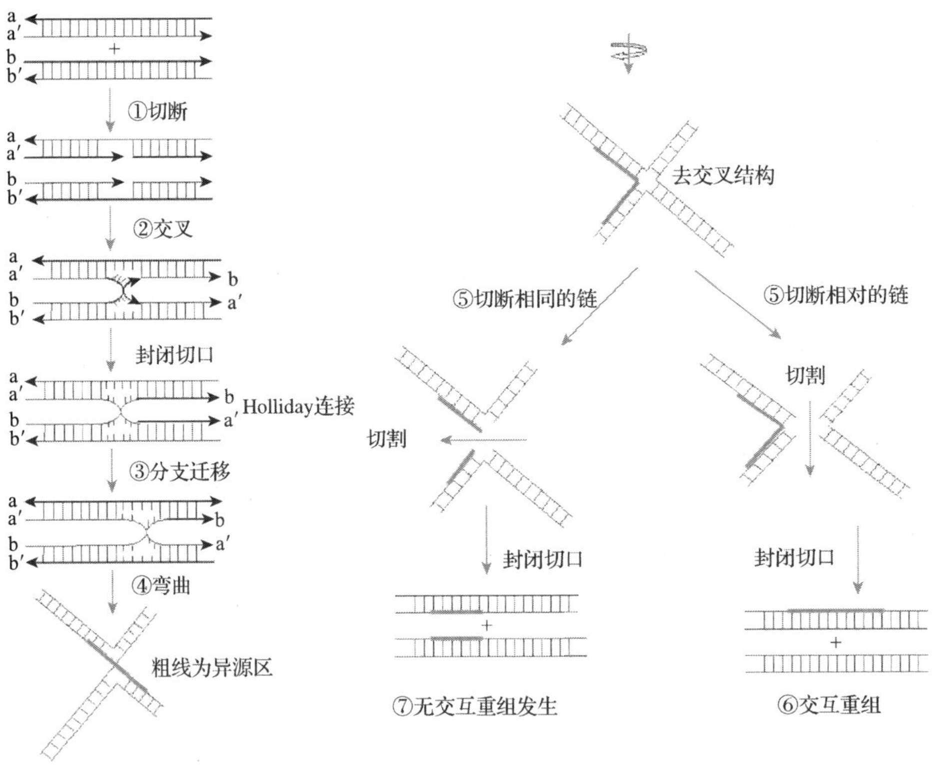

图 10-1 Holliday 重组模型(仿杨荣武,2008)

(1) 切断(nicking)：两个同源染色体 DNA 排列整齐，两条方向相同的单链在相应的位置切断形成缺口。

(2) 交叉(cross over)：断裂的两条单链游离端互相交叉，分别与两个断裂单链的另一游离端连接，并由 DNA 连接酶催化，形成新的分子间的磷酸二酯键。这样的交叉结构称 Holliday 连接(Holliday junction)，或叫半交叉(half-chiasma)，或十字形结构(chi structure)。

(3) 分支迁移(branch migration)：Holliday 交叉中的分支结构可以向 DNA 分子的任一

方向迁移，迁移过程中原来的碱基对被解开再形成新的碱基对，这个过程称为分支迁移。迁移实际上是两条 DNA 分子之间交叉的同源单链互相置换的结果，并扩展异源双链区。迁移的方向可以朝向 DNA 分子的任意一端。

(4) Holliday 中间体的形成：Holliday 交叉的上半部或下半部经过 180°旋转形成一个去交叉结构的 Holliday 中间体。

(5) Holliday 中间体的拆分：Holliday 中间体形成后必须进行拆分，使连接在一起的两条 DNA 分子又回复到彼此分开的双螺旋分子状态。拆分时是从中间体的中心切断，然后由 DNA 连接酶重新连接，将 Holliday 交叉拆分成两个独立的 DNA 双链。切口可能在两对同源链中的任意一对上发生，所以拆分有两种方法，得到的重组产物也不同：一种是切口发生在 Holliday 中间体形成过程中一直保持完整的一对同源单链上，经过重新连接后，释放出两条重组 DNA 分子，每条重组分子是一条 DNA 分子与另一条 DNA 分子的组合，其中间有一段异源双链区域，这种重组称为交互重组(reciprocal recombination)(图 10-1⑥)，这种拆分形成的重组体称为拼接重组体(splice recombinant)。另一种拆分方法是切口发生在重组过程曾被切开过的一对同源单链上，那么原来一直保持完整的另一对链将继续保持完整，切开再连接后释放出的两条链与原来的两条链基本相同，无交互重组发生(图 10-1⑦)，但每条分子上有一段异源双链区，这种拆分形成的重组体称为片段重组体(patch recombinant)。

Holliday 模型能够较好地解释同源重组现象，但该模型认为进行重组的两个 DNA 分子在第一步切断时需要在对应链的相同位置上发生断裂(图 10-1①)。实际上通常只有一条单链上出现切口，这个切口可能存在于任何位置，这样在两条同源 DNA 链上，不可能自发地产生像 Holliday 模型提出的两个切口正好能互相穿过形成 Holliday 叉。因此，其他研究者提出了修正模型，其中以 1975 年由 Matthew Meselson 和 Charles Radding 提出的 Meselson Radding 模型应用最为广泛。该模型解释 Holliday 结构产生的机制如下(图 10-2)：① DNA 分子的一条单链上形成一个缺口，在 3′端复制并置换出一段游离的链，被置换的链侵入另一条同向平行的单链并取代互补链，形成一个D 形环(D-loop)；② D 环被切除；③ 两条链旋转产生两条交换的单链，即 Holliday 连接。

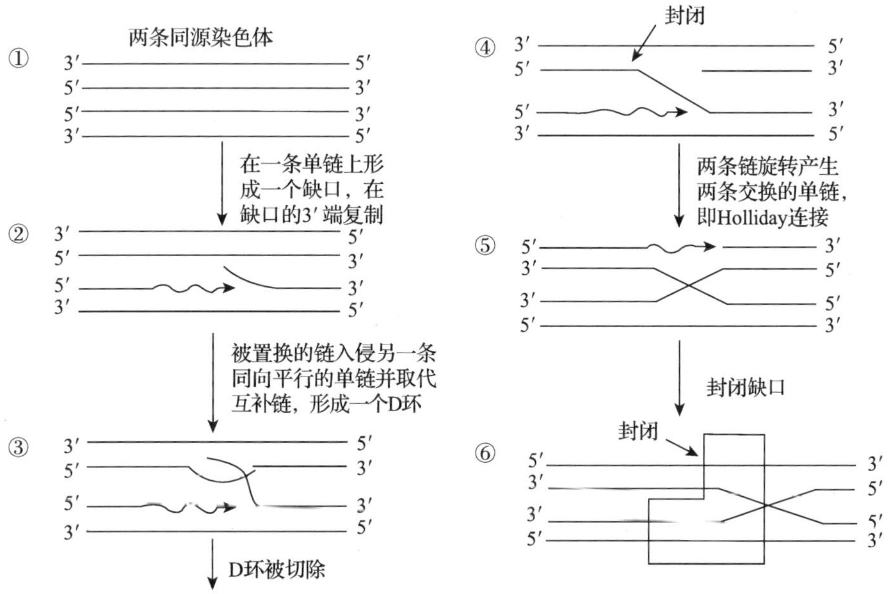

图 10-2 Meselson Radding 重组模型(①～⑥步骤)(仿史济平，2004)

也有事实表明，重组是由 DNA 双链断裂启动的。两同源 DNA 分子之一发生双链断裂，经核酸酶和解螺旋酶作用，产生具有 3′端的单链，它在另一 DNA 分子的同源区寻找互补链并与之配对。相对应的链则被置换出来，与原来断裂的链配对。经修复合成和链的再连接，形成两个交叉，而不是单链交换时形成的一个交叉(图 10-3)。

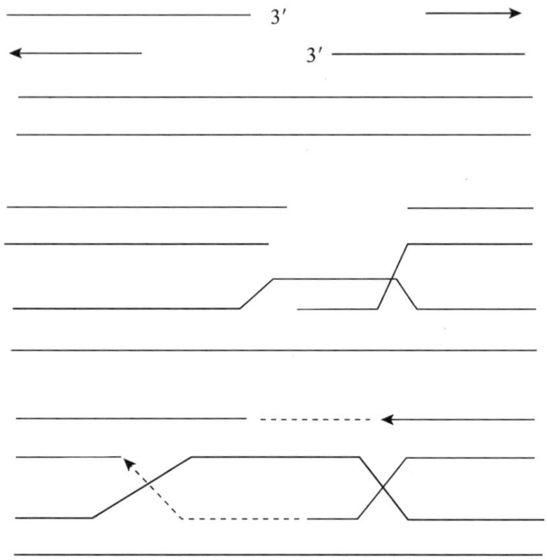

图 10-3　双链断裂模型(仿赵亚华，2008)

同源重组是十分精确的过程，一个核苷酸的差错都会造成基因失活。同源重组的分子基础是链间配对，通过碱基配对才能找到正确位置，进行链的交换。同源性并不意味着序列全相同，两 DNA 分子只要含有一段碱基序列大体类似的同源区，即使相互间略有差异，仍然可以发生重组。实验表明，两 DNA 分子的序列同源区足够长才能发生同源重组，同源区太短很难发生重组。例如，大肠杆菌活体重组至少要求有一段 20～40bp 区域相同；枯草芽孢杆菌基因与质粒重组要求同源区≥70bp；哺乳动物基因同源重组要求同源区150bp 以上。在不同生物体内同源重组的具体过程可以有许多变化，但基本步骤大致相同。

10.2.2　同源重组的酶学

在所有生物中，对大肠杆菌和噬菌体的同源重组研究最为深入。同源重组时需要许多蛋白因子参与。例如，大肠杆菌同源重组有多种蛋白质参与，其中编码这些蛋白质的基因 27 种，起最主要作用的，并且了解较清楚的有蛋白质 RecBCD、RecA、RuvAB 和 RuvC。

(1) chi 位点：chi 位点是一个由基因 *recBCD* 编码的 RecBCD 酶作用的靶部位。chi 位点含有一个恒定的非对称的 8bp 序列，即 5′-GCTGGTGG-3′序列，这一序列天然存在于大肠杆菌的基因组中，平均每隔 5～10kb 长的序列即有一个 chi 位点，chi 能被断裂的双链所激活，断裂在其右侧几 kb 的地方。

(2) RecBCD 的作用：RecBCD 是一个功能酶，含有三种亚基，具有核酸酶活性、解旋酶活性和 ATP 酶活性，RecBCD 结合在 DNA chi 位点的右侧(图 10-4)，然后向 DNA 的一端移动，使 DNA 解旋，并降解带有 3′端的单链，降解产物为 4～5 个核苷酸短片段。

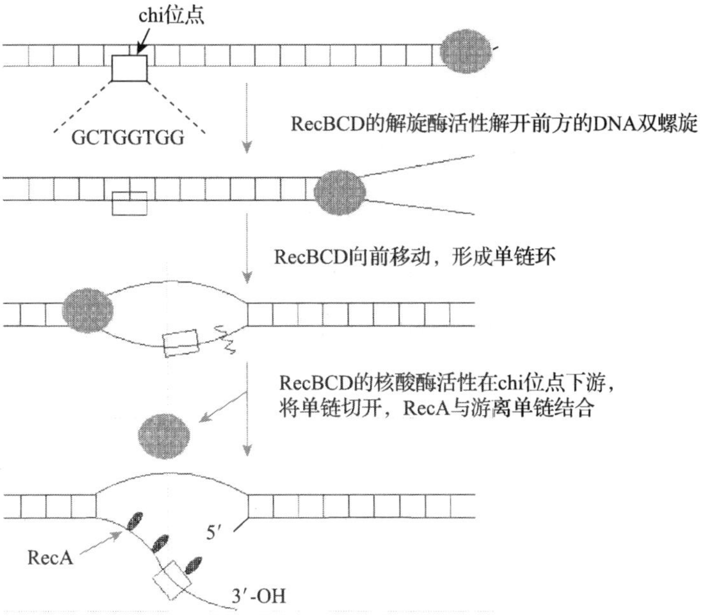

图 10-4 同源重组起始(仿史济平,2004)

RecBCD 在重组中的作用是提供带有游离末端的单链区,如图 10-4 中最后一步所示。RecBCD 介导的解旋和剪切可产生 3′游离末端,用以起始异源双链的连接。当 RecBCD 在 chi 位点剪切时,RecA 能使带有 3′端的单链释放出来,并使它和同源双链序列起反应,从而产生连接分子。

(3) RecA 的作用:RecA 是重组中最重要的蛋白质之一,称重组蛋白。RecA 能结合单链 DNA 或双链 DNA,利用由 RecBCD 在 chi 位点附近切割所释放的单链的 3′端,与同源的双螺旋序列起反应,并产生同源配对的联合分子,此时联合分子的互补链也进行链间交换。RecA 能使单链 DNA 取代双链分子中的同源链,该反应称为**单链取代**(single-strand uptake)或**单链同化**(single-strand assimilation)。该反应需要具备三个条件:① 其中一个 DNA 分子必须要有一个单链区域;② 必须要有一个游离的 3′端;③ 此单链区域和 3′端必须与另一个 DNA 分子有互补区。

(4) RuvAB 的作用:分支迁移需要蛋白 RuvAB 的作用。RuvAB 是由 A 和 B 两个亚基组成的,蛋白 RuvA 和 RuvB 结合成 RuvAB 才是活性的形式。一旦 Holliday 连接形成,即由 RuvA 和 RuvB 蛋白促进异源双链的形成,并推动 Holliday 中间体的分支移动,推进分支移动还需要 ATP 和 Mg^{2+}。

(5) RuvC 的作用:RuvC 是一种内切核酸酶,可特异识别 Holliday 分支,在同源重组中诱发 Holliday 中间体的拆分作用。拆分分三步进行:首先 RuvC 结合于 Holliday 中间体;然后改变 DNA 与 RuvC 复合物中 DNA 的构象,这一步需要 Mg^{2+} 或 Ca^{2+};最后是切割,需要 Mg^{2+} 并要求 DNA 同源。

10.3 细菌的基因转移与重组

细菌可以通过多种途径进行细胞间基因转移,并通过基因重组以适应随时改变的环境。这种遗传信息的流向可发生在物种内或物种间，甚至高等动植物细胞之间也存在横向的遗传信息传递，如在寄生于人体内的细菌基因组中可以找到属于人类的基因。被转移的基因称为外基因子(exogenote)，如果与内源基因组或称为内基因子(endogenote)的一部分同源，就成为部分二倍体(partial diploid)，这种情况下可以发生同源重组。细菌的基因转移主要有四种机制：接合(conjugation)、转化(transformation)、转导(transduction)和细胞融合(cell fusion)。进入受体细胞的外源基因通常有四种结果：降解、暂时保留、与内源基因交换或发生整合。

10.3.1 接合作用

当细菌的细胞相互接触时遗传信息可由一个细胞转移到另一个细胞，这种类型的基因转移称为接合作用。供体细胞为雄性，受体细胞为雌性。通过接合而转移 DNA 的能力由接合质粒提供，与接合功能有关的蛋白质均由接合质粒所编码。能够促使染色体基因转移的接合质粒称为致育因子(fertility factor)，简称性因子或 F 因子。研究最多的是大肠杆菌 F 质粒(F 因子)，也是目前研究得较清楚的一种接合质粒。

F 质粒是双链闭环的大质粒，总长约 100kb，复制起点为 OriV。F 质粒可以在细胞内游离存在，也可以整合到宿主染色体内，因此属于附加体(episome)。其与转移有关的基因(*tra*)占质粒的 1/3(约 33kb)，称为转移区，包括编码 F 性菌毛(F pilus)、稳定接合配对、转移的起始和调节等总共约 40 个基因。*traA* 编码性菌毛单个亚基蛋白(pilin)，由菌毛蛋白聚合形成中空管状的性菌毛，它的修饰和装配至少还要 12 个另外的 *tra* 基因参与作用。每一 F 阳性(F^+)细胞有 2～3 条性菌毛。

接合过程由供体细胞 F 性菌毛接触受体细胞表面所启动，它的功能是识别和连接 F^- 因子细菌。供体细胞不会与其他含 F 因子的细胞(F^+ 细胞)相接触，因为 *traS* 和 *traT* 基因编码表面排斥蛋白(surface exclusion protein)，阻止同为 F^+ 细胞之间的相互作用。F^+ 细胞的性菌毛固着 F^- 细胞后，即通过回缩与拆装(disassemble)使两细胞彼此靠近。F^+ 细胞的 TraD 蛋白是 DNA 转移的通道。在 TraY 的帮助下，TraI 结合到转移起点 OriT 上，TraI 兼有切口酶(nickase)和解螺旋酶的活性。它可切开一条链，并与 5′端形成共价连接。游离的 5′端由 TraI 导入受体细胞。单链进入受体细胞后即合成出其互补链，结果 F^- 细胞转变为 F^+ 细胞。供体细胞留下的 F 质粒单链也合成出互补链。

当整合在染色体 DNA 中的 F 质粒启动接合过程时，质粒转移起点被切开，其前导链引导染色体 DNA 单链转移。大肠杆菌全部染色体完成转移的时间约 100min，此期间如果供体和受体细胞受外力作用而分开，转移的 DNA 即被打断，根据转移基因所需时间可以确定该基因在环状染色体上的位置，绘制出染色体的基因图。

供体细胞单链 DNA 进入受体细菌后转变为双链形式，并可与受体染色体发生重组。整合 F 因子的大肠杆菌菌株具有较高频率的重组(high-frequency recombination)，称为 Hfr 菌株。F 因子可以整合在染色体不同位置，由此而得到不同的 Hfr 菌株，它们从不同位点开始转移基因。

整合的 F 因子引导染色体转移往往不能使受体细胞转变为 F^+ 细胞。因为发生转移时，F 因子在转移起点(OriT)处切开单链，其 5′端前导链引导染色体转移，F 因子的转移区(*tra* 基因)直至最后才转移，然而染色体很长，随时都会断裂而中止转移。整合的 F 因子可被切割出来，有时不精确切割使 F 因子带有若干宿主染色体基因，此时称为 F′因子。使 F′细胞与 F^- 杂交，供体细胞部分染色体基因随 F′因子一起进入受体细胞，无需整合就可以表达，实际上形成部分二倍体，此时受体细胞也变成 F′细胞。细胞基因的这种转移过程称为性导(sexduction)。

10.3.2　转化作用

转化作用(transformation)，是通过自动获取或人为地供给外源 DNA，细菌细胞因获得了外源 DNA(转化因子) 而发生遗传表型改变的现象。具有摄取周围环境中游离 DNA 分子能力的细菌细胞称为感受态细胞(competent cell)。很多细菌在自然条件下就有吸收外源 DNA 的能力，如固氮菌、链球菌、芽孢杆菌、奈氏球菌及嗜血杆菌等。

转化过程涉及细菌染色体上十多个基因编码的功能。例如，感受态因子(competent factor)、与膜连接的 DNA 结合蛋白、自溶素(autolysin) 及多种核酸酶(nuclease) 均参与感受态的形成。感受态因子可诱导与感受态有关蛋白的表达，其中包括自溶素，它使细胞表面的 DNA 结合蛋白和核酸酶裸露出来，当游离 DNA 与细胞表面 DNA 结合蛋白相结合后，核酸酶使其中一条链降解，另一条链则被吸收，并与感受态特异蛋白相结合，然后转移到染色体，与染色体 DNA 重组。

有些细菌在自然条件下不发生转化或转化效率很低，但在实验室中可以人工促使转化。例如，用高浓度 Ca^{2+} 处理大肠杆菌，可诱导细胞成为感受态，重组质粒得以高效转化。转化的机制目前还不十分清楚，可能与增加细胞通透性有关。

10.3.3　转导作用

当病毒从被感染的细胞(供体) 释放出来、再次感染另一细胞(受体) 时，发生在供体细胞与受体细胞之间的 DNA 转移及基因重组即为转导作用(transduction)，是通过噬菌体将细菌基因从供体细胞转移到受体细胞的过程。

当噬菌体感染宿主细胞时会有两种结果：一种是噬菌体 DNA 在宿主菌内迅速增殖，产生新的病毒颗粒，并溶解细菌、释放出新生噬菌体，这就是所谓的溶菌生长途径(lysis pathway)；另一种是噬菌体 DNA 整合进宿主染色体，随宿主 DNA 复制而被动复制，这就是溶源菌生长途径(lysogenic pathway)。在溶源菌生长方式中，噬菌体(此时称原噬菌体)与宿主菌(称溶源菌)“和平共处”可维持无数代，直到宿主遭遇特殊事件(如 DNA 损伤诱发 SOS 反应)，使原噬菌体 DNA 从细菌染色体上被切下，进入溶菌途径。当原噬菌体 DNA 从细菌染色体上被切除时，如果有部分宿主 DNA 被随着切下，新生的噬菌体在下次感染细菌时就可能将前一宿主 DNA 转移至新的宿主细胞，即发生转导作用。

转导有两种类型：普遍性转导(generalized transduction)，是指宿主基因组任意位置的 DNA 成为成熟噬菌体颗粒 DNA 的一部分而被带入受体菌；局限性转导(specialized transduction)，是某些温和噬菌体在装配病毒颗粒时将宿主染色体整合部位的 DNA 切割下来取代病毒 DNA。在上述两种类型中，转导噬菌体均为缺陷型，因为都有噬菌体基因被宿主基因所取代。缺陷型噬菌体仍然将颗粒内 DNA 导入受体菌，前宿主的基因进入受体菌后即可与染色体 DNA 发生重组。

10.3.4　细菌的细胞融合

在自发或人工诱导下，两个不同基因型的细胞或原生质体融合形成一个杂种细胞的过程称为细胞融合(cell fusion),其基本过程包括:细胞融合形成异核体,异核体通过细胞有丝分裂进行核融合,最终形成单核的杂种细胞。在细胞核融合的过程中,发生了基因转移和重组。在实验室中,用溶菌酶除去细菌细胞壁的肽聚糖,使之成为原生质体,可人工促进原生质体的融合,由此使两菌株的DNA发生广泛的重组。

10.4 位点特异性重组

位点特异性重组(site-specific recombination)是发生在DNA特异性位点上的重组。它不依赖于DNA序列的同源性(虽然也可有很短的同源序列),而依赖于能与某些酶相结合的特异DNA序列的存在,此过程往往发生在一个特定的短(20～200bp) DNA序列内(重组位点),并且有特异的酶(重组酶)和辅助因子对其识别和作用。

位点特异性重组与同源重组的区别在于:① 在同源重组中DNA的切断是完全随机的,结果暴露出一些能与RecA这样的蛋白质相结合的序列,从而发动交叉重组。而位点特异性重组是在某些特异DNA序列(位点)处发生重组。② 同源重组后在染色体内的DNA序列一般都仍按原来的次序排列,但是在位点特异性重组中,DNA节段的相对位置发生了移动,即DNA序列发生重排,从而得到不同的结果。位点特异性重组的结果取决于重组位点的位置和方向:如果重组位点以相反方向存在于同一DNA分子上,重组结果发生倒位(inversion)(图10-5A);如果重组位点以相同方向存在于同一DNA分子上,重组发生切除而导致缺失(deletion)(图10-5B);如果重组发生在两个DNA分子之间,重组发生整合。缺失性位点特异性重组和倒位式位点特异性重组分别在两个重组位点上含有直接重复序列(direct repeat)和反向重复序列(inverted repeat,IR)。

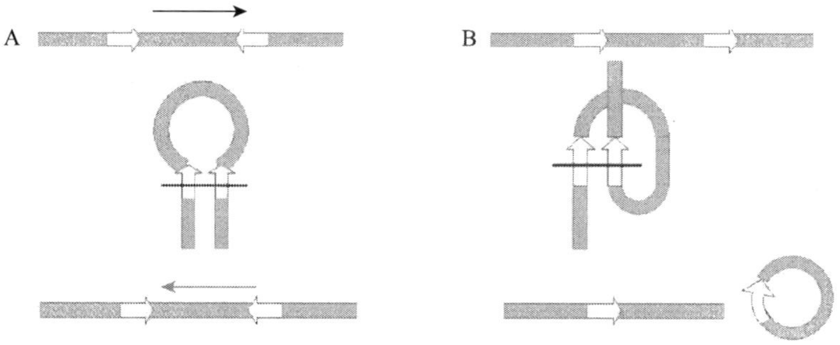

图10-5 特异位点重组,其结果依赖于重组位点的位置和方向(仿赵亚华,2008)

重组酶通常由10个相同的亚基组成,它作用于两个重组位点的四条链上,使DNA链断开,产生3′-磷酸基与5′-羟基,3′-磷酸基与酶的酪氨酸或丝氨酸残基形成酯键。这种暂时的DNA-蛋白质连接可以在DNA链再连接时不需要靠水解ATP来提供能量。重组的两个DNA分子,如果先断裂两条链,交错连接,此时形成中间联结体;然后另两条链断裂并交错连接,使联结体分开。有些重组酶使四条链同时断裂并再连接,而不产生中间物。

10.4.1 λ噬菌体对 *E. coli* 的整合与切除

10.4.1.1 λ噬菌体的整合作用

λ噬菌体感染 *E. coli* 细胞后,有两种生长方式(裂解生长和溶源生长),二者的最初过程是相同的,都要求早期基因的表达,为裂解和溶源途径的歧化做好准备。两种生活周期的选择取决于CI和Cro蛋白相互拮抗的结果。Cro蛋白抑制*CI*基因的转录,如果Cro蛋白占优势,噬菌体即进入繁殖周期,并导致宿主细胞裂解;CI蛋白抑制除自身外所有噬菌体基因的转录,如果CI蛋白占优势,溶源状态就得到建立和维持。λ噬菌体在裂解周期和溶源周期中,其DNA的物理状态不同。在裂解周期,λDNA以环状分子独立存在于细菌的细胞质中,溶源状态的λDNA整合在细菌的染色体中,成为原噬菌体。这两种状态通过位点特异性重组可以相互转变。

λ噬菌体的整合和切除均需要通过细菌DNA和λ噬菌体DNA上特定位点之间的重组而实现,这些特定位点称为**附着位点**(attachment site),简写为att。因此,λ噬菌体的整合和切除是一种位点特异性重组过程,这些附着位点就是位点特异性重组的特异DNA位点。在λ噬菌体和宿主*E.coli*均有相应的附着位点att。

*E. coli*染色体有高度特异性的附着位点供λ噬菌体DNA整合,称为attB(B代表细菌),attB由三部分组成,只有23bp长,中间含有15bp的保守区域,又称O序列或称核心序列,如图10-6所示,重组就发生在这个区域,O序列两侧有B和B′侧臂,臂长各4bp,所以该区域简称为BOB′。

λ噬菌体的重组位点称为attP(P代表噬菌体),attP也由POP′三部分组成,全长235bp,其中间也含有与attB一样长的保守序列O序列,P和P′分别表示两侧的臂,臂长分别是145bp和75bp。attP两翼的序列非常重要,因为它们含有重组蛋白质的结合位点。重组时λ噬菌体和宿主两条DNA的O序列区域配对,λDNA插入到宿主DNA中后,整合的原噬菌体两侧各形成一个附着位点,分别称为attL和attR(图10-6)。

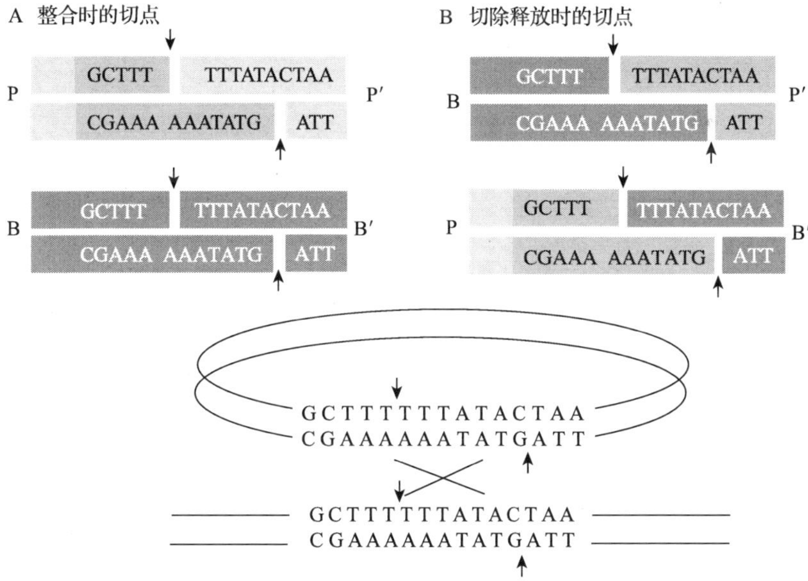

图10-6 λ噬菌体重组整合和切除时切点的序列

10.4.1.2 λ噬菌体整合的分子机制

λ噬菌体整合可分成三个阶段:① λ整合酶与λDNA和*E.coli* DNA复合物形成att位点联合;② 链交换,两条链形成Holliday连接(形成机制不同于同源重组);③ 拆分Holliday中间体,形成重组分子。

参与λ噬菌体整合的重组蛋白有两种：一种是由λ噬菌体编码的整合酶(integrase, Int)；另一种是宿主编码的整合宿主因子(integration host factor, IHF)。两种蛋白质结合在P臂和P′臂上，促使attP和attB的15bp核心序列能正确地排列。Int作用于POP′和BOB′序列，分别交错7bp将两DNA分子切开，然后交互再连接，其两侧形成新的重组附着位点BOP′和POB′，分别称为attL和attR。这样，噬菌体DNA被整合(图10-7)。在此过程中，Int起拓扑异构酶I的作用，能剪切两条同源的DNA链，Int能与DNA的两个端点形成共价连接，将断键时释放出的能量供给DNA再连接时形成的磷酸二酯键，即链的切割和重连接反应与DNA拓扑异构酶I的作用相似，是系列转酯反应，没有磷酸二酯键的水解，不需要水解ATP提供能量。IHF由himA编码的a亚基和hip编码的b亚基构成，结合于attP，对整合起促进作用。

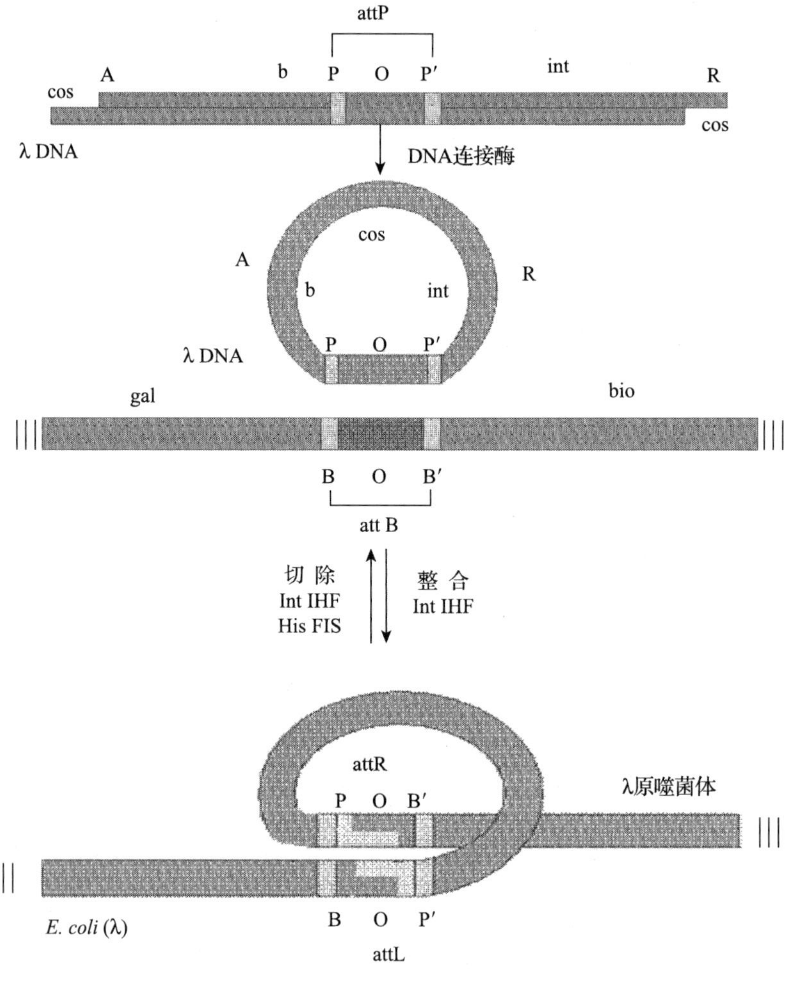

图 10-7 λ噬菌体的位点特异性重组(仿杨荣武，2008)

10.4.1.3 λ噬菌体的切除

整合的λ噬菌体DNA从*E.coli*染色体中的切除发生在原噬菌体两端的attL(BOP′)和attR(POB′)之间，需要将原噬菌体两侧的附着位点连接到一起。因此，除需要Int和IHF外，还需要由噬菌体编码的一种切除酶Xis和由细菌编码的反向刺激因子(factor for inversion stimulation, Fis)参与作用。这四种蛋白质都与attL和attR上P臂和P′臂结合，促进attL和attR的15bp保守序列的正确排列及相互作用和重组,从而有助于原噬菌体的释放。

10.4.2 细菌的特异位点重组

鼠伤寒沙门氏杆菌(*Salmonella typhimurium*)由鞭毛蛋白决定的H抗原有两种,分别为H1鞭毛蛋白和H2鞭毛蛋白。在单菌落的沙门氏菌中经常出现少数呈另一H抗原的细菌,这种现象称为鞭毛相转变(phase variation)。遗传分析表明,这种抗原相位的改变是由一段995bp的DNA发生倒位所致,称为H片段(H segment)。

H片段的两端为14bp特异重组位点(hix),其方向相反,发生重组后可使H片段倒位。H片段上有两个启动子(P):一个P驱动*hin*基因表达;另一个P当其取向与*H2*和*rH1*基因一致时可驱动这两基因表达,相反,当P倒位后,*H2*和*rH1*基因不表达。*hix*基因编码特异的重组酶,即倒位酶(invertase) Hin。该酶为相对分子质量22 000亚基的二聚体,分别结合在两个hix位点上,并由反向刺激因子Fis促使DNA弯曲而将两个hix位点连接在一起,DNA片段经断裂和再连接而发生倒位。*rH1*表达产物为H1阻遏蛋白,当*H2*基因表达时,*rH1*基因也同时表达,使*H1*基因被阻遏;反之,*H2*基因不表达时,*H1*基因才得以表达(图10-8)。

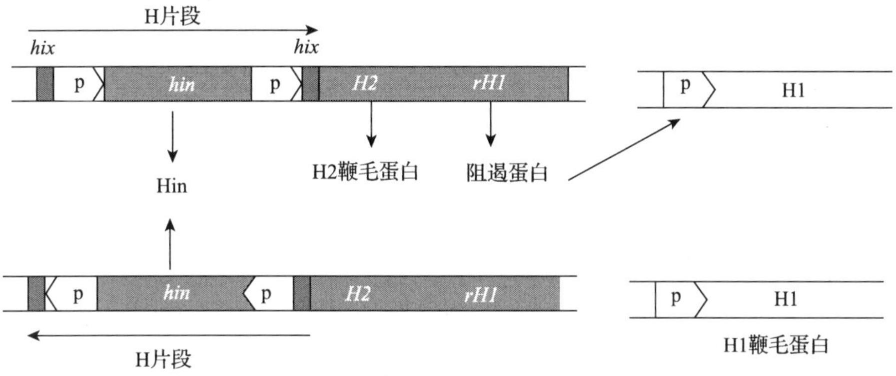

图10-8 沙门氏菌H片段倒位决定鞭毛相转变

10.5 转座重组

转座重组(transposition recombination)是指DNA上的核苷酸序列从一个位置转移到另外一个位置的现象。发生转位的DNA片段被称为转座子(transposon)或可移位的遗传元件(mobile genetic element,MGE),有时还被称为跳跃基因(jump gene)。

与前两种重组不同的是,转座子的靶点与转座子之间不需要序列的同源性。接受转座子的靶位点绝大多数是随机的,但也可能具有一定的倾向性(如存在一致序列或热点),具体是哪一种与转座子本身的性质有关。

转座子的插入可改变附近基因的活性。如果插入到一个基因的内部,很可能导致基因的失活;如果插入到一个基因的上游,有可能导致基因的激活(图10-9)。对几种生物的基因组序列分析结果表明,人、小鼠和水稻的基因组大概有40%的序列由转座子衍生而来,但在低等的真核生物和细菌内仅占1%~5%。这说明转座子在从低等生物到高等生物的基因和基因组进化过程中曾发挥过十分重要的作用。

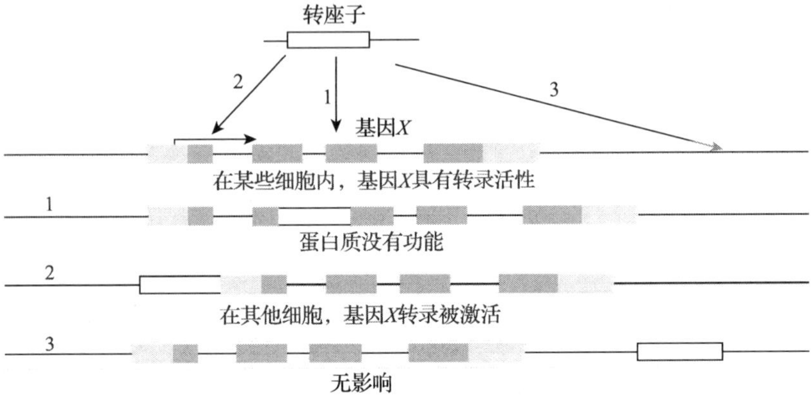

图 10-9 转座子对基因 X 的可能影响(仿杨荣武，2008)

原核生物和真核生物的转座子在性质和转座机制上存在很大的差别，现分别介绍。

10.5.1 原核生物的转座子

人们最早在 *E. coli* 的乳糖操纵子(gal operon) 内发现转座现象，首先被发现的转座子是插入序列(insertion sequence, IS)，因其插入使靶点处基因失活而发现。IS 能够从 DNA 的一个位点插入到另一个位点，导致靶位点基因及同一个操纵子内的靶位点基因下游的基因表达受阻，此现象被称为极性效应(polar effect)。迄今为止，在细菌内已发现四类转座子，现分别加以讨论。

10.5.1.1 第一类转座子

第一类转座子为插入序列(IS)，它们是最简单的转座元件(图 10-10)，是细菌染色体、质粒和某些噬菌体的正常组分，具有以下特征：① 长度较小，通常为 700～1800bp。② 两端通常含有 10～40bp 长的反向重复序列(IR)(左边的是 IRL，右边的是 IRR)。IRL 和 IRR 非常相似，但不一定完全相同。③ 内部一般只有一个基因，其表达产物只与插入事件有关，是专门催化转位反应的转座酶(transposase, tnpA)，缺乏抗生素或其他毒性抗性基因。转座酶的量受到严格的调控，它是决定转座频率的主要因素。④ 通过剪切和插入的方式进行转座，转座结束后可导致靶位点序列重复(图 10-11)。⑤ 有少数(如 IS91) 没有明显的 IR 序列，通过滚环复制和插入的方式进行转座。

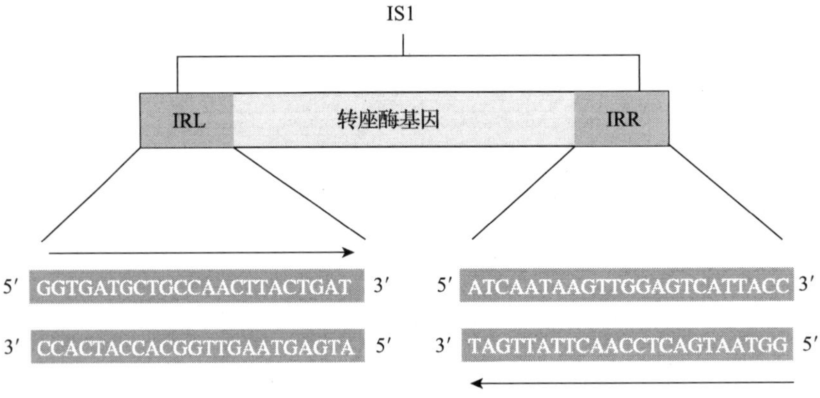

图 10-10 第一类转座子的结构——插入序列(仿杨荣武，2008)

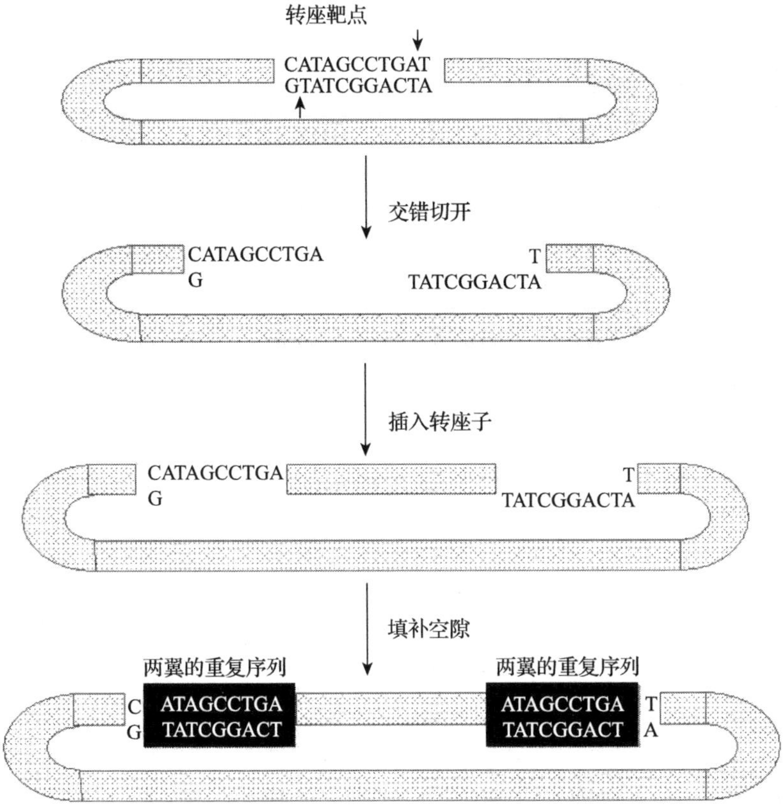

图 10-11 第一类转座子的转座机制(仿杨荣武,2008)

10.5.1.2 第二类转座子

第二类转座子又称为复杂型转座子(complex transposon),它们具有以下特征(图10-12):① 较长,长度为 2.5～20kb。② 两侧含有 35～40bp 长的 IR 序列。③ 内部通常含有不止一个结构基因。常见的结构基因包括:*tnpA*——编码转座酶,*tnpB*——编码解离酶,一个或几个特定的抗生素抗性基因(resistance gene)。④ 转座以后导致约 5bp 长的靶位点序列发生重复,结果导致在转座子两侧产生直接重复序列。

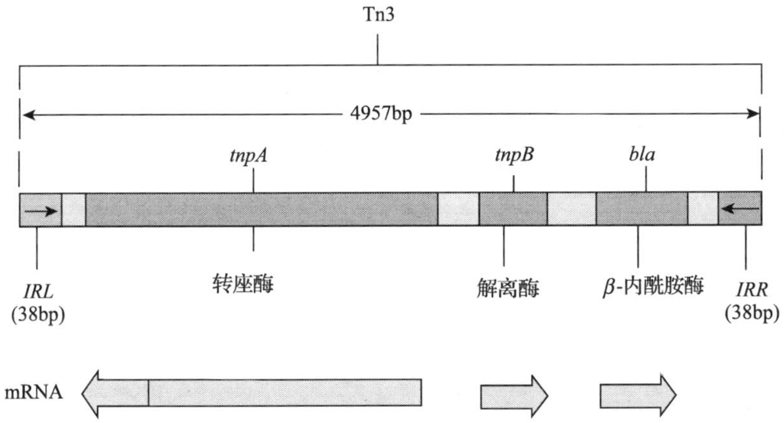

图 10-12 第二类转座子的结构(仿杨荣武,2008)

10.5.1.3 第三类转座子

第三类转座子又称为复合型转座子(composite transposon),由两个 IS 和一段带有抗生素抗性(如新霉素磷酸转移酶,导致新霉素失活)或其他毒性抗性的间插序列组合而成,其中的两个 IS 位于转座子的两侧,具有相同或相反的方向(图 10-13)。每一个 IS 具有典型的第一类转座子的特征,可独立地转位,也可与间插序列一道作为一个整体进行集体转移。

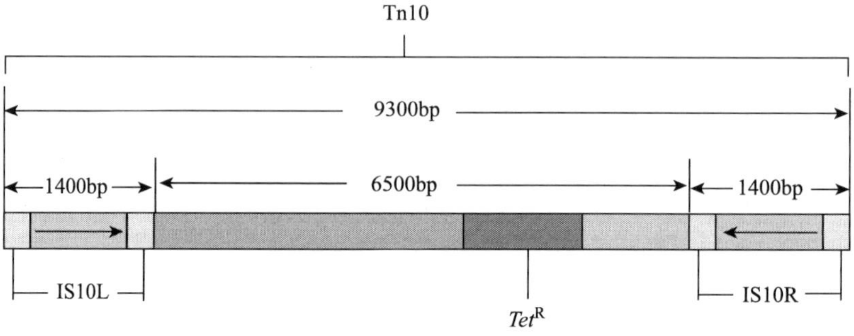

图 10-13 第三类转座子的结构(仿杨荣武,2008)

10.5.1.4 第四类转座子

这一类转座子最为典型的是Mu 噬菌体(bacteriophage Mu),它是 *E. coli* 的一种温和性噬菌体,具有裂解和溶源循环生长周期,其基因组的结构如图 10-14 所示。在溶源期,其 DNA 整合到宿主 DNA 中,但不是通过位点特异性重组而是通过转座的方式随机地整合。在其复制的时候,通过复制型转位随机插入到宿主 DNA 的其他区域,很容易诱发宿主细胞的各种突变,因此它有时被称为诱变子(mutator)。从转座子的角度来看,Mu 噬菌体 DNA 为 38kb 的线性双链,两侧缺乏 IR 序列,其基因组的 20 多个基因只有 *A* 基因和*B* 基因与转座有关,其中 *A* 基因编码转座酶。Mu 的转座可引起靶位点序列产生重复。

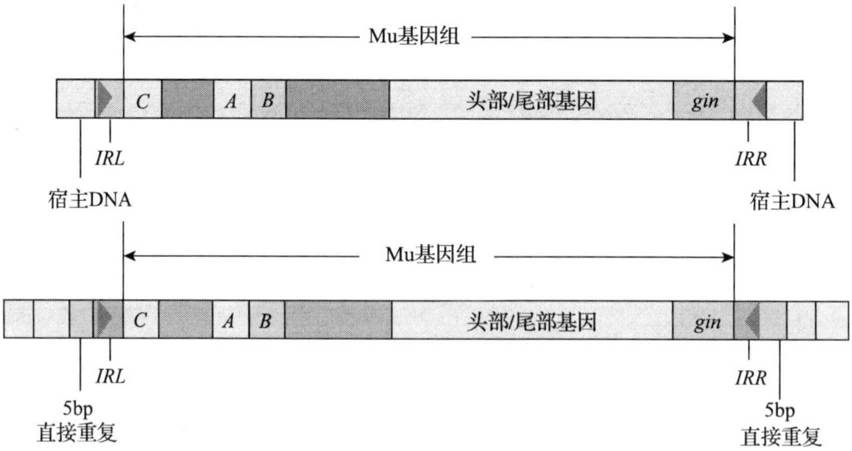

图 10-14 Mu 噬菌体 DNA 的结构(仿杨荣武,2008)

10.5.2 真核生物的转座子

真核生物的转座现象最初由 Barbara McClintock 于 20 世纪 50 年代初期在玉米中发现。随后,有人在果蝇体内发现。但这在当时并没有引起足够的重视,从 1951 年 McClintock 的论文发表，到1983年她获得诺贝尔奖，期间竟然相隔32年之久。现已证明转座事件是真核生物极为普遍的现象，已发现多种形式的转座子，真核转座子与原核转座子的差别主要反映在转座的机制上，集中在两个方面：① 真核转座子在转座过程中的剪切和插入是分开进行的；② 真核转座子的复制过程大多需要经过逆转录，即RNA中间物来进行（详见转座机制）。可以根据转座的机制将真核转座子分为两类：第一类是需要RNA中间体的逆转座子（retrotransposon），其转座过程是DNA→RNA→DNA，中间有一环节是逆转录反应；第二类是无RNA中间体的DNA转座子，其转座过程是DNA→DNA。

DNA转座子还可以进一步分为复制型DNA转座子（DNA transposon that transpose replicatively）和保留型DNA转座子（DNA transposon that transpose conservatively），其中，前者在转位前后，原位置上的拷贝并没有消失，只是将转座子序列复制一份，并转移到新的位点；而后者在转座中，原有的拷贝被原样转移保留到新的位点。

每一类转座子都有自主型（autonomous）和非自主型（non-autonomous）两种。自主型含有可读框，编码转座所必需的酶或蛋白质，因此能独立地进行转座；非自主型编码能力不足，不能独立地进行转座，但保留了转座所必需的顺式序列，所以在合适的自主型转座子编码的转座酶的作用下，也可以进行转座。

10.5.2.1 复制型DNA转座子

这一类转座子统称为Helitron，它们以滚环复制的方式进行复制，然后再插入到新的位点。据估计，拟南芥和线虫基因组约2%的序列属于此类转座子。如图10-15所示，Helitron的两端无IR序列，在转座以后，也不会使靶位点序列发生重复，然而，Helitron总是以5′-TC开始，3′-CTRR结束（R表示嘌呤碱基）。此外，在CTRR序列的上游有一段16～20nt长的无保守性的回文序列，可形成发夹结构。Helitron内部的基因可能只有一个，如来源于线虫的；也可能含有2～3个，如来源于拟南芥和亚洲栽培稻（*O. sativa*）的。基因编码的蛋白质一般含有5′→3′解链酶和核酸酶或连接酶的结构域，Helitron名称的前四个字母来自于解链酶。

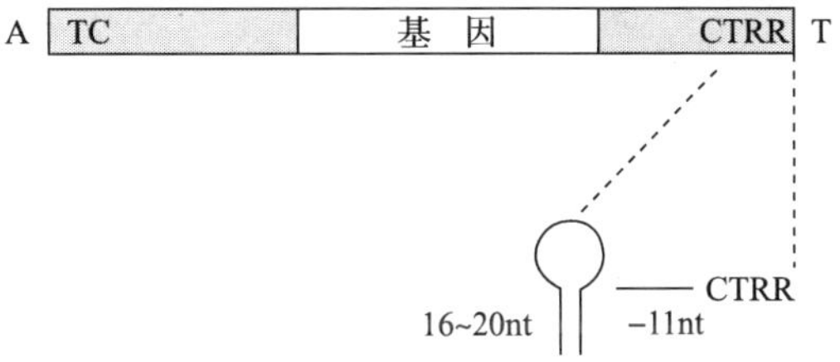

图10-15 Helitron的结构（仿杨荣武，2008）

10.5.2.2 非复制型（保留型）DNA转座子

真核生物绝大多数DNA转座子属于此类。例如，玉米的Ac-Ds系统，果蝇的P元件（P element），广泛存在于一系列生物体内（原生动物、果蝇、蚊子和鱼类等）的"水手"元件（mariner element）和在水稻以及线虫体内发现的微型反向重复转座元件（miniature inverted-repeat transposable element，MITE），其中以玉米的Ac-Ds系统最具有代表性。

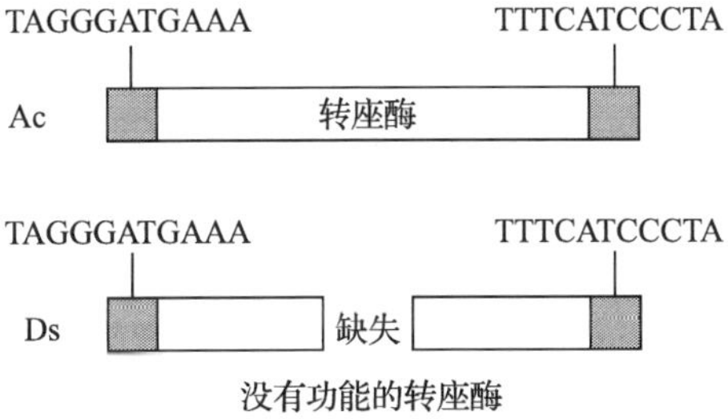

图10-16 Ac和Ds的结构比较（仿杨荣武，2008）

Ac-Ds是由McClintock最先发现的。Ac和Ds分别属于自主型和非自主型DNA转座子（图10-16），Ac表示激活子元件（activator element），约由4563bp组成，两端是11bp的IR序列，它带有全功能的转座酶基因；Ds表示解离元件（dissociation element），两端也是11bp的IR序列，但中间只有缺失的、无功能的转座酶基因，它实际上是Ac经由不同的缺失突变而来的。由于Ds不能合成转座酶，所以单独不能移位，只有Ac存在时，Ds才会移位。如图10-17所示，玉米种子的颜色由紫色色素基因*C*决定。如果 Ac 或 Ds 插入到 C 基因(color gene)内部,则紫色色素基因失活,于是玉米籽粒不能产生紫色色素,而成为黄色;如果 Ds 从 C 跳开,C 基因能够正常表达,玉米籽粒又变成紫色。而如果 Ds 远离 Ac,或者 Ac 本身跳开,Ds 则不再受 Ac 的控制,它又可以发挥对结构基因(structural gene,SG)的抑制作用,使玉米籽粒成为黄色。Ac 和 Ds 在染色体上的跳动十分活跃,使得受它们控制的颜色基因时开时关,于是玉米籽粒便出现了斑斑点点的颜色。

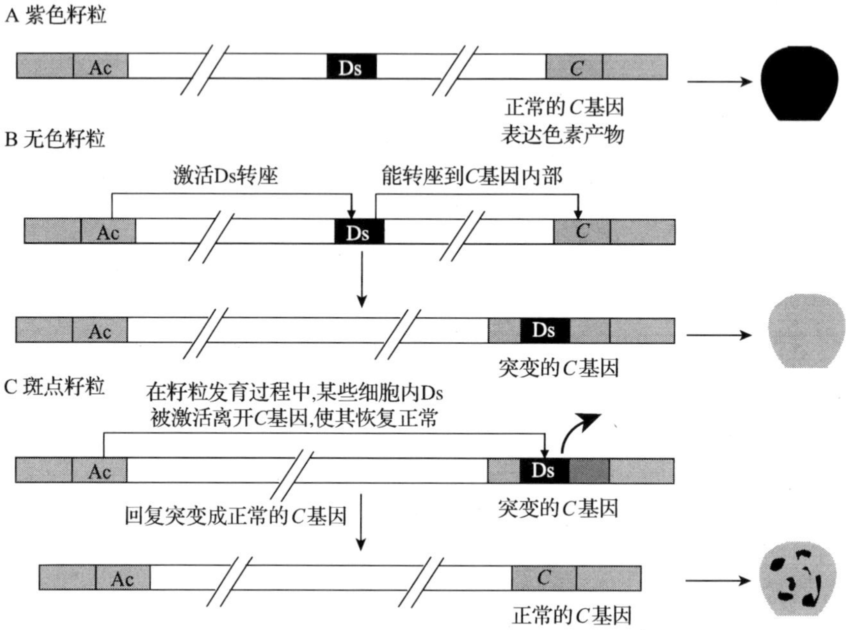

图 10-17　玉米的 Ac-Ds 系统(仿杨荣武,2008)

10.5.2.3　逆转录转座子

逆转座子在真核生物的基因中所占比例很高,根据两端的结构,可将它们分为 LTR 逆转座子(LTR-containing retrotransposon) 和 非 LTR 逆转座子(non-LTR retrotransposon)(图 10-18):LTR 逆转座子的两端含有与逆转录病毒基因组 mRNA 经逆转录产生的类似的 LTR 序列;非 LTR 逆转座子没有 LTR 序列,但有一端含有一小段重复序列(通常是 polyA)。无论是哪一种逆转座子,仍然有自主型和非自主型之分。自主型的其内部含有 *gag* 基因和 *pol* 基因,但缺乏编码逆转录病毒外壳蛋白的 *env* 基因,*pol* 基因编码蛋白酶、逆转录酶、核糖核酸酶 H 和整合酶。非自主型的内部序列变化很大,已丧失大多数或者全部编码功能。

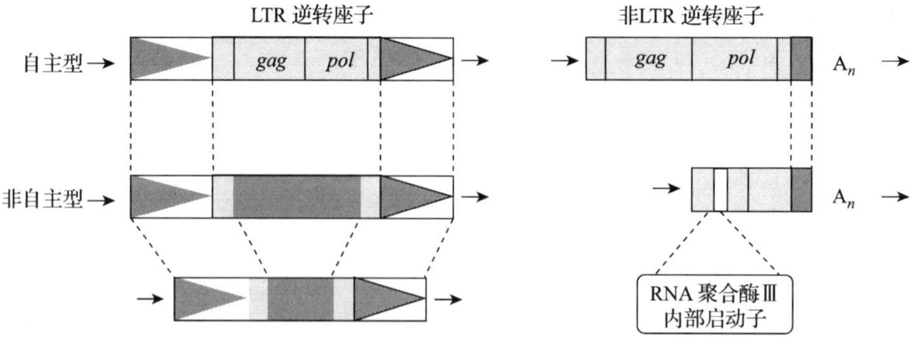

图 10-18　LTR 逆转座子和非 LTR 逆转座子(仿杨荣武,2008)

属于 LTR 逆转座子的有果蝇基因上的 Copia 元件和酵母基因组上的 Ty 元件;属于非 LTR 逆转座子的有 LINE 和 SINE。

10.5.3 转座的分子机制

转座的分子机制一般分为两种类型:一种是简单转座,也称为直接转座或保留型转座、非复制型转座,需要先将原来的转座元件剪切,再插入到新的位置;另一种是复制型转座,只是将原来的转座元件复制一份,再将其插入到新的位置。无论哪一种机制,起主导作用的是转座酶。

迄今为止,已发现五类转座酶:① DDE-转座酶。含有高度保守的三联体氨基酸,即 Asp(D)、Asp(D) 和 Glu(E),它们是参与催化二价金属离子(主要是 Mg^{2+})与酶分子配伍结合所必需的。② Y2-转座酶。活性中心有两个 Tyr 残基参与催化。③ Y-转座酶。Y-活性中心有一个 Tyr 残基参与催化。④ S-转座酶。活性中心的 Ser 残基参与催化。⑤ RT/En 转座酶。由逆转录酶和内切酶组合而成。这五类酶在转座中使用不同的催化机制调节 DNA 链的断裂和重新连接。

10.5.3.1 简单转座

简单转座机制主要是利用供体和靶 DNA 序列的直接连接,只需要转座酶。参与这种转座机制的转座酶主要是 DDE-转座酶,也有某些转座子使用 Y-转座酶或 S-转座酶。利用此机制的转座子有:IS10、IS50、P 元件、Ac-Ds 元件和水手元件等。

由 DDE-转座酶催化的转座子的剪切有三种方式,如图 10-19 所示:① 转座子的 3′端被切开,形成 3′-OH 和 5′-P,随后 3′-OH 亲核进攻转座子另一条链上 5′端的磷酸二酯键,形成两端带有发夹结构的游离转座子,发夹结构再被切开;② 转座子的 5′端被切开,形成 3′-OH 和 5′-P,随后,3′-OH 亲核进攻另一条链上转座子 3′端的磷酸二酯键,使转座子直接游离出来,但两侧的 DNA 则形成发夹结构;③ 转座子的 5′端和 3′端的磷酸二酯键被先后切开,切出游离的转座子,没有发夹结构的形成。这三种方式剪切出的转座子就被转移到靶位点上。

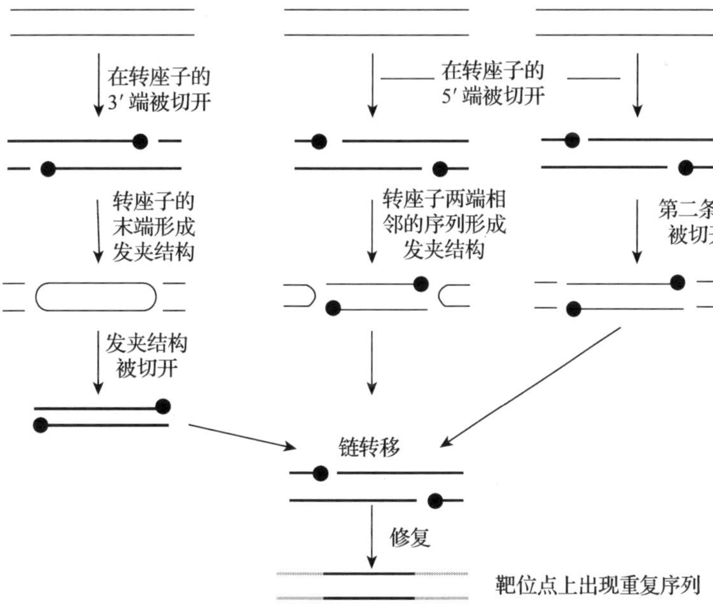

图 10-19 由 DDE-转座酶催化的转座子剪切和插入机制(仿杨荣武,2008)

10.5.3.2 复制型转座

复制型转座需要将转座子复制一份,然后再插入到新位点上。每转座一次,拷贝数就增加一个。转座子的复制有的需要 RNA 中间物(逆转座子),有的不需要 RNA 中间物(DNA 转座子)。这里分别加以讨论。

以 DNA 转座子为例,一种观点认为复制和插入是分开进行的,具体步骤如图 10-20(左)所示:① 转座酶切开转座子起点的一条链,产生 5′-P-酪氨酸酯键连接和 3′-OH;② 以 3′-OH 作为引物,开始链取代合成;③ 转座酶在转座子的终点以同样的方式切开同一条链,从而游离出单链转座子;④ 新合成的 DNA 链的 3′-OH 亲核进攻位于转座子终点的 5′-P-酪氨酸酯键,形成磷酸二酯键,并释放出转座酶;⑤ 转座酶在靶位点上切开 DNA 的一条链,同样产生 5′-P-酪氨酸酯键连接和 3′-OH;⑥ 前面被游离出来的单链转座子通过其 3′-OH 亲核进攻靶位点上 5′-P-酪氨酸酯键,致使单链转座子插入到靶位点;⑦ 靶位点上 3′-OH 亲核进攻单链转座子上的 5′-P-酪氨酸酯键,靶位点的切口被缝合,转座酶得到释放;⑧ 在靶位点的另一条链上进行 DNA 的修复合成,产生转座子的互补链。

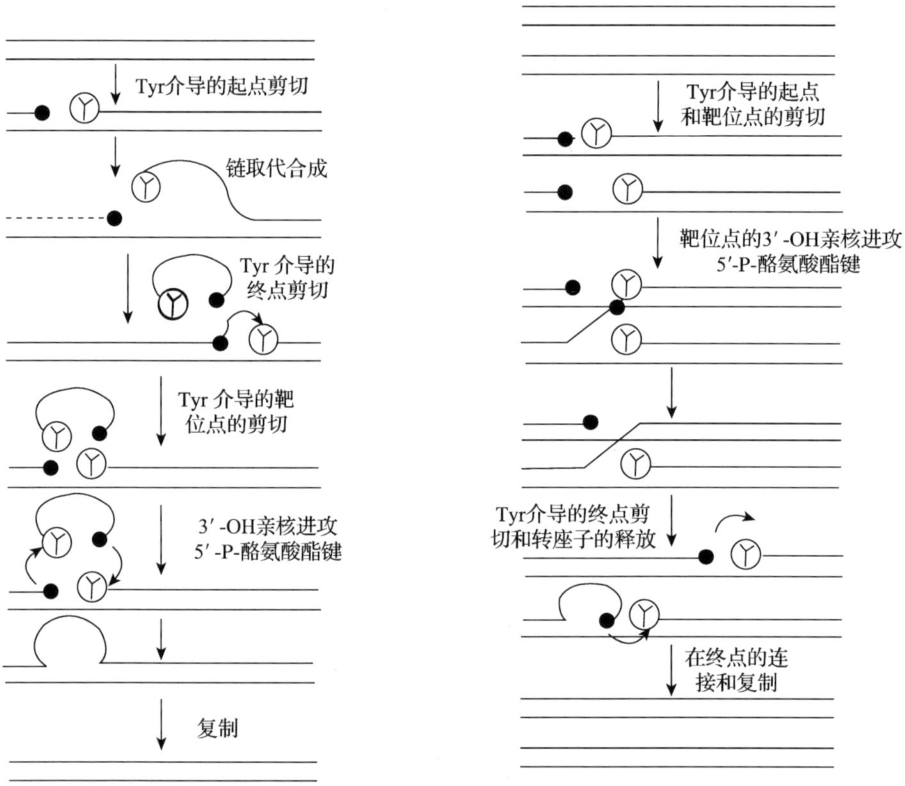

图 10-20 转座子的复制和插入机制(仿杨荣武,2008)

另一种观点认为复制与插入同时进行,具体步骤如图 10-20(右)所示:① 转座子的起点和靶位点同时被转座酶切开,产生 5′-P-酪氨酸酯键连接和 3′-OH;② 靶位点上的 3′-OH 亲核进攻转座子起点上的 5′-P-酪氨酸酯键,形成新的磷酸二酯键,致使转座子的一端插入到靶位点;③ 在转座子起点的 3′-OH 开始 DNA 链取代合成,导致转座子的一条链被取代;④ 转座酶在终点的剪切导致转座子的一条链完全插入到靶位点上;⑤ 在转座子和靶位点上分别进行 3′-OH 亲核进攻 5′-P-酪氨酸酯键的反应,致使两个位点上的切口被缝合;⑥ 在靶位点的另一条链上进行 DNA 的修复合成,产生转座子的互补链。

10.6 重组 DNA 的应用

基因重组技术在动物、植物和微生物等领域已得到广泛的应用，通过该技术可将外源基因精确地整合到宿主细胞染色体某一特定位点上，也可对某一位点的基因进行准确修饰、加工和敲除，在不影响原基因结构元件的情况下，可使外源基因得以正常表达，使生物具有某种新的性状，并能遗传给后代。

10.6.1 转基因动物和植物

转基因动物是指其基因组中整合有外源目的基因的动物，通过转基因技术将构建后的目的基因或基因组片段导入实验动物的受精卵，使其与受精卵 DNA 发生整合，使胚胎继续发育，后代个体的基因组内就会有目的基因，并能够表达呈现其生物学效应。

在转基因动物中，以基因工程小鼠的研究最多，应用最广泛。基因工程小鼠为研究肿瘤的发生、发展及治疗提供了一个重要工具。1984 年，Brinster 等将癌基因导入小鼠受精卵，发育的个体能形成脑脉络丛乳头状瘤，开创了肿瘤研究的新纪元。多种基因工程小鼠模型的建立，大大推动了肿瘤形成的分子机制的研究。转基因动物的应用还有：① 生产药用蛋白质；② 建立人类疾病的转基因动物模型；③ 生产可用于人体移植的动物器官；④ 提高家畜的产量等。

在转基因植物中，研究较多的主要是棉花、大豆、马铃薯、烟草、玉米、菠菜、田椒、小麦等。我国科学家成功合成了拥有自己知识产权的 *Cry1A* 杀虫基因，并获得了高抗棉铃虫的转基因棉花株系，导入 *Bt* 基因和 *Cpt* 的双价转基因抗虫棉花、含 GNA 的转基因抗蚜棉花及含抗真菌病害基因的一系列转基因抗虫抗病棉花品系；此外，还成功研制出了带有抗病、抗虫基因的杂交稻，提高了水稻的产量。

10.6.2 转基因技术应用于疾病诊断、治疗和预防

应用基因工程技术将外源基因或特定核酸序列片段导入靶细胞，促使转入基因适度表达，并通过纠正机体基因缺陷、调节基因表达功能达到基因治疗和预防疾病的目的，也称为基因治疗(gene therapy)。

近年来，在诊断和治疗遗传疾病方面，随着人类基因组计划的完成，发现和确认基因异常性遗传疾病的突变基因越来越多，通过转基因技术修复或替换异常基因是治疗的最有效措施。

在治疗烈性感染性疾病方面，如 AIDS 和肿瘤，克隆出肿瘤或感染源(细菌、病毒)的抗原基因，敲除(knock out) 有害成分，研制成基因疫苗导入皮肤组织的相应细胞使之表达，激发机体主动免疫，预防感染和肿瘤的发生，或通过导入“反义核酸”、自杀基因等进行治疗，将是今后的研究方向。已有实验证明，通过转入 *IL-12* 基因能抑制血管肿瘤组织生长，调节免疫。

10.6.3 基因打靶

基因打靶(gene targeting)是利用活细胞染色体 DNA 与外源 DNA 的同源序列可发生重组的性质，进行定点修饰，进而改造染色体上某一目的基因的技术。所谓“打靶”就是对靶基因进行直接作用，主要是通过同源重组诱发突变和改建，基因同源重组与 DNA 重组不同，DNA 重组是通过人工酶解和连接的方法，组建新的 DNA 片段的过程。基因同源重组是用基因转染方法，把人工构建的与靶基因同源的片段整合到受体细胞的基因组中，使其与靶基因发生同源重组而整合在一起。基因打靶技术是基因工程的一个重大飞跃，它使得人们能够按照自己的设想去改造生物的遗传物质，而且能使其在细胞中稳定遗传，是研究靶基因功能的手段。

基因打靶技术是新兴的分子生物学技术，具有定位性强、打靶后的基因能随染色体 DNA 稳定遗传的特点，是一种理想的修饰和改造生物遗传物质的方法。主要有三个方面的应用：① 改造生物，培育新的生物品种。把某一优良（如抗病、抗旱等）基因引入染色体基因组中，可获得优良动物或植物新品种，如把鱼的抗冻性基因转入非抗冻鱼的卵细胞，产生抗冻鱼。② 基因治疗。以正常的基因替换异常基因，把筛选出的细胞移入体内，治疗疾病。③ 基础学科研究中观察基因在发育中的作用，终止原癌基因和抑癌基因表达；基因对免疫细胞的作用机制等。

本章小结

基因重组广泛存在于生物界，从原始生物到高等动植物都有发生。DNA 分子内或分子之间发生遗传信息重新组合的现象，称为 DNA 重组，也称基因重组或基因重排，其重组产物称为重组体 DNA。基因重组使生物产生变异，能迅速增加群体的遗传多样性，对生物进化起着关键的作用；DNA 重组还参与许多重要的生物学过程。根据重组过程中对 DNA 序列和所需蛋白质因子的要求不同，可将重组分为四类：同源重组、位点特异性重组、转座重组和异常重组。

同源重组是最基本的 DNA 重组方式，是发生在同源序列间的重组，又称基本重组。真核细胞中姐妹染色单体的交换、非姐妹染色单体的交换、细菌及某些低等真核生物的接合、转化、噬菌体的转导等都属于这一类型的重组。细菌的同源重组主要有四种机制：接合、转化、转导和细胞融合。进入受体细胞的外源基因通常有四种结果：降解、暂时保留、与内源基因交换或发生整合。

位点特异性重组与同源重组不同，是发生在 DNA 特异性位点上的重组，重组后 DNA 节段的相对位置发生了移动，即 DNA 序列发生重排，从而得到不同的结果，其结果取决于重组位点的位置和方向。由特异的重组酶和辅助因子识别和作用于特定的短 DNA 序列内（重组位点）。

转座重组是 DNA 上的核苷酸序列从一个位置转移到另一个位置的现象。发生转位的 DNA 片段被称为转座子或可移位的遗传元件，也称为跳跃基因。转座子的靶点与转座子之间不需要序列的同源性，接受转座子的靶位点绝大多数是随机的，也可能具有一定的倾向性。转座重组可导致核苷酸序列发生转移、缺失、倒位或重复。原核生物和真核生物的转座子在性质和转座机制上存在很大的差别。在细菌内已发现四类转座子，分别是：插入序列（IS）、复杂型转座子、复合型转座子和 Mu 噬菌体。真核生物的转座子分为逆转座子和 DNA 转座子，后者进一步分为复制型和保留型；每一类转座子都有自主型和非自主型两种；自主型转座子含有编码转座所必需的酶或蛋白质，能独立地进行转座；非自主型转座子编码能力不足，不能独立地进行转座，却保留了转座所必需的顺式序列。

延伸阅读

史济平. 2004. 药物分子生物学 . 2 版 . 北京：人民卫生出版社
杨荣武. 2008. 分子生物学. 南京：南京大学出版社
查锡良. 2008. 生物化学 . 7 版 . 北京：人民卫生出版社
赵亚华. 2008. 基础分子生物学教程 . 2 版 . 北京：科学出版社
周爱儒. 2004. 生物化学 . 6 版 . 北京：人民卫生出版社
朱玉贤. 2007. 现代分子生物学 . 3 版 . 北京：高等教育出版社

思考题

1. 简述 DNA 重组的概念和意义。
2. DNA 重组包括哪些过程？与 DNA 重组有关的酶主要有哪些？
3. 什么是同源重组？什么是 Holliday 模型？什么是特异位点重组？
4. 细菌的基因转移机制有哪些？
5. 简述转座子的概念，转座子如何分类？什么是插入序列？
6. 复合型转座子（Tn）与 IS 元件有什么异同点？
7. 简述复制型转座与非复制型转座的机制。
8. 简述玉米的控制元件及 Ac-Ds 系统。

11 基因工程

基因工程是指把一种生物的基因在体外与载体拼接重组、通过载体导入另一种生物体内、并使之按照预定目标表达出新性状的过程，也称DNA重组技术。主要包括目的基因的获得、与载体连接、导入宿主细胞、筛选克隆和检测鉴定五个环节，有限制性内切核酸酶、DNA连接酶和DNA聚合酶等多种酶类参与这一过程。基因工程作为一种重要技术手段已经应用到生物学研究的多个领域，极大地推动了分子生物学及其相关学科的发展，基因工程产品也已经在工业、农业、医药等多种行业得到应用，并展示出了非常诱人的前景。

11.1 基因工程概述

基因工程是一门建立在遗传学、微生物学和生物化学等学科基础上的边缘学科。20世纪70年代，人们已经明确了不同生物具有相同的遗传物质基础、基因是可切割和转移的、遗传密码基本通用等基本生物学规律。在技术水平上，DNA的切割、DNA分子的克隆及DNA测序技术也已经基本成熟。这样伴随理论储备和技术的发展基因工程的诞生成为了必然。

基因工程(genetic engineering)又称遗传工程，是指将一种或多种生物体(供体)的基因与载体在体外进行拼接重组，然后转入另一种生物体(受体)内，使之按照人们的意愿遗传并表达出新的性状，因此基因工程亦称重组DNA技术(recombinant DNA technology)。供体、受体和载体称为基因工程的三大要素，其中相对于受体而言，来自供体的基因属于外源基因。

11.1.1 基因工程的基本过程

基因工程的核心内容为基因重组、克隆和表达。其基本操作过程可以归纳为以下五个主要步骤，简述为"切、连、转、筛、检"(图11-1)。

1) 切：目的DNA片段的获得

目的DNA片段可以来自化学合成的DNA片段、从基因组文库或cDNA文库中分离的基因、通过DNA聚合酶链反应(polymerase chain reaction，PCR)扩增出来的片段等。

2) 连：目的DNA片段与含有标记基因的载体在体外进行重组

利用DNA重组技术，将目的DNA片段插入到合适的载体中，形成具有自主复制能力的DNA小分子。

3) 转：重组DNA导入宿主细胞

借助于细胞转化手段将DNA重组分子导入微生物、动物和植物受体细胞中，获得具有外源基因的克隆。

4) 筛：含有目的基因的克隆的筛选

以标记基因，如对抗生素有抗性的基因的表达性状为依据，从成千上万的克隆中筛选出目的克隆。

5) 检：目的基因片段表达的检测与鉴定

在人为控制条件下，如通过诱导使导入的基因在细胞内得到表达，产生出所期望的新物质或使生物获得新的性状。

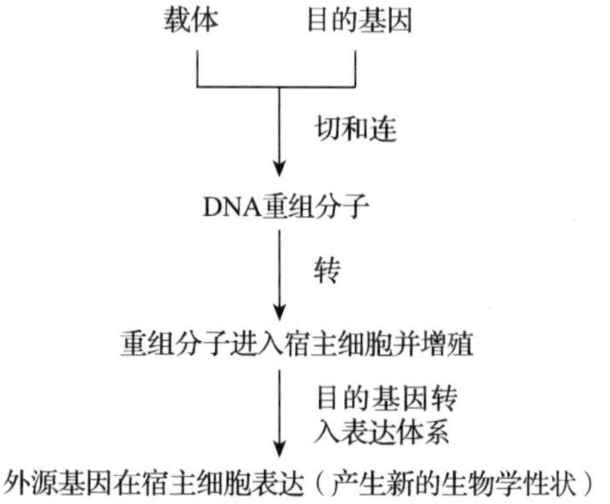

图 11-1 基因工程的基本过程

11.1.2 基因工程的研究意义

概括地讲，基因工程研究与发展的意义体现在两个方面：第一，大规模生产生物分子。利用微生物（如大肠杆菌和酵母菌等）基因表达调控机制相对简单和生长速度较快等特点，令其超量合成其他生物体内含量极微但却具有较高经济价值的生化物质。第二，设计改造现有物种，使之具有新性状。借助于基因重组、基因定向诱变，甚至基因人工合成技术，赋予生物一些新性状，以便更加有利于生物自身生存，并满足人类需求，最终卓有成效地将人类生活品质提高到一个崭新的水平。因此，基因工程诞生的意义毫不逊色于有史以来的任何一次技术革命。

11.2 基因工程中的工具酶

基因工程的第一步是从不同来源的 DNA（染色体 DNA 或 DNA 重组分子）上将待克隆的 DNA 片段切下，同时切开载体 DNA 分子，然后将两者连接成杂合分子。有时在外源 DNA 片段与载体分子拼接前，还需要对连接位点做特殊的技术处理，以提高连接效率。所有这些操作均由一系列功能各异的工具酶来完成（表 11-1，表 11-2），其中一些常用的工具酶本身也是使用基因工程方法产生，如部分的限制性内切核酸酶、T4 DNA 连接酶及 DNA 聚合酶等，因此从这个意义上讲，基因工程工具酶也是基因工程的产物。本节主要介绍限制性内切核酸酶、连接酶、逆转录酶和末端转移酶等。

11.2.1 限制性内切核酸酶

11.2.1.1 限制性内切核酸酶的概念

限制性内切核酸酶（restriction endonuclease），简称限制酶，是一类能够识别双链 DNA 分子中的某种特定核苷酸序列，并能切开 DNA 的 3′，5′-磷酸二酯键，使双链结构断裂的内切核酸酶。

11.2.1.2 限制性内切核酸酶的命名

限制性内切核酸酶根据酶的来源命名，具体规则如下：① 寄主菌属名的第一个字母和种名的头两个字母组成斜体。字母的略语表示酶来源的菌种名称，如大肠杆菌 *Escherichia coli* 表示为 *Eco*，流感嗜血菌 *Haemophilus influenzae* 表示为 *Hin*。② 用一个正体字母表示菌株的类型，如 *Eco*R、*Hin*d。③ 一个寄主菌株有几个不同的限制修饰体系，则用罗马数字标出，如 *Eco*R Ⅰ、*Hin*d Ⅲ。

11.2.1.3 限制性内切核酸酶的分类

按限制酶的组成与修饰酶的活性关系，切断核酸的情况不同，分为三类：Ⅰ型、Ⅱ型和Ⅲ型。由于Ⅰ型限制酶和Ⅲ型限制酶同时具有修饰（modification）及认知切割（restriction）的作用，并且通常认知（recognize）位点和切割位点不一致，导致其在基因工程应用中受限。因此，基因工程中最常用的是Ⅱ型限制性内切核酸酶。常用限制性内切核酸酶的识别序列和来源见表 11-1。

表 11-1 常用限制酶的识别序列及其产生菌

限制酶名称	识别序列	产生菌
*Bam*H Ⅰ	GGATCC	淀粉液化芽孢杆菌(*Bacillus amyloliuifaciens* H)
*Eco*R Ⅰ	GAATTC	大肠杆菌(*Escherícha coli* Rr13)
Hind Ⅲ	AAGCTT	流感嗜血杆菌(*Haemophilus influenzae* Rd)
Kpn Ⅰ	GGTACC	肺炎克雷伯氏杆菌(*Klebsiella pneumoniae* OK8)
Nco Ⅰ	CCATGG	珊瑚诺卡氏菌(*Nocardia corallina*)
Pst Ⅰ	CTGCAG	普罗威登斯菌属(*Providencia stuartii* 164)
Sal Ⅰ	GTCGAC	白色链霉菌(*Streptomyces albus* G)
Sma Ⅰ	CCCGGG	黏质沙雷氏菌(*Serratia marcescens* sb)
Sph Ⅰ	GCATGC	暗色产色链霉菌属(*Streptomyces phaeochromogenes*)
Xba Ⅰ	TCTAGA	黄单胞菌属(*Xanthomonas badrii*)

表 11-2 基因工程中常用的工具酶

酶	主要用途
限制性内切核酸酶	识别 DNA 特定序列,切断 DNA 双链
DNA 聚合酶Ⅰ 其大片段(Klenow)	① 缺口平移制作标记 DNA 探针 ② 合成 cDNA 的第二链 ③ 填补双链 DNA 3′凹端 ④ DNA 序列分析
耐热 DNA 聚合酶 *Taq* DNA 聚合酶等	聚合酶链反应(PCR)
DNA 连接酶	连接两个 DNA 分子或片段
RNA 连接酶	连接单链 DNA 或 RNA
末端转移酶	在 3′端加入同质多聚物尾
S1 核酸酶,绿豆核酸酶	降解单链 DNA 或 RNA,使双链 DNA 突出端变为平端
碱性磷酸酶	切除核酸末端磷酸基
甲基化酶	使碱基甲基化避免被限制性内切核酸酶切割

11.2.1.4 Ⅱ型限制性内切核酸酶的基本特性

(1) 识别位点的特异性。每种酶都有其特定的 DNA 识别位点,通常是由 4~8 个核苷酸组成的特定序列(靶序列)。

(2) 识别序列的对称性。靶序列通常具有双重旋转对称的结构,即双链的核苷酸顺序呈回文结构。例如,*Eco*RⅠ的识别序列为

5′-GAATTC-3′
3′-CTTAAG-5′

(3) 切割位点的规范性。绝大多数的Ⅱ型限制性内切核酸酶均在其识别位点内切割 DNA,切割位点可发生在识别序列的任何两个碱基之间。有一些来源不同的限制酶识别的是同样的核苷酸靶序列,这类酶称为同裂酶(isoschizomer)。同裂酶产生同样的切割,形成同样的末端。例如,限制酶 *Hpa* Ⅱ和 *Msp* Ⅰ是一对同裂酶,共同的靶序列是 CCGG。有些酶识别位点不同,但切出的 DNA 片段具有相同的末端序列,这些酶称为同尾酶(isocaudamer),如 *Bam*H Ⅰ、*Bcl* Ⅰ、*Bgl* Ⅱ和 *Xho* Ⅰ是一组同尾酶,它们切割 DNA 之后都形成由-GATC-四

个核苷酸组成的黏性末端。很显然，由同尾酶所产生的 DNA 片段，是能够通过其黏性末端之间的互补作用而彼此连接起来的，因此在基因克隆实验中很有用处。根据被切开的 DNA 末端性质的不同，又可分为黏性末端(cohesive end)和平末端(blunt end)。黏性末端是指 DNA 分子在限制酶的作用下形成具有互补碱基的单链延伸末端结构，它们能够通过互补碱基间的配对而重新环化起来。平末端是指在识别序列对称处同时切开 DNA 分子两条链，产生的平齐末端结构，因此不易于重新环化(图 11-2)。

A *Pst* Ⅰ切割位点

5′-CTGCA G-3′	→	5′-CTGCA	+	G-3′
3′-G ACGTC-5′		3′-G		ACGTC-5′

B *Eco*RⅠ切割位点以及产生的黏性末端

5′-G AATTC-3′	→	5′-G	+	AATTC-3′
3′-CTTAA G-5′		3′-CTTAA		G-5′

C *Eco*RⅤ切割位点以及产生的平末端

5′-GAT　ATC-3′	→	5′-GAT	+	ATC-3′
3′-CTA　TAG-5′		3′-CTA		TAG-5′

图 11-2　不同的限制酶切割 DNA 分子产生的两种不同的黏性末端

A. *Pst* Ⅰ的识别序列，切割后形成 3′- OH 的单链黏性末端；B. *Eco*RⅠ的识别序列，切割后形成 5′- P 的单链黏性末端；C. *Eco*RⅤ的识别序列，切割后形成平末端

11.2.2　连接酶

同限制酶一样，DNA 连接酶(ligase)也是在体外构建重组 DNA 分子所必不可少的基本工具酶(图 11-3)。DNA 连接酶广泛存在于各种生物体内，其催化的基本反应形式是将 DNA 双链上相邻的 3′-OH 和 5′-P 共价结合形成 3′-5′磷酸二酯键，使原来断开的 DNA 缺口重新连接起来。因此它在 DNA 复制、修复及体内体外重组过程中起着重要作用。常用的 DNA 连接酶有大肠杆菌连接酶和 T4 DNA 连接酶，前者由大肠杆菌基因组编码，后者由 T4 噬菌体基因编码。在大肠杆菌及其他细菌中，DNA 连接酶催化的连接反应，是利用 NAD^+[烟酰胺腺嘌呤二核苷酸(氧化型)]作能源的；而在动物细胞及噬菌体中，则是利用 ATP[腺苷三磷酸]作能源的。

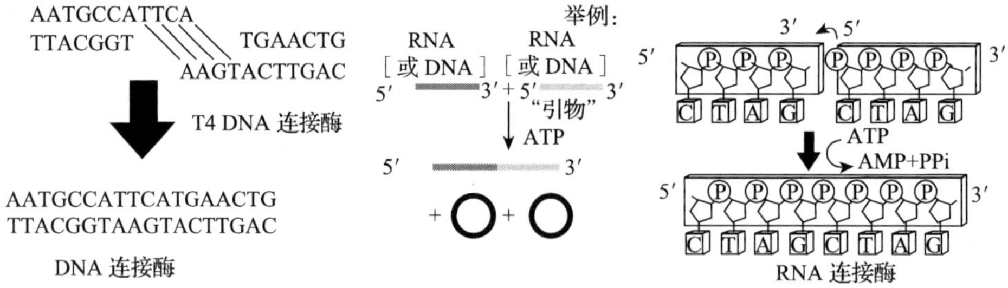

图 11-3　DNA 连接酶与 RNA 连接酶作用示意图

(http://en.wikibooks.org/wiki/Structural_Biochemistry/T4_DNA_Ligase 和 http://www.currentprotocols.com/protocol/mb0315)

RNA 连接酶催化 ATP 降解为 AMP 和焦磷酸的反应，释放的能量能使寡核苷酸的单链 DNA 或 RNA 5′-P 末端和 3′-OH 末端结合，它能催化分子内连接环化反应及分子间的连接反应。连接效率受供体和受体各自的碱基影响很大。

11.2.3 DNA 聚合酶

分子克隆操作中，常使用的 DNA 聚合酶有大肠杆菌 DNA 聚合酶Ⅰ，大肠杆菌 DNA 聚合酶的 Klenow 大片段、T4 DNA 聚合酶、T7 DNA 聚合酶和耐热 DNA 聚合酶等。其中，大肠杆菌 DNA 聚合酶Ⅰ是 1956 年 Kornberg 等首先从 *E. coli* 细胞中分离出来的。它是沿 DNA 链的方向催化核苷酸聚合的酶，由单一多肽组成球蛋白。DNA 聚合酶Ⅰ是一个多功能酶，它包括三种不同的酶活性：5′→3′聚合酶活性（模板、带 3′-OH 游离基团的引物、四种 dNTP、Mg^{2+}），双链特异性的 5′→3′外切核酸酶活性，3′→5′外切核酸酶活性。其在基因工程中的主要用途是，通过 DNA 缺口转移，制备供核酸分子杂交用的带放射性标记的 DNA 探针。耐热 DNA 聚合酶多应用在 PCR 技术中。各种耐热 DNA 聚合酶均具有 5′→3′聚合酶活性，但不一定具有 3′→5′外切核酸酶和 5′→3′外切核酸酶活性。

11.2.4 逆转录酶

逆转录酶(reverse transcriptase)又称依赖于 RNA 的 DNA 聚合酶(RNA-dependent DNA polymerase)。该酶能有效地以 RNA 为模板转录合成 DNA，产物 DNA 又称 cDNA (complementary DNA)，即互补 DNA。逆转录酶也是一个多功能性酶，主要有几种不同的酶活性：依赖于 RNA 的 DNA 聚合酶活性、依赖于 DNA 的 DNA 聚合酶活性、RNA 酶活性。商品化的逆转录酶大多不具有 RNA 酶活性。

在基因工程中，逆转录酶的主要用途是转录 mRNA 合成 cDNA。另外，它也可用 ssDNA 或 RNA 作模板制备杂交探针。

11.2.5 其他用于 DNA 重组的工具酶

11.2.5.1 Klenow 酶

Klenow 片段是大肠杆菌聚合酶Ⅰ全酶经枯草杆菌蛋白酶处理后产生的大片段酶分子。该酶具有两种催化活性：① 5′→3′的聚合酶活性；② 3′→5′的外切核酸酶活性。

Klenow 酶在分子克隆中的主要用途是：① 修复由限制性内切核酸酶造成的 3′凹端，使之成为平头末端；② 以含有同位素的脱氧核苷酸为底物，对 DNA 片段进行标记；③ 用于催化 cDNA 第二链的合成；④ 用于双脱氧末端终止法测定 DNA 的序列。

11.2.5.2 末端转移酶

末端转移酶(terminal transferase)是一类不依赖于 DNA 模板的 DNA 聚合酶。其合适的底物形式为带有 3′游离羟基的双链 DNA 分子，可以在没有模板链存在的情况下，将核苷酸连接到 dsDNA 或 ssDNA 的 3′-OH(图 11-4)，特别是对于平末端的双链 DNA 末端加尾十分有用。在基因工程中常用来给外源 DNA 片段及载体分子加上互补的同聚物尾。

```
          5′ G-A-T-C-A-C-T-G-C-A
A-C-G-T-C-T-A-G-T-G 5′
                 ↓ —— 末端转移酶
                        +
                       dTTP
                 G-A-T-C-A-C-T-G-C-A-T-T-T-T-T-T-T
T-T-T-T-T-T-T-A-C-G-T-C-T-A-G-T-G
```

图 11-4 末端转移酶作用示意图

(http://www.vivo.colostate.edu/hbooks/genetics/biotech/enzymes/tt.html)

11.2.5.3 核酸酶

S1 核酸酶(S1 nuclease)是一种从米曲霉(*Aspergillus oryzae*)中分离的高度单链特异的外切酶。它可以降解单链 DNA 或 RNA 双链的单链区。其主要用途有:① 在 cDNA 合成过程中,切开 cDNA 的发夹末端;② 载体构建过程中,切去 DNA 片段的单链尾巴,形成平末端结构。

11.2.5.4 碱性磷酸酶

常见碱性磷酸酶包括细菌碱性磷酸酶(bacterial alkaline phosphatase, BAP)和小牛肠碱性磷酸酶(calf intestinal alkaline phosphatase, CIP)。该酶可以将单链或双链 DNA 或 RNA 5′-P 转化成 5′-OH。其主要用途有:①去除用^{32}P 标记 DNA 5′端的磷酸基团;②在 DNA 重组时,去除 DNA 片段的 5′磷酸基团,防止载体的自身环化。

11.2.5.5 甲基化酶

甲基化酶(methylase)的识别位点与相应的限制性内切核酸酶相同,在识别序列内使某位碱基甲基化,从而封闭相应的限制性内切核酸酶切口(图 11-5)。甲基化酶的命名常在相对应的限制性内切核酸酶名称前面冠以 M.。例如,*Eco*RⅠ的甲基化酶 M.*Eco*RⅠ,催化 SAM 上的甲基基团转移到 *Eco*RⅠ识别序列中的第三位腺嘌呤上,经过 M.*Eco*RⅠ处理的 DNA 分子便不再被 *Eco*RⅠ所降解。

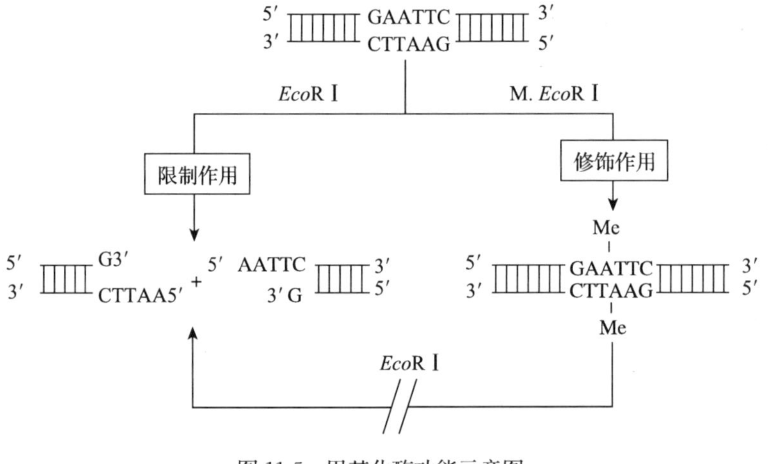

图 11-5 甲基化酶功能示意图

(http://sky.scnu.edu.cn/life/class/genetics/gene%20engineering/pictures/chap%202/)

11.3 基因工程的常用载体

基因工程的重要环节,是把一个外源基因导入细胞,并使它得到扩增。在基因工程中,通常是把外源 DNA 片段利用运载工具送入受体细胞。携带外源基因进入受体细胞的这种工具叫做载体(vector)。

目前,将外源基因运送到原核生物细胞的载体研究的较多,运送到植物和动物细胞中的载体还比较少。各类载体的来源不同,在大小、结构、复制等方面的特性差别很大,但作为基因工程用的载体,以下几方面是它们共有的特性和基本要求:① 在宿主细胞中能独立自主地复制,最好要有较高的自主复制能力。② 容易进入宿主细胞,而且进入效率越高越好。③ 容易从宿主细胞中分离纯化。④ 容易插入外来核酸片段，插入后不影响其进入宿主细胞和在细胞中的复制。这就要求载体 DNA 上要有合适的限制性内切核酸酶位点，最好是有许多种限制酶的切点，而且每种酶的切点只有一个。⑤ 有容易被识别筛选的标记，当其进入宿主细胞或携带着外来的核酸序列进入宿主细胞能容易被辨认和分离出来。

根据载体在基因工程中的用途不同可以分成三类：克隆载体(cloning vector)、表达载体(expression vector)和穿梭载体(shuttle vector)。克隆载体是指专用于插入或克隆 DNA 片段的一类载体，载体在细胞内大量复制，形成大量的基因克隆，被克隆的基因不一定会表达，如 pUC18、pBR322 等。表达载体指一类可以被导入工程生产的细菌，其携带的目标基因可以在宿主细胞中得到大量表达，常见的原核表达载体，如 pET 系列。穿梭载体是指载体含有两个亲缘关系不同的复制子，能在两种不同的生物中复制的。例如，既能在原核生物中复制，又能在真核生物中复制的载体，这类载体不仅具有细菌质粒的复制原点及选择标记基因，还有真核生物的自主复制序列(ARS) 及选择标记性状，具有多克隆位点。通常穿梭载体在细菌中用于克隆，扩增克隆的基因，在酵母菌中用于基因表达分析。

根据载体本身生物学特性不同，基因工程常用的载体主要有五类：质粒(plasmid) 载体、噬菌体载体、柯斯质粒(cosmid) 载体、动物病毒载体、人工染色体载体(表 11-3)。现分别介绍各类载体。

表 11-3 几种主要载体的特点及用途

载体名称	外源 DNA 容量	主要用途
细菌质粒载体	<15kb	外源基因的克隆与表达
噬菌体载体	<23kb	构建基因组文库和 cDNA 文库
黏粒载体	<49kb	构建基因文库
酵母质粒载体	<数 kb	外源基因的克隆与表达
Ti 质粒载体	<20kb	植物基因工程
酵母人工染色体载体	100～20 000kb	构建高等生物基因组文库
细菌人工染色体载体	120～3 000kb	构建高等生物基因组文库

11.3.1 质粒载体

11.3.1.1 质粒的生物学特性

质粒是一类存在于细胞中能独立于染色体 DNA 而自主复制的共价、封闭、环状双链 DNA 分子(covalently closed circular DNA)，也称为 cccDNA，但也偶见存在于细胞中的线形质粒。质粒广泛存在于细菌细胞中，在霉菌、蓝藻、酵母和不少动植物细胞中也发现有质粒存在。

质粒并不是细菌生长所必需的，但质粒赋予细菌某些抵御外界环境因素不利影响的能力，如对抗生素的抗性、重金属离子的抗性，细菌毒素的分泌及复杂化合物的降解等。野生型质粒具有下列基本特性。

(1) 自主复制性。质粒 DNA 含有自己的复制起始位点(origin，*ori*) 及控制复制频率的调控基因，有些质粒还携带特定的复制因子编码基因，形成一个独立的复制子结构(replicon)。

(2) 可扩增性。根据宿主细胞所含拷贝数的多少，可把质粒分成两种不同的复制型。一种是低拷贝数的质粒，称"严紧型"复制控制质粒(stringent plasmid)，此类质粒每个宿主细胞仅含 1～3 份拷贝。另一类是高拷贝数的"松弛型"复制控制质粒(relaxed plasmid)，这类质粒每个宿主细胞可达到 10～60 份拷贝。一种质粒究竟是属于严紧型还是松弛型并不是绝对的，这往往同宿主的状况有关。

(3) 可转移性。在天然条件下，许多野生型质粒可以通过细菌接合作用从一个宿主细胞转移至另一个宿主细胞，甚至另一种亲缘关系较近的宿主菌中。

(4) 不相容性。在没有选择压力的情况下，两种亲缘关系密切的不同质粒，不能在同一宿主细胞中稳定地共存，这一现象称为质粒的不相容性(plasmid incompatibility)，也称不亲和性。彼此不相容的质粒属于同一个不亲和群 (incompatibility group)。而彼此能够共存的亲和质粒，则属于不同的不亲和群。

11.3.1.2 人工质粒载体

pUC 质粒载体。pUC 是在 pBR322 质粒载体的基础上，插入了一个在其 5′端带有一段多克隆位点的 *lacZ′*基因(图 11-6A)，而发展成为具有双功能检测特性的新型质粒载体系列。

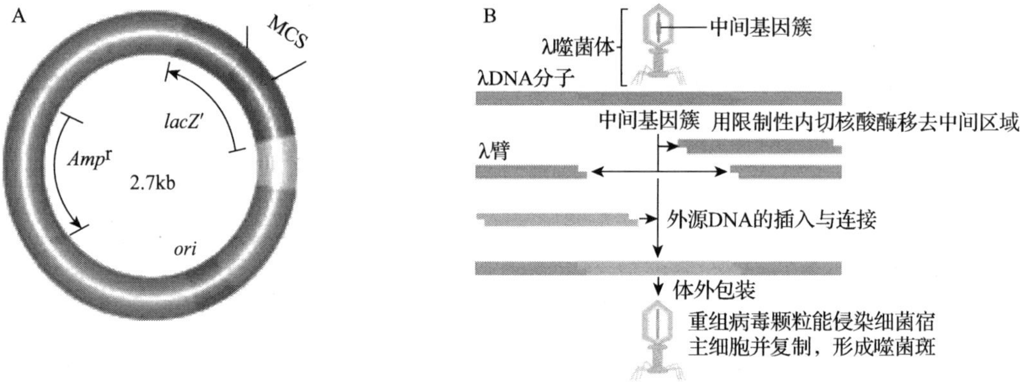

图 11-6 质粒载体 pUC18 结构图(A) 和噬菌体载体(B)
(http://www.mun.ca/biology/scarr/Plasmid_pUC18.html)

(1) pUC 质粒载体的结构。一种典型的 pUC 系列的质粒载体，包括如下四个组成部分：①来自 pBR322 质粒的复制起点(*Ori*)；② 氨苄青霉素抗性基因(Amp^r)，但该基因已经被改造，不再含有原来的限制性内切核酸酶的识别位点；③ 大肠杆菌 β-半乳糖酶基因(*lacZ*)的启动子及其编码 α-肽链的 DNA 序列，此结构称为 *lacZ′* 基因；④ 位于 *lacZ′* 基因中的一段多克隆位点(multiple cloning site, MCS)区，但多克隆位点并不破坏该基因的功能。

(2) pUC 质粒载体的特点。pUC 载体适合于 DNA 片段的克隆、DNA 测序、外源基因表达等。由于在 *lacZ* 序列中含有多克隆位点，因此在以 *lacZ* 缺欠细胞作为宿主(如 JM109 等) 进行转化后，在含有 IPTG、X-Gal 的平板培养基上进行培养时，可以很容易地通过蓝白斑筛选，判断载体中有无外源 DNA 片段的插入。同时还可以通过载体上的 *lac* 启动子表达外源基因，对插入载体中的 DNA 片段进行测序等。进行 DNA 测序时，可以方便地使用 M13 系列的通用引物。

质粒是最早用于基因克隆的载体。现广泛用于克隆、表达、测序等工作。但由于质粒载体可容纳片段小，因此它不能用于构建核基因组文库，通常只用来构建短序列的克隆文库。例如，可以用质粒构建叶绿体 DNA 文库或线粒体文库及 cDNA 文库。

11.3.2 λ噬菌体载体

11.3.2.1 λ噬菌体的生物学特性

λ噬菌体基因组为线形双链 DNA 分子，长度约为 49kb，在 λDNA 分子两端各有 12 个碱基的单链互补黏性末端(图 11-6B),进入细菌细胞后,其 DNA 可迅速通过黏性末端配对成双链环状 DNA 分子,这种由黏性末端结合形成的双链区域称为 cos 位点。

λDNA 至少包括 61 个基因,除少数例外,大多数编码基因均是按功能的相似性成簇排列。值得注意的是,在 λDNA 分子中从 *J* 基因到 *N* 基因之间,大约占 λDNA 总长度 1/3 的区段对于 λ 噬菌体的裂解周期是非必需的。因此,可以删除这些非必需区域和除去多余的限制性位点,方便外源基因的插入。

11.3.2.2 λ 噬菌体载体的其他方面

野生型的 λ 噬菌体主要有两个方面的障碍不适合直接用作基因克隆的载体。其一,λDNA 基因组大而且复杂,并包含多个基因克隆常用的限制酶识别位点(如五个 *Bam*H Ⅰ 位点、六个 *Bgl* Ⅱ 位点和五个 *Eco*R Ⅰ 位点等);其二,λ 噬菌体外壳只能接纳一定长度(相当于 λ 基因组大小的 75%～105%)的 DNA 分子。因此,λDNA 只能作为小片段外源 DNA 分子(2.5kb 左右)的克隆载体。这一克隆容量显然不能满足大多数基因克隆工作的要求,必须对野生型 λDNA 进行改造。

1) 改造方法

扩充 λDNA 载体的克隆容量是改造 λDNA 的首要目标,去除中段非必需区,提高外源 DNA 片段的有效装载量。中段非必需区占整个分子的 40%(19.4kb),因此经改造过的λDNA 载体的最大装载量约为 22kb。此外,改造工作还包括:除去必需的基因区域中的限制酶识别位点;在非必需区引入合适的限制酶位点;引入适当的选择性标记以方便重组子的筛选;灭活某些与裂解周期有关基因,以利于生物学防护等。

2) 载体类型

λ 噬菌体载体有两种类型:插入型载体(insert vector),即载体只具有一个限制酶位点可便于外源 DNA 插入;而取代型载体(replacement vector) 则含有两个限制酶切点,在两个位点之间的 DNA 区段可以被外源 DNA 片段所取代。

随着体外包装技术和寡聚核苷酸合成技术的发展,人们已经构建了许多带有多克隆位点的 λ 噬菌体载体,现在常规使用的 λ 噬菌体载体,不少既可用作插入型,又可用作置换型。

3) λ 噬菌体载体的优点和应用

λ 噬菌体作为克隆载体优点在于:可克隆大约 22kb 片段,克隆能力远大于质粒载体;转化感染宿主的效率可以达到 100%,也远远高于质粒载体的转化效率。

λ 噬菌体主要应用在以下三个方面:基因组 DNA 文库的构建;cDNA 文库的构建;大容量载体(如黏粒等) 中增殖的大片段外源 DNA 序列的亚克隆等。

11.3.3 黏粒载体(柯斯质粒载体)

11.3.3.1 黏粒载体的构建

λDNA 载体由于包装的限制,较为有效的克隆范围仅为 15kb 左右。在构建真核生物基因文库过程中,往往对载体的装载量有更高的要求。由于 λDNA 的包装蛋白只识别 *cos* 信号,与待包装 DNA 的性质无关,因此用一个质粒 DNA 取代 λDNA,就可大幅度地提高外源 DNA 片段的装载量。

黏粒(cosmid)一词是由英文“cos site-carrying plasmid”缩写而成的,其原意是指带有黏性末端位点(*cos*) 的质粒。它是一类由人工构建的含有 λDNA 的 COS 序列和质粒复制子的特殊类型的质粒载体。它们兼具有 λ 噬菌体的高效感染能力和质粒易于克隆选择的优点,既能像质粒一样在寄主细胞内复制，也能像λDNA一样被包装到噬菌体颗粒中去。其克隆能力为31～45kb，而且能够被包装成为具有感染性能的噬菌体颗粒。

11.3.3.2　黏粒载体的特点

黏粒载体大体上有三个方面特点：第一，具有λ噬菌体的特性。黏粒载体在体外被包装后，可以高效地转染对　噬菌体敏感的大肠杆菌寄主细胞。第二，具有质粒载体的特性。黏粒载体具有质粒复制子，因此在寄主细胞内能够像质粒DNA一样进行复制。第三，具有高容量的克隆能力。正如上面所述，黏粒载体的分子仅具有一个复制起点、选择标记和*cos*位点三个组成部分，分子质量较小，一般只有5～7kb。因此，可以插入到黏粒载体上并能被包装成噬菌体颗粒的最大外源DNA片段，即黏粒载体的克隆极限可达45kb左右。由此可见，黏粒克隆体系用于克隆大片段的DNA。黏粒载体一般用于：①在单个重组体中克隆和增殖完整的真核基因；②克隆与分析组成某一基因家族的真核DNA区段。目前，已有多种黏粒载体可用于基因克隆，其中PJB8为最常用的黏粒载体之一(图11-7)。

11.3.4　真核生物载体

原核生物载体的缺点是无法解决真核生物的基因调控和产物的转录及翻译后加工等一系列问题。因此，为了适应真核生物基因工程的需要，构建了不同的真核生物载体。以下重点介绍酵母质粒载体、Ti质粒载体和真核生物病毒载体。

11.3.4.1　酵母质粒载体

酵母质粒载体大都具有酵母复制起点和大肠杆菌复制起点，因此属于穿梭质粒载体(图11-7)。常见载体有以下三种类型(图11-7)。

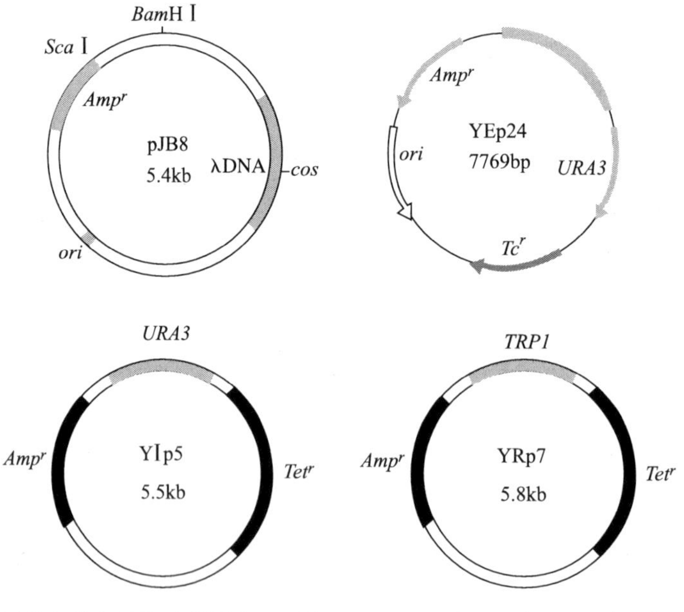

图11-7　酵母质粒和黏粒结构示意图(http://www.nicerweb.com/bio3400/Locked/media/ch19/19_10-cosmid-pJB8.jpg和http://www.currentprotocols.com/protocol/mb1304)

(1) 附加体质粒。附加体质粒(yeast episomal plasmid, YEP)含有酵母2μm质粒的复制原点和酵母选择标记 *URA3*；同时含有大肠杆菌的复制起点和选择性标记（Amp^r 和 Tet^r），在酵母细胞中能自主复制，具有较高拷贝数，如 YEp24。

（2）复制质粒。复制质粒（yeast replicating plasmid）含有酵母自主复制序列（ARS）和酵母选择标记 *URA3* 和 *TRP1*，同时含有大肠杆菌的复制起点和选择性标记（Amp^r 和 Tet^r），在酵母细胞中能自主复制，具有中等拷贝数，如 YRp7。

（3）整合质粒。整合质粒（yeast integrating plasmid）含有酵母 *URA3*，既可作为酵母选择标记，也可与酵母染色体 DNA 进行同源重组，而整合到染色体，随染色体复制而复制。由于该质粒含有大肠杆菌的复制起点和选择性标记（Amp^r 和 Tet^r），可以在大肠杆菌复制，但是不含酵母复制原点，不能在酵母中复制，如 YIp5。

11.3.4.2 Ti 质粒载体

Ti 是在根瘤土壤杆菌细胞中存在的一种质粒，大小约为 200kb。当农杆菌感染植物时可将 Ti 质粒中 T-DNA 区段转移并整合到植物细胞染色体中，使双子叶植物产生肿瘤（图 11-8 ）。T-DNA的转移与整合主要借助位于 T-DNA 的边缘区一对保守的、25bp 长的同向重复序列和 Ti 质粒基因组上的毒性（vir）区段编码的一些蛋白质来实现这个功能。

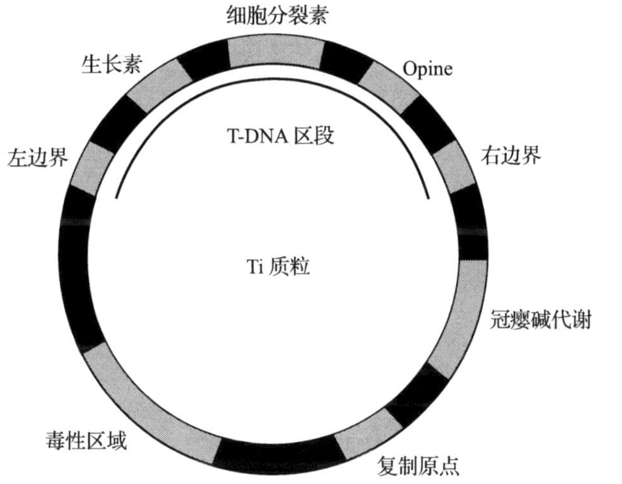

图 11-8 Ti 质粒结构示意图（http://en.wikipedia.org/wiki/File:Ti_Plasmid.jpg）

在植物基因工程中，由于野生型 Ti 质粒太大，不便于操作，因此构建了许多 Ti 质粒的衍生物作为基因工程载体。常见的载体有 pCAMBIA 载体系列。

11.3.4.3 动物和植物病毒载体

感染动物和植物的病毒可改造用作动植物细胞载体。一些具有 DNA 基因组或其生活史中出现有 DNA 阶段的真核生物的病毒，也可以改造成为基因转移的载体。这是由病毒具有以下几个方面的特点决定的：① 病毒具有能够被细胞识别的有效的启动子；② 病毒基因组拷贝数在真核细胞中可以达到相当高的水平，使外源基因得到有效扩增；③ 病毒基因组具有能够改造为在细胞内长时间高拷贝保持外源基因的复制型质粒的序列元件；④ 利用有些病毒能高效稳定地整合到寄主基因组特性，可以提高外源基因导入寄主细胞染色体的效率；⑤ 病毒的外壳蛋白能够将外源基因高效导入寄主细胞。

许多哺乳动物病毒，如 SV40、腺病毒、牛痘病毒、逆转录病毒等经改造后的衍生物已成功作为基因载体。它们能够有效识别宿主细胞，高效整合到宿主基因组中，高拷贝和具有强启动子，有利于外源基因在真核细胞中的克隆与表达。

一些昆虫杆状病毒的衍生物作为载体也有许多优点：可克隆长度高达 100kb 的外源 DNA 片段，蛋白质表达量高，甚至可以达到总蛋白的 25%；安全性好，不会引起人和动物疾病。

一些 RNA 病毒和 DNA 病毒也已经被改造为植物基因工程载体。目前使用较多的是双链 DNA 病毒载体，如花椰菜花叶病毒载体。

11.3.5 人工染色体载体

人工染色体(artificial chromosome) 是指一类能在生物细胞中独立、稳定存在和遗传的人工重组 DNA 分子。它可以分为两类，一类为原核生物人工染色体，如细菌人工染色体(bacterial artificial chromosome, BAC)和噬菌体 P1 衍生的人工染色体载体系统 P1 (P1-derived artificial chromosome，PAC) 等，其结构及复制等符合原核生物特性；另一类为真核生物染色体，如酵母人工染色体(yeast artificial chromosome, YAC)、哺乳动物人工染色体 (mammalian artificial chromosome，MAC)和人类人工染色体(human artificialchromosome, HAC) 等，具有相应真核生物染色体的复制原点(origin of replication) 、着丝点(cen-tromere) 和端粒子(telomere) 等必需组分或与其功能相同的替代成分，以维持染色体结构的稳定。

11.3.5.1 酵母人工染色体

酵母人工染色体(YAC) 是由酵母的自主复制序列、着丝点、四膜虫的端粒及酵母选择性标记组成的酵母克隆载体。左臂含有端粒、酵母筛选标记 *Trp1*、自主复制序列 ARS 和着丝粒，右臂含有酵母筛选标记 *URA3* 和端粒，然后在两臂之间插入大片段 DNA(图 11-9)。YAC 是人工染色体中能克隆最大 DNA 片段的载体，用较少的克隆就可以包含特定的基因组全部序列，从而保持了基因组特定序列的完整性，有利于物理图谱的制作。YAC 也存在一些自身缺点。例如，克隆外源基因易出现嵌合体、有些克隆不稳定、YAC 克隆不容易与酵母自身染色体相分离。

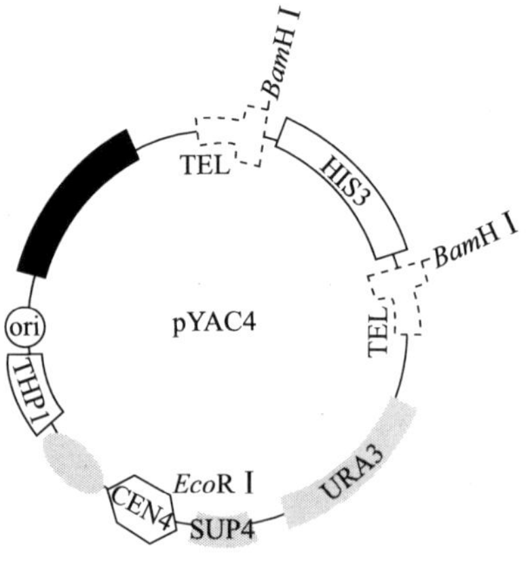

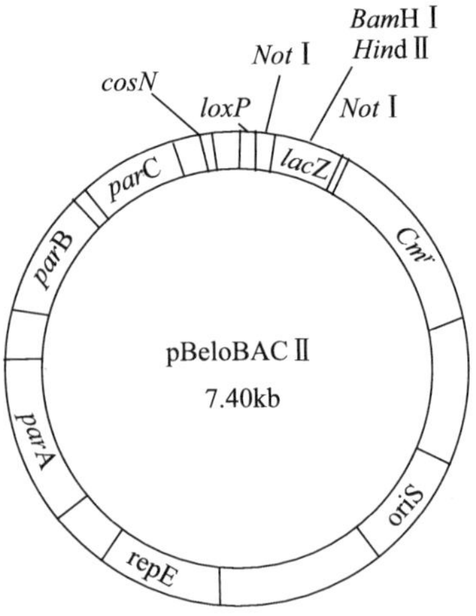

图 11-9 YAC 与 BAC 示意图

(http://biotech.aua.gr/EPEAEK/site_Biotech/gewp_biot/Gen_Mechan/course_material/images/ 和 http://nhjy.hzau.edu.cn/kech/jycz/skja/three_05.htm)

11.3.5.2 细菌人工染色体

细菌人工染色体(BAC)是指一种以大肠杆菌F质粒(F-plasmid)为基础建构而成的细菌染色体克隆载体。该质粒主要包括oriS(复制原点)、repE(控制F质粒严紧型复制)和parA、parB(低拷贝质粒准确分配到子代细胞)等成分(图11-9)。由于以BAC为基础克隆的载体不容易发生再重组,嵌合体的频率较低,转化效率高,拷贝数低,而且以环状结构存在于细菌体内,易于分辨和分离纯化。因此,BAC载体在构建成功后得到了迅速发展和广泛应用。目前主要用于大片段基因组文库的构建,在各种真核生物基因组测序中发挥着重要作用。

11.3.5.3 P1派生人工染色体

P1派生人工染色体(PAC)是将BAC和P1噬菌体载体二者优点结合起来的克隆体系,可以克隆100～300kb的外源DNA片段。它含有抗性基因,便于筛选。另外,由于其在宿主细胞中以单拷贝的形式存在,避免了因多拷贝造成的不稳定。

11.3.5.4 哺乳动物人工染色体

哺乳动物人工染色体是指从哺乳动物细胞中分离出复制起始区、端粒及着丝粒构建而成的克隆载体。它可以克隆大于1000kb的外源DNA片段。主要用于:① 有丝分裂和减数分裂期对DNA片段大小的定量分析;② 研究哺乳动物细胞中染色体功能;③ 对复杂的基因做功能分析;④ 用于体细胞基因治疗。

11.4 基因文库的构建

基因文库(gene library)是指某一生物类型全部基因的集合。换言之就是某生物DNA片段群体与载体分子重组,重组后转化宿主细胞,转化细胞在选择培养基上生长出的单个菌落(或噬菌斑或成活细胞)即为一个DNA片段的克隆,全部DNA片段克隆的集合体即为该生物的基因文库。构建基因文库的意义不仅使生物的遗传信息以稳定的重组体形式贮存起来,也是分离克隆目的基因和基因组作图的重要依据。

基因文库构建一般都包括以下基本程序:① 目的DNA的获得;② 载体的选择及制备;③ DNA片段载体连接;④ 重组体转化宿主细胞;⑤ 重组子的筛选。

11.4.1 基因文库的类别

11.4.1.1 基因组文库与cDNA文库

根据目得基因的来源,基因文库可分为基因组文库和cDNA文库。基因组文库是指将某生物的全部基因组DNA切割成一定长度的DNA片段克隆到某种载体上而形成的集合。基因组文库根据DNA来源又可以分为核基因组文库、叶绿体基因组文库及线粒体基因组文库。

为了最大限度地保证基因在克隆过程中的完整性,用于基因组文库构建的外源DNA片段在分离纯化操作中应尽量避免破碎。用于克隆外源DNA片段的切割主要采用机械断裂或限制性部分酶解两种方法,其基本原则有两条:第一,DNA片段之间存在部分重叠序列;第二,DNA片段大小均一。外源DNA片段的分子质量越大,经进一步切割处理后,含有不规则末端的DNA分子比率就越小,切割后的DNA片段大小越均一,同时含有完整基因的概率相应提高。

cDNA 文库是指生物在某一发育时期所转录的 mRNA 经逆转录形成的 cDNA 片段与某种载体连接而形成克隆的集合。

cDNA 文库构建的起始信息物质是 mRNA。因此构建 cDNA 文库首先要考虑的问题是 mRNA 的含量及质量。生物细胞中 mRNA 含量较低。通常 cDNA 文库构建需要微克级的 mRNA。对于低丰度的 mRNA(<0.5%),要通过富集或增大克隆数目来保证构建的文库中能够含有它们的克隆。由于 PCR 反应具有极高的灵敏性及可达数百万倍的放大作用,已应用于 cDNA 文库构建。

11.4.1.2 克隆文库及表达文库

根据基因文库的功能可将其分为克隆文库及表达文库。

克隆文库由克隆载体构建。载体中具复制子、多克隆位点及选择标记,可通过细菌培养使克隆片段大量增殖。

表达文库是用表达载体构建。载体中除上述元件外,还具有控制基因转录和翻译的一些必需元件,可在宿主细胞中表达出克隆片段的编码产物。表达载体又有融合蛋白表达载体及天然蛋白表达载体之分。

11.4.1.3 构建基因文库的主要载体

目前用于构建基因文库的载体主要有质粒、噬菌体、黏粒及人工染色体四大类。

1) 质粒

质粒是最早用于基因克隆的载体,由于质粒相对较小并只能容纳比自身更小的片段,因此它不能用于构建核基因组文库,通常只用来构建短序列的克隆文库,如叶绿体文库、线粒体文库、cDNA 文库等。

2) 噬菌体

目前用于基因克隆的噬菌体载体及其衍生载体很多,如单链的 M13 噬菌体载体、λ 噬菌体载体、P1 噬菌体载体等。其中使用最多的是 λ 噬菌体。由于噬菌体头部包装容量的限制,重组 λ DNA 分子大小只能为 19～23kb。

3) 黏粒

黏粒载体的分子较小(2.8～24kb),但克隆容量很高,对外源 DNA 长度的要求是30～45kb,上限几乎是 λ 噬菌体载体容量(23kb) 的 2 倍,所以黏粒载体在核基因组文库构建上具有相当的优势,可克隆包括 3′和 5′调控区在内的完整的植物基因。

4) 人工染色体

人工染色体载体是利用真核生物染色体或原核生物基因组的功能元件构建的能克隆大于 50kb DNA 片段的人工载体。其中有的载体既可用于克隆,又能直接转化,是进行基因功能研究的良好载体。

近年来陆续发展起来的人工染色体文库有 YAC 库、BAC 库、PAC 库及 TAC 库。

11.4.2 基因文库的完备性

基因文库完备性的概念是指从基因文库中筛选出含有某一目的基因的重组克隆的概率。从理论上讲,如果生物体的染色体 DNA 片段被全部克隆,并且所有用于构建基因文库的 DNA 片段均含有完整的基因,那么这个基因文库的完备性为 1,但在实际操作过程中,上述两个前提条件往往不可能同时满足,因此任何一个基因文库的完备性只能最大限度地趋近于 1,但不可能达到 1。尽可能高的完备性是基因文库构建质量的一个重要指标。它与基因文库中重组克隆的数目、重组子中 DNA 插入片段的长度及生物单倍体基因组的大小等参数的关系可用公式描述:$N=\dfrac{\ln(1-P)}{\ln(1-x/y)}$。$N$:克隆数目;$P$:设定的概率值(如 0.99,表示在片段随机分布时,从文库中找到任一序列的概率不低于 0.99);x:插入片段平均大小(15~20kb);y:基因组的大小(以 kb 计)。完整的基因文库,必须使任何一个基因进入库内的概率均达 99%。换句话说,要求在文库内钓取任何一个基因,均有 99%的可能性。

如果插入片段平均大小为 20kb,某基因组大小为 4×10^8 bp,$P=0.99$ 时,根据上式 $N=1\times10^5$。含 1×10^5 个克隆的基因文库相当于覆盖了 5 倍的基因组,在片段随机分布时,从文库中找到任一序列的概率不低于 0.99。

待克隆 DNA 随机片段的大小应与所选用的载体装载量相匹配,出于压缩重组克隆数目的目的,用于基因文库构建的载体通常选用装载量较大的 λDNA 或黏粒。对于构建一个完备性为 0.99 的人类基因组文库,用 λDNA 为载体(装载量以 15kb 计),至少需要 90 万个重组克隆,而用黏粒作载体(装载量以 40kb 计),只需要 23 万个重组克隆。

11.5 重组体的构建、转化及鉴定

基因工程的一个重要工作就是把外源 DNA 与合适的载体连接得到重组体,然后通过一定的途径导入细胞,载体随细胞的繁殖而得到扩增,快速、有效的鉴定重组克隆就可以得到携带目标 DNA 的重组子。本节分别介绍重组体构建、重组体导入细胞与重组子筛选和鉴定。

11.5.1 重组体的构建

11.5.1.1 载体 DNA 的分离纯化

含有目的基因的 DNA 片段,必须同载体 DNA 分子结合之后,才能够通过转化或其他途径导入寄主细胞。根据载体 DNA 的特征,分离载体的 DNA 有多种不同的方法(详见第 12 章)。

11.5.1.2 目的基因与载体的连接

外源 DNA 片段同载体分子连接,即 DNA 分子体外重组,主要是依赖于限制性内切核酸酶和 DNA 连接酶的作用。一般说来在选择外源 DNA 同载体分子连接反应程序时,需要考虑到下列两个因素:① 实验步骤要尽可能地简便易行;② 连接形成的"接点"序列,应能被一定的限制性内切核酸酶重新切割,以便回收插入的外源 DNA 片段。连接方法主要有以下四种。

(1) 黏性末端连接法。若外源基因与载体都有相同的限制酶识别位点。两者用相同的酶切割后,由于末端碱基互补,缺口直接用连接酶连接,形成重组 DNA 分子。

(2) 接头连接法。若目的 DNA 片段缺乏合适限制位点,可在外源基因两端加接头(由具有一个或数个限制位点的 10~12bp 寡聚核苷酸组成),然后用限制酶切割,使目的 DNA 两端形成黏性末端,再与载体连接。

(3) 寡聚物加尾法。若载体和目的片段都不具有限制位点,则可用末端转移酶在目的 DNA 片段 3′加上寡聚(A) 或寡聚(G);在载体 3′加上相应的寡聚(T) 或寡聚(C),然后通过 DNA 连接酶连接。

(4) 平末端连接法。若目的 DNA 片段和载体都是平末端,可以直接用 DNA 连接酶连接,但是比黏性末端连接效率低。

11.5.2 重组体导入宿主细胞

带有外源 DNA 片段的重组体分子在体外构成之后,需要导入适当的寄主细胞进行繁殖,才能够获得大量的重组体 DNA 分子,这种过程叫做基因的扩增(amplification)。将外源重组体分子导入受体细胞的途径,包括转化、转染、显微注射、电穿孔和农杆菌介导等多种不同的方式。

11.5.2.1 受体细胞的选择

野生型的细菌一般不能用作基因工程的受体细胞,因为它对外源 DNA 的转化效率较低,因此必须对野生型细菌进行改造,使之具备下列条件。

(1) 高效吸收外源 DNA。宿主细胞能形成感受态细胞,以利于细胞吸收外源 DNA。

(2) 限制缺陷型。限制系统缺陷型的受体细胞一般不会降解未经修饰的外源 DNA。

(3) 重组缺陷型。外源 DNA 分子不与染色体 DNA 发生体内同源重组反应。

(4) 转化亲和型。受体细胞必须对重组 DNA 分子具有较高的可转化性,在用 λ 噬菌体 DNA 载体构建的 DNA 重组分子进行转染时用对 λ 噬菌体敏感的大肠杆菌 K12。

(5) 遗传互补型。受体细胞必须具有与载体所携带的选择标记互补的遗传性状,方能使转化细胞的筛选成为可能。例如,若载体 DNA 上含有氨苄青霉素抗性基因(Amp^r),则所选用的受体细胞应对这种抗生素敏感。

(6) 安全性。受体细胞应对人、畜、农作物无害或无致病性。

11.5.2.2 外源基因通过转化或转染进入原核细胞

(1) 转化或转染。转化(transformation)是指质粒载体 DNA 分子进入感受态的大肠杆菌细胞的过程;而转染(transfection),则指感受态的大肠杆菌细胞捕获和表达噬菌体 DNA 分子的过程。习惯上,人们往往也通称转染为广义的转化。这两个个过程都需要制备感受态细胞。经典的感受态细胞制备方法是通过 Ca^{2+} 诱导而产生,然后通过热激处理使外源 DNA 进入细胞。

(2) 噬菌体的转染。以 λDNA 为载体的重组 DNA 分子,由于其分子质量较大,通常采取转染的方法将之导入受体细胞内。在转染之前须对重组 DNA 分子进行人工体外包装,使之成为具有感染活力的噬菌体颗粒。分子大小合适的 DNA 与 λ 噬菌体头部、尾部及有关蛋白混合后,就可以形成有感染能力的 λ 噬菌体颗粒。

11.5.2.3 外源基因进入真核细胞

在基因工程中,根据不同的真核细胞特点,而选择不同的方法把重组子导入受体细胞。

(1) 外源基因进入酵母细胞。外源基因进入酵母细胞通常有两种方法:① 原生质球法:常利用蜗牛酶除去酵母细胞壁,再用 $CaCl_2$ 和 PEG 处理,重组 DNA 以转化方式导入原生质体中,通过再生培养基培养形成完整的酵母细胞;② LiCl 直接转化法:这种方法不需要消化酵母的细胞壁产生原生质球,而是将整个细胞暴露在 Li^+ 盐(如 0.1mol/L LiCl) 中一段时间,再与 DNA 混合,经过一定处理后,加 40% PEG4000,然后经热激等步骤,即可获得转化体。这种方法的主要缺点是效率低,为原生质球的 1/100～1/10。

(2) 外源基因进入动物细胞。将基因导入哺乳动物细胞的方法主要有:① 磷酸钙沉淀法。这是一种经典而又简单的方法。具体做法大致是:先将需要被导入的 DNA 溶解在氯化钙溶液中，然后在不停地搅拌下逐滴加到磷酸盐溶液中，形成磷酸钙微结晶与 DNA 的共沉淀物。再将这种共沉淀物与受体细胞混合、保温，DNA 可以进入细胞核内，并整合到寄主染色体上。这种方法多数用于单层培养的细胞，也可用于悬浮培养的细胞。② 脂质体载体法。这种方法即用脂质体包埋核酸分子，然后将其导入细胞。脂质体是一种人工膜，制备方法很多，其中反相蒸发法最适于包装 DNA。用于转移 DNA 较理想的膜成分是带负电荷的磷脂酰丝氨酸。③ 显微注射法。又称为微注射法。利用极细的毛细玻璃管(外径为 0.5～1μm) 将已经线性化的外源 DNA，注入受精卵的雄原核，当双亲染色体相遇后，注入的外源基因有可能整合到染色体上。④ 病毒介导法。通过病毒载体把外源基因导入细胞中。例如，利用重组杆状病毒感染昆虫，从而把外源基因导入昆虫细胞中。

(3) 外源基因导入植物细胞。① 农杆菌介导法。借助土壤农杆菌把重组 Ti 质粒中 T-DNA 导入到细胞中，然后通过植物再生体系获得植株。这种方法具有很高的重复性，便于大量常规地培养转化植株。用这种方法所得到的转化体，其外源基因能稳定地遗传和表达，并按孟德尔遗传方式分离。② 电激法。电激法(electroporation)的原理是，在很强的电压下，细胞膜会出现电穿孔现象可使 DNA 从小孔中进入细胞，经过一段时间后，细胞膜上的小孔会封闭，恢复细胞膜原有特性。电激法具有简便、快速、效率高等优点。③ 基因枪法。又称高速微型子弹射击法，是将 DNA 吸附在由钨制作的微型子弹(直径约为 1.2μm) 表面，通过特制的手枪，将子弹高速射入细胞、组织和细胞器内，具有快速、简便、安全、高效的特点。

11.5.3 重组子的鉴定

在 DNA 体外重组实验中，外源 DNA 片段与载体 DNA 的连接反应物直接用于转化，因此必须使用各种筛选与鉴定手段鉴定重组子(含有重组 DNA 分子的转化子)。常用三种方法来鉴定含重组质粒的细菌菌落：载体遗传标记法、目的基因序列鉴定法和外源基因表达产物检测法。

11.5.3.1 载体遗传标记法

载体遗传标记法的原理是利用载体 DNA 分子上所携带的选择性遗传标记基因筛选转化子或重组子。由于标记基因所对应的遗传表型与受体细胞是互补的，因此在培养基中施加合适的选择压力，即可从众多菌落中筛选出重组子。

1) 抗药性筛选法

抗药性筛选法实施的前提条件是载体 DNA 上携带针对某种抗生素的抗性基因，如 pBR322 质粒上的氨苄青霉素抗性基因(Amp^r)，则只需将转化扩增物涂布在含有 Amp 的固体平板上，理论上能长出的菌落便是重组子。

2) 营养缺陷性筛选法

如果载体分子上携带有某些营养成分(如氨基酸或核苷酸等)的生物合成基因，而受体细胞因该基因突变不能合成这种生长所必需的营养物质，则两者构成了营养缺陷性的正选择系统。将待筛选的细菌培养物涂布在缺少该营养物质的合成培养基上，就可以进行筛选。

3) 显色模型筛选法

许多大肠杆菌的载体质粒上含有 *lacZ'* 标记基因，它包括大肠杆菌 β-半乳糖苷酶基因 *lacZ* 的调控序列及氨基端 146 个氨基酸残基的编码序列。而许多大肠杆菌的受体细胞在其染色体 DNA 上含有 β-半乳糖苷酶羧基端的部分编码序列。无论在胞内还是胞外，这两种无功能蛋白一旦结合，便可恢复 β-半乳糖苷酸的活性，将无色的 5-溴-4-氯-3-吲哚-D-半乳糖苷(X-gal) 底物水解成蓝色产物，这一现象称为 α 互补。

当外源 DNA 片段插到位于大肠杆菌质粒(如 pUC18/19) *lacZ'*基因内部的多克隆位点上时,生长在含有 X-gal 的平板上的重组子因 *lacZ'*基因的插入灭活而呈白色,非重组子则显蓝色,由此构成颜色选择模型。

4) 噬菌斑筛选法

以 λDNA 为载体的重组 DNA 分子经体外包装后转染受体菌,重组 DNA 分子大小必须在野生型 λDNA 长度的 78%～105%范围内,才能在体外包装成具有感染活力的噬菌体颗粒,感染细菌后,形成清晰的噬菌斑,很容易辨认。

11.5.3.2 目的基因序列鉴定

(1) 菌落原位杂交法。菌落原位杂交法又称探针原位杂交法。利用一小段与所要筛选的目的基因互补的寡聚核苷酸片段,作为核酸探针,与待筛选的菌落进行原位杂交。

(2) 限制性图谱鉴定。将初步鉴定的阳性克隆进行小量培养后,提取重组 DNA,然后用合适的限制性内切核酸酶进行酶切,通过电泳分析与预期的图谱是否一致。

(3) DNA 序列确定。为验证目的基因序列的正确性,对含目的克隆的 DNA 进行测序确认。

11.5.3.3 外源基因表达产物检测法

如果克隆在受体细胞中的外源基因编码产物是蛋白质,也可通过检测这种蛋白质的生物功能或结构来筛选和鉴定期望重组子。

(1) 蛋白质生物功能检测法。某些外源基因编码具有特殊生物功能的酶类或活性蛋白(如 α-淀粉酶、葡聚糖内切酶或 β-葡萄糖苷酶等),则根据特性常用平板法进行筛选测定其活性。

(2) 免疫活性检测法。若外源基因在受体细胞中表达出具有正确空间构象的蛋白产物,同时也具有抗原性,可以用与之相对应的特异性抗体进行免疫反应检测。

(3) 蛋白凝胶电泳检测法。对于那些生物功能难以检测的外源基因编码产物,手头又没有现成的抗体做蛋白免疫原位分析实验,可以通过聚丙烯酰胺凝胶电泳对重组克隆进行筛选鉴定。从重组克隆中分别制备蛋白粗提液,用非重组子作对照,进行蛋白凝胶电泳分析。如果克隆在载体质粒上的外源基因能高效表达,则会在凝胶电泳图谱的相应位置上出现较宽较深的考马斯亮蓝染色带,由此辨认期望重组子。

11.6 基因工程的应用及展望

基因工程是按照人们的设计蓝图,将生物体内控制性状的基因进行优化重组,并使其稳定遗传和表达的一种技术手段。它的兴起和发展,标志着人类改造生物进入一个新的历史时期,这不仅对生命科学的理论研究产生了深远的影响,而且也为工农业生产和临床医学等实践领域开创了一个广阔的应用前景,目前基因工程产品已经渗透到人类生活的方方面面。

11.6.1 基因工程药物

自 20 世纪 70 年代初基因工程诞生以来,基因工程药物发展十分迅速。目前,已经投放市场及正在研制开发的基因工程药物几乎触及到医药的各个领域,包括激素、酶及其激活剂和抑制剂、各种抗病毒剂、抗癌因子、新型抗生素、重组疫苗、免疫辅助剂、抗衰老保健品、心脑血管防护急救药、生长因子、反义核酸、干扰 RNA 及诊断试剂等(表 11-4)。

表 11-4 人类使用的蛋白类基因工程药物

蛋白质名称		用途
酶及其抑制剂	尿激酶 Ⅰα_1-抗胰蛋白酶	溶栓剂 治疗肺气肿
血液蛋白	促红细胞生成素 凝血因子 血清蛋白	治疗贫血 促进凝血 血浆代用品
激素	生长素 胰岛素	促进生长 治疗糖尿病
免疫调节剂	干扰素 肿瘤坏死因子	抗肿瘤、抗病毒 抗肿瘤
疫苗	乙肝疫苗 狂犬病疫苗	预防乙肝 预防狂犬病

胰岛素作为商品于 1982 年上市，是最早投放市场的基因工程药物。它是一种小分子蛋白，能提高组织摄取葡萄糖的能力，降低血糖，促进合成代谢和细胞生长，可用来治疗人的糖尿病，现在已经能利用大肠杆菌和酵母高效表达大量生产。重组疫苗是利用 DNA 重组技术、克隆和表达技术生产纯化具有抗原性的病毒外壳蛋白。其中乙肝疫苗是第一个被批准使用的重组疫苗，目前正在研究和已经应用的疫苗还有很多种，如避孕疫苗、疱疹病毒疫苗、结核疫苗、HIV 疫苗和霍乱疫苗等。

11.6.2 基因治疗

遗传病的基因治疗(gene therapy)是指应用基因工程技术将正常基因引入患者靶细胞内，以纠正或补偿致病基因的缺陷，从而达到治疗目的。

目前基因治疗大概有以下几种类型：① 基因矫正或基因置换，通过纠正致病基因中异常碱基或整个基因来达到治疗目的；② 基因补偿，把正常基因导入体细胞，对缺陷基因进行补偿或增强原有基因的功能，但致病基因本身并未除去；③ 基因失活，将特定的反义核酸或核酶导入细胞，在转录和翻译水平阻断某些基因的异常表达，而达到治疗的目的；④ 应用“自杀基因”，某些病毒或细菌中的基因可产生一种酶，它可将原来无细胞毒性或低毒药物前体转化为细胞毒物质，将细胞本身杀死；⑤ 免疫基因治疗，把产生抗病毒或肿瘤免疫力的抗原决定簇基因导入机体细胞，提高机体免疫力，以增强疗效，如细胞因子(cytokine)基因的导入和表达等；⑥ 耐药基因治疗，在肿瘤治疗时，为提高机体耐受化疗药物的能力，把产生抗药物毒性的基因导入人体细胞，以使机体耐受更大剂量的化疗，如向骨髓干细胞导入药物抗性基因 *mdr*-1。

基因治疗为临床医学开辟了崭新的领域，目前利用常规方法尚无法治疗的一些遗传病，如血友病、先天性免疫缺陷综合征等，有望通过这个途径获得治疗。1991 年，我国进行了世界上首例血友病 B 的基因治疗临床试验。目前已有四名血友病患者接受了基因治疗，取得了安全有效的治疗效果。我国利用胸腺激酶基因治疗恶性脑胶质瘤的基因治疗方案获准进入Ⅰ期临床试验，初步试验结果表现良好。

11.6.3 基因工程在农业上的应用

基因工程技术在农、林、畜牧业中有着广泛应用，意义重大。病虫害给农业生产带来很大威胁,严重时导致绝产。在棉花生产中每年因虫害的损失就可达到 50 亿～100 亿元人民币。目前通过基因工程已经培育出了抗虫棉,抗虫玉米及其他抗虫植物。基因工程抗病、抗除草剂植物也在生产实践中得到了应用。这些转基因植物的大面积推广不仅带来巨大的经济效益,同时也大大减少了化学农药的使用,并由此带来了重大社会效益。目前利用基因工程技术在改良作物品质、生物固氮、增加作物抗逆性及利用植物细胞反应器生产药物方面也取得了重要进展。

转基因动物的培育成功不仅在家畜品种改良方面有用武之地,同时也可以作为反应器生产大量微生物难以生产的药物。通过转基因可使奶牛大量分泌高蛋白乳汁,鱼虾生长期大为缩短且味道鲜美,猪鸡饲料的利用率提高且瘦肉比重增加。每年利用 2 头转基因牛生产的凝血因子可以相当 600 万人献血提供的量,而且不用担心输血后感染上一些可怕的疾病。

11.6.4 基因工程在其他领域中的应用

在轻工食品产业,高效表达可分泌型淀粉酶、纤维素酶、脂肪酶及蛋白酶等酶制剂的重组微生物也已分别在食品制造、纺织印染、皮革加工和日用品生产中大显身手。

在能源领域利用基因工程技术构建的新型微生物在不久的将来可望大幅度提高石油的二次开采率和利用率,将难以利用的纤维素分解为葡萄糖,并将太阳能有效地转化为化学能和热能。

一些能快速分解吸收工业有害废料、有害气体及全面净化工业和生活废水的基因工程微生物种群已从实验室走向"三废"聚集地,为环保作出贡献。

在迅速发展的信息产业中,基因工程技术的应用也已崭露头角。利用基因定向诱变技术可望制成运算速度更快、体积更小的蛋白芯片,也许将来,人们会装备使用生物计算机。

11.6.5 基因工程研究展望

基因工程的兴起使生物学发生了深刻的变化,主要表现在:第一,引发了生物科学技术的创新和迅猛发展。使传统的生物技术发展成以基因重组为核心的现代生物技术,并广泛应用到生物工程等其他领域中,并使得酶工程、细胞工程、发酵工程、生化工程都以基因工程为基础迅猛发展。第二,基因工程技术促使了生物科学获得了前所未有的发展。第三,基因工程为改造生物物种提供了强有力的手段。尤其是转基因技术的突破,它使得人类第一次可以从分子水平上按照自己的意愿,改造生物形态和赋予生物新的性状。

然而,从基因工程诞生之日起,它就受到人类的极大关注,其安全性和伦理道德问题就一直备受争议。基因工程的安全性集中在食品安全性和生态安全性两个方面。食品的安全性主要包括:基因工程食品有无毒性物质及有无过敏性蛋白,基因工程中应用的标记基因是否安全;基因工程生态安全性也主要集中在两个方面:外源基因逃逸对环境的影响,基因工程物种对其他物种的影响。虽然存在这些争论和担忧,但是基因工程仍在迅猛发展,人类在发明一种技术的同时也必将有能力使它朝着有利于人类进步的方向发展。

本 章 小 结

基因工程是在生物化学、分子生物学、微生物学、遗传学,及其他相关学科基础上产生并发展起来的一门新兴学科,它的发展有力推动了分子生物学及其他相关学科的发展,并广泛应用到现代生活的方方面面。基因工程的操作主要包括:目的 DNA 的获得、目的 DNA 片段与载体体外重组、重组 DNA 导入宿主细胞、目的克隆的筛选和鉴定、外源基因的大量表达。基因工程操作常用的工具酶有限制性内切核酸酶、连接酶、逆转录酶和末端转移酶等，利用这些酶把目的DNA与载体实现体外重组，把重组子导入细胞，利用载体特征或目的DNA特征筛选阳性克隆。基因工程产物已经被广泛应用于医药、农业、轻工业、环保等多个领域，这也引起了社会对基因工程安全性的争议。

延伸阅读

沈萍，陈向东．2006．微生物学．2版．北京：高等教育出版社

张惠展．2000．基因工程概论．上海：华东理工大学出版社

http://biotech.aua.gr/EPEAEK/site_Biotech/gewp_biot/Gen_Mechan/course_material/images/fig7vec.gif

http://en.wikibooks.org/wiki/Structural_Biochemistry/T4_DNA_Ligase

http://en.wikipedia.org/wiki/File:Ti_Plasmid.jpg

http://nhjy.hzau.edu.cn/kech/jycz/skja/three_05.htm

http://sky.scnu.edu.cn/life/class/genetics/gene%20engineering/pictures/chap%202/2-2.jpg

http://www.biovisualtech.com/bvplasmid/pKK223-3.jpg

http://www.currentprotocols.com/protocol/mb0315

http://www.currentprotocols.com/protocol/mb1304

http://www.emdchemicals.com/docs/docs/PROT/TB074.pdf

http://www.mun.ca/biology/scarr/Plasmid_pUC18.html

http://www.nicerweb.com/bio3400/Locked/media/ch19/19_10-cosmid-pJB8.jpg

http://www.vivo.colostate.edu/hbooks/genetics/biotech/enzymes/tt.html

思考题

1. 克隆载体与表达载体有何不同，各起那些作用，又有哪些遗传元件？
2. 何谓人工染色体，有哪些类别，各有什么特点？
3. λ噬菌体载体与黏粒载体有何不同？
4. 重组DNA导入细胞的方法有哪些？
5. 如果高效表达外源基因需要注意哪些问题？

12　分子生物学常用的研究技术

分子生物学理论的发展与研究技术的发展相互依托和相互促进，并极大地推动生物学领域中各个学科的飞速发展。而且新的研究技术和方法的不断涌现，如核酸的分离提取、电泳分析、PCR反应、基因敲除、基因沉默、蛋白质双向电泳、酵母双杂交、质谱和色谱等，尤其是从单基因的分子杂交技术到全基因组的基因芯片分析技术，从单个基因片段测序到大规模的基因组测序技术的成熟与完善等，一方面显著增加了人们探讨未知生命科学领域的兴趣，另一方面使之能更迅速、更精确，更细致地揭示生命的现象和本质。

12.1　概　　述

20世纪70年代以来，分子生物学进入了一个快速发展的时期，许多分子生物学研究的创新技术相继出现，如DNA重组技术、聚合酶链反应、大规模测序技术、基因芯片技术等。这些研究技术的不断革新和发展促进了我们对基因的表达调控、基因组学等分子生物学理论的认识。因此，分子生物学理论的发展与研究技术的发展是相辅相成的关系，如大规模测序技术的进步使我们有条件开展人类基因组计划(human genome project，HGP)，而人类基因组计划的完成为我们提供了更为详细的基因组信息，促进了分子生物学理论的发展，并促成了另一个新的学科——生物信息学(bioinformation)的诞生。在这种理论与技术相互促进的过程中，生命科学的发展又进入了一个新的时代。

为了在整个基因组规模上研究生物体所有基因表达和蛋白质表达在各个特定时间的变化规律，寻找与各种遗传特性相关的基因和蛋白质，分子生物学的研究技术逐步向着信息化、规模化和集成化的方向发展。近年来基因组学、RNA组学、蛋白质组学的提出和迅速的发展正是这些分子生物学技术发展趋势的体现。同时，互联网和生物信息学的发展为以上这些技术的应用提供了有力的支撑。本章主要介绍分子生物学中常用的研究技术。

12.2　核酸的分离提取和电泳检测

核酸是分子生物学中主要的研究对象，核酸的分离与提取是分子生物学研究中重要的基本技术，核酸样品的质量直接影响后续实验的成败。核酸的功能及核酸分子的变性、复性与杂交在第2章中已经有了详细的介绍，这里重点介绍分离提取各种生物组织的核酸的原理，并介绍简要的实验流程以及核酸样品的检测、保存等内容。

12.2.1　核酸的分离提取

分离纯化核酸分子的各种方法都是依据不同提取组织的特点而设计的。基本的原理是先将细胞破碎，把与核酸结合的蛋白质、多糖、脂类等生物大分子除去，再去除其他不需要的核酸分子(如提取RNA则用DNA酶去除样品中的DNA)，沉淀核酸，去除盐类、有机溶剂等杂质，最后纯化核酸。

分离纯化核酸首先应保证核酸一级结构的完整性。因为遗传信息全部储存在一级结构之内，故获得完整的一级结构的核酸分子是保证其结构和功能研究最基本的要求。核酸是较为稳定的化学物质，但它的物理性质是易碎的。高分子质量DNA长而弯曲，仅有极微弱的侧向稳定性,因而容易断裂。不同类型的RNA分子具有不同的结构特点,在提取的过程中同样也容易断裂。另外要在提取核酸的过程中尽可能排除其他大分子的污染,获得纯净的核酸分子。要去除的主要有各类蛋白质、糖类和其他一些生物大分子,尤其是一些酶蛋白,如提取RNA过程中一定要将内源性RNA酶去除干净,以免提取的RNA样品发生降解。还需注意不要在样品中残留一些提取过程中引入的化学试剂,以免影响后续的实验。

12.2.1.1 真核细胞DNA的制备

真核生物中95%的DNA与组蛋白结合成核蛋白的形式存在于细胞核内,其他5%为细胞器DNA,如线粒体、叶绿体中的DNA。真核细胞DNA提取的第一步是要进行细胞破碎。真核细胞的破碎有许多物理方式,如超声波法、匀浆法等,但这些物理操作容易导致DNA链的断裂。为了获得长片段的DNA,动物组织一般采用蛋白酶K和去污剂温和处理的方法,植物多采用十六烷基三甲基溴化铵(cetyl trimethylammonium bromide,CTAB)法。

动物细胞用酚、氯仿抽提基因组DNA是通过蛋白酶K和十二烷基硫酸钠(sodium doclecyl sulfate, SDS)消化,破碎细胞,再用酚氯仿去除蛋白质。苯酚是很强的蛋白质变性剂,用饱和酚处理分解细胞中的核蛋白,振荡使得变性的蛋白质与DNA分离,经冷冻离心,使DNA溶于上层水相,不溶性变性蛋白质残留物位于中间界面,变性的蛋白留在酚中。取上层水相,反复用苯酚、或氯仿-异戊醇抽提除净蛋白质,最后在获得的水相中加入预冷的乙醇沉淀DNA。

CTAB是一种非离子去污剂,与核酸形成的复合物在高盐浓度(>0.7mmol/L NaCl)下可溶,并稳定存在,但在低盐浓度(0.1~0.5mmol/L NaCl)下CTAB-核酸复合物沉淀,而大部分的蛋白质及多糖等仍溶解于溶液中。经离心弃上清后,CTAB-核酸复合物再用75%乙醇浸泡可洗脱掉CTAB。

不同的组织或细胞提取DNA首先要准备样品。① 动物组织:最好用新鲜的组织样品,可以直接剪碎加入到裂解液中开始DNA提取,对于一些不易分解的组织可浸入液氮中使其结冻然后在研钵中碾至粉末状。② 培养的细胞可以通过离心或胰酶消化后再离心等方法直接获得。③ 血液样品可以在采样时直接加入到抗凝剂中,再离心收获各种血细胞。④ 植物细胞根据所选的植物器官不同,采用不同方法进行细胞破碎,如叶片可以剪碎放入研钵中,在液氮中研磨成粉末。

处理好各种样品后就可以开始提取基因组DNA了,本小节以哺乳动物细胞为例,简要介绍常用酚、氯仿抽提基因组DNA法的基本流程,更为详尽的各类组织或细胞的DNA提取方法请参阅Sambrook等著的《分子克隆实验指南》。

12.2.1.2 DNA提取步骤

(1) 准备工作中将各种来源的组织细胞经适当处理后,悬浮于裂解液中,于65℃下水浴20~30min,加入20mg/mL的蛋白酶K至终浓度为100μg/mL,边加边用玻璃棒轻轻搅拌使溶液至黏稠状。

(2) 50℃保温3h,裂解细胞,消化蛋白质。保温过程中应不时轻轻摇匀反应液。

(3) 将反应液冷却至室温,加入等容积的饱和Tris酚溶液,温和地上下转动离心管混匀两相,重复该动作10min,直至水相与酚相混匀成乳状液。饱和酚的pH应接近8.0,这样可以减少离心后水酚双相的交界面(主要是蛋白质)上DNA的滞留,利于在下一步吸出水相时不带动界面中的蛋白质。

(4) 室温5000*g*离心10min,使用剪口的1mL枪头小心地吸出上层黏稠水相移至另一个离心管中，加等体积的酚/氯仿(1∶1)，温和地混匀两相。

(5) 室温 5000g 离心 10min，使用剪口的 1mL 枪头小心移上清液至另一个干净离心管中，加等体积的酚/氯仿(1∶1)，温和地混匀两相。

(6) 在饱和酚、酚氯仿抽提后，将上层水相移入一个新离心管中，加入 0.2 倍体积的 10mol/L 的乙酸铵和 2 倍体积的 95%乙醇，室温下轻慢摇动混匀，当即可看到乳白色丝状 DNA 沉淀出现，用一个自制前端为钩状的玻璃棒捞出 DNA 纤维，立刻放入 75%乙醇中漂洗 2 次，室温 5000g 离心 5min，弃上清，室温挥发过量乙醇，不要使 DNA 沉淀完全干燥，按每 5×10^6 个细胞 DNA 提取物加入 1mL TE (Tris 和 EDTA 缓冲液，pH8.0) 或超纯水溶解 DNA，4℃或−20℃保存。

12.2.1.3 真核生物总 RNA 的提取

约 75%的 RNA 分子存在于细胞质中，另有 10%在细胞核内，15%在细胞器中。RNA 以 rRNA 的数量最多(80%～85%)，tRNA 及核内小分子 RNA 占 10%～15%，而 mRNA 分子只占 1%～5%。mRNA 分子大小不一，序列各异。RNase 非常稳定，是导致 RNA 降解最主要的物质。它在环境中无处不在且不易失活，在一些极端的条件可以暂时失活，但限制因素去除后又迅速复性。用常规的高温高压蒸汽灭菌方法和蛋白酶抑制剂都不能使 RNase 完全失活。它广泛存在于人的皮肤上，因此，进行与 RNA 制备有关的分子生物学实验时，成功提取 RNA 并排除 RNase 的干扰在技术要求和环境控制等方面要比 DNA 的提取更为繁杂，操作时必须戴手套。同时，为确保 RNA 提取过程中免受 RNase 的污染，提取 RNA 所使用的器皿要预先准备，这一准备过程对保证 RNA 的顺利提取十分重要。

总 RNA 的提取根据所用的实验材料不同有多种方法可供选择，酸性胍盐/苯酚/氯仿法是较为经典的 RNA 提取方法。异硫氰酸胍(guanidine thiocyanate)是强烈的蛋白变性剂，可用它来裂解细胞，并促使核蛋白体的解离，使 RNA 与蛋白质分离，并将 RNA 释放到溶液中。当加入氯仿时，它可抽提酸性的苯酚，而酸性苯酚可促使 RNA 进入水相，离心后可形成水相层和有机相层，这样 RNA 与仍留在有机相中的蛋白质和 DNA 分离开。无色的水相层主要为 RNA，黄色的有机层主要为 DNA 和蛋白质。依据酸性胍盐/苯酚/氯仿法提取 RNA 的原理，一些生物公司开发出了一步提取 RNA 的各种生物制剂，如 Life Technologies 公司的 Trizol 试剂，该试剂中的主要成分即为异硫氰酸胍和苯酚。一步法由于其实验步骤简单，得到了广泛的应用，这里以 Trizol 为例介绍一步法提取总 RNA 的实验流程。

12.2.1.4 总 RNA 提取的基本流程

(1) 使用物品的准备：将处理的塑料制品放入一个可以高温灭菌的容器中，注入0.1%的焦碳酸二乙酯(diethylpyrocarbonate, DEPC) 水溶液，使塑料制品的所有部分都浸泡到溶液中，在通风柜中室温处理过夜。用铝箔封住经 DEPC 水处理过的塑料制品的烧杯，高温高压蒸汽灭菌至少 30min。烘箱用合适的温度烘烤至干燥。玻璃和金属物品 250℃烘烤 3h 以上。

(2) 组织样品的处理：液氮研磨，组织块直接放入研钵中，加入少量液氮，迅速研磨，待组织变软，再加少量液氮，再研磨，如此三次，每 50～100mg 组织中加入 1mL Trizol，转入离心管进行第(3)步操作。

(3) 匀浆：组织样品按 50～100mg 加入 1mL Trizol。另外，组织体积不能超过 Trizol 体积的 10%，否则匀浆效果会不好，用电动匀浆器充分匀浆需 1～2min。培养贴壁的细胞不需要消化，可直接用 Trizol 进行消化、裂解，Trizol 体积按 10cm^2/mL 比例加入。悬浮细胞可直接收集、裂解，每毫升 Trizol 可裂解 5×10^6个动物、植物、酵母细胞或 10^7 个细菌细胞。

(4) 细胞或组织加入 Trizol 后室温放置 5min，使其充分裂解。12 000g 离心 5min，弃沉淀。

(5) 按每毫升 Trizol 加 200μL 氯仿的比例加入氯仿，振荡混匀后室温放置 15min。4℃ 12 000g 离心 15min。

(6) 吸取上层水相，至另一离心管中。加入 Trizol 用量 1/2 体积的异丙醇混匀，室温放置 5～10min。4℃ 12 000g 离心 10min，弃上清，RNA 沉于管底。

(7) 加入与 Trizol 用量等体积的 75%乙醇，温和振荡离心管，悬浮沉淀。4℃ 8000g 离心 5min，尽量弃上清。室温晾干或真空干燥 5～10min。

(8) 可用 50μL 纯水、TE 缓冲液或 0.5% SDS 于 55～60℃溶解 RNA 样品 5～10min。溶解的 RNA 样品可置于－70℃低温冰箱保存。

在 RNA 提取过程中，应注意以下几个方面：组织或细胞量过少，可酌情减少 Trizol 的用量；组织或细胞用量过多，会引起 DNA 对 RNA 的污染；高蛋白、脂肪或多糖类组织、肌肉组织或块状植物组织等在组织匀浆或液氮研磨后需 4℃ 12 000g 离心 10min 去掉不溶物，再进行下面操作，若顶层有脂肪物，则也需去掉；热天提取 RNA，必须戴手套，手是 RNase 的主要来源；组织块用液氮研磨效果最好，若没有液氮或电动匀浆器，可用手动匀浆器代替。

DEPC 为剧毒物，活性很强，故应小心地在通风柜中使用。RNA 样品不要过于干燥，否则很难溶解。

12.2.2 核酸的纯化

核酸的纯化主要应去除三类物质：① 对酶有抑制作用的有机溶剂和过高浓度的金属离子；② 其他生物大分子，如蛋白质、多糖和脂类分子；③ 其他核酸分子的污染，如提取 DNA 分子时，应去除 RNA 分子，反之亦然。

分离提取的核酸样品，由于不同的实验要求，需用不同的方法进一步纯化。

一般用酚氯仿抽提法对核酸样品进行纯化。这个方法的标准程序是酚抽提一次，酚氯仿(1∶1) 抽提一次，氯仿抽提一次，如果情况需要可再重复几次。该方法的原理实质与核酸抽提原理一致。这个方法的基本原理是：交替使用酚、氯仿这两种不同的蛋白质变性剂，以增加去除蛋白质杂质的效果。酚可有效地变性蛋白质，但它不能完全抑制 RNase 的活性，而且酚能溶解 10%～35%的水，从而只能溶解一部分 mRNA。为了克服这两方面的局限，混合使用酚与氯仿对于 DNA 提取来说显得更加重要，氯仿还能加速有机相与水相分层，去除植物色素和蔗糖。在氯仿中加入少许异戊醇的目的在于减少蛋白质变性操作过程中产生气泡。最后用氯仿抽提处理是为了去除核酸溶液中残留的酚。

12.2.3 核酸的定量和保存

组成核酸分子的碱基能够吸收一定波长的紫外线，其最大吸收值在波长范围为 250～270nm。吸收低谷为 230nm。测 OD 值定量 RNA 浓度，在特征波长 260nm 处，1OD 值的光密度相当于双链 DNA 浓度为 50μg/mL；单链 DNA 或 RNA 为 40μg/mL；单链寡聚核苷酸为 30μg/mL，可以此来计算核酸样品的浓度。

分光光度法不但能确定核酸的浓度，还可以通过测定在 260nm 和 280nm 的紫外线吸收值的比值(A_{280}/A_{260}) 估计核酸的纯度：DNA 的比值为 1.8，RNA 的比值为 2.0。若 DNA 比值高于 1.8，说明制剂中小 RNA 尚未除尽。RNA、DNA 溶液中含有酚和蛋白质将导致比值降低。当然也会出现既含蛋白质又含 RNA 的 DNA 溶液比值为 1.8 的情况，所以有必要结合凝胶电泳等方法鉴定有无 DNA，或用测定蛋白质的方法检测是否存在蛋白质。

DNA 溶于 TE，于 4℃保存，其中 EDTA 是通过螯合金属 2 价离子而抑制 DNA 酶的活性的。TE 的 pH 为 8.0，是为了减少 DNA 的脱氨反应，放在 $-70℃$ 能保存 5 年以上。

RNA 溶于 3mol/L 乙酸钠 (pH5.2) 或双蒸消毒水中，储放于 $-70℃$ 冰箱。在 $-20℃$ 的情况下，RNA 以沉淀于乙醇中的形式可以长期保存。

12.2.4 核酸的电泳检测

核酸的凝胶电泳具有操作简单、快速、灵敏等优点，是分离、鉴定和提纯核酸的最常用方法。实验室常用的有琼脂糖(agarose)和聚丙烯酰胺(polyacrylamide)两种凝胶电泳。通过这两种介质的浓度变化调整所形成凝胶的分子筛网孔大小，分离不同分子质量的核酸片段。琼脂糖凝胶的孔径大，可以分离长度为 100bp 至近 60kb 的 DNA 分子；聚丙烯酰胺凝胶的孔径小，分离小片段 DNA(5～500bp) 效果最好。

凝胶电泳应用的是带电的分子颗粒在电场的作用下在导电介质中定向移动的原理有以下几个因素影响核酸电泳检测结果。

(1) 样品的物理性状：颗粒带电的密度越大，泳动速率越快；物理形状越大，与支持物介质摩擦力越大，泳动速度越小。泳动率与颗粒的分子大小、介质密度成反比；与颗粒所带电荷成正比。

(2) 电场强度：电泳场两极间单位支持物长度的电压差即为电场强度或电压梯度。电场强度越大，带电颗粒的泳动速度越快，但凝胶的有效分离范围随电压的增大而减小。

(3) 缓冲液离子强度：缓冲液是电泳场中的导体，它的种类、pH、离子浓度直接影响电泳的效率。DNA 电泳缓冲液常采用偏碱性或中性，使核酸分子带负电荷，向正极泳动。缓冲液的离子强度与样品泳动速度成反比，电泳的最适离子强度一般为 0.02～0.2。

(4) 核酸电泳的指示剂与染色剂：指示剂是电泳过程中常使用的一种有颜色的标记物，以指示样品的迁移过程。核酸电泳常用的指示剂有溴酚蓝 (bromophenol blue，BPB，呈蓝紫色) 和二甲苯青 (xylene cyanol，呈蓝色)。指示剂一般加在电泳上样缓冲液中，为了使样品能沉入胶孔，还要加入适量的蔗糖、聚蔗糖或甘油以增加比重。溴酚蓝在不同浓度凝胶中迁移速度基本相同，它的分子筛效应小，近似于自由电泳，故被普遍使用。

电泳后核酸需经过染色才能显示出带型，最常使用的是溴化乙锭和银这两种染色剂。溴化乙锭(ethidium bromide，EB) 是一种荧光染料，这种扁平分子可以嵌入核酸双链的配对碱基之间，在紫外线激发下，发出红色荧光。银(Ag^+) 试剂中的 Ag^+ 与核酸形成稳定复合物，然后用甲醛使 Ag^+ 还原成银颗粒。硝酸银等试剂可使聚丙烯酰胺凝胶上的单链、双链 DNA 及 RNA 染成黑褐色。

12.3 聚合酶链反应

聚合酶链反应(polymerase chain reaction，PCR) 是在体外利用与目的 DNA 序列侧翼结合的引物重复进行 DNA 聚合反应以大量扩增目的 DNA 片段的技术。PCR 用于放大特定的 DNA 片段，可看作生物体外的特殊 DNA 复制。

12.3.1 PCR 反应的原理

PCR 反应是在模板 DNA、引物和四种脱氧核糖核苷酸存在的条件下依赖 DNA 聚合酶的酶促合成反应。DNA 的半保留复制是 PCR 反应的理论基础。双链 DNA 在多种酶的作用下可以变性解链成单链，在 DNA 聚合酶的参与下，根据碱基互补配对原则复制成同样的双分子拷贝。DNA 在高温时变性解链，当温度降低后又可以复性成为双链。因此，通过温度变化控制 DNA 的变性和复性，加入设计引物、DNA 聚合酶和 dNTP 就可以完成特定基因的体外复制。

PCR 反应的特异性取决于引物和模板 DNA 结合的特异性。PCR 由变性—退火—延伸三个基本反应步骤构成。① 模板 DNA 的变性：模板 DNA 经加热至 93℃左右一定时间后，双链 DNA 解离，成为单链，以便与引物结合，为下轮反应做准备；② 模板 DNA 与引物的退火（复性）：模板 DNA 经加热变性成单链后，温度降至 55℃左右，引物与模板 DNA 单链的互补序列配对结合；③ 引物的延伸：DNA 模板-引物结合物在 *Taq* DNA 聚合酶的作用下，以 dNTP 为反应原料，靶序列为模板，按碱基互补配对与半保留复制原理，合成一条新的与模板 DNA 链互补的半保留复制链，重复循环变性—退火—延伸三过程就可获得更多的"半保留复制链"，而且这种新链又可成为下次循环的模板。每完成一个循环需 2～4min，2～3h 就能将目的基因片段扩增放大几百万倍。

PCR 反应中所使用的 DNA 聚合酶（简称 *Taq* polymerase）是 1976 年从温泉中的细菌中分离出来的。它的特性就在于能耐高温，该酶可以耐受 90℃以上的高温而不失活，不需要每个循环加酶，使 PCR 技术变得非常简捷，同时也大大降低了成本。20 世纪 80 年代之后 PCR 技术得到了广泛的运用。

12.3.2　PCR 反应的体系和步骤

以标准的 PCR 100μL 反应体系为例，在体系中需加入模板 DNA（0.001～1ng）；四种 dNTP 混合物约 20nmol；上下游引物各 10～100pmol；*Taq* DNA 聚合酶 2U 和 10×扩增缓冲液；加超纯水至 100μL。

PCR 过程分为以下三步。

(1) DNA 变性（90～96℃）：双链 DNA 模板在热作用下，氢键断裂，形成单链 DNA。

(2) 退火（25～65℃）：系统温度降低，引物与 DNA 模板结合，形成局部双链。

(3) 延伸（70～75℃）：在 *Taq* 酶（在 72℃左右，活性最佳）的作用下，以 dNTP 为原料，从引物的 5′端→3′端延伸，合成与模板互补的 DNA 链。

每一循环经过变性、退火和延伸，DNA 含量即增加 1 倍（图 12-1）。

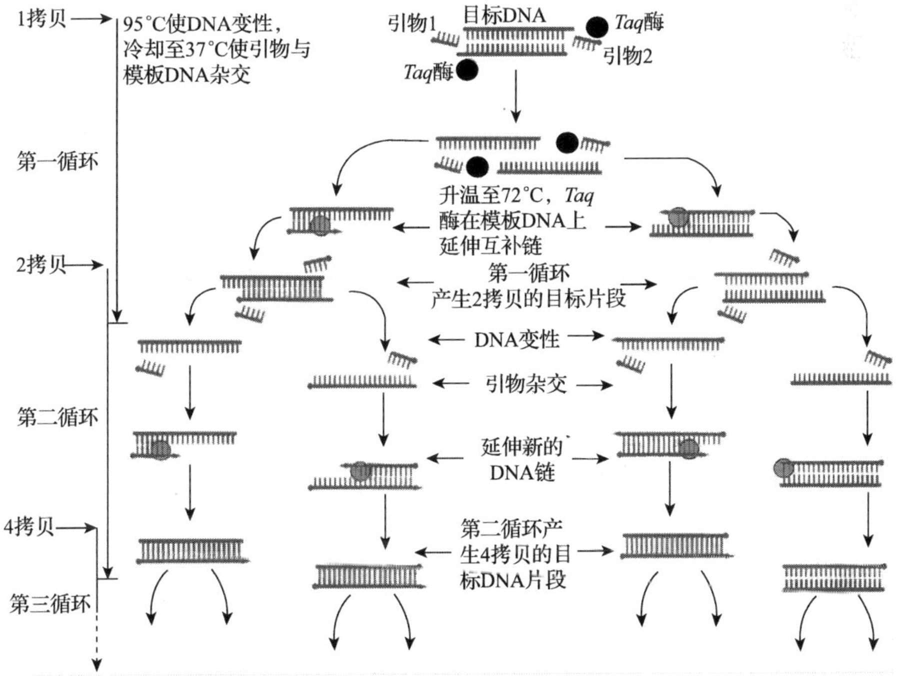

图 12-1　聚合酶链反应流程示意图（Gilbert，2000）

现在有些 PCR 因为扩增区很短,即使 *Taq* 酶活性不是最佳也能在很短的时间内复制完成,因此可以改为两步法,即退火和延伸同时在 60～65℃进行,以减少一次升降温过程提高反应速率。

聚合酶链反应的主要优点在于它是一种快速、灵敏和准确的克隆方法。PCR 反应的特异性强,决定其特异性的因素有:① 引物与模板 DNA 特异正确的结合。② 碱基配对原则。③ *Taq* DNA 聚合酶合成反应的忠实性。④ 靶基因的特异性与保守性。PCR 反应的灵敏度高:PCR 产物的生成量是以指数方式增加的,能将皮克(pg) 量级的起始待测模板扩增到微克(μg) 水平。能从 100 万个细胞中检出一个靶细胞。⑤ 简便、快速,一般在2～4h 完成扩增反应。⑥ 对样品的纯度要求低,不需要分离病毒或细菌及培养细胞,DNA 粗制品及 RNA 均可作为扩增模板。

12.3.3　PCR 技术的发展及应用

PCR 技术应用领域广泛,它发展的新技术和用途主要有以下几个方面:① 合成特异的探针;② DNA 测序;③ 逆转录 PCR 用于克隆基因、构建 cDNA 文库等;④ 产生和分析基因突变;⑤ 基因组序列比较,进行多态性分析;⑥ 原位杂交 PCR 检测基因表达。

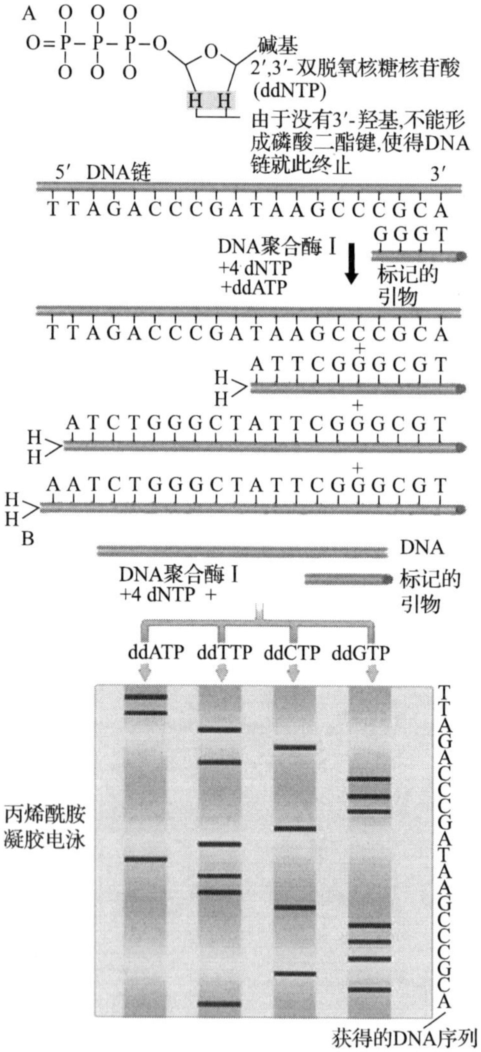

图 12-2　双脱氧核苷酸末端终止测序法 (Watson,2007)

DNA 序列测定技术(DNA sequencing)是在 20 世纪 70 年代中期由 Sanger 等提出并逐渐完善起来的。随着计算机软硬件技术、仪器制造和分子生物学研究的迅速发展,DNA 自动测序技术取得了突破性进展。

双脱氧核苷酸末端终止(dideoxy chain termination)测序法已成为现今自动测序的最佳选择方案。其独特性在于:在 DNA 聚合酶作用下进行引物延伸反应;双脱氧核糖核苷三磷酸(ddNTP) 作为链终止剂;采用聚丙烯酰胺区分长度仅差一个碱基的单链 DNA,在操作程序上只是把 DNA 片段或 ddNTP 以荧光标记而替代了手工测序的同位素标记。DNA 的复制需要大肠杆菌 DNA 聚合酶、DNA 模板、引物和四种 2′-脱氧核糖核苷三磷酸(dNTP)。在这一反应过程中,引物在 DNA 聚合酶的作用下,依照碱基配对的原则,分别将四种 dNTP 底物加入到引物的 3′-羟基,与 DNA 链的 5′-磷酸基团形成磷酸二酯键。如果在这一反应体系中掺入标记有荧光素的 2′,3′-双脱氧核糖核苷酸底物(2′,3′-ddNTP) (图 12-2),由于这种 2′,3′-ddNTP 在脱氧核糖的 3′位置上缺少一个羟基,虽然可以在 DNA 聚合酶的作用下通过其 5′-磷酸基团掺入到正在延伸的 DNA 链中。但由于没有 3′-羟基,它们不能同后续的 dNTP 形成磷酸二酯键,使得正在增长的 DNA 链就此终止。由于产生这样一种 ddNTP 与 dNTP 的竞争,所以反应产物是一系列长度不同的、以 ddA 为结尾的一组片段。同理,也可以得到以 G、T 或 C 为结尾的片段。电泳之后,经激光扫描仪在扫描这些条带的同时激发各条带发出荧光，检测仪同时记录下各条带荧光的不同颜色，根据每个荧光峰代表一个条带就可以直接“读出”碱基顺序(图 12-3)。

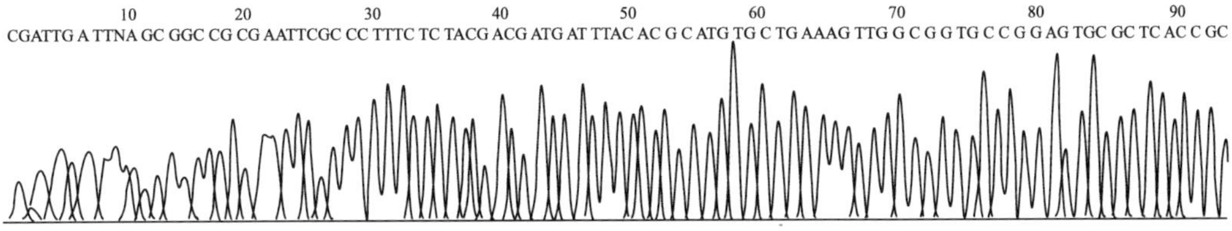

图 12-3 DNA 自动化测定结果

12.4 分子标记

分子标记(molecular marker)是以个体间遗传物质内核苷酸序列变异为基础的遗传标记，是 DNA 水平遗传多态性的直接反映。

分子标记的概念有广义和狭义之分。广义的分子标记是指可遗传的并可检测的 DNA 序列或蛋白质。蛋白质标记包括种子储藏蛋白和同工酶及等位酶。狭义的分子标记是指能反映生物个体或种群间基因组中某种差异的特异性 DNA 片段，它只是指 DNA 标记，而这个界定已被广泛采纳。本节也将分子标记概念限定在 DNA 标记范畴。

DNA 分子标记应具备以下特点：① 具有高的多态性；② 共显性遗传，即利用分子标记可鉴别二倍体中杂合和纯合基因型；③ 能明确辨别等位基因；④ 除特殊位点的标记外，要求分子标记均匀分布于整个基因组；⑤ 表现为中性，即无基因多效性，不影响目标性状的表达；⑥ 检测手段简单、快速、成本低廉；⑦ 重复性好，可以在不同的实验室重复出相同的结果。现在 DNA 分子标记技术已有数十种，但目前的任何一种分子标记均不能满足以上所有的要求。

12.4.1 分子标记的种类及其检测的技术方法

12.4.1.1 长度片段多态性标记

限制性片段长度多态性(restriction fragment length polymorphism，RFLP)是发展最早的分子标记技术，1974 年 Grodzicker 等创立了这项技术，它是一种基于分子杂交技术的分子标记技术。此类标记技术是利用限制性内切核酸酶酶解及凝胶电泳分离不同的生物 DNA 分子，然后用经标记的特异 DNA 探针与之进行杂交，通过放射自显影或非同位素显色技术来揭示 DNA 的多态性的技术。

RFLP 技术的基本原理是利用特定的限制性内切核酸酶识别并切割不同生物个体的基因组 DNA，得到大小不等的 DNA 片段，所产生的 DNA 数目和各个片段的长度反映了 DNA 分子上不同酶切位点的分布情况。因此凡是可以引起酶切位点变异的突变(如点突变) 和一段 DNA 的重新组织，如插入和缺失造成酶切位点间的长度发生变化等均可导致 RFLP 的产生。通过凝胶电泳分析这些片段，就形成不同条带，然后与克隆 DNA 探针进行 Southern 杂交和放射自显影，即可获得反映个体特异性的 RFLP 图谱。

RFLP 的等位基因具有共显性特点。RFLP 标记位点数量不受限制，通常可检测到的基因座为 1～4 个。RFLP 技术也存在一些缺陷，主要是克隆可表现基因组 DNA 多态性的探针较为困难；另外，实验操作较繁锁，检测周期长，成本费用也很高。

12.4.1.2 基于 PCR 反应的分子标记技术

用 PCR 标记的引物的核苷酸序列是随机的，其扩增的 DNA 区域事先未知。这些 DNA 区段产生多态性的分子基础是模板 DNA 扩增区段上引物结合位点的碱基序列的突变，不同来源的基因组在该区段上表现为扩增产物有无差异或扩增片段大小的差异。

随机扩增多态性 DNA（random amplified polymorphism DNA，RAPD）技术是 1990 年由 Wiliam 和 Welsh 等利用 PCR 技术发展的检测 DNA 多态性的方法。RAPD 技术用一或两对随机引物（一般为 8～10bp）非定点地扩增 DNA 片段，然后用凝胶电泳分开获得的扩增片段。扩增片段多态性反映了基因组相应区域的 DNA 多态性。RAPD 所使用的引物各不相同，但对任一特定引物来说，它在基因组 DNA 序列上有其特定的结合位点，一旦基因组在这些区域发生 DNA 片段插入、缺失或碱基突变，就可能导致这些特定结合位点的分布发生变化，从而导致扩增产物数量和大小发生改变，表现出多态性。就单一引物而言，其只能检测基因组特定区域 DNA 多态性，但利用一系列引物则可使检测区域扩大到整个基因组，因此，RAPD 可用于对整个基因组 DNA 进行多态性检测，也可用于构建基因组指纹图谱。

RAPD 不需制备 DNA 探针，也不需要知道序列信息，用一个引物就可能扩增出许多片段。但 RAPD 分析中也存在着一些缺点。例如，RAPD 标记是一个显性标记，不能鉴别杂合子和纯合子；存在共迁移问题，凝胶电泳只能分开不同长度的 DNA 片段，而不能分开那些分子质量相同但碱基序列组成不同的 DNA 片段。RAPD 的最大问题是实验的稳定性和重复性差，因为在 PCR 反应中条件的变化会引起一些扩增产物的改变。但是，如果把条件标准化，还是可以获得重复结果的。由于在检测多态性时其技术简单，成本较低等特点，总的来说 RAPD 是一种相当快速简便的方法。

DNA 扩增指纹印迹（DNA amplification fingerprinting，DAF）是一种改进的 RAPD 分析技术，与 RAPD 技术不同的是，DAF 分析中所使用的引物浓度更高，长度更短（一般为 5～8bp），因此它所提供的谱带信息比 RAPD 大得多，当使用 5 个核苷酸的引物时，引物和模板的组合可扩增出 10～100 个 DNA 片段。PCR 扩增产物在聚丙烯酰胺凝胶上进行电泳分离，通过银染即可产生非常复杂的带型。

12.4.1.3 特异引物的 PCR 标记

PCR 标记的引物是针对已知序列的 DNA 区段而设计的，具有特定核苷酸序列（18～24bp），可在常规 PCR 复性温度下进行扩增，能对基因组 DNA 的特定区域进行多态性分析。

特定序列位点（sequence-tagged site，STS）是对由其特定引物序列所界定的一类标记的统称。利用特异 PCR 技术的最大优点是它产生的信息非常可靠，而不像 RAPD、AFLP 和利用随机探针产生的 RFLP 那样存在某种模糊性，难以鉴别片段的来源。这类分子标记的引物根据与微卫星重复序列两翼的特定短序列设计，用来扩增重复序列本身。由于重复的长度变化极大，所以这是检测多态性的一种有效方法。其特点包括：一般检测到的是一个单一的多等位基因位点；共显性遗传，故可鉴别杂合子和纯合子；得到的结果重复性很高。为了提高分辨率，通常使用聚丙烯酰胺凝胶电泳，它可检测出单拷贝差异。

简单重复序列（simple sequence repeat，SSR）也称微卫星 DNA，其串联重复的核心序列为 1～6bp，其中最常见的是双核苷酸重复，即 $(CA)_n$ 和 $(TG)_n$。每个微卫星 DNA 的核心序列结构相同，重复单位数目为 10～60 个，其高度多态性主要来源于串联数目的不同。SSR 标记是根据微卫星序列两端互补序列设计引物，通过PCR反应扩增微卫星片段，由于核心序列串联重复数目不同，因而能够用PCR的方法扩增出不同长度的PCR产物，将扩增产物进行凝胶电泳，根据分离片段的大小决定基因型并计算等位基因频率。

SSR具有以下一些优点：① 一般检测到的是一个单一的多等位基因位点；② 微卫星呈共显性遗传，故可鉴别杂合子和纯合子；③ 所需DNA量少。显然，在采用SSR技术分析微卫星DNA多态性时必须知道重复序列两端的DNA序列的信息，如不能直接从DNA数据库查寻则首先必须对其进行测序。

DNA单链构象多态性（single strand conformation polymorphism，SSCP）是指等长的单链DNA因核苷酸序列的差异而产生构象变异，在非变性聚丙烯酰胺中的表现为电泳迁移率的差别。单链DNA构象分析对DNA序列的改变非常敏感，常常一个碱基差别都能显示出来。在SSCP分析中，利用PCR技术定点扩增基因组DNA中某一目的片段，将扩增产物进行变性处理，双链DNA分开成单链，再用非变性聚丙烯酰胺凝胶电泳分离，根据条带位置变化来判断目的片段中是否存在突变。SSCP结果判定是通过多个样品之间对比，观察条带之间位置的改变，从而显示出不同生物个体的DNA特异性，达到指纹分析的目的。为了进一步提高SSCP的检出率，可将SSCP分析与其他突变检测方法相结合。

12.4.1.4 酶切与PCR技术相结合的分子标记技术

扩增片段长度多态性（amplified fragment length polymorphism，AFLP）是1993年荷兰科学家Zbaeau发展起来的一种检测DNA多态性的新方法。AFLP是RFLP与PCR相结合的产物，基本原理是先利用限制性内切核酸酶水解基因组DNA产生不同大小的DNA片段，再使双链人工接头的酶切片段相连接，作为扩增反应的模板DNA，然后以人工接头的互补链为引物进行预扩增，最后在接头互补链的基础上添加1～3个选择性核苷酸引物对模板DNA基因再进行选择性的扩增，通过聚丙烯酰胺凝胶电泳分离检测获得的DNA扩增片段，根据扩增片段长度的不同检测多态性。引物由三部分组成：与人工接头互补的核心碱基序列、限制性内切核酸酶识别序列、引物3′端的选择碱基序列（1～10bp）。接头与接头相邻的酶切片段的几个碱基序列为结合位点。该技术的独特之处在于所用的专用引物可在知道DNA信息的前提下对酶切片段进行PCR扩增。为使酶切浓度大小分布均匀，一般采用两个限制性内切核酸酶，一个酶为多切点，另一个酶切点数较少，因而AFLP分析主要是由两个酶共同酶切的片段。AFLP结合了RFLP和RAPD两种技术的优点，具有分辨率高、稳定性好、效率高的优点。但它的技术费用昂贵，对DNA的纯度和内切酶的质量要求很高。尽管AFLP技术诞生时间较短，但可被称为分子标记技术的又一次重大突破，被认为是目前一种十分理想、有效的分子标记。

12.4.1.5 单核苷酸多态性

单核苷酸多态性（single nucleotide polymorphism，SNP）是指同一位点的不同等位基因之间仅有一个核苷酸的差异或只有一个核苷酸的插入、缺失等。从分子水平上对单个核苷酸的差异进行检测，SNP标记可帮助区分两个个体遗传物质的差异。人类基因组大约每1000bp就会出现一个SNP，已有2000多个标记定位于人类染色体，对人类基因组学研究具有重要意义。SNP可以用SSCP、测序、基因芯片等多种方法来检测，但大规模检测的最佳方法是DNA芯片技术。SNP被称为第三代DNA分子标记技术。随着DNA芯片技术的发展，其有望成为最重要最有效的分子标记。

12.4.2 分子标记的应用

基于图谱克隆基因:图位克隆(map-based cloning)是近几年随着分子标记遗传图谱的相继建立和基因分子定位而发展起来的一种新的基因克隆技术。利用分子标记辅助的图位克隆无需事先知道基因的序列,也不必了解基因的表达产物,就可以直接克隆基因。图位克隆是最为通用的基因识别途径,至少在理论上适用于一切基因。基因组研究提供的高密度遗传图谱、大尺寸物理图谱、大片段基因组文库和基因组全序列已为图位克隆的广泛应用铺平了道路。

物种亲缘关系和系统分类中的应用:分子标记广泛存在于基因组的各个区域,通过对随机分布于整个基因组的分子标记的多态性进行比较,就能够全面评估研究对象的多样性,并揭示其遗传本质。利用遗传多样性的结果可以对物种进行聚类分析,进而了解其系统发育与亲缘关系。分子标记的发展为研究物种亲缘关系和系统分类提供了有力的手段。

12.5 核酸分子杂交

杂交技术是分子生物学中最常用并且是应用范围最广的基本技术方法之一。分子杂交(molecular hybridization)主要分为核酸分子杂交、抗原抗体杂交和蛋白质与核酸互作杂交。核酸分子杂交的基本原理是:具有一定同源性的两条核酸单链分子在适宜的温度及离子强度等条件下可按碱基互补原则退火形成杂交核酸双链分子。此杂交过程是高度特异性的。

核酸分子杂交的高度特异性及检测方法的高度灵敏性使得核酸分子杂交技术在分子生物学领域中被广泛应用于基因克隆的筛选和酶切图谱制作、基因组中特定基因序列的定量和定性检测、基因突变分析及疾病的诊断等方面。它的应用也大大推进了分子生物学的迅猛发展。分子生物学得以发展到今天这种水平,核酸分子杂交技术起着重要的作用。

核酸分子杂交有多种类型,核酸分子杂交的双方是探针和待测核酸序列。探针(probe)是用于检测的已知核酸片段。为了便于示踪,探针必须用一定的手段加以标记,以利于随后的检测。常用的标记物是放射性核素,近年来也发展了一些非放射性标记物。检测这些标记物的方法都是极其灵敏的。待测核酸序列可以是克隆的基因片段,也可以是未克隆化的基因组DNA和细胞总RNA。将核酸从细胞中分离纯化后可以在体外与探针进行膜上印迹杂交,也可直接在组织切片上进行原位杂交。

12.5.1 印迹杂交

将各种生物大分子从凝胶转移到一种固定基质上的过程称为印迹技术(blot)。

印迹的方法也有多种:① 可直接将核酸样品点样到膜或其他固相支持物上,称为斑点或狭缝印迹法;② 利用毛细管虹吸作用由转移缓冲液带动核酸分子转移到固相支持物上;③ 利用电场作用的电转法;④ 利用真空抽滤作用的真空转移法。

膜上印迹杂交是指将待测核酸序列片段结合到一定的固相支持物上,然后与存在于液相中标记的核酸探针进行杂交的过程,这是目前最常用的一种核酸分子杂交方法。其操作基本过程是:首先用凝胶电泳方法将待测核酸片段分离,然后用印迹技术将分离的核酸片段转移到特异的固相支持物上,转移后的核酸片段将保持其原来在凝胶上的相对位置不变。再用标记的核酸探针与固相支持物上的核酸片段进行杂交。最后洗去未杂交的游离的探针分子,通过放射自显影等检测方法显示标记的探针的位置。由于探针已与待测核酸片段中的同源序列形成杂交分子,故探针分子显示的位置及其量的多少就反映出待测核酸分子中是否存在相应的基因及其含量的多少。根据核酸种类的不同，又可分为 Southern 印迹法和 Northern 印迹法。Southern 印迹法（Southern blot）是指将电泳分离的 DNA 从凝胶中转移到固相支持物上的过程，Northern 印迹法（Northern blot）则是指 RNA 的印迹过程。

图 12-4 为 Southern 印迹杂交原理流程示意图。

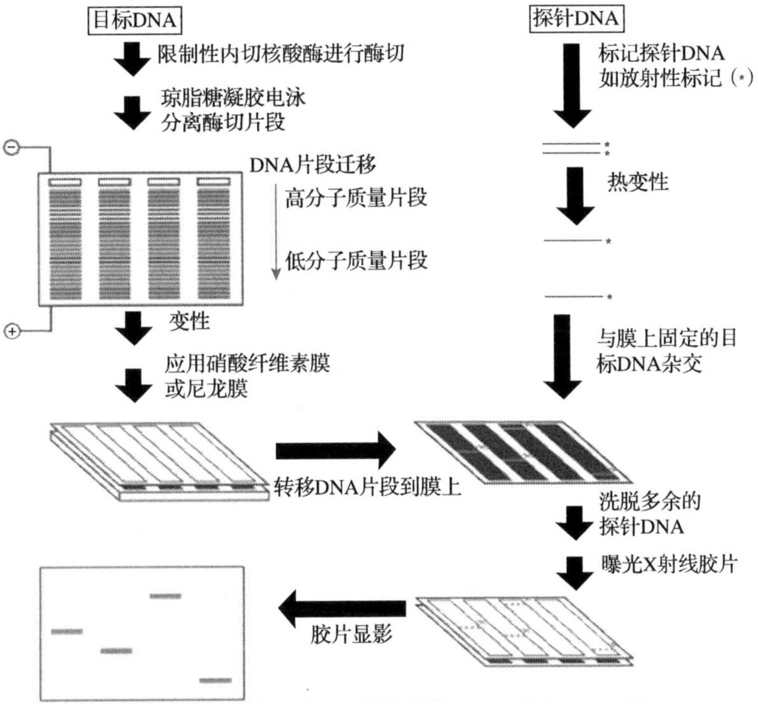

图 12-4 Southern 印迹杂交原理流程示意图（Strachan and Andrew, 1999）

很多真核生物基因都是关系相近基因家族的成员。Southern 印迹常用于判定某一特定基因家族中的成员数。首先用限制性内切核酸酶对提取的基因组 DNA 进行酶切。最好使用 *Eco*RⅠ或 *Hin*dⅢ这些识别 6bp 酶切位点的酶。由这些酶将基因组 DNA 切成上千个片段，片段的平均大小约为 4000bp。在琼脂糖电泳检测后，这些酶切片段会在泳道内形成无法分辨、连成一整片的上千条带。将这些分散开的 DNA 片段转移到杂交介质上，用一个标记好的探针与之杂交，检测杂交结果可以找出含有编码序列的目的基因。

12.5.2 核酸原位杂交

特定标记的已知顺序核酸作为探针与细胞或组织切片中核酸进行杂交并对其实行检测的方法称为核酸原位杂交（*in situ* hybridization, ISH）。核酸原位杂交是在组织和细胞内进行 DNA 或 RNA 精确定位和定量的特异性方法之一，由于核酸分子杂交的特异性高，并可以精确定位，因此该技术已广泛地应用于医学分子生物学的研究之中。例如，用标记的探针与分裂中期染色体 DNA 杂交以研究染色质中特定核酸顺序在染色体中的精确定位；用特异性的细菌、病毒的核酸作为探针对组织、细胞进行杂交，以确定有无该病原体的感染等。原位杂交能在成分复杂的组织中进行单一细胞的研究而不受同一组织中其他成分的影响，因此对于那些细胞数量少且散在于其他组织中的细胞内 DNA 或 RNA 研究更为方便；同时由于原位杂交不需要从组织中提取核酸，对于组织中含量极低的靶序列有极高的敏感性，并可完整地保持组织与细胞的形态，故更能准确地反映出组织细胞的相互关系及功能状态。近年来核酸原位杂交的方法更为完善,应用也更加广泛,因而又称为原位杂交组织化学或杂交组织化学。

核酸原位杂交按检测物的不同分为细胞内原位杂交和组织切片内原位杂交。根据所用探针及所要检测核酸的不同又可分为 DNA-DNA、RNA-DNA 和 RNA-RNA 杂交。但不论哪一种形式的杂交,都必须经过五大过程,即组织细胞的固定、预杂交、杂交、冲洗和显示。

1) 组织细胞固定

进行核酸原位杂交的组织或细胞必须经过固定处理。适宜核酸杂交的固定液应具备下列特点:① 能很好地保护组织细胞的形态。② 对核酸无抽提、修饰与降解作用。③ 不改变核酸在细胞内的定位。④ 对核酸与探针的杂交过程无阻碍作用。⑤ 对杂交信号无遮蔽作用。⑥ 理化性质稳定、价格低廉。

病理组织学常用的固定液均可用于核酸原位杂交使组织和细胞固定。4%多聚甲醛是应用最为广泛的固定液之一,它能很好地保持组织或细胞内的 RNA,通常固定 10～15min 可使 RNA 的含量比较恒定。

2) 探针的制备

(1) 探针的选择。标记的 DNA 或 RNA 探针都可用于 DNA 或 RNA 的定位,其长度为 50～300bp 最好,这个长度范围的探针在组织细胞中的穿透力好,杂交效率高。常用的探针有:① 双链 DNA 探针:常用于杂交的探针之一,可通过切口平移标记或随机引物标记法标记。② 人工合成脱氧寡核苷酸:可由 DNA 合成仪合成,与克隆的 DNA 相比,人工合成脱氧寡核苷酸有下列优点:特异性较高,当 DNA 顺序未知时可按氨基酸顺序进行合成,可用于相似基因顺序差异研究;可用合成的不同顺序探针对特定基因进行最佳杂交条件的筛选。③ 单链 cDNA 探针:常通过克隆载体 M13 获得。单链 DNA 探针与双链 DNA 探针相比,其最大优点在于它不会像双链 DNA 探针那样与自身互补的第二条链复性杂交,增加了探针的有效浓度。

(2) 探针的标记。① 放射性标记:常用标记探针的放射性核素有 ^{32}P、^{35}S 和 ^{3}H。放射性核素的敏感性高,方法简便,操作稳定,可应用核乳酸或 X 射线片通过放射自显影的方法检测。② 非放射性标记:与放射性核素标记探针相比,非放射性标记具有安全、无放射性污染、稳定性好、显色快而易于观察等特点。其中生物素(biotin)标记应用最多、最广。此外还有地高辛标记、荧光素标记、碱性磷酸酶标记、溴脱氧嘧啶标记等。

3) 杂交、冲洗和显示

核酸原位杂交时,由于组织细胞中的核酸都与细胞内蛋白质结合,以核酸蛋白质复合体的形式存在于细胞质或细胞核中,固定过程中固定液的交联作用使胞质或胞核内的各种生物大分子形成网络,影响探针的穿透力,阻碍杂交体的形成。因此,需先进行预杂交,然后再进行杂交,其目的是去除核酸表面的蛋白质,以利于核酸探针对靶核酸进行杂交。常用去垢剂十二烷基硫酸钠(SDS)或蛋白酶对组织细胞进行部分的消化酶解以去除核酸表面的蛋白质。

原位杂交反应的特异性可通过调节反应条件而进行精确控制,主要包括探针的结构、杂交温度,pH 及杂交液中甲酰胺和盐离子的浓度。例如,在不含甲酰胺时,大多数杂交反应在 68℃进行,当含 50%甲酰胺时,在 42℃进行。

杂交后冲洗是降低非特异性杂交的关键步骤,柠檬酸钠缓冲液(saline sodium citrate, SSC)是常用的冲洗液。应用放射性核素探针时,冲洗可达几小时,而用生物素及地高辛等标记的探针冲洗时间则可缩短为 15min。冲洗时温度不能高于 50℃,否则将导致组织细胞结构的破坏或从切片上脱落，使实验失败。冲洗后及时显示杂交结果。

12.6　生物芯片技术

生物芯片指高密度固定在固相支持介质上的生物信息分子(如寡核苷酸、基因片段、cDNA片段或多肽、蛋白质)的微阵列，阵列中每个分子的序列及位置都是已知的，并且是预先设定好的序列点阵。生物芯片技术起源于核酸分子杂交。生物芯片具有高通量、大规模、高效、高度自动化等优点，极大地节省了人力资源。

12.6.1　生物芯片的种类

(1) 基因芯片 (gene chip)又称DNA 芯片 (DNA chip) 或DNA 微阵列 (DNA microarray)，是将 DNA 片段或寡核苷酸按微阵列方式固定在微型载体上制成。

(2) 蛋白质芯片是将蛋白质或抗原等按微阵列方式固定在微型载体上获得。

(3) 细胞芯片是将细胞按照特定的方式固定在载体上，用来检测细胞间的相互影响或相互作用。

(4) 组织芯片是将组织切片等按照特定的方式固定在载体上，用来进行免疫组织化学等组织内成分差异的研究。

(5) 芯片实验室 (lab on chip)是用于生命物质的分离、检测的微型化芯片。现在，已经有不少的研究人员试图将整个生化检测分析过程缩微到芯片上，形成“芯片实验室”。它将样品的制备、生化反应到检测分析的整个过程集约化形成微型分析系统。由加热器、微泵、微阀、微流量控制器、微电极、电子化学和电子发光探测器等组成的芯片实验室已经问世，并出现了将生化反应、样品制备、检测和分析等部分集成的芯片。“芯片实验室”可以完成诸如样品制备、试剂输送、生化反应、结果检测、信息处理和传递等一系列复杂的工作。

12.6.2　生物芯片的制备

芯片的载体一般是固体片状或膜，其表面带有活性基团，以便于连接并有效地固定各种生物分子。目前制备芯片的固相材料有玻片、硅片、金属片、尼龙膜等，其中最为常用的支持材料是玻片，因为玻片适合多种合成方法，而且在制备芯片前对玻片的预处理也相对简便易行。

制备生物芯片首先是生物样品的制备：分离纯化、扩增、获取其中的蛋白质或 DNA、RNA 并用荧光标记。用 DNA 芯片做表达谱研究时，通常是将样品先抽提 mRNA，然后逆转录成 cDNA，同时掺入带荧光标记的 dCTP 或 dUTP。

其次是芯片的制备，主要包括原位合成(*in situ* synthesis)和预合成后点样(printing)两种方法。

(1) 原位合成。光引导原位合成技术(photo lithography)是利用微电子光刻技术、计算机技术及分子生物学等多学科技术，直接在基片上合成所需的 DNA 探针。1991 年，美国 Affymetrix 公司借鉴半导体行业的照相平板印刷术、保护基团等，并结合 DNA 原位固相合成技术，直接在活化过的玻片等固体支持物上大规模地合成寡核苷酸探针阵列。

(2) 预合成后点样。将提取或合成好的多肽、蛋白、寡核苷酸、cDNA、基因组 DNA 等通过特定的高速点样机器人直接点在芯片上。

12.6.3 生物芯片的应用

生物芯片技术已经可以广泛应用于疾病诊断和治疗、药物基因组图谱、药物筛选、中药物种鉴定、农作物的优育优选、司法鉴定、食品卫生监督、环境检测、国防等许多领域。

12.6.3.1 分析基因组及发现新基因

斯坦福大学的Davis等从外周血淋巴细胞cDNA文库中用PCR方法扩增插入基因，得到了1046种未知序列的扩增产物。将其连同作为研究对照的植物拟南芥的10种cDNA，总共1056种靶DNA高速自动点样到经包被的玻片上，制成DNA芯片。芯片杂交后，经扫描分析共发现17个差异表达的基因，其中11个是被热诱导的，其余6个是被热处理所抑制的。经序列分析证明其中3个为未报道的新基因。

12.6.3.2 基因表达水平的检测

美国Affymetrix公司已推出用于检测基因表达水平的商业DNA芯片。DNA芯片中包含了几万种人工合成的寡核苷酸探针，可检测转录产物从几个数量级到每个细胞几个拷贝，均能被定量研究，可以用于外界因素诱导的基因表达研究，被检测的目的基因可多达2万～3万个。

12.6.3.3 基因诊断

从正常人的基因组中分离出DNA，与DNA芯片杂交就可以得出标准图谱。从患者的基因组中分离出DNA与DNA芯片杂交就可以得出病变图谱。通过比较、分析这两种图谱，就可以得出病变的DNA信息。这种基因芯片诊断技术以其快速、高效、敏感、经济、平行化、自动化等特点将成为一项现代化诊断新技术。例如，Affymetrix公司把*p53*基因全长序列和已知突变的探针集成在芯片上，制成*p53*基因芯片，将在癌症早期诊断中发挥作用。预计包括许多临床常见病病原体诊断在内的DNA芯片诊断技术不久便会在疾病的分子诊断方面得到广泛应用，成为一项常规检验和诊断技术。

12.6.3.4 药物筛选

利用基因芯片可分析用药前后机体的不同组织、器官基因表达的差异。如果用cDNA表达文库得到的肽库制作肽芯片，则可以从众多的药物成分中筛选到起作用的部分物质。将核酸库中的RNA或单链DNA固定在芯片上，然后与靶蛋白孵育，形成蛋白质-RNA或蛋白质-DNA复合物，可以筛选特异的药物蛋白质或核酸，因此芯片技术和RNA库的结合在药物筛选中将得到广泛应用。

12.6.3.5 生物信息学研究

随着分子生物学技术的广泛应用，获得的生物信息量与日俱增，尤其是人类基因组计划的完成，其信息之大之丰富，前所未有。传统方法已无法对这些信息进行正确分析。而生物芯片技术的建立使得对个体生物信息进行高速、并行采集和分析成为可能，必将成为未来生物信息学研究中的一个重要信息采集和处理平台，成为基因组信息学研究的主要技术支撑。

基因芯片技术的应用前景是乐观的，但基因芯片技术的广泛使用还相对困难，因为基因芯片的制备比较复杂，需要一整套昂贵的专用设备。除了使用已经商品化的少数几种基因芯片外，要制备适合于自己科研课题的基因芯片仍很困难。但随着经济的快速发展，基因芯片一定也会降低成本、升级换代，在医药及生物科学研究中得到广泛应用。

12.7 基因敲除与基因沉默

基因敲除(gene knock-out)技术是通过一定的途径使机体特定的基因失活或缺失的技术。通常意义上的基因敲除主要是应用DNA同源重组原理，用设计的同源片段替代靶基因片段，从而达到基因敲除的目的。随着基因敲除技术的发展，除了同源重组外，新的原理和技术也逐渐被应用，比较成功的有基因的插入突变和RNAi等技术，同样可以达到基因敲除的目的。

12.7.1 利用基因同源重组进行基因敲除

基因敲除在小鼠中的研究较多，转基因小鼠的制备主要分两个部分：① 利用引入突变或产生定向突变的方法制备目标基因失活的干细胞；② 将失活基因导入到胚胎中生产嵌合体小鼠，并通过连续的杂交产生带有失活基因的纯合体小鼠。观察或测定目的基因相关的性状可以确定目标基因的作用。将含有失活基因的细胞注入黑色小鼠的囊胚期胚胎中，将混合的胚胎移植到另一只代孕小鼠的子宫中，产生嵌合体鼠(chimeric mouse)。嵌合体鼠的毛色是黑褐色相间的，因此可以通过观察毛色来识别嵌合体鼠。嵌合体小鼠再与黑色的纯合体小鼠进行回交，在子一代中将会得到杂合子小鼠。这些杂合子小鼠之间交配就会产生带有失活基因的纯合体小鼠，这些小鼠就是基因敲除小鼠。

12.7.1.1 构建基因敲除动物模型的基本步骤

(1) 基因载体(vector)的构建：把目的基因和与细胞内靶基因特异片段同源的DNA分子都重组到带有标记基因的载体上，成为重组载体。基因敲除一般设计为替换型载体。

(2) 胚胎干细胞 (embryonic stem cell，ES cell)的获得：一般采用鼠的胚胎干细胞，而兔、猪、鸡等的胚胎干细胞也有使用。

(3) 同源重组(homologous recombination)：将重组载体通过一定的方式 (电穿孔法或显微注射) 导入同源的胚胎干细胞中，使外源DNA与胚胎干细胞基因组中相应部分发生同源重组，将重组载体中的DNA序列整合到内源基因组中。

(4) 筛选重组成功的细胞：正负筛选法(positive-negative selection, PNS)常用来筛选重组成功的ES细胞(图12-5)。正向选择基因*neo*通常被置于靶DNA功能最关键的外显子中或置换靶基因的功能区。*neo*基因可以形成靶位点的插入突变，同时也可以作为正向筛选标记。*HSV-tk*基因作为负向选择基因则被置于目的片段外侧，含有该基因的重组细胞不能在选择培养基上生长。重组成功的细胞含有*neo*基因而产生对抗生素G418的抗性。如果细胞中发生了随机重组，负向选择基因就可能被整合到基因组中导致细胞死亡。筛选出的重组成功细胞还需要用PCR等方法验证确实是目的基因被敲除的细胞系。

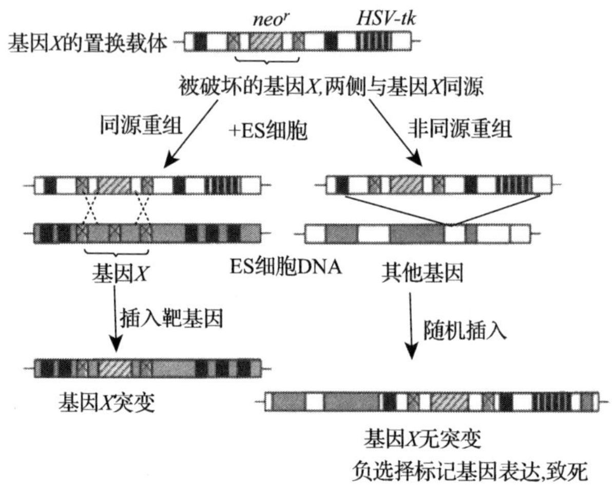

图 12-5 正负筛选法(PNS) 筛选重组成功的细胞(朱玉贤,2007)

(5) 表型研究:观察嵌合体小鼠的生物学性状的变化,了解目的基因变化前后对小鼠的生物学性状的影响,达到研究目的基因的目的。

(6) 得到纯合体:由于同源重组常常发生在一对染色体中的一条染色体上,所以如果要得到稳定遗传的纯合体基因敲除模型,需要进行至少两代遗传(图 12-6)。

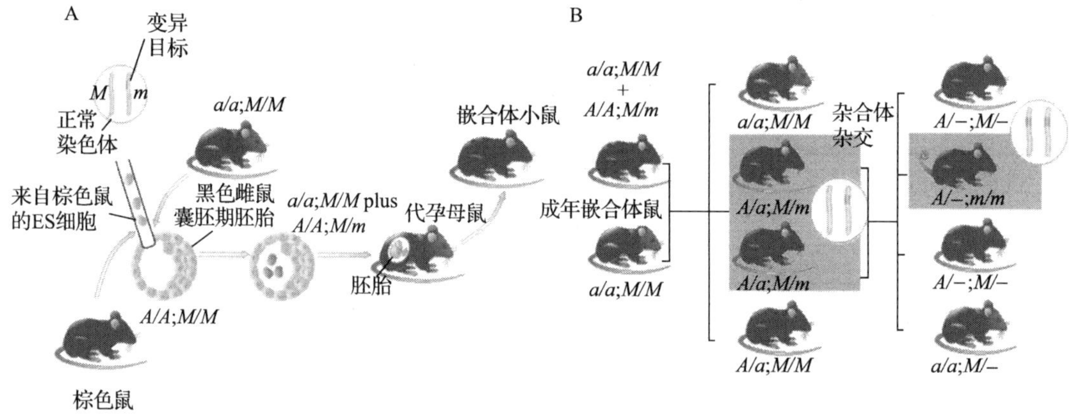

图 12-6 制备转基因小鼠(Griffiths and Anthony, 1999)

12.7.1.2 条件性基因敲除法

条件性基因敲除法可定义为将某个基因的修饰限制于小鼠某些特定类型的细胞或发育的某一特定阶段的一种特殊的基因敲除方法。它实际上是在常规的基因敲除的基础上,利用重组酶 Cre 介导的位点特异性重组技术,在对小鼠基因修饰的时空范围上设置一个可调控的"按钮",从而使对小鼠基因组的修饰的范围和时间处于一种可控状态。

条件性敲除的原理是通过常规基因打靶,在基因组的靶位点上装上两个同向排列的 loxP,并在此两侧装接上 loxP 的 ES 细胞产生"loxP floxed"小鼠,然后,通过将"loxP floxed"小鼠与 Cre 转基因鼠杂交,产生靶基因发生特定方式(如特定的组织特异性) 修饰的条件性突变小鼠。在"loxP floxed"小鼠中,虽然靶基因的两侧已各装上了一个 loxP,但靶基因并没有发生其他的变化,因此"loxP floxed"小鼠表型仍同野生型的一样。但当它与 Cre 转基因小鼠杂交时,产生的子代中将同时带有"loxP floxed"靶基因和 *Cre* 基因。*Cre* 基因表达产生的 Cre 重组酶就会介导靶基因两侧的 loxP 间发生切除反应，结果将一个 loxP 和靶基因切除。靶基因的切除是以 Cre 的表达为前提的。Cre 在哪一种组织细胞中表达，靶基因的切除就发生在哪种组织细胞；Cre 的表达水平将影响靶基因在此种组织细胞中进行修饰的效率。所以只要控制 Cre 的表达特异性和表达水平就可实现对小鼠中靶基因修饰的特异性和程度（图 12-7）。

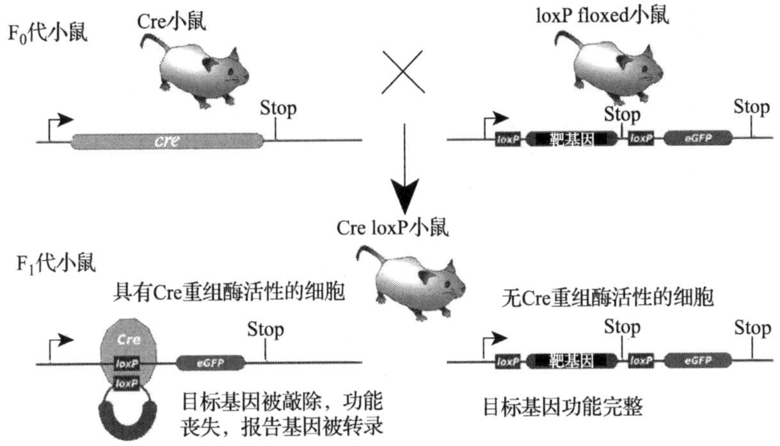

图 12-7 Cre-LoxP 条件性基因敲除小鼠
（http://commons.wikimedia.org/wiki/File:CreLoxP_experiment.png）

12.7.2 RNAi 引起的基因沉默

由于少量的双链 RNA 就能阻断基因的表达，并且这种效应可以传递到子代细胞中，所以 RNAi 的反应过程也可以用于基因敲除。近年来，越来越多的基因敲除采用了 RNAi 这种更为简单方便的方法。

RNAi 是由 dsRNA 介导的由特定酶参与的特异性基因沉默现象，通过人为地引入与内源靶基因具有相同序列的双链 RNA(21～23 核苷酸)，诱导内源靶基因的 mRNA 降解，阻断基因的表达，从而产生相应的功能表型缺失。

RNAi 敲除基因的优点如下。

(1) 比用同源重组法更加简便，周期大大缩短。

(2) 对于哺乳动物，如对于一些敲除后小鼠在胚胎时就会死亡的基因，可以在体外培养的细胞中利用 RNAi 技术研究它的功能。

(3) 由于 RNAi 能高效特异地阻断基因的表达，故它成为研究信号传导通路的良好工具。

(4) RNAi 还被用来研究在发育过程中起作用的基因，如通过 RNAi 来阻断某些基因的表达，来研究它们是否在胚胎干细胞的增殖和分化过程中起着关键作用。

12.8 蛋白质组学研究技术

随着 20 世纪 90 年代后期人类基因组测序工作的完成，人们意识到仅了解基因组序列尚不能阐明基因组的功能，更无从谈起揭示这些基因所编码蛋白质的功能。据统计，已有几十种物种的基因组被测序，但这些基因中通常有一半以上的基因功能未知，进而限制了基因组测序成果对人类生命科学的贡献。在这种背景下，生命科学进入后基因组时代成为历史的必然。

所谓后基因组时代就是从整体上研究生物体基因组的功能，而蛋白质组学则是功能基因组的核心。

蛋白质组(proteome)是全基因组表达合成的所有蛋白质。主要有三个不同的分支：表达蛋白质组学、相互作用蛋白质组学和结构蛋白质组学。① 表达蛋白质组学是在整体水平上研究细胞蛋白质表达量变化的科学，包括分离复杂的蛋白质混合物、鉴定各个组分性质和系统定量分析。目前主要依赖于双向凝胶电泳技术和图像分析技术。近年来，蛋白质分离、质谱鉴定、蛋白质定量等技术的快速发展和蛋白质数据库的不断完善，使表达蛋白质组学研究技术体系日趋成熟。② 相互作用蛋白质组学也称细胞图谱蛋白质组学，是研究蛋白质遗传和物理相互作用及蛋白质与蛋白质、核酸或小分子之间相互作用的科学。蛋白质相互作用的分析不仅能提供蛋白质自身的功能信息，而且能够提供关于蛋白质在代谢通路、调控网络和复合体中是如何起作用的信息。酵母双杂交技术、噬菌体展示技术和 RNA-肽融合技术等是研究相互作用蛋白质组的关键技术。③ 结构蛋白质组学是预测蛋白质三维结构的科学，主要包括蛋白质的储存、提交、比较和预测等。结构蛋白质组学要求有比较完善的蛋白质数据库。

12.8.1 蛋白质分离

二维聚丙烯酰胺凝胶电泳(2-D PAGE)是目前分离蛋白质的主要方法，双向电泳起源于 20 世纪 70 年代，它是利用不同的蛋白质具有不同的分子质量和等电点的特点，首先通过毛细管聚丙烯酰胺凝胶等电聚焦技术将不同等电点的蛋白质分开，然后通过 SDS-聚丙烯酰胺凝胶电泳将相同等电点而分子质量不同的蛋白质进行分离。最后，经过二维电泳，分离的蛋白质在二维电泳图谱所处的位置，就是该蛋白质的分子质量和等电点(图 12-8)。但这种技术还不能达到分离人类所有蛋白质组的水平，普通的 2-D 胶仅能分离大约 2000 种蛋白质。这种技术的最大缺点是重复性差、不稳定和低灵敏度等。目前，二维色谱（2D-LC）、二维毛细管电泳（2D-CE）、液相色谱-毛细管电泳（LC-CE）等新型分离技术都有补充和取代双向凝胶电泳之势。

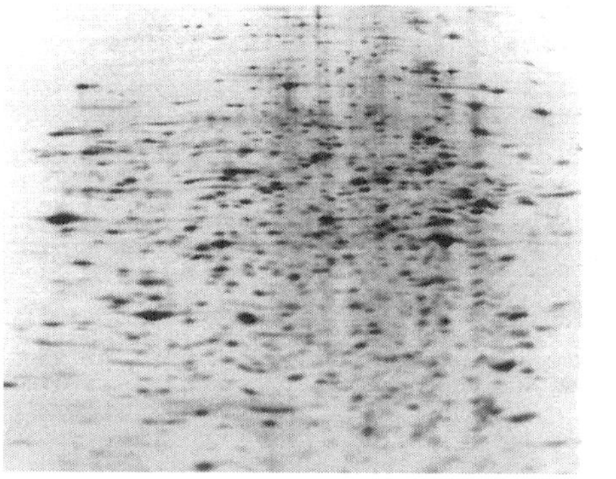

图 12-8 典型的双向电泳图(http://www.bbioo.com/bio101/2007/20884_5.htm)

12.8.2 蛋白质分析

蛋白质被分离定量之后，就需要进行鉴定和分析了。从双向电泳图谱中将目标蛋白质斑点切出，用蛋白水解酶裂解成肽段，这些肽段可以用质谱分析(mass spectrometry)进行鉴定。目前常用的方法是基质辅助的激光解吸电离飞行时间质谱分析系统(matrix-assisted laser desorption-ionization time-of-flight，MALDI-TOF)。其原理是在磁场中运动的带电粒子，由于其质量和携带电荷的比值不同从而以不同的速度和偏转角度穿过磁场，按一定的次序进入监测器，由此来判断粒子的质量和特性。这种方法的灵敏度和分辨率高，只需要微量的样品即可完成(图 12-9)。主要操作过程如下：将样品置于基质上，加一个激光脉冲使其离子化；基质和样品间的电势差异使离子化的样品向检测器 1 加速；离子到达检测器 1 的时间取决于离子质量，可以根据飞行时间来分析样品分子的质量；还可以选择性地打开检测器 1 前面的静电离子反应器，以集中离子并将其反射到检测器 2，由此获得所需蛋白质的信息。

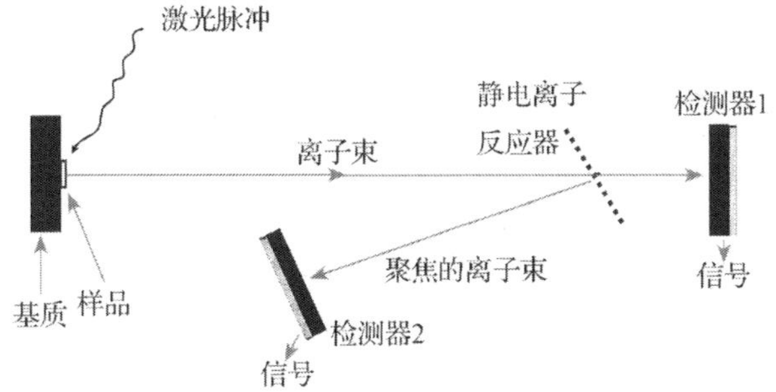

图 12-9 MALDI-TOF 质谱原理

12.8.3 蛋白质的相互作用

很多蛋白质单独没有功能，但是会和其他蛋白质相互作用，许多蛋白质相互作用一起参与生化或发育途径。研究蛋白质间的相互作用有多种方法，常用的有酵母双杂交系统、亲和层析、免疫沉淀、蛋白质微阵列分析等。其中，酵母双杂交系统是当前发展迅速，应用广泛的主要方法。

酵母双杂交系统(yeast two-hybrid system)是利用在酵母菌的同一个细胞中共同表达不同蛋白质，以鉴定蛋白质之间互作的一种分析方法。酵母菌基因的表达受转录因子的控制，转录激活子具有结合功能域(binding domain，BD)和转录激活结构域(activation domain，AD)，这两个功能域具有独立的活性。要分析 X、Y 两个蛋白质之间的互作关系，可以将这两个蛋白质分别与两个功能域构建成融合蛋白，在酵母细胞内表达。如果 X 和 Y 能够互作，就可以将 BD、AD 两个结合在一起，从而激活报告基因的转录。通常使用的报告基因是 β-半乳糖苷酶基因，这样可以通过形成的菌落表型来鉴别报告基因是否表达、X 和 Y 两个蛋白质之间是否存在互作关系(图 12-10)。

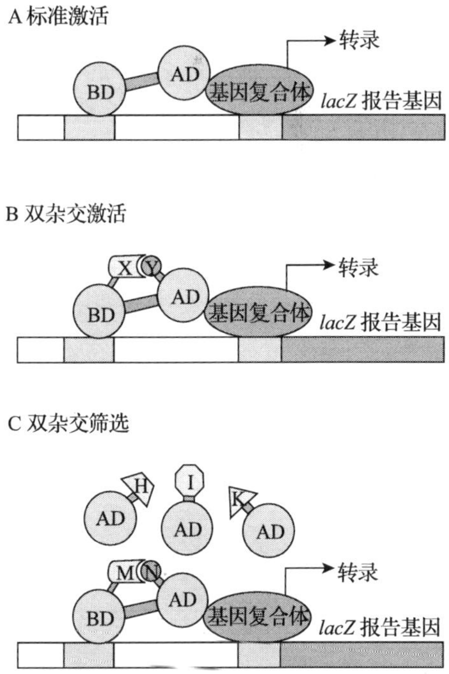

图 12-10 酵母双杂交原理

随着 DNA 芯片的发展与应用，蛋白质芯片(protein microarray)技术也在蛋白质研究领域发展起来。蛋白芯片技术的基本原理是将各种蛋白质有序地固定于滴定板、滤膜和载玻片等各种载体上成为检测用的芯片，然后，用标记了特定荧光抗体的蛋白质与芯片作用，经洗脱将未能与芯片上的蛋白质结合的成分洗去，再利用荧光扫描仪或激光共聚焦扫描技术，测定芯片上各点的荧光强度，通过荧光强度分析蛋白质与蛋白质之间相互作用的关系。

蛋白质芯片技术能一次平行分析成千上万个蛋白质样品，而且具有准确性高、灵敏度高等特点，但也存在芯片制作费时、费力、且成本较高，蛋白质表达系统效率不高等问题，还需要进一步探索。

本章小结

在分子生物学的发展中许多新的技术方法不断涌现，为
生命科学的研究提供了更广阔的技术平台。其中核酸分子的提取分离和电泳检验的技术是分子生物学研究最主要的技术。

PCR反应实现了核酸片段的体外扩增，极大地提高了特异基因片段的可操作性，是多种分子标记研究的基础技术。核酸分子杂交与基因芯片技术分别用于不同基因规模的研究。前者用于单个基因的研究，后者能同时研究多个，甚至成千上万个基因。利用基因敲除和基因沉默可实现对基因表达的控制，为基因的利用奠定了基础。蛋白质组学技术是研究蛋白质功能的主要手段。

延伸阅读

陈捷.2009. 农业生物蛋白质组学.北京：科学出版社
卢圣栋. 1999. 现代分子生物学实验技术 . 2 版 . 北京：中国协和医科大学出版社
赵亚华. 2004. 分子生物学简明教程.北京：科学出版社
朱玉贤. 2007. 分子生物学 . 3 版 . 北京：高等教育出版社
Watson J D, Gilman M, Witkowski J, et al. 1992. Recombinant DNA. 2nd ed. New York: W. H. Freeman and Company
Weaver R F.2000. 分子生物学(影印版).北京：科学出版社

思考题

1.简述核酸提取的主要原理及常用的方法。
2.如何测定基因组 DNA 和总 RNA 样品的浓度并分析它们的样品质量？
3.简述 PCR 反应的原理及其应用？
4. DNA 双脱氧核苷酸末端终止测序法是什么用原理进行测序的？
5. 什么是分子标记？
6. SNP 作为分子标记有哪些优点？
7. 简述基因芯片技术对分子生物学研究的意义。
8. 基因芯片主要应用在哪些方面？
9. 如何获得转基因小鼠？
10. 什么是基因沉默？
11. RNAi 技术的原理？
12. 蛋白质组学研究的对象和目的是什么？ 主要有哪些研究方法？